中芬合著 造纸及其装备科学技术丛书（中文版）第十六卷

"十三五"国家重点出版物出版规划项目

材料及其防腐和维护

Materials，Corrosion Prevention and Maintenance

［芬兰］**Jari Aromaa Anja Klarin** 著

［中国］周　耘　刘文波　李海平　黄　洁　译

U0219645

中国轻工业出版社

图书在版编目(CIP)数据

材料及其防腐和维护/(芬)阿嘉睿(Jari Aromaa),
(芬)柯安嘉(Anja Klarin)著;周耘等译. —北京:中国
轻工业出版社,2019.6

(中芬合著造纸及其装备科学技术丛书;16)

"十三五"国家重点出版物出版规划项目

ISBN 978-7-5184-1355-3

Ⅰ.①材… Ⅱ.①阿… ②柯… ③周… Ⅲ.①造纸设
备–防腐 ②造纸设备–维修 Ⅳ.①TS73

中国版本图书馆 CIP 数据核字(2017)第 070276 号

责任编辑:林 媛

策划编辑:林 媛   责任终审:滕炎福   封面设计:锋尚设计
版式设计:锋尚设计   责任校对:晋 洁   责任监印:张 可

出版发行:中国轻工业出版社(北京东长安街6号,邮编:100740)

印   刷:三河市万龙印装有限公司

经   销:各地新华书店

版   次:2019 年 6 月第 1 版第 2 次印刷

开   本:787×1092   1/16   印张:17.75

字   数:454 千字

书   号:ISBN 978-7-5184-1355-3   定价:110.00 元

邮购电话:010-65241695

发行电话:010-85119835   传真:85113293

网   址:http://www.chlip.com.cn

Email:club@chlip.com.cn

如发现图书残缺请与我社邮购联系调换

190580K4C102ZBW

序

芬兰造纸科学技术水平处于世界前列,近期修订出版了《造纸科学技术丛书》。该丛书共 20 卷,涵盖了产业经济、造纸资源、制浆造纸工艺、环境控制、生物质精炼等科学技术领域,引起了我们业内学者、企业家和科技工作者的关注。

姜丰伟、曹振雷、胡楠三人与芬兰学者马格努斯·丹森合著的该丛书第一卷"制浆造纸经济学"中文版将于 2012 年出版。该书在翻译原著的基础上加入中方的研究内容;遵循产学研相结合的原则,结合国情从造纸行业的实际问题出发,通过调查研究,以战略眼光去寻求解决问题的路径。

这种合著方式的实践使参与者和知情者得到启示,产生了把这一工作扩展到整个丛书的想法,并得到了造纸协会和学会的支持,也得到了芬兰造纸工程师协会的响应。经研究决定,从芬方购买丛书余下十九卷的版权,全部译成中文,并加入中方撰写的书稿,既可以按第一卷"同一本书"的合著方式出版,也可以部分卷书为芬方原著的翻译版,当然更可以中方独立撰写若干卷书,但从总体上来说,中文版的丛书是中芬合著。

该丛书为"中芬合著:造纸及其装备科学技术丛书(中文版)",增加"及其装备"四字是因为芬方原著仅从制浆造纸工艺技术角度介绍了一些装备,而对装备的研究开发、制造和使用的系统理论、结构和方法等方面则写得很少,想借此机会"检阅"我们造纸及其装备行业的学习、消化吸收和自主创新能力,同时体现对国家"十二五"高端装备制造业这一战略性新兴产业的重视。因此,上述独立撰写的若干卷书主要是装备。初步估计,该"丛书"约 30 卷,随着合著工作的进展可能稍许调整和完善。

中芬合著"丛书"中文版的工作量大,也有较大的难度,但对造纸及其装备行业的意义是显而易见的:首先,能为业内众多企业家、科技工作者、教师和学生提供学习和借鉴的平台,体现知识对行业可持续发展的贡献;其次,对我们业内学者的学术成果是一次展示和评价,在学习国外先进科学技术的基础上,不断提升自主创新能力,推动行业的科技进步;第三,对我国造纸及其装备行业教科书的更新也有一定的促进作用。

显然,组织实施这一"丛书"的撰写、编辑和出版工作,是一个较大的系统工程,将在该产业的发展史上留下浓重的一笔,对轻工其他行业也有一定的借鉴作用。希望造纸及其装备行业的企业家和科技工作者积极参与,以严谨的学风精心组织、翻译、撰写和编辑,以我们的艰辛努力服务于行业的可持续发展,做出应有的贡献。

中国轻工业联合会会长　步正发

2011 年 12 月

中芬合著:造纸及其装备科学技术丛书(中文版)的出版
得到了下列公司的支持,特在此一并表示感谢!

UPM

芬欧汇川集团

维美德集团

河南江河纸业有限责任公司

河南大指造纸装备集成工程有限公司

前　　言

当我接到《中芬合著:造纸及其装备科学技术丛书(中文版)》编辑委员会的邀请,主持翻译由芬兰造纸工程师协会等出版的《造纸科学技术丛书》《材料及其防腐和维护》时,几位充满活力的年轻工程师积极参加翻译工作,他(她)们都是在广纸中工作成绩突出的一线工艺和设备工程师,有非常丰富的实践经验,可以促进该书的翻译进程。正是由于他(她)们的积极努力,从签订出版合同,用了不到9个月的时间就完成了书稿翻译工作。

本书的内容属于造纸学科与材料学科中的腐蚀科学的交叉学科。在我国造纸工业迅猛发展的十几年来,造纸新项目的设备如雨后春笋般地在中国大地生根发芽,这些设备的使用时间还较短,设备材料的腐蚀问题还没有得到造纸工作者的重视。但是腐蚀如同潜伏在阴暗角落中的恶魔,悄无声息地吞噬着造纸企业的设备资产,给企业带来了不可估量的损失。随着中国造纸行业的产能过剩,市场竞争激烈,企业要立足于精益管理,提高设备的寿命和利用率,才能事半功倍地创造效益。因此,寻求防腐之道,降低设备的腐蚀速率的意义重大。

以最小的成本获得最大的运行时间和最优的设备性能,预防性维护将成为流程化工业中一个关键因素,这就需要最大化开发利用设备的性能和人员的潜能。人们常常忽视,腐蚀现象造成生产中断和利润损失的过程。腐蚀和防腐蚀是直接影响生产、经济和安全的因素。没有任何管理者希望工厂停工,产品受污染,产品价值流失。腐蚀和防腐蚀是主要的经济问题。成本考虑通常决定材料的选择和防腐蚀的方法。正确地选择材料可以减少投资的成本,适当的防腐蚀措施及维护可以提高生产利润。当使用危险材料或在高温高压下进行操作时,必须考虑工艺设备的安全性和可靠性。在考虑材料的选择时,可靠性必须大于经济性。对于许多工程设备建筑,结构和部件的材料选择需综合机械和物理性能的多方面。其次才是耐腐蚀性。在保证工程性能时,兼顾耐腐蚀是个很重要的因素。

这本书概述了材料、环境,以及两者之间的相互作用:腐蚀。关于腐蚀的控制方式,监控,维护等,本书在一定程度上都有所罗列。本书并没有罗列问题的具体解决清单。由于材料和环境的不断变化,腐蚀也是不断变化的,具体地罗列问题的详细解决清单,无法全面完整地解决当前的腐蚀现象。这本书没有进行详细的细节描述。读者可以参考研究本系列书籍整体的其他资料。书中所提到的腐蚀形式,腐蚀性环境和防腐蚀的案例主要来源于纸浆和造纸行业。有效的防腐是一门管理学问。掌握腐蚀与防腐蚀的原因远比处理机械故障要困难得多。

本书在第 1 章从材料学开始,介绍了材料学的抗腐蚀性质与腐蚀的基本原理;第 2、3 章介绍了腐蚀的原理与测试;第 4、5 章介绍了腐蚀在生产实践中的表现形态与种类,重点介绍在造纸行业中发生的腐蚀;第 6、7、8、9 章则将上述的理论与现象落到解决方法上来,为造纸工作者在生产实践中提供了解决思路。

本书由广州造纸集团有限公司周耘高级工程师主译,第 1 ~ 4 章由刘文波工程师翻译,第 5 章由黄洁工程师翻译,第 6 ~ 9 章由李海平工程师翻译。由于编译者的学识水平有限,翻译过程难免有不完善和差错之处,敬请读者批评指正。

周　耘

2015 年 6 月

目 录
—— CONTENTS ——

第①章 简 介

腐蚀是大部分建筑材料的自然分解过程。把这个过程经常联系起来的物质是金属,但腐蚀还包括塑料、混凝土、木材等。即使多数人在日常生活中熟悉腐蚀与防腐,但他们经常在大范围的操作中忽略这种现象。发达国家的一些关于腐蚀成本的研究表明,它能占到国民生产总值的 3% ~4%,而运用现有防腐技术与知识能做到 1/3 的止损。上述的腐蚀成本还未包括隐性损失,诸如全球范围内或环保方面的能量与原材料的损失:

① 1971 年,T. P. Hoar 撰写的防护腐蚀委员会的报告总结英国因腐蚀造成的代价相当于国民生产总值(GNP)的 3.5%。

② 巴特尔与北美特种钢工业估计 1996 年美国经济的年度金属腐蚀损失约 3000 亿美元,其中预计有 1/3 的损失(即 1000 亿美元)可以避免,方法是通过更广泛地应用防腐蚀材料,维护方面从设计上应用适当的抗腐蚀作业方法。这个估算部分来自于 Battelle 学者的成果的修正,巴特尔与标准和技术自然科学研究所主导了这个研究,研究的命题是"美国金属腐蚀的经济效应"。1978 年的原文使用了在 1975 年在美国金属腐蚀花费估算为 820 亿美元(占 4.9%的国民生产总值)这个数据。通过使用可用的保护手段,大约 330 亿美元可以避免。

③ 在北欧浆纸工业,腐蚀的代价大约每一吨浆 25 ~30 美元,其中直接损失占了 40% 的上述总损失,诸如产量损失或质量不达标更难量化。

腐蚀损失并不总能避免。避免腐蚀有时也不都经济。腐蚀问题首先是经济问题。这需要腐蚀与防腐的代价之间的平衡。

腐蚀科学与技术是跨学科的领域。主题是化学、电化学与材料科学。腐蚀学工程师必须懂得制造过程,及明白它们运作过程中的环境。运作过程的环境可以是化学过程或建设项目。腐蚀学工程师必须懂得其内部运作,以及不同的变化因素会有什么影响。腐蚀学工程师还必须有足够常识去决定哪种防腐措施最为经济,可使用常规方法计算出防腐投资的收益性。因为防腐蚀工程学不是一门精确的科学,所以在很多工程领域,随着时间积累的经验更有价值,成功的防腐蚀需要以下领域的知识:a. 设备设计与建造;b. 材料学;c. 化学;d. 工厂运行;e. 检测学。

1.1 腐蚀与防腐蚀

腐蚀是在金属与其环境之间的一种物理化学互相作用,结果使金属发生了不想要的变化。

变化可能导致金属、技术系统、环境与产品的负面影响。

现代腐蚀理论有两个基础部分:混合电位理论与表面膜的形成。大部分腐蚀过程属于电化学。不同的金属与溶液非均质性与几何因素会导致引起腐蚀的电位差。一些因素是不可避免的,但合适的制造与安装流程可以避免其他因素。

腐蚀是阴极降解反应的结果。阴极反应消耗了从阳极释放并转移到阴极的电子。腐蚀电池是一个闭合电路。这个电池电压是驱动力,电池电流强度符合欧姆定律。系统内电压更高与电阻更低可以得到更高的电流强度。另一个阴极或阳极能支持更多反应,但总的阴极电流强度必须等于总阳极电流强度。这种要求即是混合电位理论。腐蚀过程是从原子通过反应离开金属表面开始的。这些金属离子能与电解质中的物质(species)反应,形成反应物。在合适的条件下,这些反应物能在金属上形成表面膜。如果表面膜制止了进一步的腐蚀,则金属就会处于钝态,或金属自身是钝态的。

腐蚀形式是按它们对金属的破坏表现来进行分类的。虽然腐蚀的起因可能不清楚,但是目视检查能区分大部分腐蚀形式。既然很多腐蚀形式是不关联的,其术语也随时间不断变化,腐蚀形式也就没有一个统一被接受的分类列表。最基础的分类将腐蚀形式分成均匀腐蚀与局部腐蚀。在均匀腐蚀的情况下,大部分金属表面在腐蚀环境下其质量是均匀下降的。均匀腐蚀导致材料成吨损失,但局部腐蚀则存在更大隐患,它的一个问题是对钝态金属造成威胁。钝态表面膜本可保护大部分金属表面防止均匀腐蚀,但局部腐蚀往往发生在钝态表面膜相对脆弱的地方,或发生在腐蚀环境更严峻的地方。

在腐蚀环境中很多变化的数量是巨大的。例如,各种造纸过程是相似的,但每个工厂的腐蚀情况却有自己的特点,这个区别仅仅是温度或pH的一些小变化。工厂的操作参数经常随生产效率的变化、新化学品的引入或原材料的组成变化。大部分腐蚀现象在水溶液中发生。水的环境变化万千,从薄的水膜到本体溶液都可能,还包括自然环境与化学品。水溶液的腐蚀性取决于溶解气体、溶解盐、有机组分与微生物的存在。水溶液的表征参数有溶解质的浓度、pH、硬度、电导率等,影响腐蚀环境的因素是众多的,包括加速腐蚀与减缓腐蚀的因素。腐蚀问题的最好解决方案都是从研究溶液中的细微的化学变化而来的。

控制腐蚀的基本方法是良好的设计与选择合适的材料。腐蚀从图纸阶段开始就要做好防腐工作。从结构上防止腐蚀的原理很简单,但有时却很难做到。工序流程中的容器与设备的设计可能很复杂,必须符合政策法规。良好设计的目的是为了确保一个系统的寿命达到足够可靠的标准,且不用高估其材料的厚度。在特定的结构中可以接受的腐蚀伤害的类别、程度与速率,会因具体的应用而有所不同。人们可以获得一些针对防腐蚀的普及的好的设计与设计细节。最基本的规则是防止异质性,但良好的设计中防腐小细节非常多。大部分工程材料是热动力学上不稳定的。于是它们会腐蚀。很多因素会限制选材的可能性,但抗腐蚀方面却不会成为主要因素,经常在特定应用上只将材料的机械性质用来决定它是否合适。合铸与锻造过程给了一种金属其物理与机械的性质,用于得到必须产品的锻造与加工的方法也影响到金属性质。这些是金属的主要性质。抗腐蚀性取决于非常薄的表面膜。表面膜的稳定性取决于腐蚀表现。选材的重要性切不可低估。选择最优材料经常是解决腐蚀问题的最好方法,尤其当流程环境改变能导致产品降解时更是如此。

完全阻止腐蚀经常是不实际的。更好的目标是将腐蚀速率降到一个可以接受的程度。现存在一些防腐方法,最可行的解决方法由经济性因素决定。

腐蚀控制已经不只是解决类似管道泄露这种基本问题,而是包含了不会额外造成严重腐蚀问题的设计、建造与运行设备的手段。因此有效的腐蚀控制需要通过管理方法,在各部分通力合作下来实施。既然 1/3 的腐蚀消耗是可以避免的,例如能通过好的抗腐蚀措施来弥补,那么对于做好防腐措施的信息分享就非常重要。

腐蚀的控制与处理方法对工厂运营非常重要,因为设备与结构的腐蚀对运行与建筑安全有广泛影响。因为腐蚀将最终弱化对象直至需要被更换或强化之,经济性就成了另一个基本的考虑方向。腐蚀管理部门的任务应包括流程与设备设计,材质选择、建造安装、运行、维护与衡量经济状况。所有机构应开发与应用腐蚀控制方法来满足各种特定要求。防腐蚀是一项预防性与可预见性维护项目中的重要组成部分。

1.2 维护

维护是一项包含劳动与设备的复杂现象。它的目的是以最小代价使设备处于最优状态,来达到最长的运行时间。这意味着使用可用之人,从设备中获得最大业绩。在制浆造纸厂如何做到呢?这首先取决于工厂的运行年龄与规模,自动化程度,与维护人员必须投入的时间。造纸厂日常工作中,维护人员的人数与工作效率,实践中预防性维护的级别,维护满意程度的定义标准,都是重要的考虑对象。维护大全应包含所有这些科目,有不同的方法去评估结果。本书尽可能包含足够内容,成为制浆造纸厂维护人员的手册。作者尝试提供一个涵盖美国、加拿大与北欧纸厂的维护参数,为维护经理提供指引,为成本控制者提供设备效率与人员效率的评估新观点,为设备供应商提供建议。

自 20 世纪 80 年代起,对维护工作的研究热潮汹涌。关于这方面的课题的会议与文章大量增加。对维护的关注度提高的主要原因是成本控制与边际效应的提高。当生产 1t 浆的成本几乎等于售价时,运行预算就会被仔细检查,人们力图将所有成本降到最低。在任何工厂运行预算中维护费用都要占很大一部分。没有单一的工具能测量维护效果。对于一个机构而言,一个集中化的维护人力资源系统也许是最合适的,而在另一个时间,分散型人力资源系统更好。本书将讨论一些维护分析方法,每个工厂都可以选择最合适自己的方法。

随着造纸厂流程变得越来越"封闭",废气或废物排放量降低,维护与生产人员的工作要求将发生巨大变化。维护有时以生产的角度看可能不受重视,这种观念现在正在过时,如今维护工作即生产本身的一部分。维护已不再仅仅是"成本"。本书将集中展示关于制浆造纸厂的维护参数的重要性。

预防性维护的现代方法包括常规性巡视,设备在严重干扰生产、修理、彻底检修与重新评估来确定设备可靠性之前进行周期性检查。预防性维护的一部分工作是腐蚀与防护和管理工作,它值得得到比之前更多的关心。腐蚀不应该成为次要问题而被耽搁或遗忘。使用常规性巡视、检查、计划性检修的有效方法减轻腐蚀,可以创造巨大效益。将腐蚀管理包含在预防性维护计划中,并不是一件困难的事。

第 ② 章 制 造 材 料

　　材料科学是工程学的基础。材料的特性决定并限制了设备或结构体的能力与制造技术。材料的性能由材料的微观结构决定。微观结构由材料组成与工艺流程决定。许多工程师常优先考虑材料的物理性质，如强度、韧性、抗冲击性。材料性质还包括导电性与导热性，抗腐蚀性、可加工能力或可涂覆能力等。对于许多材料而言，微观结构的形成始于常在液态形式下的元素结合或成分的混合。凝固使不同的结构成型。机械加工也能控制材料的性质，机械加工决定想要的材料形状。材料可以通过不同的方法加工，包括铸造、机器加工、成型与连接。这些过程也改变了最终的微观结构，为制浆造纸工业确定了材料的性质。主要的金属材料类别有碳钢、不锈钢、镍合金与耐高温金属。本章给出了冶金学与这些合金制作、性质与使用概述。

　　许多因素限制了选材的可能数量。所有工程材料受限于腐蚀的形式，但抗腐蚀性常不是选材的主要参考因素。我们不可能为所有环境条件提供一系列合适的材料，因为环境中很小的变化就可能影响到腐蚀。图 2-1 显示了影响制造材料选择的因素。抗腐蚀性仅是其中一个方面。抗腐蚀性本身也受限于不同的因素，包括材料性质与环境因素。在工程应用中，机械性质比外观更重要。在建筑学中，外观是最重要的。在加工工业中，成本与抗腐蚀性是重要因素，加工便利性（即成型与连接作业的便利性）是考虑因素，可获得性与成本将肯定是决定性因素。

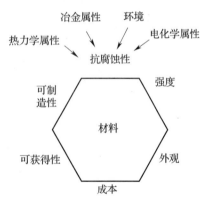

图 2-1　影响材料选择的因素

　　大型结构体经常使用碳钢或低合金钢，因为它们成本低廉并有足够的机械强度，但这种钢的抗腐蚀性差。于是人们在它们表面涂上保护材料来解决。抗腐蚀性的合金（如不锈钢与镍合金）用于腐蚀性强的环境，在污染控制、设备运行表现与设备寿命要求更加严格的场合，毫无疑问会增加抗腐蚀材料的使用。除非所有材料在它们所用的场合能抗腐蚀性，否则它们的有效强度、硬度、热传导性等没有用处。

　　制浆造纸工业的主要制造材料是碳钢与不锈钢，有些场合使用镍合金、钛与塑料。虽然本章主要讨论金属材料与它们的制造、性质与使用，但是也会讲到塑料。材料的识别依据是来自美国钢铁研究所（AISI）定义的类型或统一编号系统（UNS）的编号，它们是由美国材料试验协会（ASTM）与汽车工程师协会（SAE）发展起来的。其他自然标准的参考由 AISI 定义、UNS 编号或化学分析来支持。除非特别说明,化学组分采用质量分数。

2.1　概述

在自然状态下,大多数金属经常以矿物的形态存在,有些金属以金属形态存在。常见的矿物形态是金属氧化物、硫化物或碳酸盐。有价值的矿物沉积物叫矿石。金属从它们各自的矿石中浓缩、提炼出来,过程中消耗大量能量。图 2-2 显示金属的使用寿命圈中额外能量(excess energy)的累积与释放。金属中储存的额外能量总会趋于释放,金属会与它的环境发生反应,转化成它们的矿物状态。金属与环境的反应活性是金属抗腐蚀测量方法之一,更活泼的金属需要更多能量从其矿物中制造出来,也更容易被腐蚀。

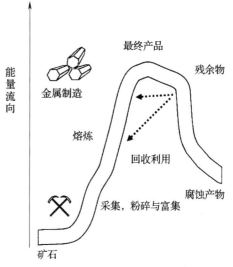

图2-2　金属制造与腐蚀期间的能量累积与释放

一般金属的制作过程如下:从它们的矿物浓缩物中熔炼出来,熔炼前要先提纯并铸造成合适的形式,还可能有进一步的提炼或工作步骤,所有步骤都影响金属的成分、微观结构与性质。冶金的主要影响抗腐蚀性的因素有化学成分、制作方法与热处理,因为这些性质影响了金属纯度与微观结构。

金属是一种晶体。固态金属的原子永远处于振动状态。随着温度上升,运动的振幅在加大,当温度达到熔点时,原子从晶格中游离出来,开始熔化。在熔化过程中,固定的晶格被破坏。当熔化状态的金属冷却时,某个晶核首先在熔点以下的温度成形,这叫超级冷却。原子核通过不断结合周围的原子不断增大,形成颗粒。接着颗粒与颗粒连接在一起。在缓慢冷却的过程中,金属形成柱状与支链状或树枝状。在快速冷却的过程中,金属形成同轴颗粒状。当熔化的金属冷却时,它的体积会略微缩小一些。溶解气体会在金属结构内形成气孔,除非它被还原或"消灭"了。例如,钢的还原要在钢水中加入硅、铝或钛,还原剂的选择对材料性质是有影响的。额外的硅会在制浆溶液中降低抗腐蚀性,由于热加工使钢趋向于脆性断裂,在非合金建筑钢中加入足够高量的铝可以消除这种现象。凝固的过程与热处理影响到颗粒的尺寸与微观结构中的相,只有在尽可能的高温下熔炼、在室温下快速冷却,金属的组分与结构才能稳定。

在室温下金属的微观结构是由颗粒之间形成的网络结构组成。颗粒内部金属是晶体结构。颗粒产生晶界的原因是因为邻近的颗粒有不同的结晶取向。常见的晶体结构有面心立方结构(fcc),体心立方结构(bcc)与六边形。铝、铜、镍、γ-铁(在 910~1390℃)、银与金是 fcc 结构,铬、钼、钒、钨与 α-铁(常温至910℃)是 bcc 结构。镁、锌与钛是六边形结构。

在金属结构中的晶格排列并不都那么完美。虽然大部分原子处于正确的位置上,但可能有小于一百万分之一的原子位置并不如此。一般地,这种不完美的排列决定了宏观样本的性质。这种由几何排列造成的结构缺陷分为一维缺陷、二维缺陷与三维缺陷。

① 点缺陷是指晶格内缺了原子,或被异物或间隙原子代替。

② 一维或线性晶格缺陷常见的现象是位错。位错时平行的晶体平面没有完成匹配。极端现象是边缘位错与螺旋位错。边缘位错是指原子形成了另一个平面,螺旋位错是指邻近平面不能排成直线。大部分位错是两者兼而有之。

③ 二维缺陷或平面缺陷的常见现象是堆积位错或二维位错与颗粒分界。

④ 三维缺陷或者被称为立体缺陷,常见现象是包裹、沉积、中空、裂缝或一些合金元素区域分布不均。包裹是指异物进入到金属基体中,异物一般有氧化物、硫化物或碳酸盐化合物,在基体中根本互不相溶。沉积物是指源自金属基体中超饱和的固溶体中的成分。

点缺陷与线缺陷是对颗粒范畴内而言的。平面与立体缺陷是对颗粒之间而言的。晶格缺陷对金属的物理、机械与化学性质有重要影响,这种影响可以是正面的,也可以是负面的。例如,位错移动给予金属可锻性,但中空与裂缝会降低金属的拉伸强度。

一般而言,对于特定的使用场合只有机械性质决定了材料的适用性。脆性断裂与韧性断裂的本质区别非常重要。在韧性断裂中,金属在断裂区域会发生塑性变形,韧性断裂是指晶体在平面上滑动的剪切变形。脆性断裂耗能少,发生时间快,韧性断裂在塑性变形阶段耗能高,脆性断裂是沿着颗粒晶界的晶体断裂,或穿过颗粒间的解理断裂。大多数颗粒在解理断裂时的断面都很亮。表 2-1 总结了韧性断裂与脆性断裂的表现。

有几个因素影响韧性或脆性断裂,对绝大部分金属而言,高温阶段才发生韧性断裂,低温阶段更可能发生脆性断裂,这个规律对 bcc 类的含铁金属尤其适用。从选材角度讲,脆性转韧性断裂的温度是金属的重要性质,当温度降低时,很多材料的断裂表现从韧性转为脆性,温度条件降低使适合的材料选择更多。

较软、韧性更好的金属常趋向于显示出韧性的表现。坚硬的金属一般更脆。尺寸小、薄、几何形状较简单的结构体推荐使用韧性材料。大型、厚的部件常含有不同性质的单体。如果一个结构体有缺口与内部单体,这会导致应力集中。如果负荷高的区域不能将负荷分配给结构体的其他部分,就不会发生韧性表现,更可能发生脆性断裂。低负荷区域推荐使用韧性材料,因为有足够时间将剪切力沿着晶体表面分配负荷。扭转负荷是韧性表现,而拉伸或压缩将导致脆性表现。表 2-2 总结了这些因素。

测量金属性质的方法有好几类。拉伸强度或最大抗拉强度是指维持原纵向区域不变时所受最大的力。屈服强度是以材料不出现残留的永久变形所能承受的最大应力。高于屈服强度,材料变形程度随应力的增加而不成正比的增加。在屈服强度以下,材料呈弹性表现,在受到负荷然后消失,材料不会永久变形。金属没有明显的屈服强度点,实际以 0.2% 残留变形的应力作为屈服强度。图 2-3 显示了一个常见的例子。

表 2-1　韧性断裂与脆性断裂的不同表现

	韧性断裂	脆性断裂
模式	剪切	解理
移动方式	滑动	裂开
塑性变形	是	不
过程	渐变式	瞬间
断裂面	暗且纤维似的	亮
微观形态	微凹,断裂	开裂

表 2-2　影响韧性与脆性表现的因素

	韧性断裂	脆性断裂
温度	高	低
金属强度	低	高
尺寸	小、薄	大、厚
几何形状	没有增加应力因素	缺口等
负荷程度	低	高
负荷类型	扭转	拉伸或压缩

脆性是指材料不在塑性变形下的断裂。延展性或韧性是指在不断裂的情况下的塑性变形。这些性质的测量显示出材料脆性断裂的趋势，或决定了它成形的能力。常用的测量方法是夏比 V 形缺口冲击试验。增加屈服强度或抗拉强度的因素将会降低延展性。只有颗粒级别的尺寸的减少对两种性质都有好处。硬度是材料抗穿刺的能力。韧性与硬度密切相关，但较强的局部塑性变形会影响硬度测量。抗疲劳性描述了材料对周期性或波动性应力的承受能力。测试采用在抗拉强度下施加重复应力来进行。断裂韧性是一个测试阻止裂缝扩大的抵抗力，及金属在断裂前吸收能量与塑性变形的能力。抗冲击强度描述了材料在引起断裂的条件下的表现。测试采用当单次打击打碎样品时，测量样品瞬间吸收的能量。蠕变阻力测量的是采用高温下当材料持续变形时所施加的应力。

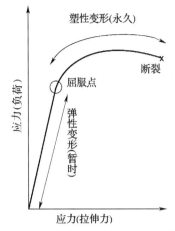

图 2 - 3　典型的应力应变关系曲线
显示出弹性与塑性变形区域

2.1.1　合金的铸造

合金的铸造是指将一种或多种金属元素熔合到另一种金属中，用处是提供了材料一种特定的属性组合，属性有强度、硬度、耐磨性、抗腐蚀性等。参与合金的每种元素的含量从小于 1% 到大于 40% 不等。母体材料，即基体，含量可以小于 50%。

合金的微观结构可能只有一种相，也可能有几种相。每种相的组分、机械性质与化学性质不同。如果合金的构成元素有相似的原子尺寸与相同的晶体结构，则它们会组成固溶物，那么在晶格中的母体金属原子的位置会被另一种金属元素代替或占据，它们分别是置换固溶体与间隙固溶体。在钢中，这些合金元素与小于母体金属原子 41% 的原子，如氢、氮、碳与硼在母体晶格中占据了间隙位置。如果可溶性受限，随着温度变化发生相转移，则微观结构会有两个或多个相，这取决于合金组分、凝固情况与热处理。

金属合金的结构变化与性质会随着组分与温度的变化而改变。相图或相平衡图能研究这种变化。横坐标是合金按质量分数的组分分布，纵坐标是温度。大多数相图是两种元素的合金，一个重要的相图是铁 – 碳系统。图 2 – 4 是一个假想的二相图，图中还有不同组分形成的不同的结构。

图 2 – 4 的材料是共晶体系。金属 A 与 B 互不相熔，不像纯金属，合金的凝固点是在一个范围内的，在此范围内的温度下合金是一个"面团"相，介于固相与液相之间。图中有四个相区：a. 液态（A + B）；b. 固态 A + 液态；c. 固态 B + 液态；d. 固态（A + B）。

合金的微观结构与组分有关。纯金属有它自己的结构，在组分 C_1 中金属 A 先沉积下来。随着温度的下降，A 沉积在液体中的现象持续下去。液态中的组分在固体 A 与液态，以及液态（A + B）之间的相晶界中流动。在共晶温度 T_E 下，余下的液体凝固形成少量 A 与 B 并排的复式结构，其化合物被称为共晶组成，它的相叫共晶相。C_2 组分的合金凝固的结果是形成 B 金属与它的共晶组成。凝固过程本身是不平衡的过程。即便从相图上能估计组分与微观结构，但在不同相之间巨大的浓度差异也会发生问题。在冷却与凝固的过程期间，液相与固相之间的溶质的重新分布，也经常会导致最终产品的偏析。

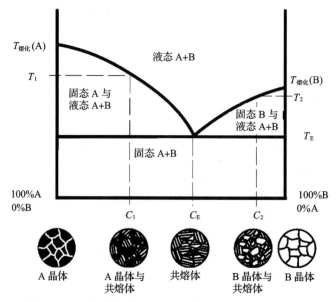

图2-4 二相图中在不同组分下得到不同结构的假想图

2.1.2 制造与加工

制作与加工方法对金属的性质也有影响。加工方法控制了微观结构，而微观结构又控制了金属性质，金属可被锤打成形或铸造，加工的方法有轧制、锻造、挤压与拉丝。对微观结构的主要作用是在加工作业方向上的颗粒伸长量。制作厚金属片采用热轧制，制作薄金属片采用冷轧制，热或冷轧制或挤压可以制作棒形与板形的金属。拉丝可制作无缝钢管。

铸造过程包括静态式、连续式、压射式与离心式流程。静态铸块的浇铸得到的颗粒结构更加等轴，比一般对应锤打成形的合金要粗糙。压射与离心浇铸会有比例更多的颗粒形成所想的方向性，如在金属模具表面附近树枝状的颗粒。所有浇铸产品都会有孔与杂质，因其包裹了熔渣或氧化物。一家好的铸造厂可以消除这些缺陷。图2-5显示了在静态浇铸期间颗粒的增长与取向的例子，在一个浇铸的合金中常有三个不同区域。冷却区位于模具壁附近，这里的金属颗粒小而均一，在浇注的时候，液体接触到冷的模具时会发生快速冷却。许多固体核在模具壁附近成形并增长。在浇注之后模具壁的温度下降梯底减缓，在冷区的晶体增长开始出现分支。温度下降方向与模壁成直角，因此树枝状晶体的增长在这个方向是最快的，于是形成了柱形颗粒。在中间区域，温度下降率剧烈下降，结果形成均一但粗糙的颗粒，颗粒方向是随机性的。虽然有时不存在中间区域的粗糙产品，但这三个区域的结构对大部分金属产品都很典型。

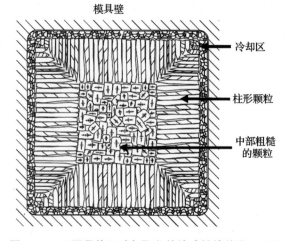

图2-5 不同晶体尺寸与取向的铸造锭块的微观结构

在大多数情况下,浇铸得到的合金比锻造等方法得到的更容易被腐蚀,这是因为浇铸合金在局部成分与微观结构上不均匀。例如,保护性合金元素在小于平均含量的区域更容易被熔化。一些非金属杂质可能更趋于阴性反应,这增加了局部的熔化速率。浇铸的合金可能也有一些不同异物抵消了浇铸效果,这有时会影响腐蚀形态。合理延长熔液的退火时间能使铸块各成分均匀化分布,改善抗腐蚀性。

焊接金属对金属的微观结构影响与浇铸有相似之处。温度快速起落对金属的处理效果类似于淬火效果。在常见的熔焊中,母体物质(或母材)与填充物质被加热到它们的熔点,然后快速冷却。金属原来的微观结构与性质在焊接附近区域发生改变。这个区域叫热影响区域(HAZ)。冷凝的填充金属在周围的原母体金属的围绕下被稀释,其结构为粗糙柱形。挨着焊接区的熔化区,冷凝的母体金属没有跟填充金属混合,再挨着的是粗糙颗粒与微细颗粒区,它们只是部分熔合在一起。在焊接点也可能产生孔洞与焊渣。焊接期间冷热循环会导致高的残余应力,除非此应力能设法消除。焊接工作可提炼金属颗粒的尺寸,但大部分焊接点都存在大而粗的、树枝状的颗粒。焊接点冷凝时也会发生合金偏析,热处理与填充金属的选择可以改善焊接微观结构。

2.1.3　热处理

热处理的目的是通过控制加热的温度、温度升降速率来达到想要的材料性质。热处理的主要目标是控制材料硬度与韧性。常见的热处理方法是热加工(轧制、锻造等)、退火与淬火。热作业意味着在某一温度下金属可塑性变形,拉伸时重结晶作用与变形同时发生。对比起冷加工,它可避免应变硬化现象。低碳钢的热处理温度是870～1100℃。在钢被冷却到870℃以下之前要完成所有作业。工件在空气中冷却。在高温下有轻微程度的变形或完工阶段的变形都可能导致颗料增长与之后成品的韧性降低。正火可恢复韧性。冷加工经常在室温下进行,不过不是一定要在此条件下,在冷加工的温度与应变率所导致的应变硬化下,金属发生塑性变形。冷加工是在金属重结晶温度以下进行。

退火意味着加热温度降到合适温度,目的是使温度下降率达到合理水平,可降低金属硬度,有助于冷加工,制作出想要的金属微观结构等。退火是个通用术语,主要是指降低金属硬度的同时在其他性质或微观结构上得到想要的变化。当只为了降低应力时,加工过程被称为去应力退火。退火是正火的另一种术语称呼,换句话说,将增大的颗粒恢复回原来大小的意思,而在金属硬化之前制作合适的金属微观结构叫温和退火,等等。

可使用不同的技术进行硬化。对于钢铁,虽然也有使用沉淀硬化法,但主要的淬火方法是马氏体硬化法。马氏体是指不扩散的相变形成的微观结构,其特征是含铁与非铁合金中针状微观结构,在合金中溶质原子占据了晶格间隙位置,例如铁中碳原子,其结构就会比较坚硬,难以拉伸。当溶质原子是以替代性地占据位置的,例如铁中的镍原子,马氏体就变为软而有韧性。对于碳钢而言,由加热与马氏体转化造成的硬化能制成奥氏体结构,淬火能将奥氏体转化成马氏体,回火可降低金属硬度而提高韧性。淬火一般是指金属在一个合适的升温速率环境下快速冷却,使用水、油、高聚物溶液或盐浸泡。回火是指在共熔点以下将淬火钢或淬火铸钢重新加热,可降低金属硬度并提高韧性。正火钢与非铁合金有时也使用这种加工法。钢的回火一般是暴露在空气中在200℃至少持续1h。陈化是指金属性质的改变的一种方法,在室温下,金属一般会陈化,在高温下这个过程会更快。陈化用于快速冷却或冷加工之后的硬化,陈化在金属性质上的变化是因为相变,是化学组分的变化。

2.1.4 表面膜处理

炼制合金与制作过程赋予了金属物理与机械性质。这些是金属的主体性质。抗腐蚀性取决于金属表面的薄薄一层,腐蚀是从金属的原子与环境接触开始的。金属离子与电解质发生反应生成反应物。在合适的条件下,这些反应物在金属表面形成膜。表面膜的稳定性决定了腐蚀的情况。如果表面膜保护金属不会被进一步腐蚀,则金属就处于钝化状态。典型的金属有不锈钢、铝与钛。一些合金中的铬会增加钝化程度。

活泼金属一般会均匀地被腐蚀而减重或变薄。钝化金属不会明显被腐蚀,但在特定环境下,它们会在局部位置被腐蚀。典型的局部腐蚀形式有点蚀、缝隙腐蚀与应力腐蚀开裂。局部腐蚀速率快于均匀腐蚀,因此钝化金属的局部腐蚀会比活泼金属的均匀腐蚀更危险,钝化现象受膜的成形、组合与强度影响。所有钝化金属在钝化膜被破坏与污染后能变得活泼。暴露新的表面含有异物、擦痕、刻痕等,它们比平面形式更容易被腐蚀。例如,一种钝化处理的方法就是不锈钢在冷轧与浸洗。

保护性表面膜的形成取决于金属成分与环境,当溶解速率足够高并环境合适,反应物的膜就有可能沉积下来。保护膜的形成是动态现象。腐蚀产生的膜对金属保护是几种现象的综合的结果,主要因素是化学成分与稳定性、厚度、吸附性、机械性质与包含保护膜的缺陷密度的晶体结构。纯氧化膜一般是有保护性的。钝化膜含有结晶混合物,无定形的氧化物,被吸附了的水分子等。不是所有表面膜都有保护性。例如,在热处理、热轧与热锻期间,会在钢铁表面形成所谓的锈皮。锈皮是 $10 \sim 100\,\mu m$ 厚的一层膜或氧化物。氧化亚铁层(方铁)紧挨着金属,四氧化三铁(磁铁)是中间层,三氧化二铁(赤铁)是外层。锈皮的表面是蓝灰色,它不是保护性表面膜,在机械或差热应力的作用下,金属表面裂开,碎片脱落并露出金属表层。另一种非保护性氧化膜是不锈钢表面的回火色。当不锈钢表面焊接之后,在冷却前暴露在空气中时,就会形成回火色。在表面处理之前,需要去除锈皮与其他合金类似的膜、腐蚀产物等,因为它们会碎掉,所以在处理完之前上漆是没用的。

2.2 碳钢与低合金钢

碳钢与低合金钢是制造材料中最重要的一类,钢的价格相对便宜,通过熔炼合金与热处理的方法能达到相当多样的机械性质。适当的合金熔炼与使用不同的增加强度的锻造方法,就能得到想要的机械性质。

这类钢铁的制作过程有两步。第一,铁矿与焦炭在鼓风炉中熔化成含碳量高的生铁,接着通过用氧气还原碳来将生铁转变成钢铁,同时将钢铁中的杂质去除,然后钢被还原与铸造成初轧坯或中小型坯,然后加工成想要的形状。浇铸可以使用模具或连续性工艺。鼓风炉去除硫与硅杂质,转炉去除磷与锰。典型的碳钢最多含有 0.55% ~ 0.6% 的硅,1.5% ~ 1.7% 的锰,0.06% 的磷与 0.06% 的硫。硫与磷导致焊接效果差,抗冲击性差。硅以二氧化硅的形式存在,降低可加工性与成形性。锰含量高会降低抗冲击性。含硅量低,例如质量比小于 0.01% 的碳钢用于间歇式硫酸盐蒸煮器,有时能提高抗腐蚀性。许多现代工艺的钢的杂质含量已比几十年前规定的可接受含量还要更低。

纯铁有两种晶体形式,bcc 型的 α – 铁与 fcc 型的 γ – 铁,图 2 – 6 显示了铁—碳两相图,内

有占主导的 α – 铁素体、奥氏体（γ）、δ – 铁素体与渗碳体（即分子式为 Fe_3C 的化合物）。α – 铁素体或纯铁素体是指碳原子在面心立方形铁晶格中占据间隙位置而形成的固溶体。碳含量最大约 0.025%。铁素体韧性强，可以使用冷加工或热加工。铁素体有明显的屈服强度点。趋向于解理断裂，这是最典型的脆性断裂类型。奥氏体也是铁碳固溶体，奥氏体的碳原子在体心立方晶格中占据了间隙位置，碳的最大溶解度为 2.06%。虽然奥氏体在室温下不稳定，但是当它快速冷却时其结构仍可能部分保持奥氏体的结构。因为碳含量高，奥氏体比铁素体硬度高。它的韧性高，易加工性好。奥氏体没有屈服强度点，不易解理断裂。δ – 铁素体是面心立方结构，只存在于高温环境。如果碳含量太高而不能溶于铁中，则多余的碳会形成渗碳体。渗碳体是铁 – 碳化合物，分子式为 Fe_3C，属于亚稳相，会在 1300～1900℃ 下分解，没有熔点。渗碳体是一种非常硬而脆的化合物。

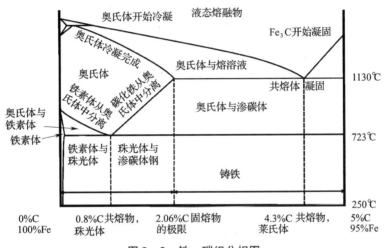

图 2 – 6　铁—碳组分相图

钢经常重新加热与冷却数次来得到想要的形状、特定的机械性质与必要的微观结构。这些加热与冷却过程都有名称描述它们特定的目的，名称与铁—碳相图的温度有关，在退火过程中，钢立即在低于共熔点的温度下被加热，A1 = 723℃，用于重结晶并去除之前冷加工造成的负面效果与颗粒变形，这就可以允许进一步的轧制与锻造。奥氏体化是指加热钢到奥氏体相区来溶解更多的碳。因为温度在奥氏体—铁素体相边界附近（温度 A3），使晶粒增长最小化。在冷却时形成的铁素体与碳结构的颗粒细腻，有良好的机械特性。从奥氏体区域的温度下降率决定了所形成的微观结构，更快的冷却能得到更好的结构与机械性质。淬火或快速冷却使奥氏体转化成正方晶系结构，这结构被称为马氏体，马氏体一般之后还要回火。回火是指淬火的钢在低于 150～700℃ 以下的温度重新加热钢，使带有强度与韧性的非常细的碳扩散与沉积。在淬火期间不转变成马氏体的奥氏体会产生问题，因为接着它会分解而产生脆的渗碳体层，就会造成开裂。在慢速冷却期间形成片层状珠光体与贝氏体结构，于是形成铁素体与渗碳体而不是马氏体。

2.2.1　机械性质

碳钢是碳与铁的合金，碳的质量分数高达 2%，更高碳含量的合金叫铸铁。碳钢分几类，根据它们的用途可分结构钢（UNS G 与 UNS K 系列中碳含量小于 0.6%）与工具钢（UNS T 系列中碳含量大于 0.6%)。所得的机械性质主要取决于碳含量与碳含量能达到的增强方法。低碳钢与软钢含有质量比至 0.3% 的碳。这些钢都是典型的结构钢,也可用于浇铸。它们强度低但韧性高,除非表面有硬化加工处理,否则热处理不能使它们硬化。它们的用处是热加工特别是热轧钢、做成铁棒或板形钢、机械设备组件、螺栓与铆钉、冷轧薄钢板。中等含碳量的碳钢含碳 0.3% ~ 0.6% 。它们存在强度与韧性的平衡,热处理可以提高这些机械性质,但只能影响薄型钢与厚钢片的表面。中等碳钢适合做设备部件。高含量碳钢碳含量大于 0.6% ,它们能被硬化,用于器具、抗磨损与高强度的部件。

结构钢包括非合金碳钢,屈服强度为 200 ~ 260MPa,锰合金钢则为 230 ~ 320MPa,这种钢现已被细晶粒钢取代,细晶粒钢的屈服强度是 260 ~ 450MPa。淬火与回火钢的屈服强度是 450 ~ 900MPa。压力容器用钢跟结构钢有同样的要求,但在低温下它们必须保持它们的韧性。碳钢主要的要求是强度与焊接能力。

开发低合金钢的主要目的是为了提高碳钢的机械性质,少量的合金元素影响主要影响钢水的冷却率与所得的微观结构之间的关系,于是产品硬度与强度就会受影响。抗腐蚀性方面低合金钢与碳钢差不多,但它们在空气中的抗腐蚀性会更好。低合金钢含有 4% ~ 5% 质量分数的合金元素,主要是铬、镍、铜、锰、钒与钼。例如,高强低合金钢(HSLA)最低屈服强度都有 275MPa,因为它的强度更高,所以可以用于更薄的部分,用在需要减重的地方。一般的 HSLA 是低碳钢,锰含量高达 1.5% ,并增加了铌、铜、钒或钛来增加强度。它有时使用特殊的轧制与冷却技术。耐候钢是低合金钢类型中开发出来能抵抗空气腐蚀的一种,主要合金元素是铜,并含有比铜更少量的各种元素。当这类钢暴露在相对没有污染的空气中反复浸泡与干燥,它的表面能形成一层棕色的保护膜,在持续的浸泡下,就不会形成保护膜。主要作用是用在特殊建筑效果或因机械磨损大不能用涂层防腐的地方。耐热钢能在高温下保护它们的机械性质。它们不会轻易被氧化,这种合金使用高达 9% ~ 10% 的铬,一些钼与硅来形成一个保护性氧化膜,这种钢因为是含铁微观结构,能长期暴露在 475℃ 也不会变脆。

碳的替代物可以预估焊接的能力,可由来自国际焊接研究所提供的等式(2-1)算得。当碳含量大于 0.18% 或当焊接后温度从 800℃ 降到 500℃ 的冷却时间长于 12s 时,此等式可适用。还有其他碳替代物等式,如果碳替代物是 0.41 或更小,则其焊接能力用什么方法都行,也不用预热。

$$C_{ekv} = C + \frac{Mn}{6} + \frac{Si}{6} + \frac{Cr + Mo + V}{5} + \frac{Ni + Cu}{15} \qquad (2-1)$$

增强的方法给了钢机械性能。下面部分讨论常见的简单铁基系统增强方法。增强铁合金的基本机理涵盖了固溶体用间隙位与替代位原子强化、颗粒尺寸提炼、弥散强化与加工硬化。固溶体的掺合料或是提纯颗粒尺寸可以强化奥氏体或铁素体晶格。碳与氮的间隙原子的表现最为重要。低至 0.005% 的碳与氢在张力的作用下可导致弹性与塑性变形之间直接的转换。奥氏体能形成高达 2% 的碳含量的固溶体,可以进行快速淬火保持碳含量。相变的结果是马氏体。因为填隙式固溶体的硬化,高碳含量的马氏体一般硬而脆,马氏体的回火可使产品在保持强度的基础上韧性更强。使用常见的合金元素,如锰、硅、镍与钼作为取代原子来强化固溶体,它们就是掺合料的效果,添加这些合金元素的另一原因是强度可以更高。提炼铁素体的颗粒可以得到更高屈服强度的产品,增加幅度与颗粒尺寸的平方根成正比。通过紧密控制轧制与微合金技术如今可得到 2 ~ 10μm 的颗粒尺寸。

微观结构中对其他相的分散控制能改善基体的强度,更常见的其他相是碳,如碳钢中的渗碳体,还包括氮化物与金属互化物。大多数分散能增强金属的同时会降低韧性,这就是弥散强化。塑性变形引起的加工硬化对得到高强度的铁棒与铁丝尤其重要,一般的不锈钢也通过加工硬化来形成其抗磨损性。加工硬化也可能有负面影响。有时候,正常的奥氏体不锈钢因为不断地振动而发生加工硬化。这导致与设备部件与结构体更脆弱并裂开。

2.2.2 抗腐蚀性与应用

碳钢与低合金钢的抗腐蚀都差,一般要在其表面上涂上涂层米保护它们,如油漆、橡胶或塑料衬里。热浸镀锌一般用于防止大气腐蚀。当空气相对湿度超过 6% 时,碳钢就会腐蚀。在形成一层水膜后,腐蚀速率取决于暴露在空气的时间、pH、与氯化物和二氧化硫的存在。局部空气环境比宏观大气环境对腐蚀重要得多。钢的成分、表面状况与接触角也影响腐蚀速率。腐蚀速率一开始较快,在第一年暴露在外界后形成表面膜,腐蚀速率就会下降,碳钢与低合金钢在造纸的环境中,其水环境的抗腐蚀性一般是较差的。合金元素或正常含量的残余杂质在浸泡环境下对腐蚀速率影响不大。被腐蚀的产品也无保护性。在清水中,一般腐蚀速率是 0.05mm/年,但因为较松、多孔与无保护性腐蚀膜,可能使不均匀的外力冲击导致腐蚀穿透的更深更快。如果钢产品纯度允许钢也可用于腐蚀率高达 0.2～0.5mm/年的场合,因为考虑到定期停机的维护,用碳钢的成本是很低的。所以在这种情况下,设计者可考虑腐蚀允许程度。设备的厚度要大于设计寿命。碳钢还用于除常温下的低分子量酸与中碱性溶液之处的有机化学品,碳钢适合储存浓硫酸与高达 50～55℃ 的氢氧化钠。碳钢对应力腐蚀开裂很敏感,例如在浓硫酸与氢氧化钠的环境中。

虽然碳钢与低合金钢抗腐蚀性差,但它们在制浆造纸行业中应用广泛。碳钢用于不直接接触腐蚀环境的结构体,并有油漆保护。在有些情况下,碳钢也可以用于腐蚀环境中,尤其在碱性介质中。大型设备,如硫酸盐蒸煮器或碱回收锅炉,常使用廉价的低合金钢。许多设备非关键性部分也使用低合金钢。由于水泥碱度的原因,碳钢适合用来加强没有表面保护的水泥建筑。渗入水泥的各种化学品能导致钢的脱碱作用与腐蚀,含锌钢筋、有机涂层、缓蚀剂或阴极防蚀法都是防腐方法。

硫酸盐蒸煮器内部为碱性环境,碳钢是适合的。只要氧化层没有被破坏,碳钢就不会被腐蚀。因为部分区域的保护层失效,储如涂覆与电化学保护的方法越来越常见。保护层失效是受到了破坏造成,这是由于在排料与吹气或残余应力期间强有力的液流引起的。现代蒸煮器不再使用无保护性的碳钢直接接触蒸煮液,在其他制浆过程中,碳钢因酸性环境、氯化物或机械磨损而容易腐蚀。

洗浆与蒸馏系统适合用低碳钢,因为黑液与洗涤液是碱性的。在储存槽会发现积浆处会发生腐蚀,当氯化物浓度增加、pH 下降时,这变成一个更严重的问题。在洗浆阶段封闭系统中使用酸性漂白车间的滤液的,碳钢可能被腐蚀。在碱回收时,碳钢适合绿液的泵送与存放,但水管腐蚀可能是个问题。碳钢也可用于处理绿液去澄清器与苛化器,因为绿液中含有固体颗粒,它可能导致被腐蚀,白液对碳钢有轻度腐蚀,管道腐蚀、硫化物腐蚀使碳钢无法应用。

无涂漆的碳钢不能用于漂白车间的溶液,纸厂中碳钢可用于建筑、基础等,碳钢与低合金钢不适用于直接接触浆,因为产生的锈会使浆变色,纸机的辊与轴可用碳钢与低合金钢。这里的主要问题是腐蚀疲劳。在造纸中碳钢的使用趋势在下降,流程的封闭性使溶液温度上升,溶解离子浓度上升,使溶液的腐蚀性更强。未来未涂保护层的碳钢将不会接触到水溶液。碱回收锅炉主要使用碳钢与低合金钢。在 20 世纪 60 年代开始芬兰首先遇到碳钢管道严重腐蚀的问题,结果他们改变了管道材料。在熔融区中因烟道气中的硫化氢碳钢会腐蚀,最高操作温度限制在300℃。在氧化燃烧区,存在问题是因为黑液颗粒与浓缩盐的转移中的热腐蚀。相对而言不锈钢能有至少十倍的抗腐蚀能力,但不锈钢的风险是接触蒸汽可能发生应力腐蚀开裂,这导致如今混合管道做出表面使用不锈钢的改进。耐热型铁素体钢也用于管道材料,这种钢的合金用1%～3%或10%～13%的铬与1%的钼。奥氏体铬—镍钢的蠕变阻力更好,但它们更贵,热延展性更大,更趋向于局部腐蚀。

2.3　不锈钢

不锈钢是铁基合金,至少含有11%～12%的铬含量来得到保护性表面膜。现代不锈钢是从20世纪发展起来的。它们是防腐应用中最常见的合金,有几种类型。分类的主要依据是微观结构,主要有奥氏体、铁素体与马氏体钢。奥氏体不锈钢是奥氏体相占据主要比例的钢,奥氏体相通过加入铬或锰来保持稳定的。类似的,铁素体不锈钢是以稳定的铁素体相为主要成分的钢,掺配料是铬。马氏体钢则含铬而非镍。碳含量越高的钢硬度越高。除了上述合金以外,还有含奥氏体—铁素体结构的双相不锈钢,高强度的马氏体—沉淀硬化钢,后者主要发挥机械强度的优势,它们的缺点是抗腐蚀性比其他类型差。

早期炼不锈钢的方法是在电弧炉里熔化与提炼,现代的电弧炉只是一个熔化单元,提炼作业在另一个容器中进行。流程步骤是装料、熔化、脱碳、还原与完成。装的料包括废钢、铬铁与其他合金元素。料被熔化与脱碳,氧气预先喷入到熔化的金属中去氧化与去除钢中的碳,喷氧会导致铬的氧化而损失经济价值,这要尽量避免。使用碱性炉渣与还原剂去还原铬。在完成工段,进行脱硫、熔炼合金、控温等工作。在脱氧后就可以铸造钢铁了。电弧熔化与氧气脱碳的问题是吹氧可将碳含量最低降到0.04%,再低时铬含量损失太大。为了解决这个问题,20世纪70年代发明了氩氧脱碳法(AOD)。AOD是两段流程。金属在炉内熔化,脱碳与进一步提炼在另一容器。AOD流程中,氩氧混合物吹入容器底部,使碳含量最多降低到0.03%。这个方法也提供了准确控制合金元素含量的手段。

2.3.1　不锈钢的种类

奥氏体不锈钢是最常见的类型,这类铁合金含16%～18%或更多铬与足够镍来保证奥氏体结构的稳定。在纸厂这是使用最为广泛的防腐蚀金属,只有碳钢的应用比它广。含有的铬与镍是AISI 300系列。那些含有铬、镍与锰是AISI 200系列。加入锰合金替代更多的铬是因为锰可以作为奥氏体促进剂。退火的奥氏体不锈钢强度低一些,但韧性也高一些。奥氏体不锈钢可通过冷加工而非热处理来增加强度。虽然在冷加工时有时可能会有磁性,但是在它们的退火阶段都没有磁性,它们有良好的抗腐蚀性与成型能力。铁素体与马氏体不锈钢含有高于12%的铬,它们属于AISI 400系列,有磁性。铁素体不锈钢有低含量的碳,热处理不能使它们硬化。它们有良好的韧性与抗腐蚀性。马氏体不锈钢含有更多的碳,热处理可以使它们硬化,但它们只是在温和的环境下才能保持抗腐蚀性。大部分属于UNS S系列的不锈钢合金的含铁量超过50%。

不锈钢的微观结构与图2-7的Schaeffler相图中的成分有关,这个图主要用于确定焊接中残余铁素体,也适合熟钢与热处理不锈钢类。这种微观结构取决于奥氏体与铁素体稳定剂的量。镍等式与铬等式形成了图中的两个轴。等式(2-2)与式(2-3)给出了它们的计算方式。等式中的元素符号代表合金中组分的质量分数。

$$\text{Ni}_{等式} = \% \text{Ni} + 30 \times \% \text{C} + 30 \times \% \text{N} + 0.5 \times \% \text{Mn} \qquad (2-2)$$

$$\text{Cr}_{等式} = \% \text{Cr} + \% \text{Mo} + 1.5 \times \% \text{Si} + 0.5 \times \% \text{Nb} \qquad (2-3)$$

钴与铜可以增加镍等式值,钒、铝、钛与钨可以增加铬等式值。为了得到想要的微观结构,钢的成分要求控制得比较精确,增加一些合金常需要改变其他成分来维持住微观结构。例如,如图 2-7 所示,铬与钼含量的增加可提高抗腐蚀性,但也需要增加镍来保持奥氏体的微观结构。

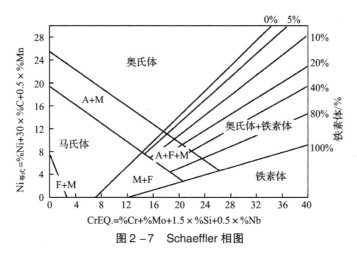

图 2-7 Schaeffler 相图

图 2-8 显示了所选择含合金元素的不锈钢类型及它们性能之间的关系。母体不锈钢是含有 18% 铬与 8% 镍(AISI 304 或 UNS S30400 类)的奥氏体合金。18/8 合金适合氧化性环境,为了改善在还原性环境中的抗腐蚀性,加入了 2% ~3% 的钼(AISI 316 或 UNS S31600 类)。316 的进一步改进是 317(UNS S31700 类),这几类合金的碳含量最高为 0.05%。在焊接期间或对 5 ~6mm 或更厚的钢片进行热处理期间,碳会对晶间腐蚀很敏感,因为厚金属片冷却较慢,有更多时间形成铬的碳化物。为了降低敏感性,低碳类的不锈钢 304L、316L 与 317L 含碳量降到 0.03% (分别为 UNS S30403、UNS S31603、UNS S31703 类)。稳定型不锈钢如 321(UNS

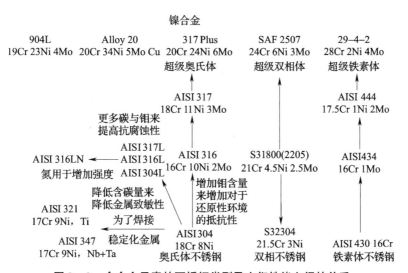

图 2-8 含合金元素的不锈钢类型及它们性能之间的关系

S321 类)或 347(UNS S347 类)也用于避免敏感性与焊接时的晶间腐蚀。当合金元素含量进一步增加,就得到超级奥氏体不锈钢。它们一般被称为 6% 钼合金或 UNS 31254 型合金。这些合金的含铁量可能小于 50%。再增加合金就得到镍合金。铁素体不锈钢在纸厂中用得较少。最基本的种类是 AISI 403(UNS S43000 类),含有 16% 的铬,AISI 409(UNS S40900 类)铬含量更少,使用环境也相对没那么恶劣。稳定 AISI 409,AISI 439 与 AISI 444 可以改善焊接状况。AISI 444 也可以含有钼,可在还原性环境下增加抗腐蚀性。这类钢是 400 系列铁素体不锈钢中含钼量最多的种类。比这类钢钼含量更高的合金叫超级铁素体不锈钢。20 世纪 70 年代开始用于生产。超级铁素体不锈钢一般含约 30% 的铬与 4% 的钼与一些镍。例如,用于热交换与热电厂的冷凝管里的是 29—4—2(铬—钼—镍)。

含奥氏体与铁素体颗粒的双相不锈钢结合了奥氏体与铁素体的优点,即铁素体不锈钢的抗腐蚀性与奥氏体钢的焊接性能。最开始的双相钢如 UNS S32900 不含有镍,在焊接时它们在热影响区里形成连续性的铁素体相,这降低了它的韧性与抗腐蚀性。双相钢加入合金含量最少的是 UNS S32304,有 21.5% ~ 24.5% 的铬与 3% ~ 5.5% 的镍。增加抗腐蚀性就要提高镍含量。钼合金增加对还原性环境的抵抗力。最基本的双相钢由几家公司在 2205 设计图下制造,编号 S31803,这类钢含有 21% ~ 23% 的铬、4.5% ~ 6.5% 的镍、2.5% ~ 3.5% 的钼。在铬含量高的情况下经常出现钼。这里常需要添加镍或氮来维持 UNS S31803 类与 S32750 类钢的微观结构的平衡。超级双相不锈钢常含有 25% 的铬与 6% ~ 7% 的镍,它的钼含量大于 3%,与其他不锈钢类似,超级双相不锈钢的耐点蚀当量(PRE)超过 40。

奥氏钢成型能力好,在冷的环境下强度好,焊接性好,低合金不锈钢的屈服强度在退火阶段下约 290MPa,如 S30400 与 S31600,一些含氮的更高合金的不锈钢在退火阶段有更高的屈服强度。冷加工经常能增加钢的强度,特别在更高合金的奥氏体不锈钢,在氧化环境下奥氏体不锈钢抗腐蚀性强。加入钼能增加还原性环境下抗腐蚀性。这类钢容易产生点蚀、缝隙腐蚀与应力腐蚀开裂,尤其在含卤化物的溶液中。在氧化性的酸中焊接与热处理可能导致对晶间腐蚀敏感。避免方法是限制碳含量小于 0.3%。使用钛或铌作为稳定剂,并避免温度在 550 ~ 700℃。奥氏体不锈钢可加工性能不好,但加入硫或硒(AISI303 或 AISI303Se)可以改善之。这类钢抗腐蚀性差,它们不适合锻造,也不能抵抗磨料磨损。

铁素体类不锈钢比含镍奥氏体不锈钢便宜,但经常在韧性上也差一些。它们在氧化性环境的抗腐蚀性强,但在还原性环境下抗腐蚀性不如奥氏体类。钼合金可以改善之。这类钢只会轻微造成应力腐蚀开裂。如果镍含量在 18% 以下它们有好的加工性能。铁素体类不锈钢不能进行热处理或被烧焊,因为它们会发生几种变脆的现象,在 900℃ 以上有可能因晶粒增长而造成变脆。当加热钢的温度在 370 ~ 540℃ 时,475℃ 会发生变脆现象。加热的结果是抗拉强度与硬度上升,韧性与抗冲击性下降。σ - 相是一个非常脆的金属互化物,如果超过 14% 的含铬合金长时间暴露在 650 ~ 900℃ 下,FeCr 的沉淀就会发生 σ 脆化。铁素体不锈钢在低温下易脆性断裂,它们的热蠕变阻力不如奥氏体不锈钢。

双相不锈钢一般两种微观结构的比例为 50% /50%,如果一方偏少,最少也要大于 30%。它的微观结构是在奥氏体晶格中的铁素体颗粒模型,或铁素体晶格中的奥氏体颗粒模型。铁素体与奥氏体双相微观结构的作用是结合两者的优点,即铁素体的强度、抗应力腐蚀开裂,而奥氏体的焊接能力与韧性好。自 20 世纪 30 年代以来双相不锈钢就有应用,但只用于不焊接的结构体与浇铸中。原来的双相的问题是它们可能会失去奥氏体与铁素体的最佳平衡点,导致对还原性环境的抗腐蚀性与韧性的下降。氮合金与 AOD 技术解决了这个问题。在氧化环境下铁素体 – 奥氏体不锈钢有好的抗腐蚀性,它们不容易出现应力腐蚀开裂。它们的强度是奥氏体不锈钢的两倍。当焊接厚的钢片时能见到晶粒增长的脆化,并且钼合金的晶粒显示出 σ 脆化。在 800 ~ 900℃暴露时间长于 5 ~ 10min,金属互化物的沉积相导致防腐蚀性的下降,通过在 370 ~ 540℃加热更长时间,可以发生 475℃的脆化。双相不锈钢利用它们的成分可进行分类。低合金不锈钢不含有钼,当需要提高应力腐蚀开裂的抵抗性时,它们可以取代 AISI316 类不锈钢。中等合金类不锈钢含有 2% ~ 3% 的钼。它们的抗腐蚀性可以与高含量奥氏体不锈钢相当,如 904L。高合金类与超级双相不锈钢含有高于 25% 的铬与 6% ~ 7% 的钼。它们用于特定场合,并且它们的抗腐蚀性可以与超级奥氏体不锈钢相媲美。

2.3.2 抗腐蚀性及其应用

不锈钢不像金与铂那么贵重。不锈钢的抗腐蚀性来自钝化的铬氧化物表面膜,膜在很多场合中有自我修复的能力,表面膜最小需要有 11% ~ 12% 的铬含量,并在有足够的供氧条件下。如果在机械或化学损伤之后保护膜不能自我修复,则不锈钢的表面就将暴露在氧化环境中,很快会发生腐蚀。不锈钢一般在氧化性环境中表现较好,但是在还原性环境中表现较差。在诸如漂白液的强氧化性环境中,低合金不锈钢可能发生过钝化腐蚀。在强还原性环境中,在整体金属表面保护性钝化膜会分散,形成均匀腐蚀,而更有可能形成由腐蚀性离子引起的局部腐蚀。钢的成分对抗腐蚀性的效果评估常使用铬、钼与氮含量,最常用的指标是耐点蚀当量(PRE),从等式(2 – 4)可以得到,等式中元素代表元素成分的质量分数:

$$PRE = Cr + 3.3 \cdot Mo + (12.8 - 30) \cdot N \qquad (2-4)$$

PRE 值高代表抗腐蚀性好。PRE 经常与临界点蚀温度(CPT)或临界缝隙腐蚀温度(CCT)呈线性关系。在这两个温度以上的一些测试中就开始发生腐蚀。PRE 值仅为抗腐蚀性的粗略估计值,有一些差别关系不大。PRE 值不包含有影响力的其他合金元素,没有公式描述杂质对点蚀的影响,像硫化物的非金属性内含物是形成点蚀的开始,杂质越少对点蚀的抵抗性就越高。

铬的作用是形成钝化膜来抵抗均匀腐蚀与局部腐蚀。铬含量越高抗腐蚀性越强,但会对机械性质、焊接能力等造成负面影响。镍促进奥氏体微观结构的形成,改善机械强度与加工性能。镍含量高于 8% ~ 10% 能改善抗应力腐蚀开裂的性能,镍达到 30% 时在很多应用场合都能达到对腐蚀的全抗性。钼与铬尤其在还原性溶液中能提高不锈钢的抗腐蚀性。由普通熔化与脱氧下得到的奥氏体不锈钢的最高钼含量是 6%。在氮熔炼与特殊的热处理下,一些公司生产的合金中含钼量可以超过 6%。碳是不锈钢提供强度的主要元素。碳含量高时钢会致敏。氮合金给不锈钢提供了强度,增加了点蚀与缝隙腐蚀的抵抗性。钛与铌可避免致敏。在有些更高含量的合金中增加 1% ~ 2% 的铜来提高抗腐蚀性。PRE 也能区分不同的不锈钢种类,例如,超级不锈钢就是指 PRE 值高于 40 的那一类。注意,在不同的原料 PRE 等式的乘法因子可能不同,表 2 – 3 显示了所选的不锈钢的成分与所计算的 PRE 值[3,4]。

表 2-3 　不锈钢的大致成分与性质[3-4]

AISI 或 UNS 编号	常用名	类型	PRE 值	铬含量/%	镍含量/%	钼含量/%	最大含碳量/%	其他成分含量/%	屈服强度/MPa	最大硬度
AISI304		奥氏体	18~20	18~20	8~10.5		0.08		205	201HB
AISI304L		奥氏体	18~20	18~20	8~12		0.03		170	201HB
AISI316		奥氏体	23~28	16~18	10~14	2~3	0.08		205	217HB
AISI316L		奥氏体	23~28	16~18	10~14	2~3	0.03		170	217HB
AISI317		奥氏体	28~33	18~20	11~15	3~4	0.08		205	217HB
AISI317L	317LM	奥氏体	28~33	18~20	11~15	3~4	0.03		205	217HB
S31725		奥氏体	31~36	18~20	13~17	4~5	0.03	最大铜量 0.75	205	88HRB
AISI321		奥氏体	17~19	17~19	9~12		0.08	(5 碳) 钛最小	205	217HB
AISI347S		奥氏体	17~19	17~19	9~13		0.08	(10 碳) 铌最小	205	201HB
31254	254	奥氏体	42~45	19.5~20.5	17.5~18.5	6~6.5	0.02	0.5~1 铜,0.18~0.22 氮	300	241HB
AISI 409	SMO	铁素体	14~16	14~16	0.5		0.08	(6 碳) ~0.75 钛	205	180HB
AISI 430		铁素体	16~18	16~18			0.12		205	183HB
AISI 439		铁素体	17~19	17~19	0.5		0.07	(12 碳) ~1.1 钛,0.15 铝	205	183HB
AISI 444		铁素体	23~28	17.5~19.5	1	1.75~2.5	0.025	0.8 (钛+铜),0.025 氮	276	83HRB
S32900	329	双相	26~35	23~28	2.5~5	1~2	0.2		485	98HRB
S31803	2205	双相	21~23	21~23	4.5~6.5	2.5~3.5	0.03	0.08~0.2 氮	450	293HB
S32304	2304	双相	22~28	21.5~24.5	3~5.5	2.5~3.5	0.04	0.05~0.6 铜,0.05~0.2 氮	400	290HB
S32550	铁剂 255	双相	32~44	24~27	4.5~6.5	2~4	0.03	1.5~2.5 铜,0.10~0.25 氮	550	31.5HRC
S32750	2507	双相	38~47	24~26	6~8	3~5	0.03	0.24~0.3 氮	550	310HB
S32950	7-镍加	双相	32~43	26~29	3.5~5.2	1~2.5	0.03	0.15~0.35 氮	485	293HB

注：除非特殊说明，每个值均代表范围内的最大值。屈服强度与硬度是针对退火阶段的钢板、钢片或钢带而言。PRE 的计算方法是% 铬 +3.3×% 钼 +16×% 氮。

因各种作业形成的缺陷,在钢表面成了弱点,不锈钢对这一点很敏感。钢产品运输时经常使用浸泡、打磨或冷轧等方法,使表面处于无氧化物、游离铁或其他异物的环境中。氧化物可能提高腐蚀速率,铁可能形成点蚀,在建造时应在不锈钢表面涂上保护物,如纸、膜等。不要使用碳钢工具,避免铁嵌入。从碳钢中的铁或碳钢钢丝刷污染了的研磨料,也可能造成铁的嵌入。在建造与安装期间,不锈钢常用化学方法清洗,要特别注意清除铁污染,使用硝酸进行钝化,这个过程的术语叫"酸洗",酸洗是指使用混合的氧化性硝酸与其他还原性酸,如氢氟酸、硫酸或盐酸,这些酸提供了去疤的作用,硝酸用于恢复钝化膜。硝酸的钝化作用有时用重铬酸钠代替,因为粉尘、油脂与切削液会影响钝化效果,所以在酸洗后还要进行石碱洗与水洗。表面处理方法有热轧、退火、浸泡表面、磨光至镜面,使表面粗糙度 $R_a = 6\mu m$。

20 世纪 20 年代起,不锈钢在制浆造纸工业就开始成功应用。两种最常使用的不锈钢是奥氏体 AISI 304/304L,与 316/316L。304 用于厂房内壁,316 用于沿海厂房,在沿海因原木的海运,导致更高的氯含量。腐蚀性更强的环境需要更高合金含量的钢种,于是含钼量超 3% 的奥氏体不锈钢与双相不锈钢的使用增加了。作为制造材料用于蒸煮器、储浆塔,碳钢覆盖上奥氏体不锈钢的方法已使用很多年。可以降低腐蚀带来的维修费用。在硫酸盐蒸煮器中,为了应对高含量氯化物的风险,要使用 AISI304L 或 AISI316L 来做内衬。蒸煮器的覆面材料焊接常用含钼的种类,另一个用来提高蒸煮器的压力等级的方法是使用固态高强度的双相不锈钢,同时可降低维修费与初始物料成本。双相不锈钢的强度可以允许减少设备外壁厚度,典型的种类是 S31803,含 22% 的铬与 3% 的钼。氮合金类,AISI304LN 与 316LN 也有使用。当应力腐蚀开裂是个问题时,就要使用双相不锈钢,例如在热交换的管道中。由于氯含量上升,它制浆流程腐蚀性更强,因此要求更多设备使用不锈钢,316L 型是传统使用类型,当 316L 型抗腐蚀性不足时,可使用 317L 型或含 4.5% 钼的不锈钢(比 317L 的合金含量多),亚硫酸盐法因为蒸煮液中形成硫酸,其制备可能需要 UNS N08904 型合金,含有 20Cr – 25Ni – 2Mo – 2Cu,机械法制浆中,304L 即可满足,但在高温部分需要 316L。在半化学法与脱墨制浆中,304L 与 316L 就足够了[5-7]。

由于流程循环程度提高,腐蚀性类的物质浓度更高,在碱回收中不锈钢的使用量增加。大多数场合中普通的 AISI304 与 316 已可满足,氯浓度的增加使点蚀、缝隙腐蚀与应力腐蚀开裂的危险程度上升,这使得更高合金的奥氏体或双相不锈钢的使用量增加,如 S31803 或 S32304。

碱回收中的溶液的腐蚀性对碳钢来讲太过强烈。AISI304/304L 即使对绿液与白液来讲也能满足要求了。在有些情况下,不锈钢上的钝化膜是足够坚强的,足以抵抗腐蚀与液位的波动[6,7]。

漂白过程是腐蚀性非常强的,316L 是最低要求,317L 的使用更为普遍,因为流程水循环中增加了氯含量,更高合金的奥氏体类(4.5% ~6% 钼)与双相不锈钢的使用增加。如果二氧化氯的浓度不是太高[5,7],当今可使用 N08904(20Cr – 25Ni – 2Mo – 2Cu)与 S31254(20Cr – 18Ni – 6Mo)型合金。由于氯离子浓度降低,一般认为诸如臭氧与过氧化氢漂白等新漂白技术的腐蚀性比诸如氯漂或次氯酸盐等传统漂白要低,如今许多工厂喜欢优化漂白化学品与流程,这使得选材变得更加麻烦,高合金不锈钢的使用会增加。

在纸厂,因产品纯度与连续性生产的高要求,不锈钢的使用在增加。主要使用的类型是 304 与 316 或低合金类,后者占据了优势。诸如压榨真空辊之类的大型设备采用了铸造不锈钢。马氏体不锈钢用于辊子上。纸机流浆箱使用酸洗与钝态不锈钢。它们进行了电镀与打磨,以得到最大的平滑度,消除源头可能发生的腐蚀。

不锈钢在高温环境下使用的最重要的应用是碱回收炉的混合管道中。管道外层所用材料从 AISI 304 型变为更高合金含量的类型,铬含量与镍含量分别高至 25% 与 20% 。

2.4　镍合金

镍与镍基合金在很多环境与温度下都具有抗腐蚀性,在一些介质中,有些类型的镍合金拥有极强的抗腐蚀性,但镍合金一般比铁、铜基合金或塑料更贵。镍可用于制造材料、作为电镀的覆层。镍合金实际上是镍－磷合金,电镀可以使用电化学法或自催化法将这种合金沉积在另一种金属的表面上。大部分镍合金都有商品名,若 UNS 统一编号系统或其他系统上查阅则较少使用。

镍合金是不锈钢持续发展的结果。母体金属从铁变成了镍。在镍中合金元素的可溶性比铁好,在降温时镍不易发生韧性转脆性的转变。不锈钢中的主要合金元素与镍合金一样,即铬与钼。因为使用环境更加恶劣,所以考虑将不锈钢升级成镍合金很正常。为了更好地抗腐蚀,现存在两类合金,自身含镍的合金,以及像不锈钢一样以铬合金为抗腐蚀机理的镍合金。第一类主要有纯镍、镍－铜与镍－钼。第二类主要有镍－铬、镍－铬－镍、镍－铁－钼与镍－铁－铬－钼合金,并均有含铜与不含铜的类别。比普通不锈钢拥有更好的抗腐蚀性的合金是超级奥氏体不锈钢或中等含量镍合金。它们有介于传统奥氏体不锈钢与镍基合金之间的成分。虽然它们的镍含量低于50% ,但是因为它们含有超过 50% 的合金含量,UNS 统一编号系统将它们界定为镍合金。这些镍一般含有超过 30% 的镍－铬－铁合金被视为高含量镍合金。大多数镍合金是固溶体合金。沉积硬化合金只用于抗腐蚀领域。镍合金中的超级合金主要为了高温环境服务。这些在高温下能保持高强度的合金一般含有多相的沉积硬化元素,如铝、钛、铌。

镍合金由电弧熔化法制造,由氩氧脱碳法(AOD)或真空氧脱碳法提炼,也有使用真空感应熔化法的。镍合金有好的焊接性能。不同的镍合金可以焊在一起,或与不锈钢焊在一起。合金可加工性强,但是加工硬化是一个问题。固溶体镍合金(铜－镍与含或不含铜与铁的铬－镍－钼)在退火阶段,或在退火与冷加工阶段常使用到。这些合金一般不适合用热处理来加强。因为焊接的机械强度将比冷加工区得到的差,所以冷加工条件下的合金不适合烧焊。在退火阶段这些合金可以烧焊,固溶体合金的屈服强度约200 ~ 1400MPa。最大屈服强度取决于合金成分,冷加工特性与特定韧性。表2－4 显示了一些镍合金的成分与性质[4,8]。在镍合金中,铬改善了氧化介质的抗腐蚀性,钼改善了非氧化介质中的抗腐蚀性,就跟不锈钢一样。铁一般用于降低成本,在一些条件下提高了抗腐蚀性。加入一些铜与钨可提高非氧化介质中的抵抗性。

2.4.1　抗腐蚀性与应用

镍合金的主要用途是在碱性溶液、不锈钢会腐蚀的还原性环境、不锈钢会发生应力腐蚀开裂的温氯溶液、不锈钢会发生点蚀或缝隙腐蚀的强氯溶液与二氧化氯。第一类镍合金,即不含铬的镍合金适用于碱性与非氧化性环境。商品纯镍合金对不含氨水的大部分碱性溶液有抵抗性,它尤其能抵抗高浓度氢氧化钠与干燥的氯气。镍－铜合金在诸如脱气硫酸、盐酸与磷酸等非氧化酸表现很好,诸如 B 合金与 B－2 等镍－钼合金在非氧化性酸、大多数有机酸与还原性

表 2-4

所选的镍合金的大致成分与性质

AISI 或 UNS 编号	商品名	类型	镍含量/%	铬含量/%	铁含量/%	钼含量/%	最大含碳量/%	其他成分含量/%	屈服强度/MPa	最大硬度
N02200	镍200	纯镍	最低99		0.4		0.15		100	65
N06600	铬镍铁合金600	镍-铬	最低72	14~17	6~10		0.15	0.5铜	240	
N08020	卡氏20Cb3	铁-镍-铬	32~38	19~21	10~14	2~3	0.07	3~4铜	241	95
N08800	耐热镍铬铁合金800	铁-镍-铬	30~35	19~23	10~14		0.1	0.5铜,0.15~0.6铝	205	
N10665	镍基合金B2	镍-钼		1	11~15	26~30	0.02	1钴	352	100
N06022	镍基合金C22	镍-铬-钼		20~22.5	11~15	12.5~14.5	0.015	2.5钴,2.5~3.5钨	310	100
N06455	镍基合金C-4	镍-铬-钼		14~18	13~17	14~17	0.015	2钴		100
N06625	铬镍铁合金625	镍-铬-钼		20~23	9~12	8~10	0.1	3.15~4.15铌	276~414	100
N10276	镍基合金C-276	镍-铬-钼		14.5~16.5	9~13	15~17	0.02	2.5钴,3~4.5钨		
N06030	镍基合金G-30	镍-铬-铁-钼		28~31.5	17.5~18.5	4~6	0.03	5钴,1~2.4铜	283	
N06985	镍基合金G-3	镍-铬-铁-钼		21~23.5	6~8	6~8	0.015	5钴,1.5~2.5铜	241	100
N08026	卡氏20钼-6	镍-铬-铁-钼	33~37	22~26	0.5	5~6.7	0.03	2~4铜	241	
N08825	耐热镍铬铁合金825	镍-铬-铁-钼	38~46	19.5~23.5	2.5~3.5	2.5~3.5	0.05	1.5~3铜,0.6~1.2钛	241	
N08904	904L合金	镍-铬-铁-钼	23~38	19~23	0.5	4~5	0.02	1~2铜	220	

注：除非特别说明，单一值取范围内最大值。屈服强度与硬度是针对退火阶段的钢板、钢片或钢带而言的。

盐溶液中表现更好。氧化性杂质或溶解氧会导致镍－铜与镍－钼合金快速腐蚀。例如,B－2合金尤其适合处理诸如盐酸等还原性化学品的设备。如果在有铁与铜存在的情况下使用B－2合金时会发生早期破坏。含铬合金适合在氧化性环境中。这些合金会形成含铬的氧化物的钝化膜。就像不锈钢一样,铬含量需要一个最小值才会有这个性能。含有钼与一些稀有元素的合金能改善抗腐蚀性。许多含有大于50%镍的镍－铬与镍－铬－铁合金拥有优秀的耐高温性。最少有约6%的钼的高镍与铬含量的合金类型,在氧化性氯溶液中有优秀的抗性。像C－22、C－276、G－3、G－30与625合金都是典型例子。

含镍大于40%的镍合金不易受到因氯导致的应力腐蚀开裂。镍合金在一些环境中对应力腐蚀开裂敏感。纯镍合金对汞、硫与硫化物敏感。虽然镍－钼合金(B类合金)用于还原性环境,但是它对盐酸敏感。含铬合金在热氢氧化钠溶液中可能会发生应力腐蚀裂开。

镍与镍合金在制浆造纸厂中腐蚀性很强的场合,如漂白回路与污染控制设备。这些环境高温且带酸性,含有氯气、氯化物、氧、过氧化氢等。含氯的氧化性环境常需要使用高含钼合金,如625(N06625)、C－276(N10276)、C－4(N06455)、C－22,与C－4的锻造品(C－4C合金)。C－276与625在漂白设备C与D阶段表现很好。因为高合金含量不锈钢有更广的钝态范围,也有可能比镍合金表现更好。因为高镍含量能阻止氯导致的应力腐蚀开裂,600与800型合金可以用于蒸煮液的加热管。超级奥氏体不锈钢在制浆造纸厂的高温与高氯浓度的应用场合中运用广泛。904L(N80904)型合金用于漂白流程[6—7]。

2.5　钛合金

钛的密度轻,在自然环境与工业环境中拥有良好的抗腐蚀性,钛是一种常见元素,但因为它的低活泼性,在生产钛的过程中需要消耗大量能量。它的抗腐蚀性强是源自它的薄而黏的氧化膜。以往认为钛很贵,但如今当考虑产品的寿命周期时钛是经济的。当钛利用其性质用于设计而不是取代其他金属时,其性价比是可取的。商品纯钛与钛合金按其微观结构可分为三类:α－钛,α/β钛与β－钛。纯钛是α－钛,它是密堆积的六角形结构,至882℃之前是稳定的,超此温度后转化成体面立方的β－钛,β－钛的熔点是1668℃。与铝形成的合金有稳定α相,与铁、铜、铬、钼、镍与钒能稳定β相。商品纯钛与α合金的强度最低,但抗腐蚀性最好。β合金因为强度更高而得到更多运用。在纯钛不适用的地方,人们开发了一些钛合金,在钛容器、热交换器、槽、搅拌器、冷却器与管道系统中含有腐蚀性溶液中使用,如硝酸、有机酸、二氧化氯、抗氧化性酸、硫化氢等。

为了制作钛合金,用两个明显有区别的步骤将钛矿转化成海绵体状态。首先,矿石混合焦炭或沥青加热成四氯化钛。天然的四氯化钛通过连续分馏得到无色液体,再与镁或钠在惰性气体下反应得到金属海绵体。通过未加工海绵体与想要的合金元素混合,确保成分的均匀性,接着压成煤饼状焊在一起形成焊条状,焊条送入真空电弧炉中熔化,钛就从海绵体转变成钛锭。为了保证产品的均一性,熔化操作需要两秒,或有时三秒时间。钛合金也可以通过电子束或等离子体熔化而形成锭。锻造合金也可以通过常规冶金方法在大气环境下进行,浇铸可在保护气的状态下进行。α合金一般在退火状态下制造,不含合金的钛与α合金的焊接能力较好。α/β钛合金要在更高温度下制作,之后要进行热处理。这些合金的冷成形的可能性受到限制。β合金可以使用α合金的全部处理技术来制作。一些β合金在焊之后可以通过热处理来提高强度。烧焊必须在惰性环境或惰性保护气下进行。

虽然很多国家有钛与钛合金的国内标准,但是它们的分类一般使用ASTM标准。在ASTM

标准中,钛合金按 1 ~ 12 分级。在 UNS 系统中,它们属于 R 系列钛基、锆基等难熔合金。1 ~ 4 级是商品纯钛,它们的区别是氧化物含量的大小。1 级含量最低而 4 级含量最高。钛内氧化物的含量的增加使其强度上升,但降低成形能力与韧性。2 级是最常用的,因为它将强度与韧性结合得最好。在一般环境下钛中少量的合金与杂质不会影响它的抗腐蚀性。ASTM 的 7 ~ 11 级的钛中加入钯(Pd,0.15%)能增加对还原性酸与缝隙腐蚀的抵抗性,因为钯合金能加强钝态效果。12 级的钛增加了 0.3% 的钼与 0.8% 的镍,是 7 ~ 11 级的低价替代品。它也提高了缝隙腐蚀的抵抗性。等级 5 ~ 9 的钛中含铝与钒合金,会降低强还原性酸或氧化性酸的抵抗性。在腐蚀性环境中常使用的合金是 α 合金,有商品纯钛、钛 – 0.3% 钼 – 0.8% 镍、钛 – 0.8% 钯与 α/β 钛合金,即钛 – 6% 铝 – 4% 钒。在大部分应用场合中,商品纯钛是抗腐蚀性最好的,但钼 – 镍与钯合金对缝隙腐蚀抵抗性更好。表 2 – 5 显示了所选钛合金中成分与性质[9]。

α 钛合金的屈服强度为 170 ~ 480MPa。一般钛合金性质的区别来自成分的不同,而非热处理的不同。α 钛合金在退火阶段或消除应力的环境中。α/β 钛合金的屈服强度从 860MPa 到超过 1200MPa。强度的区分受成分与热处理的影响。为了得到更高强度等级,可使用淬水方法。α/β 钛合金一般用于退火阶段或溶液处理与陈化状态。β 钛合金的屈服强度从 800MPa 到超过 1350MPa。β 钛合金可通过陈化得到更高强度,但这样会欠缺韧性。通过冷加工与陈化处理屈服强度可超过 1250MPa。β 钛合金不作脆化处理的情况下难以烧焊。它们一般用于溶液处理与设备使用时间较长的情况。

2.5.1 抗腐蚀性与应用

钛的抗腐蚀性取决于表面氧化膜的形成状况,氧化膜主要成分是二氧化钛。钛表面暴露在空气或水中很快会形成表面膜。如果有氧或水存在的迹象,破坏了的氧化膜一般会自我修复。氧化膜热稳定性好,大多数环境都不能破坏它。在一般的工业环境中,均匀腐蚀、缝隙腐蚀、氢脆性是需要考虑的问题。点蚀与应力腐蚀开裂一般在化工厂不会发生。晶间腐蚀与腐蚀疲劳对钛合金来讲不重要。因为钛与它的合金是反应速率且钝态速率快的金属,由于不断地失去并重新形成钝态膜,还是可能存在磨损腐蚀与冲刷腐蚀。

钛在氧化性与温和的还原性环境中比大多数合金的抗腐蚀性都强。不含合金的等级 1 ~ 4 的钛抗腐蚀性是一样的。等级 7 ~ 11 的含钯合金在氧化性差一些的环境中抵抗性更强。钛适合用于氧化性无机酸、混合酸、碱性溶液、无机盐溶液与大多数有机酸。钛不能用于浓硝酸(红发烟硝酸),它还可能会与氢氟酸、干氯气、含氯化合物与热甲酸剧烈反应。钛用含胺的带缓蚀剂的酸或沸腾的氨基磺酸来浸泡与去疤时会导致快速腐蚀。氢的聚集可能导致钛的变脆。氢可以由腐蚀自身产生,当钛作为阳极时,在钛中析出氢的过程会通过电耦合而加强。当使用还原性介质时钛变成阴性,就可以受到保护。在钛中发生应力腐蚀开裂的环境包括乙酸、氯代烃、氟代烃、银与氯化汞,在制浆造纸厂中不常见。含氧与铝量高的钛合金尤其容易发生应力腐蚀开裂。在 α 钛合金与 α/β 钛合金中,潮湿引起的应力腐蚀开裂特征属于 α 相中的解理断裂。当氧含量超过 0.2%、铝含量超过 5% 时 α 相容易发生应力腐蚀开裂,所以含铝钛合金不能用于这个场合。

在制浆造纸厂中钛主要用于漂白段。钛对氧化性环境、氯化物或酸性环境下抵抗性强,在转鼓洗浆机、扩散洗浆器、泵、管道系统、热交换器,尤其在用于二氧化氯漂白系统的设备,钛成为标准用材。钛能抵抗亚氯酸盐、次氯酸盐、氯酸盐、二氧化氯溶液。氧化性杂质将钛的钝化性扩展到低 pH 的级别。钛合金用于含氯水溶液的限制因素是在金属中造成缝隙腐蚀,位置在金属与金属之间、垫圈与金属结合处或沉积物下。钛对碱性介质中常有好的抗腐蚀性。钛也可用在含氯化物、氯氧化合物类或两者兼有的碱性介质中。即使在高温下,不锈钢会造成点蚀与应力腐蚀开裂的情况,而使用钛则不会发生。

钛设备在碱性过氧化氢段使用存在难题。为二氧化氯段准备现存设备使用频率,当 pH、过氧化氢浓度与温度太高时,钛合金会从钝态转化成活泼形态。诸如钙与镁、硅化物与木素的盐造成水的硬度提高,可抑制腐蚀。金属离子与络合物的转化会加速腐蚀。当使用现有的钛设备,过氧化氢的进料位置要避免局部高浓溶液。

钛合金易受铁杂质的影响。在制作过程中,铁屑或铁尘会黏附在钛表面,因此铁与钢的工具不能用于钛的生产过程。不能用含氯的切割液与冷却液,因为它们可能导致钛的应力腐蚀开裂。钛也易产生切口敏感裂开。钛也常与诸如不锈钢、镍合金与铜等金属一起安全使用。因为氢致开裂并使钛变脆的风险,要注意含钛的电耦合现象。

设计工程师要重视材料的性质,重要的有抗腐蚀性、抗磨损性与热传导效率。钛对酸、碱、天然水与工业化学品的抗性范围很广。钛有很好的耐腐蚀性、耐汽蚀性或耐冲击性。钛的强度高,可以减少设备壁的厚度。钛的抗腐蚀与耐腐蚀性可以允许更高的操作速度。因为废水的循环利用,与设备可靠性更好和生命周期更长,钛成为常用材料。在制浆造纸行业,钛用于洗浆机、泵、管道系统、漂白段的热交换器,尤其在二氧化氯漂白系统中的设备使用钛是正确的。当冷却介质是海水、盐水或污染水时钛主要用于热交换器。在热电厂、精炼厂与化工厂中,钛冷凝器、钛壳、钛管道热交换器、钛板与钛膜式热交换器能有广泛的应用。由于冷却水侧造成的腐蚀的报道很少。

表 2-5　　　　　　　　　　　　　　所选的钛合金的大致成分与性质

AISI 或 UNS 编号	常用名	类型	钛	氧含量 /%	钯含量 /%	钼含量 /%	镍含量 /%	铝含量 /%	钒含量 /%	屈服强度 /MPa
R50250	1 级	α	通用纯	0.18						170 ~ 310
R50400	2 级	α	通用纯	0.25						175 ~ 475
R50500	3 级	α	通用纯	0.35						380 ~ 550
R50700	4 级	α	通用纯	0.4						485 ~ 655
R52400	7 级或钛-钯	α		0.25	0.12 ~ 0.25					275 ~ 310
R52250	11 级或钛-钯	α		0.18	0.12 ~ 0.25					170 ~ 310
R53400	12 级	接近 α		0.25		0.2 ~ 0.4	0.6 ~ 0.9			345
R56400	5 级或钛-6-4	α/β		0.20				5.5 ~ 6.75	3.5 ~ 4.5	830

注:除非特别说明,单一值取范围内最大值。屈服强度的硬度是针对退火阶段的钢板、钢片或钢带而言的。

2.6　焊接

因为价格便宜与使用便捷,烧焊作业在制造业中有广泛应用。焊接能力是指金属在生产上的一种接合能力,能力标准是指为了一个特定的焊接流程,母体金属与填充材料之间的冶金互容性,制成的成品必须有机械性好的接合与在要求的机械条件和腐蚀环境下的适用性。焊接能力也常是金属受不同类型的开裂的容易性的评价标准。有一些关于合金成分或一定的裂纹敏感性的参数之间的关系的经验公式与规律。例如,碳含量与杂质对焊接能力非常重要。对于碳钢来讲,碳当量必须小于 0.41 才能确保焊接能力好。当碳当量在 0.41 ~ 0.45,使用干燥的碱消耗品焊接效果好。对于碳含量更高的钢品种,需要调整碳当量才能使焊接效果好。碳当量指示了热影响区的微观结构,它在指标马氏体的形成对焊接的硬度特别有用。对于不锈钢,碳含量要小于 0.03% 来避免致敏。

　　焊接是一种包含了局部熔化的金属连接过程。加热、熔化与冷凝循环影响了焊接的冶金与成分性质。热循环非常快。温度高峰是大于熔点的,降温率非常快。这导致与传统的热处理相比不同的效果。填充金属必须易加工或比母体金属的合金含量高,来达到强度与抗腐蚀性的效果,常使用诸如氩或氩的惰性气体来防止氧化,如果保护气或焊剂不足,原本易钝化的合金将会在焊接期间容易被氧化。有一个焊接典型的问题是在焊接附近的母体金属受焊接操作带来的热影响而形成不想要的微观结构与性质。例如,颗粒额外增长会使所有材料强度降低。马氏体的形成可能使钢变脆。焊接的能量控制就是避免这类问题的关键。

　　烧焊包括了三个主要区域:填充金属、热影响区域(HAZ)与母体金属。不同金属有时连接在一起,形成不同的金属焊缝。填充金属必须等于或强于较弱的、抗腐蚀性较差的母体金属。图 2-9 显示了烧焊示意图中的区域[10]。焊料在不同区域冷凝。组成区域或焊点熔核包括了被周围材料稀释的填充金属。在焊点熔核周围是完全被熔化并冷凝的未混合区,接着是焊接交界面或熔合线,再接着是母体金属的部分熔化区。在熔合线上温度高峰熔化了母体金属。真正的热影响区是在部分熔化区之上。它导致了微观结构的改变。在由提炼结构包围的热影响区中间是变粗糙的结构。在热影响区,可能有碳化物析出。这可能导致在热影响区的晶间腐蚀或在熔合线附近的刀线冲击。

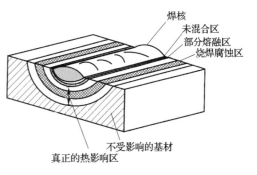

图 2-9　烧焊的分区

2.6.1　焊接技术

　　当焊接是一种熔化过程时,填充成分与母体成分的边缘熔化在一起而形成焊接金属。烧焊种类包括电弧焊、气焊、能束焊(激光或电子束)与电阻焊。欧洲标准,EN24063:1992,“烧焊、铜焊、软焊与钎焊”,将主要焊接流程分成以下几类:a. 电弧焊;b. 电阻焊;c. 气焊;d. 锻焊;e. 其他焊接方法;f. 铜焊、软焊与钎焊。

　　影响烧焊种类的选择因素有:材料类型、材料形状(板状或、管状)、质量要求、强度要求、机械化程度。选择可能受到焊接成本与工厂的工人的技能限制,还必须要考虑到应用场合的类型,如设备是否方便搬运,是否能在现场直接作业,是否要手动或机械操作。

　　为了抗腐蚀性合金的最重要的焊接技术是各种电弧焊与电阻焊。因为它们在流程设备中是最常用的技术,本章不讨论其他技术。最常见的电弧焊是气体保护电弧焊(GSMAW)与自动保护金属极电弧焊(SMAW)。MIG 焊意味着要用到惰性气体。气保护钨电弧焊(GTAW 或 TIG)使用交流或直流电弧在非消耗性焊条与工作之间进行烧焊来熔化连接区域。

　　在气体保护电弧焊中,热量来自于燃烧消耗性焊条与工作之间的电弧。这个过程包括直流电弧在薄金属焊条与工作之间燃烧。电弧与焊接区域封闭在保护性气体中,焊条由线管供应,通过焊具插入到焊接区域。这个过程用于所有厚度的钢铁、铝、镍、不锈钢等。

　　自动保护金属极电弧焊是指人工金属电弧焊(MMA),在自动保护金属极电弧焊中,热量来自于低电压与高电流金属电弧。直流/交流电弧在焊条与工件之间燃烧,来熔化连接区域。焊条由焊条药皮包裹的填充金属构成。电弧与熔池由气体与药皮变形形成的熔渣保护,这个流程在制造工厂的一般碳钢与低合金钢中安装与维修中运用广泛。常用不锈钢、镍与镍-铬、镍-铬-钼、铸铁焊条,它们的表面型焊条也可以作为抗磨损表面使用。

原理上潜弧焊(SAW)与自动保护金属极电弧焊是一样的。它使用独立的焊渣进料流程与更高的能量输入量。类似于气体保护电弧焊,潜弧焊的电弧在连续进料型裸焊丝与工作之间产生。流程中要使用焊剂来产生保护性气体与焊渣,将合金元素熔入熔池中。金属惰性气体(MIG)用来保护熔化的金属。在焊接前,在工件表面放置一种焊料的表面层。电弧随着连接线移动。因为焊料层完全盖住了电弧,能量损失较少,操作者不能见到熔池。潜弧焊对纵向、环形的对焊与角焊非常适合。大多数常见的焊接材料是碳-锰钢、低合金钢与不锈钢。这个流程也能焊一些非铁材料,电渣焊接法中,消耗性焊条的电阻加热与熔化的导电焊渣产生热量。能量输入率比电弧焊要高[11]。

在气保护钨电弧焊中,为维持稳定的电弧,电弧区域被保护气覆盖,保护了熔池与焊条不受污染。填充焊丝使用时是由手或附在焊接吹管上的进料棒上。气保护钨电弧焊在所有工段都可使用,但尤其适合高质量的烧焊。因为人工金属电弧焊或者惰性气体电弧焊沉积率很慢,这两种方法更适合更厚的材料,并为了填充材料过渡顺利。

氧乙炔烧焊一般被称为气焊。这是一种依靠火焰的热量来熔化焊接材料的流程。熔化过程可以是自发的,也可以通过填充材料的加入来实现。

氧乙炔烧焊是受很多变量影响的复合过程。焊接方法影响烧焊性质。在电弧烧焊中,强烈的热源在工件中移动。移动的方向与热流方向成直角。对于母体材料来讲,焊接过程是一个短的热脉冲。在电渣焊接法,热源大而移动缓慢,在热源前的材料就能得到预热。升温率影响到颗粒增长。更强烈的颗粒增长会因巨大能量而发生,就像电渣焊接法一样。冷却率决定了最终的微观结构。对比起单道焊接,多焊道焊接法可以改善微观结构、提高韧性与降低残余应力[11]。

电阻焊接法是一个为制造薄片的经济而普遍的方法,特别对不锈钢而言。当在同样厚度的同一金属上做很多焊接处时,电阻焊接非常适合这种重复性作业。一般的电阻焊接法为点焊与缝焊。点焊中两根焊条靠在一起进行。当电流从焊条经过时,电阻产生热产生焊料。在焊条下焊点熔核从熔化的工件表面产生。焊条形状可以变化,但在两种焊点熔核间有一个清晰的区别,缝焊的焊条是圆形,一系列重叠的点焊就形成缝焊。这种方法的变形状况比点焊明显要大[12]。

2.6.2 焊接问题

在焊接金属里常存在残余应力,在周围的母体金属中常存在压缩应力。焊接造成了几何上的非连续体,集中了任何外加应力与残余应力。因为所有环境引发的裂开的形式使得焊接处成为弱点,裂缝也优先在焊接处发生。焊工的技术与材料和设备的质量对诸如气孔、包裹焊渣、凸面、错位等缺陷的发生有重要影响。在焊接期间发生冶金上的改变经常会降低抗腐蚀性,因此焊接金属合金含量上要高于母体金属,焊接金属不均匀的冷却会导致合金偏析。当焊接不锈钢或高强合金时,为避免孔洞与氢的渗透,焊接消耗品必须防潮。

碳钢与低合金钢的烧焊问题是形成马氏体,这使得成品可能易发生氢引发的裂缝。通过控制较低碳当量,降低马氏体的形成可能性。屈服强度小于 350MPa、厚度达 20～30mm 的热轧钢的烧焊常不需要特别安排。如果屈服强度大于 350MPa、抗拉强度高于 500N/mm²,或厚度高于 25mm 的钢,焊接前必须先进行预热处理。当熔化金属量相对周围金属量来讲较少时,焊接与修复区域的温度控制正确是尤其重要的,因为处理不好会导致冷却过快而产生马氏体。当焊接高强度钢时,输入的热量要求限制,来保持抗冲击性的要求。允许输入的热量较低,使钢强度更高,要求的韧性转脆性温度更低。一般结构体的预热焊接热处理来消除尖力的温度在550～600℃,然后正火。当冷加工大于5%～10%时,工作压力容器的正火在900～920℃。

奥氏体不锈钢的烧焊难点是裂开与抗腐蚀能力的损失。由于烧焊时没有填充材料或无合金材料,焊接金属可能会发生点蚀。焊接金属的缝隙腐蚀的发生可能是由于微小的裂伤、在一侧连接处被穿透或被截留的焊料。在热影响区出现碳化物的析出会引起致敏。致敏导致晶间腐蚀与晶间应力腐蚀裂开。因为未混合区的铌或钛稳定钢的碳析出,熔合线可能会腐蚀。铁素体不锈钢因各种脆化现象而较难烧焊。从大气与碳污染可能导致晶间腐蚀。双相不锈钢需要特别的工序与消耗品来维持相的平衡。高铁素体的焊接较脆,高奥氏体的焊接易受因氯化物引起的局部腐蚀。焊料中的镍含量一般比母体金属多[12]。

不锈钢烧焊的腐蚀得到广泛研究。不锈钢烧焊的主要问题是焊缝腐蚀、刀线冲击与应力腐蚀开裂。焊缝腐蚀是在晶界处在450～800℃出现了铬析出。因为铬是形成钝化膜最重要的元素,而它的消耗使晶间腐蚀发生。除非材料出现腐蚀,致敏不会影响机械性质。稳定化钢有时会发生刀线冲击。熔合线受到攻击。在6%钼的超级奥氏钢的自发焊接在二氧化氯的环境中会受到刀线冲击。大部分的烧焊类型最危险的故障是应力腐蚀开裂。由焊接过程产生残余应力足够高时,在含氯环境中就会发生应力腐蚀开裂,为了避免它唯一有效的方法是退火来消除应力。在焊接期间,有些母体金属将被加热到碳析出范围的温度。可以致敏的发生地点取决于能量输入大小、材料厚度与冷却率。

焊接处各种更小的缺陷将影响它的抗腐蚀性与它周围的区域,如焊渣、焊接金属的飞溅或弧伤(如果弧伤没有去除的话)。弧伤是焊条接触到金属表面并熔化了少量金属的地方。

镍合金烧焊也受致敏与晶间腐蚀的威胁。对比起其他金属钛合金的烧焊问题更多。钛在正常温度不反应,但大于400℃它会吸收氧气而脆化。这种污染物会导致脆化故障。即使一个指印大小也会出问题。在焊接期间,所有物质必须清洁干净,在惰性气体中去除所有污物。如果焊接工作做得好,强度的损失一般比钢的焊接要少。气保护钨电弧焊常使用氩气做保护气。

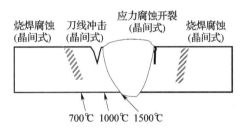

图2-10 不锈钢烧焊的腐蚀位置显示出在烧焊期间有明显的局部高温峰值[13]

不同的金属烧焊在一起会产生问题(图2-10)。当焊接碳钢与不锈钢,在熔池中的混合会降低不锈钢的抗腐蚀性。使用更多的合金填充元素可以避免这种情况。不锈钢有更高的热膨胀系数,因此它会比碳钢伸展得更快。不锈钢比碳钢更慢地传导热,因此烧焊操作降温很快,使得焊接处扭曲,焊接区域可能在碳析出温度范围内保温更长时间。为了确保焊接的机械性质与抗腐蚀性,要将注意力放在焊接方法、填充金属、清洁度、工作质量上。匹配母体金属成分的焊接金属一般抗腐蚀性较低,因为在冷凝时会发生偏析现象。

焊接会加热母体金属在热影响区造成氧化膜,其现象被称为不锈钢上的回色火,在烧焊后要去除氧化层,来降低杂质累积与点蚀发生,在焊接关键位置打磨、酸洗与钝化是好的处理办法。

2.7 塑料与橡胶

塑料复合材料或其他非金属材料为保护碳钢设备、结构与部件很有用。结构体可在槽、管道、泵与阀使用高聚物或复合材料。许多小但关键的部件经常使用非金属材料,如密封件、垫圈、填缝。高聚物的种类很多。为了避免混淆,一种聚合物的信息必须包含它的通用类型(聚酯、环氧等)、热力学性质、机械性质。热力学性质将高聚物分为热塑性塑料与热固性塑料两种,前者更软且在加热时可发生流动变形,后者则不会。

热塑性塑料会随着温度上升而变软,当冷却后能回它们原来的硬度。大多数可熔并可循环使用。热塑性塑料一般是线性或分支结构,支链之间含有弹性与纠缠的分子链。在聚合反应合成热塑性塑料之后,聚合物分子链的末端没有互相连接在一起。没有其他强化手段的情况下,热塑形塑料的使用只适合在低于它们软化的温度下使用。

热固性塑料受热会变硬,当冷却时它们可保持原有硬度。这种聚合物的温度敏感性低于热塑性塑料。热固性材料定型通过催化或加热定型。热固型材料的高聚物通过化学键交接,使它们不适合回收。通过能形成高交链的三维网络结构。

复合材料是由几种材料的结合物。非金属复合材料一般是由一种强度更高的材料强化耐化学性的高聚物,如玻璃钢(GRP)即为纤维增强塑料(FRP)。使用合适的高聚物与选择好的添加剂,即可制成适合环境的抗腐蚀性。FRP复合材料在制造业中的制造材料中取得了一席之地。在很多流程应用中,它高强度质量比、韧性、抗腐蚀性好的特性非常有用。

几乎所有热塑性材料都是聚合树脂体系,添加有稳定剂、填充材料、强化纤维等,各有特定的性质。在工业上常见的热塑性高聚物是碳氟化合物,聚烯烃(聚乙烯、聚丙烯等)与聚氯乙烯(PVC与PVDC)。热固性聚合物一般用于复合材料。典型的热固型高聚物有环氧树脂、聚酯、呋喃、酚醛。大部分热固性复合材料使用树脂与环氧树脂。在产量上树脂类占据大部分。人造橡胶是类似天然橡胶的有弹性的有机物。它们主要是直链,有少量支链。拉伸人造橡胶使分子链部分解开,但不会永久变形,类似于热塑性塑料。它们由直链化合物硬化合成网状结构。它们一般用于密封件与垫圈、弹性软管与涂层。图2–11给出了不同类高聚物材料与它们的性质的区别。

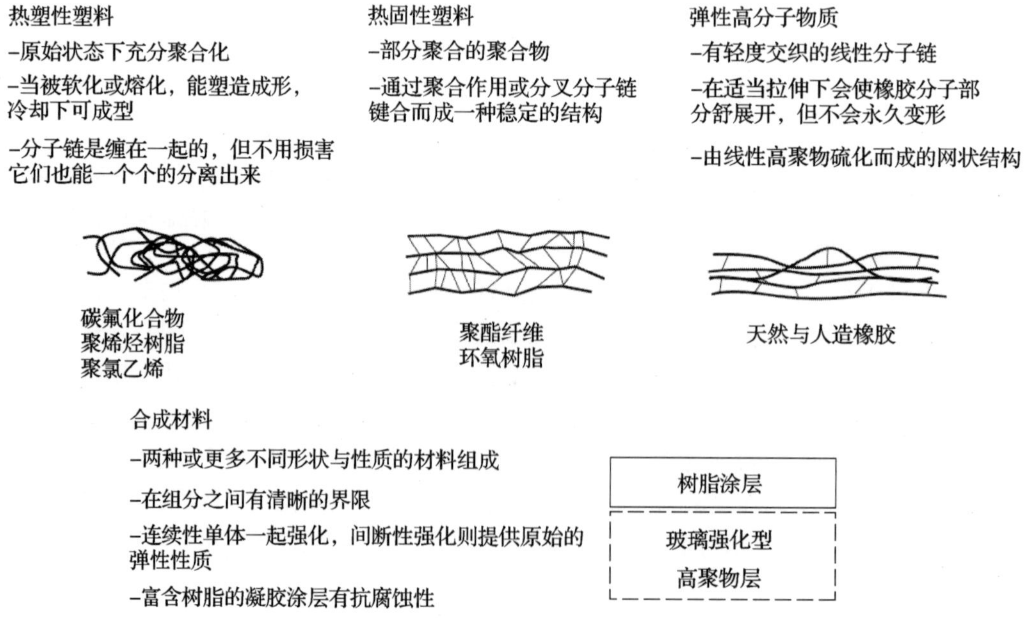

热塑性塑料
-原始状态下充分聚合化
-当被软化或熔化,能塑造成形,冷却下可成型
-分子链是缠在一起的,但不用损害它们也能一个个的分离出来

热固性塑料
-部分聚合的聚合物
-通过聚合作用或分叉分子链键合而成一种稳定的结构

弹性高分子物质
-有轻度交织的线性分子链
-在适当拉伸下会使橡胶分子部分舒展开,但不会永久变形
-由线性高聚物硫化而成的网状结构

碳氟化合物
聚烯烃树脂
聚氯乙烯

聚酯纤维
环氧树脂

天然与人造橡胶

合成材料
-两种或更多不同形状与性质的材料组成
-在组分之间有清晰的界限
-连续性单体一起强化,间断性强化则提供原始的弹性性质
-富含树脂的凝胶涂层有抗腐蚀性

| 树脂涂层 |
| 玻璃强化型高聚物层 |

图2–11　不同类高聚物材料与它们的性质

2.7.1 热塑性塑料

碳氟化合物/氟塑料在工厂上是一类非常重要、应用广泛的热塑性塑料。大多数热塑性塑料可以用于腐蚀性非常强的环境,它们不受任何溶化作用。氟塑料使用有一些限制。这种材料是多孔的。氟塑料从与另一组分或高聚物反应之后的流体中吸附作用会导致其表面降解与表皮起泡。氟塑料不能受太高温度,温度的循环会导致氟材料疲劳。要用于真空环境的话需要小心设计,因为可能会发生管线折叠。氟塑料材料较难制作,对比其他热塑性材料其设计与应用受限。氟塑料用于叶轮、搅拌器与小容器中。氟塑料的大部分重要使用点在钢容器的内衬。泵与阀的内衬也有使用。氟塑料一般比较贵。

氟塑料一般有两类,即全部被氟取代或部分取代两种。全氟化高聚物包括聚四氟乙烯(PTFE)、氟化乙丙烯(FEP)、全氟烷氧基树脂(PFA)。部分氟取代高聚物的代表有聚四氟乙烯共聚物(ETFE)、含氯聚三氟氯乙烯(PCTFE)、聚三氟氯乙烯共聚物(ECTFE)与聚偏二氟乙烯(PVDF)。氟塑料一般有强的化学抵抗性,能耐高温,能抵抗吸附的杂质。一般全氟化高聚物比部分氟化高聚物抗腐蚀性更强,耐温度更高。所有全氟化高聚物的抗腐蚀性几乎相同,但在最高操作温度上有区别。各种部分氟化物在抗腐蚀性与最高温度上则各自不同。

聚四氟乙烯是最早出现的氟化热塑性材料。它对天气、一般的溶液免疫,在高温下很稳定,摩擦力低,对弱与强酸与碱有抵抗性。聚四氟乙烯较难加工与制作可用的形状,这限制了它的使用。聚四氟乙烯的最高稳定温度是290℃,因此能抵抗高温的腐蚀性环境。聚四氟乙烯主要用于垫圈、填充材料、阀与管道。氟化乙丙烯能抵抗200℃,但可加工性优于聚四氟乙烯,抗腐蚀性两者相当。氟化乙丙烯用于管道配件的内衬与小容器。作为涂层使用的氟化乙丙烯是粉末状的,厚度可达2mm。聚四氟乙烯共聚物与氟化乙丙烯类似,抗腐蚀性是相同的。它们作为涂层使用都是以喷淋涂覆的形式。

全氟烷氧基树脂用于浇铸与挤压工序,这种工序需要高温时强度好、有化学惰性与流程以熔融物的形式存在。许多工业成分使用全氟烷基粉末覆层作为内衬。聚偏二氟乙烯对老化、化学品与磨损有良好的抵抗性。它常用于管道系统、阀、储存槽、热交换器等。聚偏二氟乙烯涂层是液态的,喷涂厚度不小于100μm。它们也是多孔的,因此不适合腐蚀性非常强的环境。在室外聚偏二氟乙烯可能会有一些降解,会受硫酸烟气影响。

部分氟取代类的聚合物含氯能改善一些聚合物的性质,含氯聚三氟氯乙烯稳定温度为180℃,比全氟取代塑料抗腐蚀性稍差一些。它能经受酮、酯、氯化烃与氟化烃的冲击,但不耐酸碱。它的可加工性好,用于化学的涂覆衬垫与预制内衬,也用于O形圈、垫圈与密封件。聚三氟氯乙烯共聚物有良好的蠕变阻力、抗磨损性、强度与抗化学性。适合用于管道与槽体内衬。抗腐蚀性与聚四氟乙烯共聚物相同。聚三氟氯乙烯共聚物涂层形式是厚粉末涂料。

聚烯烃在化工行业中应用广泛,例如高与低密度聚乙烯(HDPE与LDPE)、聚丙烯(PP)与聚丁烯(PB)。对于管道、小结构部件与小容器来讲这类高聚物的成本最低。低密度聚乙烯应用广泛的原因还在于它现场容易处理与加工。低密度聚乙烯化学抗性好,但比高密度聚乙烯或聚丙烯差。暴露在外界的低密度聚乙烯可能会变脆,它不能抵抗氧化性酸与烃类。最高温度限于60℃。高密度聚乙烯与聚丙烯在化学应用上很相似。它们的机械性质与化学抗性比低密度聚乙烯好,只有强氧化性酸会腐蚀它们。两种产品的更好的机械性质使得它们的使用更广,作为固体容器可以更大,内衬可以更大。聚丁烯能耐受大多数溶剂、酸、碱与无机盐溶液,但不抵抗强氧化性酸。其材料有好的蠕变阻力、抗摩擦性与抗应力裂开。

聚苯醚(PPO)主要用于泵的部件,及其他需要抗冲击性与抗摩擦性的应用场合。其材料的化学抗性、热稳定性与尺寸稳定性很好,使用温度限于120℃。聚苯硫醚(PPS)对除了强氧化性酸以外的好的化学抗性,使用温度为−170℃至190℃。现有由聚苯硫醚预制的涂料。

聚氯乙烯层(PVC)有易加工性,可以热焊或溶焊,或加工成配套的配件。现有两类主要的聚氯乙烯材料:弹性普通类与坚固高强类。后者使用较多。普通类的使用温度为65℃,高强类的温度为60℃。在工业上聚氯乙烯在管道材料上使用广泛。聚氯乙烯涂层用于铲子接触液体的部分。管道、阀门、泵、较小的设备与结构体可使用聚氯乙烯或偏二氯乙烯(PVDC)。它也可用于容器内衬。偏二氯乙烯比聚氯乙烯有更好的化学抗性与机械性质,热稳定性达100℃。聚氯乙烯对无机类物质抗性好,但有一些不耐强酸与几乎所有溶剂。

2.7.2 热固性塑料

热固性塑料主要用于合成材料。这类聚合物常在宏观上没有明显的相。复合材料在宏观上含有两种或多种物质,物质之间的形式与性质不相似。复合材料的基本概念是它的性质比每种单独物质形成的材料要好。大多数复合材料含有母体与加强相。母体是强度较弱的连续相。母体的目的是将加强相连在一起来分配负荷。加强相是真正承担负荷的非连续相。常见的热固性树脂有环氧树脂、聚酯、乙烯酯与酚醛树脂,加强纤维常有直径约10μm的玻璃或碳纤维、芳纶与聚乙烯粗纱或垫。热固性高聚物常在加工前是液态的。随着它硬化而形成网络结构而强化。复合材料的抗腐蚀性取决于母体高聚物的抗性。复合材料结构的外层常是纯树脂来避免通过纤维吸收溶液。在抗腐蚀性应用中,这层厚度常超过1mm。

纤维增强塑料的抗腐蚀性可通过双层材料来改善,即纤维增强塑料含有热塑性抗腐蚀内衬。双层结构是热塑性结构与纤维强化塑料结合在一起的结构,如图2−12所示。双层结构的组成如下:

① 热塑性内衬,使用典型材料,如聚氯乙烯(PVC)、聚丙烯(PP)、偏二氯乙烯(PVDF)、聚三氟氯乙烯共聚物(ECTFE)、聚四氟乙烯共聚物(ETFE)、氟化乙丙烯(FEP)、全氟烷氧基(PFA)。

② 热固性连接层,提供机械与化学键与纤维增强塑料键合。

③ 在热塑性塑料后马上叠上电导材料层(一般是碳纤维层),在出现衬层破损时这可以用于电火花测试或泄露测试。

④ 第二条防腐界叠放在纤维增强塑料层上方,使用热固性抗腐树脂,也可以考虑聚酯或玻璃纤维与短切原丝玻璃纤维垫。这条边界要富含树脂,以确保抗腐蚀性。

⑤ 手糊成型或缠绕结构的纤维强化塑料结构。

要想应用成功,要将材料的抗腐蚀性加工到与现场匹配的要求。对于设备的长期表现而言,树脂的选择对其有巨大的影响。决定纤维加强塑料复合材料的适用性的第一步是环境的特征。对于预期化学品的抵抗性需通过查阅资料或测试来证实。在证实此材料适

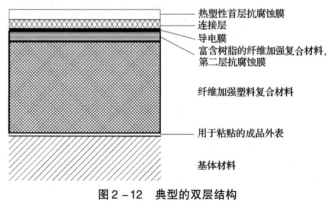

图2−12 典型的双层结构

合使用想要的化学品后,接着必须考虑以下因素:

① 操作温度;

② 是连续性浸泡还是用于喷洒;

③ 振动、摩擦与刻蚀的效果;

④ 结构负荷、建筑规范与安全规范(防火)的遵守;

⑤ 设计细节,如切割后末端的处理,防止因为碳纤维增强引起的吸收或动电现象。

环氧树脂是最常见的树脂。用玻璃纤维强化的环氧树脂强度高,抗热性强。它们能用于中温环境,甚至高于 100℃。用环氧树脂复合材料能同时拥有良好的抗腐蚀性与机械性质。在非氧化性环境与弱酸性中,环氧树脂有好的表现,但不能用于强酸。在稀碱溶液有良好抵抗性。环氧树脂可用于浇铸、挤压、薄片、黏着剂、涂料等。它们用于管道、阀门、泵、小型槽罐、内衬与保护性涂层。环氧树脂可用胺类或酐类作硬化剂,使得产物的温度与化学性质产生区分。芳香胺在碱性环境下尤其有好的性质。酐硬化剂也有好的化学抗性,并更适合在酸性环境使用。

聚酯树脂(涤纶)成本较低,但它们收缩性强。用玻璃纤维强化的聚酯树脂也有好的强度与除了碱以外的化学抗性。一些特殊材料使用双酚 – A – 环氧树脂对碱抗性更好。聚酯树脂的操作温度限于 90℃。聚酯树脂的使用环境比乙烯酯树脂腐蚀性弱。

当要求韧性与抗疲劳性的要求比上述树脂更高的情况下,使用乙烯酯树脂。它们也比上述高聚物的耐高温性与抗腐蚀性更好。乙烯酯树脂管道能抗强酸、氯化物与氧化性溶液。乙烯酯树脂还常用于高浓度的酸,乙烯酯是一个描述树脂化学性质的通用称呼。标准乙烯酯是由双酚 – A – 环氧树脂合成。

酚醛树脂是最早的全合成高聚物。酚醛有良好的耐高温性,但它们需要高的硬压力。在硬化部分的空隙含量很高[14]。酚醛塑料填充有低成本的石棉棉花混纺织品、碳或石墨、二氧化硅,有好的机械性质与除了强碱的化学抗性。含有更多的酚的量比甲醛量更高的酚醛树脂(酚醛清漆树脂)用于酸性环境,呋喃树脂(呋喃甲醇)用于碱性环境,它尤其适合溶剂、中碱性与非氧化性酸。

大多数树脂与一些纤维吸收水分。使其增加材料质量,降低强度与挺度。树脂会在接近玻璃化温度下分解。紫外光会降解树脂,微细裂缝会削弱复合材料,并提供了吸收水分的途径。

2.7.3　弹性高分子物质

橡胶就是弹性高分子物质的典型代表。弹性体含有天然或合成橡胶作为基本弹性物质,以及几种添加物。其抗腐蚀性取决于基本弹性物质。添加物主要有填料、软化剂、硫化用的化合物。典型的橡胶有天然橡胶(NR)与合成橡胶,合成橡胶有苯乙烯二烯(SBR)、丁基合成橡胶(IIR)、氯丁橡胶(CR)、氯磺化聚乙烯(CSM)、丁腈橡胶(NBR)。常见类型如天然橡胶、苯乙烯二烯与丁基合成橡胶不能与油混合,但特殊类别的橡胶如氯丁橡胶、氯磺化聚乙烯与丁腈橡胶能抵抗油[15]。大多数橡胶的重要性质为弹性、刚度差、好的耐磨性、好的化学抗性。橡胶的主要应用点为密封件、绝缘体、抗腐蚀与磨损保护。在抗腐蚀与抗磨损的应用方面,橡胶主要用来作为内衬。软橡胶容易贴在干净的表面。在橡胶与底层之间除掉气洞与溶剂,将橡胶切割、贴好。在硫化之前如果需要,可用高压测试贴着底层的橡胶。在涂料车间,硫化使用高压锅在 130～150℃ 进行。有内衬的压力容器封闭并注满水,用蒸汽加热到 95～97℃。如果不可能用水硫化,就使用自硫化型橡胶。在硫化后,涂层质量用高压再检查,测量其硬度。

硫化天然橡胶的使用比天然橡胶还广。硫化天然橡胶能抵抗盐溶液、稀酸与碱、湿氯气与氯水。最高操作温度为85℃。当它冷却与受到急剧的温度变化时会裂开。快速温度变化还会导致橡胶分层。软天然橡胶有好的机械性跟与硫化天然橡胶一样的抗腐蚀性。最高操作温度为70~80℃。软天然橡胶层的厚度高时,可以提供足够的摩擦保护。充油丁苯橡胶对稀与浓氢氧化钠都有抵抗作用。

丁基合成橡胶是具有低渗透性与好的抗腐蚀性的弹性体。它们的机械性差。适合在硬橡胶不能适应的温度场合作为抗腐蚀材料使用。丁基合成橡胶较难粘贴与加工,卤化类的丁基合成橡胶克服了这一点,并可以耐高温,它的操作温度达100~120℃。它们有好的抗碱性,对比天然橡胶的抗酸性要好一些。在运输槽与废气脱硫上运用广泛。

氯丁橡胶(CR)对油的抵抗性差。它的渗透性低,耐磨性好,但化学抵抗性差,一般用于含有机化合物与海水的轻度腐蚀的环境。最高操作温度为100℃。软氯丁橡胶对即使高温下的稀与浓苛碱都有抵抗性。

氯磺化聚乙烯(CSM)对酸、碱与油有抵抗性。它对次氯酸盐有抵抗性,这使得它可适用于漂白工段。最高操作温度为120℃。氯磺化聚乙烯(CSM)难以加工,所以比较贵,在一些特定的场合,丁基合成橡胶可以取代氯磺化聚乙烯,丁腈橡胶(NBR)主要用于含油的场合,其他橡胶类型会因为吸收油而发胀。丁腈橡胶也能抵抗稀酸。

不同类型的橡胶不能再用的原因有几条。大气中的氧气能导致天然橡胶、苯乙烯二烯、丁腈橡胶的氧化,被氧化的橡胶变得硬而脆,但有些可能变得软而失去黏性。臭氧是橡胶的破坏物质。橡胶的分子链会与臭氧反应而导致裂缝。臭氧可以攻击天然橡胶、苯乙烯二烯橡胶、异戊二烯橡胶、丁二烯橡胶、丁腈橡胶。强氧化性化学品攻击天然橡胶导致它失去黏性、变脆或变软。含有诸如氯水、二氧化氯等氯成分的酸性溶液,或碱性溶液中的次氯酸盐能破坏橡胶,其他氧化性溶液也如此。吸收溶液导致橡胶发胀并最后变软。橡胶吸收有机溶液也会发生类似化学作用。天然橡胶会吸收烃类,如油。丁腈橡胶与氯二丁烯橡胶会吸收酯类、酮类等物质。

2.7.4 抗腐蚀性与应用

如果从电化学意义上讲塑料不会腐蚀。塑料的降解有三个原因。环境中塑料可吸收一些活性组分,造成塑料发胀或高聚物内部反应,这一般导致塑料变软与变形,发生减重现象。在氧化性溶液的环境下,例如含有活性氯,树脂分子就会发生氧化,树脂就会变硬、变脆与裂开。在塑料硫化后材料硬化、收缩并裂开之后,树脂可以继续与一定成分的树脂发生聚合反应,塑料的降解不是像金属一样的表面效应,这是材料内部的反应,塑料只是从正常流程水溶液中吸收几 mg/kg 浓度的腐蚀类组分就可以使机械性质发生损失。热固性塑料是降解原因,是由于化学键断裂,或可能因温度、应力、受撞或磨损促进了材料溶于特定溶剂。当热的水分子溶剂的分子穿透塑料表层,塑料可能发生起泡。起泡只是一个外观问题,硬化是由于更软的物质与添加剂被去除,只留下纯而硬的母体材料。裂开的原因经常是发生在热处理区的应力的结果。塑料经常对弱无机酸、无机盐有好的抗性。塑料的使用限于中等温度与压力的环境,它不耐机械磨损,有高的温度延展性。热塑性塑料一般强度低。强化塑料设备的抗腐蚀性取决于接触流程流体的富含树脂层,这个加强层还提供了强度。玻璃层板的化学抗性由任何暴露在外的玻璃决定。在树脂与纤维之间的水的扩散会降低层间强度。

主要的树脂供应商一般会给出数据,来避开明显不兼容的高聚物。表2-6提供了高聚物兼容性的一些信息。避免材料损坏的最好方法就是在最差的适用环境下测试。测试的温度、应力与时间是关键性因素。使用时不允许超过测试得到的温度。测试的应力必须比供应商推荐的长期应力极限要提高一些,一般是 10 ~ 20MPa。如果使用材料在这个应力等级下有化学抗性,则发生问题的风险就会小。任何更高温度下的物理改变都很可能影响化学抗性。例如,玻璃化温度是高聚物从玻璃态材料转变为高弹态的温度。在玻璃化温度以上,材料的机械强度会下降。测试的持续时间要足够长。短时间的测试可以造成材料表面微细的应力裂缝,这些看不见的裂缝不一定影响材料初始表现。随着这部分材料老化或暴露在环境应力下,裂缝可能蔓延并造成材料损坏。

表 2-6　　　　　　高聚物的化学抗性表(R 为有抗性,A 为无抗性,
　　　　　　　　　　S 为有轻微影响,E 为呈脆性)[16—17]

材料代号	抗风化性能	弱酸	强酸	弱碱	强碱	有机溶剂
聚四氟乙烯氟化乙	R	R	R	R	R	R
丙烯	R	R	R	R	R	R
聚四氟乙烯共聚物	R	R	R	R	R	R
全氟烷氧基树脂	R	R	R	R	R	R
聚偏二氟乙烯	S	R	A 硫酸	R	R	R
聚偏二氟乙烯	R	R	R	R	R	S
聚三氟氯乙烯共聚物	R	R	R	R	R	R
低密度聚乙烯	E	R	A 氧化性	R	R	R
高密度聚乙烯	E	R	R-A	R	R	R
聚丙烯	E	R	A 氧化性	R	R	R
聚丁烯	E	R	A 氧化性	R	R	R
聚苯醚	R	R	R	R	R	R-A
聚苯硫醚	R	R	A 氧化性	R	R	R
聚酯树脂	R	R	R-S	R	R	R-A
聚氯乙烯	R	R	R-S	R	R	R-A
环氧树脂	R	R	A	R	R	R-S

在蒸煮器与或洗浆工段,强化的高聚物用在处理雾气与废气的设备材料。为了从废气中回收热,洗涤器必须能去除颗粒。洗涤器与导气管道一般用塑料。塑料与高聚物复合材料在漂白工段很常用。复合材料在流程与含液氯的排污管道、回收炉烟囱、洗涤器、化学品槽、滤液池、通风道等使用很成功,以乙烯酯为单体的玻璃钢因其对氯、二氧化氯与次氯酸钠的抗性好,成功用于漂白工段。自 20 世纪 70 年代以来,漂白段的洗浆机顶罩投入使用,它便暴露在烧碱与漂白化学品的水汽中,以乙烯酯为单体的复合材料用于处理从黑液回收炉中散发出去的高达 170℃ 腐蚀性气体,流体处理设备,如泵、阀门使用玻璃钢强化树脂。例如,聚砜树脂对烧碱与次氯酸钠的化学抗性好。

在制浆造纸行业,聚烯烃的使用很普遍。在二氧化氯漂白中,双酚 - A 型聚酯层压材料可处理腐蚀性水汽。高密度聚乙烯适合用于排污管,聚丙烯与聚丁烯也可用在此处。聚丙烯可抵抗 60% 浓度的硫酸、浓盐酸与约 65℃ 的烧碱。聚丙烯与聚氯乙烯与处理约 60℃ 的酸性与碱性滤液,聚氯乙烯不能处理高于环境温度的漂液,但聚丙烯可以承受达 50℃ 的漂液。聚氯乙烯可处理大部分高达 60℃ 的酸与碱性物质,但不能承受 98% 的浓硫酸。

大部分常用的氟塑料是聚偏二氟乙烯与聚四氟乙烯。聚偏二氟乙烯用于钢管内衬。泵的部件可能会附上这层材料,或由这种材料制作。聚偏二氟乙烯可处理漂白工段所有的酸与碱滤液、湿氯气、二氧化氯,高达 50℃ 的浓度 50% 的烧碱,它不适合浓硫酸或过氧化氢。聚四氟

乙烯用于泵的内衬。它对漂白的环境呈化学惰性,经常用于增强材料。

增强热固性塑料原用于对比起高合金不锈钢或钛合金额的成本会较合理的抗腐蚀区域。如今强化塑料作为一般性腐蚀环境中的常用品。这些场合的常见树脂有酚醛环氧树脂、乙烯酯树脂、双酚-A型聚酯与呋喃。酚醛树脂不能抵抗腐蚀性化学品。环氧树脂用于不贵的管道系统。呋喃对溶剂有抵抗作用。双酚-A型聚酯与乙烯酯树脂在漂白溶液的腐蚀抗性应用场合中经常使用,由于有更好的机械性质,它们的使用也变得更加主流。强化塑料一般是玻璃纤维。复合材料适合用于氯化作用、二氧化氯与碱抽提阶段的滤液的场合。

在造纸工业中使用双层材料的主因是热塑性塑料的化学抗性只比玻璃纤维好。双层材料有广泛应用,例子有管道、氯干燥塔的进料管束、次氯酸钠槽、二氧化氯发生器、漂白工段的转鼓洗浆吸箱。

2.8 总结

对于制浆造纸工业,主要使用的金属材料类型是碳钢、不锈钢、镍合金与诸如钛合金的入门金属。在特定的条件下,所有这些金属都会腐蚀。金属材料的腐蚀不是问题,除非它极大地影响了生产率、产品质量、安全等。当被腐蚀的设备不能满足其功能时,腐蚀就成了问题,如泄露、开裂等。

腐蚀抗性取决于很多因素,如材料成分与微观结构、焊接等制造细节与腐蚀环境等。

基础制造材料是碳钢。如果它的腐蚀抗性不够高,则可用不锈钢、镍合金或钛合金代替。不锈钢的抗腐蚀性随着合金元素的含量提高而提高,如铬、镍、钼与氮。当温度与腐蚀性离子浓度不太高时,不锈钢适合用于氧化性环境中。当条件变得更加严峻,常见到考虑将不锈钢升级为镍合金。钛合金适合用于温度与氯浓度高的氧化性环境中。

材料选择不只限于金属材料。在许多应用中,高聚物是一种成本合适的选择。高聚物材料用于制造材料、涂层与内衬。强化塑料设备的抗腐蚀性取决于接触流体的富含树脂的那一层。高聚物的种类非常多,它们常对无机酸与无机盐类溶液有抵抗性。可以查阅到关于不兼容的高聚物数据。塑料的使用限于中等温度与压力,它们不耐机械磨损,有高的温度延展性。

参考文献

[1] Anon., The Metals Book, Welding Filler Metals, Metals Data Book Series, vol. 3, CASTI and American Welding Society, Edmonton, 1995, Chap. 4.

[2] Anon., The Metals Book, Ferrous Metals, 2nd edn, Metals Data Book Series, vol. 1, CASTI and American Welding Society, Edmonton, 1995, Chap. 6.

[3] Anon., The Metals Book, Ferrous Metals, 2nd edn, Metals Data Book Series, vol. 1, CASTI and American Welding Society, Edmonton, 1995, Chap. 18.

[4] Treseder, R. S., NACE Corrosion Engineer's Reference Book, NACE International, Houston, 191, pp. 153 – 223.

[5] Jonsson, K. – E., in Handbook of Stainless Steels (D. Peckner and I. M. Bernstein, Ed.), McGraw – Hill, New York, 1977, Chap. 43.

［6］Garner,A. ,in ASM Metals vol. 13, ASM International, Metals PARK,1987,pp. 1187 – 1220.

［7］Anon. ,Stainless steels for pulp and paper manufacturing, Nickel Development Institute Report No. 9009, American Iron and Steel Institute, Toronto,1982,pp. 5 – 47.

［8］Anon. ,The Metals Red Book, Nonferrous Metals, Metals Data Book Series, vol. 2, CASTI and American Welding Society, Edmonton,1995, Chap. 2.

［9］Anon. ,The Metals Red Book, Nonferrous Metals, Metals Data Book Series, vol. 2, CASTI and American Welding Society, Edmonton,1995, Chap. 3.

［10］Streicher,M. A. ,in Forms of Corrosion – Recognition and Prevention (C. P. Dillon, Ed.), NACE international, Houston, 1982, Chap. 6.

［11］Easterling. K. , PHysical Metallurgy of Welding,2nd edn. ,Butterworth – Heinemann, Oxford, 1992, Chap. 1.

［12］Anon. , Welding of stainless steels and other joining methods, Nickel Development Institute report No. 9002, American Iron and Steel Institute, Toronto, 1993,pp. 15 – 43.

［13］Jarman, R. A. ,in Corrosion (L. L. Shreir, R. A. Jarman, and G. T. Burstein,Ed.) ,3rd edn. , vol2, Butterworth – Heinemann, Oxfor,1994,Chap. 9. 5.

［14］Fontana,M. G. ,Corrosion Engineering, 3rd edn. ,McGraw – Hill, New York,1987,Chap. 5.

［15］Pitman,J. S. , in Corrosion, (L. L. Shreir,R. A. Jarman, and G. T. Burstein,Ed.) ,3rd edn. , vol2,Butterworth – Heinemann, Oxford,1994, Chap. 18. 7.

［16］Brydson,J. A. ,in Corrosion, (L. L. Shreir,R. A. Jarman,and G. T. Burstein, Ed.) 3rd edn. , vol. 2,Butterworth – Heinemann,Oxford,1994,Chap. 18. 6.

［17］Treseder,R. S. ,NACE Corrosion Engineer's Reference Book, NACE International, Houston, 1991,pp. 224 – 234.

第③章　金属腐蚀的电化学与腐蚀测试方法

　　本章介绍腐蚀的电化学,介绍一些常见的电化学测试法。腐蚀是指金属与环境之间发生物理化学的相互作用,导致金属性质发生人们所不想要的变化。腐蚀可能导致金属、技术系统、环境或产品的损害。腐蚀是金属自发的破坏性氧化反应。它的产生是因为一个或多个腐蚀媒介或腐蚀物质。腐蚀媒介接触到给定的金属会影响表面膜的稳定或反应速率。在一般的大气环境下,除了几种化学惰性的金属如金、铂与钯,所有金属都会自发腐蚀。腐蚀系统含有一种或多种材料,以及影响腐蚀的环境。

　　腐蚀的类型有化学性的或电化学性的。化学腐蚀是金属的直接氧化。在湿的环境下至少有一个阳极与一个阴极参与的电荷转移,电化学腐蚀就是因此而发生的氧化反应。现代腐蚀理论应用两个基本理论:混合电势理论与表面膜形成。在腐蚀中,所有一个反应中释放出来的电子理论上都会在另一反应中被消耗,这就形成了一个封闭回路,形成混合电势理论。任何材料的抗腐蚀性取决于其化学惰性与其形成稳定表面膜的能力。贵金属相对不会发生化学反应。稳定的表面膜会形成金属与它环境的屏障,呈现钝化状态。

3.1　电化学基本知识

　　当研究化学反应时,主要研究的是化学反应的热力学与动力学,热力学是指化学反应的可能性,动力学是指化学反应的反应速率,热力学将告诉我们腐蚀反应是否有热力学的可能。在有一种情形,金属将被腐蚀。为了得到一个更肯定的答案,有必要估算反应速率,在第二情形,金属不会腐蚀,则不需要研究反应速率。

　　在电化学反应中,化学能量转变成电能,或电能转变成化学能,电子释放或消耗。电化学反应一般常在表面发生。阳性反应释放电子,阴性反应消耗电子。阳极反应发生的表面为阳极,阴性反应发生在阴极。阳极与阴极都是电极。电极是一个点,在此处传导从离子转变成电子,且通过电化学反应在交互界面上进行电荷转移。阴性反应是氧化反应或溶解反应,阳性反应是还原反应或沉积反应,它们组成氧化还原反应。氧化还原反应是氧化与还原反应同时发生的电化学反应。还原反应消耗由氧化反应产生的电子,这有时被认为是氧化还原反应中的一半。氧化与还原反应的组合形成了电化学电池。对应的氧化还原反应即是电池反应。如果电极材料的反应速率很低,则电解质溶液类型的反应决定了电极电势。此外,电极电势是电极材料的腐蚀电势的平衡。

电化学电池可以具有动电的、可逆的或电解的性质。动电电池是一个电池反应,能自发产生电能。电解电池是外部电源驱动的电池反应。它消耗能量。可逆电池是没有电流的,处于平衡状态。可逆电池的电池反应不是自发的。在可逆电池中,电池电势中无穷小的变化均可导致它往任一个方向进行反应。每个电化学反应可自发发生,或在外力作用下往阴性或阳性方向反应。例如利用外部电源驱动电化学反应往一个方向进行,能量可储蓄于汽车电池中。通过自发电化学反应往相反方向进行时,即可将储藏在电池中的能量以电流形式释放,如图3-1所示。要注意符号的变化。有个国际会议称呼氧化反应发生的电极为阳极,而还原反应发生的电极为阴极。给定的电极意义取决于它是否将化学能转化成电能,还是相反。如果化学能转化为电能,则电化学反应是自发的,如腐蚀或不可再充电的电池,则阳极是阴电性的,阴极是阳电性的。如果电能转化成化学能,反应需要外部能量驱动,例如电解与电镀,则阳极是阳电性的,阴极是阴电性的。无论电池是否是动电的或电解的,电子从阴极通过还原反应游离出来,电子流动进入的电极是电池中最阳电性的电极,该国际会议将它画在右边。

放电–自发反应   充电–强制反应

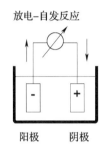 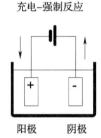

阳极   阴极   阳极   阴极

阴极 $Pb+H_2SO_4 \Longrightarrow PbSO_4+2H^++2e^-$ 阴极 $PbSO_4+2H_2O \Longrightarrow PbO_2+H_2SO_4+2H^++2e^-$

阳极 $PbO_2+H_2SO_4+2H^++2e^- \Longrightarrow PbSO_4+2H_2O$ 阳极 $PbSO_4+2H^++2e^- \Longrightarrow Pb+H_2SO_4$

图3-1 电化学反应的可逆本质显示出在蓄电池中储存的能量可在同时发生的反应中释放出去

每个化学或电化学反应都有个平衡状态。在这个状态下,电化学反应中的阳极与阴极部分的反应速率一致。系统处于动态平衡状态,没有净反应,例如,当一个铜片浸入硫酸铜溶液中,铜从铜片溶于溶液中的阳极溶解反应速率等于溶液沉积于铜片的阴性沉积反应速率。理论上,人们可以从化学热力值中计算电化学反应的平衡状态。这是标准电极电势,E_0,或称为电化学反应平衡电势。标准电极电势等于大气标准状态下的,即一个大气压,25℃,参与反应介质的活度为1,浓度为1mol/L标准溶液,任何其他不同电极的相对电极电势 E 值是标准电极电势的相对值。

热动力计算允许对反应的趋向进行预估。如果吉布斯游离能(即 ΔG,KJ/mol)改变,反应为负值,则反应可以按这个方向进行。如果 ΔG 为正值,则反应不会自发进行。ΔG 越负,反应为自发性的可能性越大。因为 $\Delta G = \Delta \sum G(产物) - \Delta \sum G(反应物)$任何化学反应均可按任意方向进行,只是 ΔG 是否是正值还是负值,其绝对值是一样的。如果阳性反应的 ΔG 是负值,则对应是阴性反应为正值。如果电化学反应的平衡电势较低,它更可能朝阳性方向进行,如果平衡电势高,则反应更可能朝阴性方向进行。

将电化学反应物质列表形成标准电极电势。一些种类叫电化学类的氧化/还原电势,电动势序列等。电势的符号也可能是相反的。电化学系列的参考标准是氢电极反应,H^+/H^2反应。统一将它的电极电势定义为0V。这个电极称为标准氢电极(SHE),其他电极以此为对照。例如,Fe/Fe^{2+}的标准电极电势是 $-0.440V$,Cu/Cu^{2+}的是0.337V。标准电极电势通过等式(3-1)的吉布斯游离能计算,只在上述的标准状态下应用。

$$E_0 = \frac{\Delta G}{zF} \text{阳极方向} \qquad (3-1)$$

$$E_0 = \frac{-\Delta G}{zF} \text{阴极方向}$$

在其他条件下,平衡电势由能斯特方程计算

$$E = E_0 + \frac{RT}{zF} \ln \frac{[OX]}{[RED]} \qquad (3-2)$$

式中　　　　　R——摩尔气体常数 $= 8.3143 \text{J}/(\text{mol} \cdot \text{K})$

T——热力学温度,K

$[OX]$ 与 $[RED]$——氧化与还原物质的浓度,即金属离子与固体金属。

　　如果反应是阴性,即还原反应,被还原的物质是反应产物。标准电极电势 E_0 与对数合并在一起。

　　在热力学计算中,必须严格使用活度而非浓度。大多数基础计算假定系统是理想状态的,反应物的浓度等于活度,实际上这一般不成立。而是存在一个比值为活度系数,γ,活度即为浓度乘以活度系数。下面的讨论使用活度与浓度,浓度意味着"有效浓度"。活度系数一般用浓度与温度换算,温度或离子浓度随着平衡电势值的改变而改变。温度低于 25℃ 电势值会更高,温度更高电势值会更低。对于气体组分而言,浓度的概念是周围大气环境中的这部分组分的压力。当使用气体组分,如漂白剂(氧气、臭氧或氯气),增加气体分压地增加对应氧化还原反应的平衡电势,也就是增加氧化能力。富含氧气的空气是比一般空气更强的氧化剂。在氧气与臭氧混合物中臭氧的含量越高,氧化能力就越强。

　　当研究平衡状态时勒夏特列原理非常重要。在一个封闭系统,任何化学反应将最终达到平衡状态,吉布斯游离能描述了化学反应式的平衡常数,反应式为 $a\text{A} + b\text{B} = c\text{C} + d\text{D}$,则它根据下面的式子:

$$\Delta G = -RT \cdot \ln(k); \qquad k = \frac{[C]^c \cdot [D]^d}{[A]^a \cdot [B]^b} \qquad (3-3)$$

　　G 值越负,平衡常数 k 就越高。反应的平衡取决于反应侧。$G = 0$ 时经常被错误认为反应不会发生。如果过程的游离能是零,系统处于平衡状态,会对于任何外部干扰而转变成另一状态。根据勒夏特列原理,增加反应物或去除反应产物将使平衡朝反应产物方向进行。当压力增加时,系统会朝着使压力下降的方向进行。如果反应产物升温,则降低温度会使平衡朝反应产物方向进行。如果反应会吸热,则增加温度会使平衡朝反应产物方向进行。

　　在平衡状态,电极处于标准电极电势之下,或在平衡电势之下,电极没有净反应发生。动态平衡意味着阳性与阴性反应速率一致。这个反应速率是交换电流。交换电流越高意味着当电极电势改变时电化学反应更容易发生。电化学反应的测量指标就是电流强度。电化学反应遵循所有一般化学当量关系,它们还遵循关于电量的当量关系。这些是电解的法拉第定律:

　　① 电极反应的析出的物质质量与电极通过的电量成正比;

　　② 如果相同的电量通过几个电极,则每个电极析出的物质质量与物质原子量同需要电解的 1mol 物质的电子的摩尔数成正比。

　　法拉第定律与需要电解的物质的物质的量中的电子数量有关。1mol 电子所携带的电荷量为 1F。1F 等于 96485C/V,1C 等于 1A $\cdot$ s。一般地,电流与析出物质量的关系就是法拉第定律。

$$\Delta m = \frac{I \cdot \Delta t \cdot M}{zF} \qquad (3-4)$$

式中　Δ*m*——质量,g

　　　I——电流,A

　　　Δ*t*——时间,s

　　　M——摩尔质量,g/mol

　　　z——物质的化合价

　　　F——法拉第常数,96485C/mol

M/zF 的比值是金属的电化当量。因为电流强度与质量成正比,腐蚀速率可以从电流强度对等式(3 - 4)的微分,再除以时间可算出来。

3.1.1　电极极化

当电极电势改变时,就不再处于平衡状态了。增加电势开始阳极净反应,降低电势则开始阴极净反应,通过电极产生了电流,结果驱动电流通过电极改变它的电势。平衡电势的偏离就是电极极化,实际电极电势与它的平衡电势之差叫过电位。过电位与电流的正负值取决于是阳性反应还是阴性反应,阳性为正,阴性为负。电极极化的本质是电子的移动快于对应的电极反应速率。如果在阳性溶解反应中的反应物质的金属离子移动速率低于外部电路电子的离开速率,则多余的正电荷就聚集在阳极上。电势就会往正性方向提高。

对于每个电化学反应而言,增加极化会增加电流,反之亦然。如果极化低,即在电流密度的作用下每单位的电势转移的增加量小,就没有因素能阻碍电化学反应速率。如果极化高,电极电势改变量必须很大,才能得到更高的电流。在研究时极化有不同的概念与解释,取决于对应的系统。对于电化学反应,它是指实际电极电势与反应平衡电势的差值。阳性极化是阳性电势往止极方向转移,阴性极化是阳性电势往负极方向转移。在由外电源驱动的电化学系统,极化是有害现象。它会增加电池电压,造成生产成本提高。在自发的系统中,阳性反应速率等于阴性反应速率。在这种系统中,阳极与阴极极化得到同样的电势。在电池中,极化也是有害的,因为它降低了电池电压。在腐蚀系统中,高极化是有利的。腐蚀系统容易极化,就不会在即使是过电位很高的情况下电流强度也不会高,这样反应速率就低。电极极化可通过交换电流密度,即 i_0 来预估,高的 i_0 值,即 $1mA/cm^2$ 意味着反应将不会产生很强的极化。i_0 在 10 ~ $3mA/cm^2$ 意味着极化趋势为中等,如果 i_0 在 10 ~ $6mA/cm^2$ 则电极容易极化。

电极极化不是简单的现象。电化学反应是异质反应。它们分几步在不同相中发生。反应步骤一般包括以下步:a. 反应组分从电解质转移到电极;b. 吸附;c. 在表面的电荷转移;d. 脱附;e. 反应产物从表面转移到电解质。

任何步骤都可以决定反应速率,换句话说,反应速率最慢的步骤决定了整体反应速率。当电流通过电极时,电极电势从它的平衡值转移,电极便产生极化。过电位的大小有几个因素决定,最重要的是活化极化、浓差极化与电阻极化。活化过电位是电化学作用相对于电子运动的迟缓性引起的,浓差过电位来自溶质转移,电阻过电位来自欧姆电阻,如溶液电阻的结果。电化学反应取决于最慢的那一步的本质,而分为活化极化、溶差极化或电阻极化控制。过电位与电流密度的关系式是活化极化控制的电化学反应式,即巴特勒 - 福尔默方程,如等式 3 - 5 所示。由方程可见,阳性与阴性部分的反应速率与过电位呈指数关系。净反应是阳性与阴性部分电流的总和。

$$i = i^+ + i^- = i_0 \cdot \left[e^{\frac{\alpha \cdot z \cdot F}{RT} \cdot \eta} - e^{-\frac{(1 - \alpha \cdot z \cdot F)}{RT} \cdot \eta} \right] \tag{3 - 5}$$

等式(3-5)中，α因子是在0到1之间的对称因子。如果α是0.5，阳性部分与阴性部分的反应速率相等，如果α大于0.5，则阳性部分的反应速率增加的过电位高于比阴性反应速率，当0<α<0.5时，阴性反应速率更快。有两个近似方法一般用于简化巴特勒-福尔默方程。高过电位(高电流密度)近似式利用等式在足够高的过电位时的指数值较小，过电位与电流密度的对数呈线性关系。这个假设在过电位取绝对值时有效，η远远大于RT/zF，即在25℃时η远远大于25.7/zFmV。阳性反应的巴特勒—福尔默方程的高过电位近似式变成如下：

$$i = i_0 \cdot e^{\frac{\alpha \cdot z \cdot F}{RT} \cdot \eta} \tag{3-6}$$

取其对数并重新列式，得到

$$\eta = \frac{R \cdot T}{\alpha \cdot z \cdot F} \times 2.303 \times \log(i_0) + \frac{R \cdot T}{\alpha \cdot z \cdot F} \times 2.303 \times \log(i) \tag{3-7}$$

式(3-7)就简化成式(3-8)：

$$\eta = a + b \cdot \log(i) \tag{3-8}$$

等式(3-8)这个半对数方程就是塔费尔方程或塔费尔公式。因子$b = 2.303RT/zF$是塔费尔斜率。理论上25℃的塔费尔斜率在4、3、2、1个电子时分别对应30mV、40mV、60mV、120mV。在低过电位近似式中，η远远小于RT/zF，指数式足够小，即在25℃时$RT/F =$25.7mV，可近似认为$e^x = 1 + x$。在腐蚀电势附近，过电位与电流密度呈线性关系。在低过电位近似式中，对称因子没有影响。交换电流密度如等式(3-9)决定了曲线的形状：

$$i = i_0 \cdot \frac{zF}{RT} \cdot \eta \tag{3-9}$$

在单活化极化控制下的反应中，过电位与电流密度的测量形成(i, η)图，这个图的斜率可得到交换电流密度的值。结果，RT/i_0zF因子是，这里有一个电荷转移电阻R_{ct}，注意由RT/i_0zF得到的电流密度的单位是A/m^2，但这个单位使R_{ct}太大。线性极化法也使用这个理念来决定腐蚀电流密度。图3-2显示了巴特勒—福尔默方程的高与低过电位时预测值。

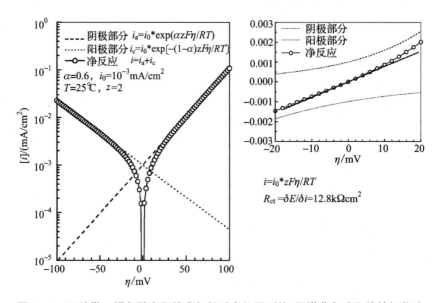

图3-2 巴特勒—福尔默方程的高与低过电位预测值，即塔费尔法和线性极化法

到底是电势变化引发电流，还是反之，这种讨论总是存在。对于大部分实践与研究场合来讲，认为电流密度是电极电势的一种方式是比较方便。不需要外部电源，电流从电极通

过的原因是物质化学电势使它们能发生电化学反应。在自发系统中,电极电势是源自电化学反应的电流。

不同的过电位有其典型的特征。在反应开始之前,可见到活化过电位是一个需要克服的瓶颈。低交换电流密度的电极反应也要高活化过电位。它就不会容易发生。这对防腐蚀有利。例如术语"氢过电压"描述了氢开始析出所需的极化。一些金属如铁有低的氢过电压。锌有高过电压。锌的高过电压意味着锌的氢致开裂不太容易发生,且进程缓慢。这就解释了高纯锌在还原性溶液中的好的抗腐蚀性,此处氢致开裂主要是阴性反应。如果锌中含铁作为杂质,则会催化氢致开裂,导致快速腐蚀。

传质过电位源自从电解质到电极或从电极到电解质的有限的传质速率。如果系统是传质控制的,则存在极限电流密度。极限电流密度是传质控制下最大的反应速率。它随反应物的浓度、扩散率、温度或流速的增加而增加,在有极限电流密度的系统中,过电位遵循等式(3-10),当达到极限电流密度时过电位增长非常快。

$$\eta_{浓缩} = \frac{RT}{zF} \cdot \log\left(1 - \frac{i}{i_{\lim}}\right) \tag{3-10}$$

氧的还原是在自然界非常常见的阴性反应。它通常属于传质控制型的。从电解质中除氧或进行涂层保护降低其表面的扩散率是常见的防腐措施。两者都会降低极限电流密度。

电阻过电位不直接影响电化学反应,但它降低了阳极与阴极的电荷转移。电阻过电位遵循欧姆定律,如等式(3-11)所示:

$$\eta_{\Omega} = R_{\Omega} \cdot I \tag{3-11}$$

当溶液电阻、所测电流或两者均增加时,电阻过电位也变得更强。电阻过电位在阳极与阴极区域明显分开的系统中更加重要。

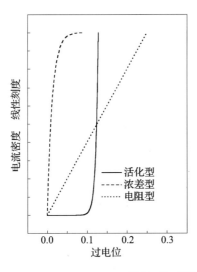
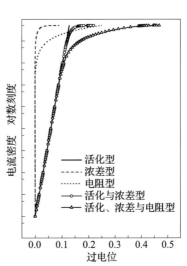

图3-3　不同过电位的极化曲线

电化学反应速率的测量是用电流。为了区分不同系统,反应速率通常用电流密度表示。它是指通过电极的电流强度除以电极的面积。关于电流密度与电极电势的关系图叫极化曲线。电流密度一般使用对数刻度。影响变量有电流密度或电势。图3-3显示了不同过电位的极化曲线。电流密度在对数刻度上是线性的,巴特勒—福尔默方程[等式(3-5)]的活化过电位在低电流密度时增加的非常快,在高电流密度时没有影响。当电流密度达到极限电流密度时,它变得无穷大。等式(3-11)的电阻过电位随电流密度的增长,按欧姆定律线性增长。在极化曲线中溶液电阻造成一个误差,这被称为电阻压降或欧姆压降。电阻压降扭曲了极化曲线,使得阳极曲线的真正电势总低于测量电势,阴极曲线的真正电势总高于测量电势。

极化是对平衡电势的偏离,这个术语有时是描述一个活化过电位太高或极限电流密度太低,以致使反应速率太慢的系统,即"极化电极"。它的相反术语叫"去极化"。去极化或电极的去极化意思是任何降低活化或浓差极化的方法来增加反应速率。阳性反应的反应物,如氢与氧是"阴性去极化物"。因为阴性极化是由于电子的累积形成的,所以阴性反应的反应物会消耗多余的电子,作用类似于"去极化物"。混合溶液可降低浓差过电位,因此它是去极化的因素之一。

3.1.2 电极表面

如图3-4所示,电极表面是一个复杂的非均质系统。在离金属最近的表面作为阳极,它是带负电荷的。为了维持电中性,电解质侧的表面附近有被吸附的离子与水分子。向着电解质溶液的是由水分子包裹的阳离子,这被称为亥姆霍兹双电层。亥姆霍兹内层含有水分子与特定的被吸附的阴离子。亥姆霍兹外层含有第二水分子层。从亥姆霍兹双电层向着电解质溶液的方向是扩散层,接着是水动力层。在扩散层中,组分浓度的改变是从电解质溶液到电极表面。扩散层不会移动,但它的厚度会随着电解质溶液的流速增加而下降,使反应速率提高。水动力层或普朗特层跟电解质溶液有相同的组分,但电解质的流动从电解质溶液到静态扩散层会下降。挨着阳极的电解质是阳极电解液,挨着阴极的电解质是阴极电解液。两种电解液的性质与溶解质溶液不同。

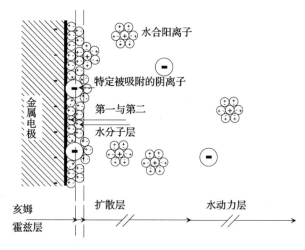

图3-4 电极表面的分层

所有电化学现象在这些薄层上发生,这个薄层的组分与性质和电解质溶液不同。亥姆霍兹内层厚度约1nm,亥姆霍兹外层约4nm,扩散层10~100nm,水动力层0.1~1mm。双电层覆盖了整个金属表面,含有所有阳性与阴性反应的反应物与反应产物。电解质溶液的组分与性质一般都已知,但那些电极表面的膜的组分与性质则未知。特定的几种不同的被吸附阴离子也常是未知因素。因为这是影响表面膜的主要因素,材料的腐蚀行为常令人惊讶。简单的实验室测试常不能描述具体的演变过程。

腐蚀现象起于阴性反应物通过扩散层的扩散并吸附于金属表面。扩散层厚度小、流速快、浓度高,反应物的高扩散常数都将增加阴性反应速率。在阴性反应物转移到金属表面后,它的还原需要电子。这些电子来自阳性溶解反应。阳性反应产物,如金属铁将与被吸附的水分子与双电层的离子反应,或将溶剂化阳离子散开。图3-5显示了在中性水溶液中的铁的腐蚀的连续步骤。由阳性溶解反应产生的铁离子常与电解质发生化学反应。在自然水中,它们可能形成氢氧化亚铁、氢氧化铁、氧化物或氢氧化物。铁表面的锈层是这些反应产物的混合物。室温下水中的氧的溶解度为 8～10mg/L 氧。假设所有氧造成铁的溶解与锈的形成,那么 5L 水中的氧可形成超 1cm² 面积的 0.1mm 厚的锈层。如图 3－5 所示,腐蚀现象是许多步骤的综合。最终反应速率不能比最慢的那步快,那一步是速率决定步骤。

3.2　腐蚀电池

如图 3－6 所示为腐蚀电池的图片,经常用于简化腐蚀系统。腐蚀电池含有阳极与阴极,电解质与电极之间的电连接,它类似于一个动电电池。假设只有一个阳性与一个阴性反应在明显区分开的区域内进行。电池的一个电极进行氧化反应,另一个进行还原反应。发生还原反应的阴极是最阳极的电极,因此它画在右边。外电路的电子从左往右流动。左边的电极是电池阳极,发生氧化反应。阳离子与阴离子在电解质中携带电荷。离子通过了整个回路。电解质中的阴离子从右往左移动,外电路的电子从左向右移动。因为电荷符号相反,阳离子的移动方向与阴离子相反。

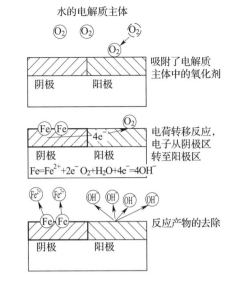

图 3－5　中性水溶液中的铁的腐蚀的连续步骤

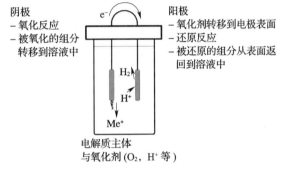

图 3－6　腐蚀电池

腐蚀电池容易引起误导,因为它画了一个闭合容器。在大多数实际情况中,电解质常由为阴性反应的反应物补充。在阳极与阴极区域的电解质的组分在腐蚀电池运作时保持不变。金属离子在阳极区域聚集,阴极区域的碱度提高。当阳极与阴极的反应产物碰撞时,不可溶的腐蚀产物就会沉积。

腐蚀电池是闭合电路,阴性反应消耗从阳极的阳性反应中释放的电子,这些电子从阴极的连接中传递。用代数方法合并电极电势得到电池电势。对于自动进行的腐蚀电池,电池电压一般是正的:$E = E_{阴极} - E_{阳极}$。电池的电流的强度遵循欧姆定律。高电池电压与低电阻的系统得到高电池电流强度。阳极或阴极能支持多个反应,但总的阳极电流必须等于总的阴极电流。这个要求形成混合电势理论。当研究腐蚀电池时以下规则非常重要:

① 腐蚀电池的驱动力是电池电压。

② 极化现象将降低驱动力并影响腐蚀速率。

当单一金属腐蚀时,在表面形成小的阳极与阴极区域,随机分布。图 3－7 显示了阳极电流与阴极电流在腐蚀位置的不同版本。关于电势与电流强度的简单线性图叫伊文斯图。如图 3－7 所示的电势与电流密度的模拟图能显示更多的信息。平衡电势标记为 $E_{阴极}$ 与 $E_{阳极}$。它们的平衡电势分别极化,阳极电势会变得更高,阴极电势会变得更低。系统会处于总阳极电流等于总阴极电流的状态。在这个点,系统处于腐蚀电势,$E_{腐蚀}$,电流密度为腐蚀电流密度,$i_{腐蚀}$。

在这个情形并不是平衡态,因为阳性反应与阴性反应以相同的净速率进行。这导致不可逆变化。电解质的氧化剂消耗掉了,阳极的金属溶解了。

图3-7(a)中,阳性与阴性反应是活化控制型的。阴性反应是对两个阳极是一样的。在较活泼的金属电极之间的电池电压比较不活泼的金属之间的高。较活泼的阳极极化得更多,腐蚀电流密度更高。例如在酸性溶液中,铁比镍电极活泼,腐蚀较快,虽然较不活泼的金属阳极的腐蚀电势更高,因为较低的极化,它的腐蚀电流密度更低。在图3-7(b)中,阳性反应是活化控制的金属溶解反应。阴性反应速率是传质控制。这显示了一个极限电流密度。随着阴性反应物的浓度降低,阴性反应速率下降,极限电流密度下降。这将降低阳性反应速率与腐蚀电流密度。当腐蚀电流密度下降,阳极将不会极化得那么多,腐蚀电势下降。在图3-7(c)中,电阻电压降的存在导致阳性与阴性反应的低极化。电池中额外的电阻将消耗一些驱动电压,这相当于电阻电压降。两个反应都会分别遵循它们的极化曲线,但稳定状态发生在偏离平衡电势较少的时候。这是在低电导性电解质下腐蚀速率会低的一个解释。

腐蚀电势是化学热动力指标,它指示了哪种反应可能发生。腐蚀电流是化学动力学指标,它与电极的动态非平衡过程有关。在腐蚀中,阳性反应与一个或多个阴性反应保持平衡。哪种阴性反应更占优势这要看具体环境。不同的阴性反应可同时发生。电解质中的氧化性种类,如溶解氧或氢离子将从电解质溶液中转移到阴极区域。氧化剂有强烈倾向降低到低氧化性状态,这使消

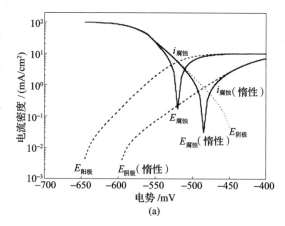

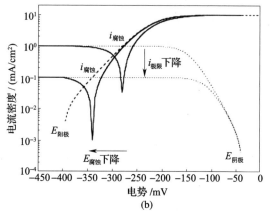

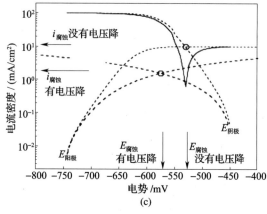

图3-7 腐蚀电势与混合电势理论的形成
(a)图中阳极与阴极反应是活化控制型的
(b)图中阳性反应是活化控制的金属溶解反应
(c)图中电阻电压降的存在导致阳性与阴性反应的低极化

耗电子的电荷转移反应发生。这些电子从阳性溶解反应中释放,一般的阴性是溶解氧的还原反应,如等式(3-12)所示是在中碱性溶液中,氧在酸性溶液中的还原反应如等式(3-13)所示,在酸性溶液中的氢致开裂反应见等式(3-14)。

$$O_2 + H_2O + 4e^- = 4OH^- \text{ 中性,碱性} \tag{3-12}$$

$$O_2 + 4H^+ + 4e^- = 4H_2O \text{ 酸} \tag{3-13}$$

$$2H^+ + 2e^- = H_2 \tag{3-14}$$

金属的腐蚀伴随着氢致开裂,与浓差极化关系较小,特别是在强酸或强碱溶液中。浓差极化在中性溶液中可能有更大的效果。带电荷的氢离子在电场中有更大的扩散率与更高的迁移速率。氢离子浓度在酸溶液中较高,氢致开裂也造成气泡,直接加强了从电极表面的传质现象。氢致开裂造成的腐蚀情况取决于 pH。随着降低 pH 内阴极电势变得更正。这将增加正阴极之间最大的电势差。电池电势也强烈与阴极材料相关,因为对于氢致开裂不同的金属有不同的过电位。在金属表面即使杂质的氢致开裂过电位低,也能明显加快腐蚀速率。

在腐蚀中,氧的还原作为阴性反应显示出巨大的浓差极化。氧还原的反应物是溶解氧的中性分子,它们是由扩散与对流传递过来的。在液体系统中的氧的浓度因为它有限的溶解率而显得较低,不会发生通过气体溶解而产生额外的搅拌效果。氧气通常来自周围的大气环境。为了达到阴极表面,它必须通过气体与电解质之间的界面,大部分电解质通过对流与扩散,最终通过普朗特层、扩散层甚至可能是阴极膜而扩散至表面。阴极反应速率常受到氧到达表面的扩散速率的限制。

其他可能发生的阴性反应是金属离子还原、金属的沉积或硫酸盐因细菌造成的还原反应等。在氧化性酸中,酸分子的还原就是还原反应。在置换反应中,溶解的金属离子可能沉积到相对不活泼的金属中,在沉积反应中所需的电子由较不活泼的金属的阳性溶解反应中获得。释放的金属离子进入溶液,这个过程叫沉积或者置换。一个典型的例子就是当钢浸在含铜的溶液中,铜会在钢上析出。

腐蚀电池的形成需要一个金属表面,或与电极接触的大型结构,这电极含有采用不同电势的区域,电势差可能来自金属内部因素,如组分不均一、颗粒分界、金属结构缺陷、不同的晶向、局部温差或其他不同的加工过程,也可能由于诸如不连续的表面膜、表面粗糙度、几何形状、不同温度或机械应力等金属表面因素。电极不均一也可造成金属表面电势差,不均一的产生来自局部组分富集、溶解组分的稀释或流量与温度的差异。氧浓度差是一种产生严重局部腐蚀的原因,在部分浸泡部分在水线上时的金属尤其容易发生这种现象。

3.3　钝化

金属钝化能力是它们能在大部分场合下可应用的理由。钝化是指金属形成保护性表面膜且使金属溶解速率降到一个可接受水平的现象。首先,金属溶解形成金属离子,电极表面膜的金属离子浓度取决于它们的形成速率与电解质溶液的传质速率。从电极到表面膜的阳离子与金属离子的累积可能开始化学反应,从而形成稳定的化合物。如果这些化合物聚成核并蔓延至金属表面,就形成了有黏性、致密、连续与保护性的表面膜,金属就会被钝化。能钝化的金属有铁、铬、镍、钛与含上述元素的合金。一般腐蚀产生层无保护性,它们只是部分在表面沉积,而将其他暴露在外面。钝化的可能性可用甫尔拜图来估计[1]。这些图由发明者马塞尔·甫尔拜教授命名。这些图的坐标是电势与 pH,显示了金属及其化合物的稳定状态领域,甫尔拜图是由势力学数据计算而得的,这些图仅能显示理论的稳定状态区域,不能得知反应速率,图中可得知在系统中可能的反应的初步观点。建立甫尔拜图需要计算所选的反应的平衡状态,只包括电荷转移反应的电化学反应形成图的横坐标,包含氢离子或水分子的电化学反应形成斜线,不包含电荷转移的化学反应形成图的纵坐标。甫尔拜图经常用于显示水的稳定状态区域,它在氧析出的斜线(以 a 标识)与氢致开裂斜线(以 b 标识)之间。甫尔拜假定最稀的浓度为

10～6mol/L。当金属离子浓度超过 10～6mol/L 时,金属就被认为被腐蚀,对铁而言,10～6mol/L 的浓度相当于 55.9μg/L 或十亿分之几的溶解金属量,在系统中使用更高的金属离子浓度将产生金属及其化合物更大的稳定状态区域。

从甫尔拜图中得到信息有腐蚀免疫区、腐蚀区域与钝化区域。在腐蚀免疫区域中,系统在阴性金属溶解反应的平衡电势以下,不发生反应。在腐蚀区域中,电势高于阳性溶解反应需要的电势,但溶液条件却不允许形成任何金属化合物,于是形成不了表面膜。在钝化区域,电势足够高到金属可溶解的电势,在这个条件下,金属反应可形成保护性表面膜。如果内部腐蚀速率足够高到能提供金属离子,形成膜的化学热力学条件可行,化学动力学足够快,在这样的溶解条件下,钝化膜就能形成。图 3-8 显示了铁与铬的甫尔拜图,这就是含铬的铁合金形成不锈钢的原因。

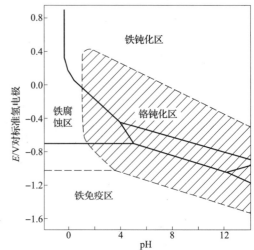

图 3-8　铁与铬的甫尔拜图中阴影区域是以三氧化二铬存在的钝化区域

虽然钝化趋势的估算是采用了氧化物的稳定状态区域,但是钝化膜几乎不仅是氧化物膜,实际上,它是无定形与晶态氧化物的混合物、氢氧化物、水合物与结合水等。在整个厚度上的钝化膜的成分是不均一的。例如不锈钢的钝化膜在金属侧富含铁元素,在电极侧富含铬元素。

钝化主要是一个化学动力学现象。图 3-9 显示了一种钝化金属的理论阳性极化曲线,极化曲线有 3 个电势范围,对应金属处于活化、钝化、过钝化状态。$E_{阳极}$ 显示了金属的平衡电势。当电极电势增加时,阳性电流密度增加。在一些钝化电势的点位,$E_{钝化}$ 与临界电流密度 $i_{临界}$ 开始下降。这是因为稳定的反应产物形成了。钝化电势描述热力学可能性。临界电流密度描述了钝化的化学动力学状态。钝化电势与低临界电流密度促进了钝化,当钝化膜完全形成,电流密度极速下降。需要维持钝化的电流密度要比临界电流密度低 100～1000 倍。当电势增加时钝化电势范围为 0 或非常小的电流密度变化。当金属被钝化时金属溶解不会停止,为了维持钝化膜需要一个低溶解速率。当电势足够高时电流密度又上升,在这个过钝电势 $E_{过钝化}$ 下,钝化膜开始溶解或因其他电化学反应而被破坏。在过钝化电势之上,系统处于过钝化状态,保护性钝化膜不再存在。实际上,钝化膜的破坏常是局部性的,局部性钝化膜破坏是点电势。

图 3-9 也显示了钝化状态时阴性反应

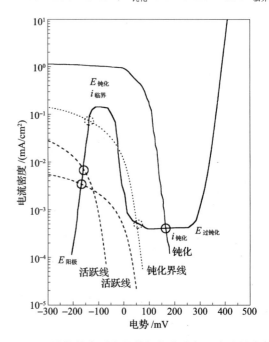

图 3-9　钝化状态时金属的极化曲线与混合腐蚀电势

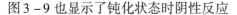

的效果。如果阴性反应的平衡电势太低或反应速率太慢，它不会使金属极化到超过钝化电势与临界电流密度，金属将保持活泼状态。如果阴性反应的平衡电势在钝化电势以下，金属就不会钝化。如果阴性反应的平衡电势高于钝化电势，则当阴性反应速率超过临界电流密度时，金属就会钝化。金属也能显示钝化的边界线，在阴性平衡电势足够高而反应速率太低的地方。金属在加入氧化性化合物供使用外部电源来增加金属溶解速率到临界电流密度时，金属会被钝化。在这个情况下，金属不会自动钝化，任何被损坏的钝化膜不会自动修复，金属会转变为活泼状态。为了抗腐蚀，钝化状态的金属必须有低钝化电势、低钝化电流密度、宽的钝化电势范围、低钝化电流密度与高过钝化溶解电势。前两个因素确保钝化状态的保持，其他的提供了一个广的应用范围。

图 3 - 10 提供了影响腐蚀的因素总结。电化学系列中最阳性与阴性的反应可能在一个腐蚀电池中发生。这些反应产物可能导致表面膜的形成。许多反应产物均可能取决于腐蚀环境、材料与反应。腐蚀环境与材料将决定腐蚀形式。腐蚀速率取决于腐蚀形式与保护性反应产物膜。腐蚀产物层是由金属、溶液沉积物、溶液溶解物的接触形成的。如果这层的溶解速率慢于金属溶解率与组分沉积速率，则腐蚀产物层不可溶，并具有电势保护性。大部分保护层常属于这种，不可溶并且有慢的阴性扩散速率[2]。

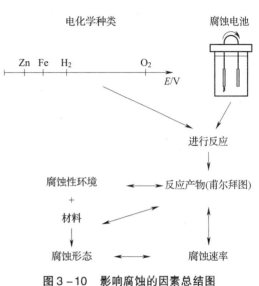

图 3 - 10　影响腐蚀的因素总结图

3.4　腐蚀研究方法

腐蚀测试可以确定金属的抗腐蚀性、环境的腐蚀性、抗腐蚀的有效性、环境的污染或腐蚀产物。腐蚀测试方法涵盖了一个广阔的范围，从简单的减重测试到复杂的电化学法。按最严格的定义，"真正"的腐蚀测试法是那些在真正的工程环境中使用直接物理测量质量减少、厚度减少与外观等方法。腐蚀测试在真正的应用环境下进行的，但有时显得单调与耗时。例如，大气腐蚀测试需要数月甚至数年。在模仿现场的测试环境下进行的腐蚀测试更加简单，但会存在忽略一些关键因素的风险。加速腐蚀测试使用比现场环境更加恶劣的环境下进行，它们能在更短的时间内得到所要的信息。加速法一般使用更高的温度或腐蚀剂浓度，但其条件不可改变测试的腐蚀机理。例如，加热溶液可降低测试时间，但除去了真正导致腐蚀的溶解空气，其结果就会完全错误。盐喷洒室测试与许多电化学测试都是典型的加速法测试。电化学法只给出了瞬时电流密度、电阻或其他假定能描述腐蚀速率或机理的值。用电化学法进行腐蚀速率的直接测试常不可能实施，因为阳性与阴性区域不能分离。于是测试一般根据预定的流程极化样品，测试结果电势与电流，然后反推导出腐蚀电势是多少。

腐蚀系统的状态是不会十分稳定的，通过使用现在状态的数据去计算未来的状态是不可能的。以微观的视角看腐蚀系统，它本质上是一个"黑箱子"。系统绝不会处于平衡状态，它只是相对稳定的状态或从稳定态到另一状态的过液态。腐蚀系统对外部刺激信号进行有特点的回馈。通过测量这些回馈有可能得到系统的特征信息。参数值的逐渐变化常使系统平稳地变化。在一些临界点上，系统的稳定状态会剧烈变化，转至可能完全不稳定的状态。这些临界点常与腐蚀反应的开始点与反应速率有关。一个典型的例子就是当超过临界氯含量或临界温度时点蚀的开始。

在相当均匀的固相与液相之间的交互作用的研究能给出详细的信息，但这信息现实中不可能存在，可能的是运用化学热力学与动力学来预估腐蚀系统未来会发生什么。化学热力学信息指示了具体的反应发生方向，化学动力学纵出了反应速率的信息。只考虑这些因素之一而不顾其他将导致错误的结论。将纯净而均一的系统的表现要延伸到真实的系统中，要先假定完美系统的统计学表现。腐蚀现象也是具有统计学本质。虽然对一个系统做精确的估计很困难，但是腐蚀的发生与传播的可能性可以提供有用的信息，许多设计表与曲线都包含了显示未知表现的区域的趋势与可能性。

腐蚀速率与可能性不仅是选材的指导，最大允许腐蚀速率也因此不能规定得太死板。只是腐蚀速率来决定材料的适应性是不理智的，更好的做法是估计设备使用寿命。在大多数结构中，很可能选择不同的腐蚀速率与厚度的材料，这需要相互平衡，从一组条件中测试得到的腐蚀数据不能用于另一组看似相似的条件。例如，在硫酸钠、亚硫酸钠、硫化钠的腐蚀速率不会一样的。用一种合金来估计另一种几乎相同组分的合金的腐蚀表现是没用的。环境中温度、pH 或组分比例较小物质的浓度的改变，或合金的改变都会改变腐蚀行为。典型例子如钛合金在碱性过氧化氢溶液中，纯溶液的室验室内测试显示非常高的腐蚀率。在实际上，自然形成的盐却能抑制腐蚀[3]。

3.4.1 物理测试因素

物理测试可提供腐蚀环境如何影响测试样品的一个直接的答案。典型的测试手段有减重测试、点蚀厚度减少量、点蚀密度、应力腐蚀开裂测试与为防腐涂层的受控环境箱测试。测试范围可从实际工厂测试到加速腐蚀测试。测试的评估可能包含各种不同方法，但目视检查是常用的最好的腐蚀测试技术。为了给材料分等级，也使用如减重测试等另一种参考。任何测试的结果将决定腐蚀的可能性与腐蚀速率。当测试设计与执行不好，所有腐蚀测试都会起误导作用。对腐蚀形式或对首要影响腐蚀因素的预测是不可能的。可以做到的是根据不同材料预期与最可能的腐蚀的机理来设计按标准流程的合理的测试。

浸泡测试非常适合筛选与排除不适合的材料。减重测试适合决定均匀腐蚀的速率。特别制作的样品结构可以研究不同形式的局部腐蚀。在减重测试中，测试样品以厘米为刻度的每个小部件都暴露在腐蚀环境中，接下来就可以做减重测试。样品必须足够大来最小化一般表面的边缘区域的影响。样品最好有可能与测试容器尺寸、材料可获得性与用于分析的平衡能力一样。样品足够大，可以在相当较短的时间内产生可测量的质量损失。更低的腐蚀速率需要更大的样品。在实验室测试中，样品需要测量的精度至少为 ±0.5mg，在样品复制类型的减重误差不能超过 ±10%。电极温度必须在 ±1℃。溶液的最小体积为 20～40mL/cm² 样品面积。在流程环境中复制样品之间的减重误差为 ±10% 一般不可能达到。

减重测试只是显示在测试期间平均的腐蚀速率，腐蚀是跟时间呈线性关系的假设通常不正确，为了解决这个问题，ASTM G31-72"金属的实验浸泡腐蚀测试"描述了一个有计划周期的腐蚀测试。测试能监测溶液腐蚀性与样品的腐蚀速率。它使用最少四组完全一样复制的样品用于保证数据的可靠性。计算测试持续时间使用"单位"时间间隔。当使用四组样品时，在开始时三组样品进行测试,第一组在第一时间段停止,第二组在第二时间段停止,第二时间段要长于第一组一个单位时间,第三组在第三时间段停止,第四组的时间段为第二组结束的时间段开始,在第三组的结束时间段结束。每组实验样品以腐蚀的减重损失或相关参数来表征。A_1 代表第一时间段,A_t 是指第二时间段,$A_t + 1$ 代表整个测试时间段,即第三时间段,B 代表最后的时间段,即第四时间段。图 3 – 11 显示了它们的关系。A_2 通过 $A_t + A_1 - A_t$ 得到表 3 – 1 的标准给出了电极腐蚀性与金属腐蚀速率的变化情况的预测。将发生情况与腐蚀性和腐蚀速率进行组合。例如,当 B 值小于 A_1 值,则 A_2 比 B 小,如果发生此情况,保护性反应产物膜会降低腐蚀率,溶液腐蚀性会下降。这个结果不能指示腐蚀率变化的原因。一般地,在一个封闭容器中测试,溶液腐蚀性、金属腐蚀速率或两者都将下降。溶液腐蚀性将不会在一次通过性工厂测试或使用大量溶液中改变。

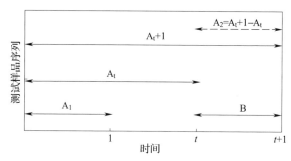

图 3 – 11　使用 ASTM G31 – 72 进行有计划性腐蚀测试的评价

研究腐蚀不仅是减重与变薄两个参数。在浸泡测试时常研究点蚀敏感性、晶间腐蚀或应力腐蚀开裂。这几种方法已标准化了。在大多数浸泡方法中,测试溶注含有腐蚀性离子,一般是氯化物或其他氧化性物质,可提高溶液氧化电势与样品的腐蚀速率。这些加速法一般不用于预测在实际环境中的抗腐蚀性。它们仅是将材料分类的做法。浸泡测试一般较简便,不需要昂贵的设备。ASTM48 – 92 "不锈钢及相关合金用于氯化铁溶液中的点蚀与缝隙腐蚀抗性"是指在 6% 的氯化铁溶液中的测试。氯化铁的浓度变化与氯化钠或盐酸的加入是常见的。样品浸泡时间段设定为一个合理的长度,如 72h。腐蚀形式的确定需要在不同的时间中清洗样品。样品的外观是确定腐蚀的首要标准。减重测量是分类标准。另一

表 3 – 1　使用 ASTM G31 – 72 进行有计划性腐蚀测试的评价表

	现象	标准
腐蚀性	不变	$A_1 = B$
	降低	$B < A_1$
	提高	$A_1 < B$
腐蚀速率	不变	$A_2 = B$
	降低	$A_2 < B$
	提高	$B < A_2$

个点蚀与裂缝腐蚀评价的浸泡测试法叫"绿色死亡法"。测试使用含煮沸的 11.5% 的硫酸、1.2% 的盐酸,1% 的氯化铁与 1% 氯化铜和氧化铜合成的氧化性溶液。用于确定临界点蚀电势温度的方法是使用 4% 氯化钠、0.1% 硫酸铁与 0.01mol/L 盐酸组成的溶液。这些测试的基本理念是制备一个恒定氧化电势的氧化性溶液来极化样品至点蚀电势以上。这导致在足够高的氯浓度与温度下的点蚀产生与传播。如果合金的点蚀电势高于溶液氧化电势,测试时间可超过几天。

质量减少量不是浸泡测试结果中主要的评价参数,如果样品是局部腐蚀,点蚀样品可以显

示被忽略的重量减少量,实际上,局部被腐蚀也意味着更严重的点蚀问题,在平坦的表面上的点蚀密度与在横截面上的点蚀深度可以评价点蚀情况。要研究缝隙腐蚀,需要人工制造裂隙,例如做 PTFE 块或橡胶带来被腐蚀攻击,以腐蚀区域、腐蚀深度与质量减少量来评价。

ASTM A62 - 91"探测在奥氏体不锈钢的晶间腐蚀的易感性"描述了 6 种不同的浸泡测试,用来测试由二氧化氯渗透造成的晶间腐蚀。一些测试有特别的名称,如 Huey 测试是指煮沸硝酸测试法,Strauss 测试是指煮沸硫酸与硫酸铜测试法,等等。ISO 3651 - 1:1976"奥氏体不锈钢—晶间腐蚀测试的确定—第一部分:硝酸媒介的腐蚀测试质量损失量(Huey 测试)"与ISO 3641 - 2:1976"奥氏体不锈钢—第二部分:硫酸与硫酸铜媒介的腐蚀测试铜的转化量(Monypenny Strauss 测试)"也介绍了这些方法。点蚀与间隙腐蚀测试的基本理念也描述了上述内容。制备的测试溶液对钢具有强腐蚀性,但这次只是在敏感条件下避免腐蚀钢铁,通过使用无腐蚀性阴离子的强氧化性溶液来溶解贫铬区,并避免其他形式的局部腐蚀。一些金属间的相或造成晶间腐蚀的所有相,这取决于溶液氧化电势高低。Huey 测试使用煮沸 65% 硝酸来碳酸铬与 α - 相。含硫酸的硫酸铜溶液会攻击碳酸铬。铜的增加会增加腐蚀速率与降低测试时间,硝酸与硫酸铜测试主要用于奥氏体与碳素体不锈钢。含有或不含铬的带硫酸的硫酸铁溶液将攻击碳酸盐与内部晶相。这些溶液也用于高合金不锈钢与镍合金。晶间腐蚀的测试结果使用外观与质量减少量来分类。硫酸铜测试样品在测试后掰弯来露出裂缝。大多数测试中用微观检查来显示腐蚀的程度。

在不同的 ASTM 与 ISO 标准中已有关于应力腐蚀开裂的样品准备与测试方法标准。平滑的测试样品包括 U 形、C 形环、弯曲梁与直接张力样品。虽然更难得到重复性的结果,但是预先破裂处理的样品使用更广。传统上应力腐蚀开裂测试包括测量时间、样品在测试环境中受不同程度的应力下被破坏。引入预先破裂处理的样品意味着裂纹尖端化学的发展,承认了潜伏期的概念。平滑表面的样品必须用于能模仿在长期潜伏期之后腐蚀传播很快的环境下,而预先破裂样品须用于能模仿在潜伏期较短、样品破裂传播时间决定样品破坏的环境中。对于一种给定的合金或模仿使用环境,已有应力腐蚀开裂加速法的实验室测试,人工配制的溶液会使结果更加有重复性,比自然环境更受控。应力腐蚀开裂的测试目的常用来预测在真实环境中裂开的现象。使用测试结果来选择与淘汰材料。将金属在造成应力腐蚀开裂的环境中测试是相对较少的,但对于特定的合金种类,特定的溶液作为腐蚀剂成为标准。

为了得到更快的结果,测试的环境一般比实际的要恶劣。例如,自 1945 年起,煮沸的氯化镁溶液用于不锈钢,煮沸的硝酸溶液液用于碳钢。ASTM G36"在煮沸的氯化镁溶液中测试金属与合金的应力腐蚀开裂的抗性评价"中,确定测试环境为 1 个标准大气压、155℃ 对应 45% 氯化镁溶液,此法用于捶打成型,铸钢与焊接不锈钢及相关合金。它可检测组分的效果、热处理、表面加工、微观结构与应力对材料应力腐蚀开裂的易感性,任何应力腐蚀测试样品都可用于此测试,样品是由裂缝发生及扩展速率的时间来评价。煮沸的氯化镁是酸性的,有强烈的腐蚀性。它不能代表实际的操作环境。ASTM G44"在 3.5% 的氯化钠溶液中测试金属与合金的应力腐蚀开裂的抗性评价"包含了一道应用于铝和铁合金的应力腐蚀开裂浸泡测试。这也是一种加速法测试,适合于特定应用下的合金开发与材料质量控制测试。这个方法通引入严重的点蚀到测试对象上,特别是高强铝合金,它们会影响应力腐蚀的发生并导致材料机械性质的损害。样品评价如果需要,使用放大法观察外观情况。对应力腐蚀开裂的抗性标准可在裂缝还未发生的临界时间或临界应力下开始进行,测试的加速法可使用更具腐蚀性的环境与更高温度或强的机械应力下进行,加速法的基本要求是要保持破坏机理与实际的一致,典型的样品要在冶金方向上确定其破坏的原因是应力腐蚀开裂。

一些加速腐蚀法主要用于测试保护涂层。这些测试使用外界条件可控的封闭容器,来加速腐蚀速率且不改变腐蚀机理。测试一般是为确定材料的大气腐蚀抗性。因为材料是有抗性的,是腐蚀环境与腐蚀速率需要最大化时间,最简单的测试只需要保持温度与湿度恒定。测试一般使用腐蚀性盐与气体来加速腐蚀。在箱子中盐喷洒、硫酸与 Corrodkote 测试都是典型的例子。使用箱子测试常在可允许的时间与实际操作条件的区别度上进行权衡。所有箱子测试的结果需要与测试实际操作条件相关联,例如使用参照材料,因此它们在只是以对比为目的的测试上更有用。

大多数基本箱子测试是那些控制温度与湿度的测试,现有几种标准方法与商业设备。这些测试用于评价污染物或吸收物腐蚀性的效果,如隔热或密封效果。湿度测试的误差包括在作为污染物的腐蚀剂。ISO 4541:1978"金属性与其他非有机涂层—Corrodkote 腐蚀测试"使用含硝酸亚铜、氯化铁、氯化铵的糨糊涂在样品上,然后将样品暴露在箱子中。含有湿度的测试也提供了 rinsing action 使它们的严重性降低。腐蚀性气体测试将湿度与可控腐蚀气体量结合起来。二氧化硫湿气测试在 ISO 6988:1985"金属性或其他非有机涂层—含二氧化硫的湿气冷凝测试"中有描述,测试模拟了工业大气腐蚀环境。它适合探测保护性涂层的孔眼,但它不是腐蚀抗性的通用指导。腐蚀气体测试可使用混合气,如氯气、硫化氢等。大多数常用标准化实验室腐蚀测试是中性盐喷洒测试,样品在测试中被氯化钠溶液持续喷洒,这在 ISO 9227:1990"在人工大气—盐喷洒的腐蚀抗生测试"中有描述。盐溶液的浓度根据不同的标准有所区别,浓度从 0.5% ~20% 不等。当用乙酸降低溶液 pH 到 3(ACSS 测试)或通过增加温度到 50℃ 与增加氯化亚铜(CASS 测试),测试条件就变得更加恶劣。虽然常用盐喷洒测试,但是并不存在关于测试中的腐蚀抗性与其他媒介中的腐蚀抗性之间的直接关系。在这些测试的评价条件是在测试后的外观、在去除可见腐蚀产物后的腐蚀损害量与尺寸和腐蚀开始发生地耗时[4]。

3.4.2　电化学方法

电化学测试常用于预测金属性材料的腐蚀抗性。腐蚀的电化学本质允许进行瞬时腐蚀速率的测量。也可以进行需要一段时间的减重法来测量腐蚀速率。在整个测试时间段得到的腐蚀速率的综合计算可得到平均腐蚀速率,但此值必须等于对应的减重测试时间段。虽然很多方法是标准的,但还是常见到缺少经验的人员做出错误的解释与结论。如果在实验电池中测得了电流密度,在实际中这意味着什么呢?例如对于不锈钢,它常不是指均匀腐蚀速率。也没有局部腐蚀的渗透速率的测量。操作者必须了解实验细节,如电势降适合与电池几何形状。计算机控制的测量系统尤其有风险,除非操作者知道测量软件的逻辑、适合这条曲线的实验流程的操作方法等。实验结果点很少不需要经过思考的。无论极化曲线如何漂亮或腐蚀速率值如何真实,都必须决定好完美的理论背景与合理的实验。

电化学方法的主要问题是它们不能将源自不同的现象得到的电流区分出来。金属的溶解与溶解组分的氧化因此能得到相同的阴性行为。在均匀腐蚀中,结构体的寿命决定因素是平均腐蚀速率。测量腐蚀速率是合适的,对于局部腐蚀,寿命决定因素是最大的渗透深度或最慢的腐蚀开始时间。局部腐蚀中测试方法主要用于确定腐蚀开始的可能性与传播性,或为了合金组分或其他环境变化,测试要同时确定这两个因素。

更简单的电化学方法是通过样品的腐蚀电势来预估腐蚀。为了实际应用目的,电势一般要精确到 10 ~ 20mV，一般 50mV 就足够精确。在腐蚀环境中测量腐蚀电势能给出这个环境下所谓的电位序列的情况。低腐蚀电势的金属是活泼的，高腐蚀电势的金属是不活泼的。动电系列在电化学系列中是相似的，但它给出了真实环境中腐蚀可能性的预估。表 3-2 对比了一些金属的平衡电势与腐蚀电势。如表所示，合金的腐蚀电势常高于对应纯金属平衡电势。这是因为腐蚀造成的阴性方向的极化。纯金属与金属离子平衡不再是平衡状态，而是反映了金属与它的一些组分的平衡状态，在 pH 更高时这些电势会更低。

表 3-2　　　　　　　几种工程用金属的电势和氢电极的平衡电势与腐蚀电势　　　　　　单位:V

E0 Me/Mez +		自来水 Espoo,芬兰		海水	
铂	1.2			铂	+0.4 ~ +0.45
金	0.799			银	+0.08 ~ +0.14
铜	0.337	铜	+0.22 ~ +0.32	纯铜	-0.1
				铜	-0.14 ~ -0.07
铅	-0.126			铅	-0.02 ~ +0.05
镍	-0.25			纯镍	+0.07
				镍	+0.03 ~ +0.15
		AISI 304	-0.3 ~ +0.47	AISI304	-0.15 ~ -0.22
铁	-0.44	铸铁碳钢	-0.52 ~ -0.15	纯铁	-0.51
			-0.39 ~ -0.2	碳钢	-0.47 ~ -0.37
铬	-0.74	电偶钢	-0.78 ~ -0.68		
锌	-0.763			锌	-0.8 ~ -0.74
钛	-1.63			钛(钝化)	+0.21 ~ +0.3
铝	-1.66	铝,工业纯	-0.85 ~ -0.1	纯铝	-1.2
				铝合金	-0.75 ~ -0.5

注意，当在不同溶液中浸泡时，许多金属的活泼性改变很大，在钝化状态，被钝化的金属可能有比它们对应的平衡电势高几百毫伏的腐蚀电势。可使用电位序列，但这些值只适用于所测量的环境，风险是没有以往的规定来表征它们，较活泼或较不活泼的材料可能因此在表的上方。在系列中"较高"或"较低"材料的对比可能是它们真实的腐蚀电势，也可能是垂直排列顺序不对。

电化学方法使用一个可变频控制电极电势或电流，并记录电势或电流变化的结果。电流结果是从电极到电解液交互面的电化学电荷转移反应中测量得到的。例如，阴性电流可从电极溶解或溶解组分的氧化中得到。测量电流不能解释其原因。电化学测量因此需要由测量其他系统变量来确认，例如分析反应产物。如果它们能得到共存的结果，则有可能结合不同的电化学测量法来确定，如果不是，则只好依赖于"科学猜想"。

3.4.2.1　极化曲线

电势/电流密度曲线或极化曲线的测量是腐蚀研究的基本测试方法。极化曲线是研究系统行为的第一个视角。极化曲线是通过稳定的速率改变电极电势并记录所得电势与电流密度而得到的，一般使用电流密度的半对数曲线，电势单位是 mV 或 V，电流密度单位是 mA/cm² 或 A/m²。为了简化作图，将所有电流常设定为阳极，因此要记得阴极电流意味着样品是作为阴极,正电流意味着样品作为阳极,解释极化曲线很简单。电流密度根据法拉第定律对应反应速率,电流密度的突然增加常对应新的反应开始,突然下降对应钝化。当曲线变得越陡峭,意味着传质限制反应速率(极限电流密度)或欧姆电阻扭转了曲线。

图 3-12 显示了极化曲线在中性、透气的自然水中的两个样品,(a)曲线是典型的金属在活化/钝化状态的转换,如不锈钢。因为腐蚀电势处于钝化状态范围,活化状态的峰值常见不到。(b)曲线是典型的活化腐蚀状态的金属,这里的腐蚀速率由传质控制,它随着流速的变化而增加。阴性反应对这些金属也一样。在腐蚀电势区域,阴性反应是氧的还原。随着电极电势下降,开始出现氢致开裂。

一些实验变量会明显影响极化曲线的形状,如电势扫描速度、电势扫描步长,恒电位,曲线的动电位特征。电势扫描速度是电势改变的速率(如 mV/min),电势扫描步长是指在两个连续性数据点之间的电势改变值。在恒电位扫描中,电势是一步步有层次的提高的,在动电位扫描中,电势是连续式增加的。当对比不同合金或评价溶液腐蚀性时,在每组实验中要使用同样的实验参数。极化曲线很少显示稳定状态。当扫描速率降低时,极化曲线才能接近稳定状态。在低扫描速度下,系统理论上会显现得更精确,测量的电流密度会更依赖于由速率决定步骤。在高扫描速率下,电流密度取决于最快的那步,而不是整个反应的速率。选择扫描速率是要权衡多个因素的,取决于对系统的研究内容。一般常在 1 ～ 100 mV/min。当要做一大系列的相似的测试时,先要研究扫描速率的效果,然后测量在最快扫描速率下不会与较低的扫描速率下得到的结果有显著不同。研究钝化的金属时,如图 3-13 所示,使用更快的扫描速率来得到更高电流密度。

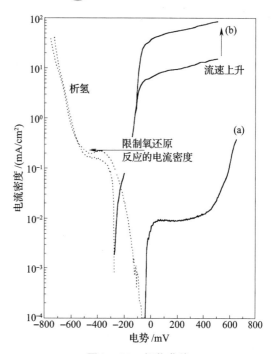

图 3-12 极化曲线

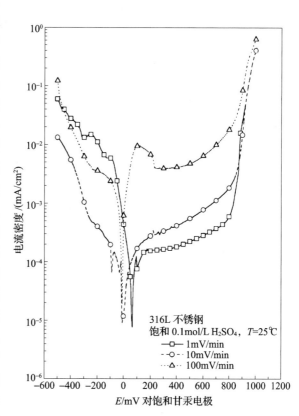

图 3-13 电势扫描速率对使用 AISI316 不锈钢在 25℃的 0.1mol/L 硫酸得到的极化曲线的效果

极化曲线可以用恒电位扫描与动电位扫描。它们容易被混淆。当使用不连续步骤时,电流密度会在每步电势增加时急剧增加,在电势缓慢级下降时维持恒定的值,当每步与时间间隔是变得足够小时,电流密度在下一步电势增加之前不会达到一个稳定状态,真正的动电位扫描因此会导致大量的测量点,除非选择的电势间隔能连续储存数据。当动电位扫描转变成恒电位扫描时,没有规定最大的步骤范围,当使用 1~20mV 作为电势间,两种扫描都一样精确。

极化曲线可用于实践中。最常见的是用塔费尔法确定腐蚀电流密度。这个方法假定极化曲线是线性的,可以用塔费尔方程[等式(3-8)]来描述。在腐蚀电势 100~200mV、电流密度是腐蚀电流密度的 100~1000 倍时,此假设有效。等式中的常数 b 叫塔费尔斜率[mV/10],在腐蚀速率计算中应用广泛。塔费尔法的过电位范围很高,近似于巴特勒—福尔默方程在用于单活化控制电极反应的值。在几个反应的混合电势位置常用。当样品从腐蚀电势极化至阳性方向,阳性反应速率增加而阴性反应速率下降。极化至阴性方向结果使阴性反应速率增加而阳性反应速率下降。在足够高的过电位下,样品只作为阳极或阴极。电势与电流密度的对数呈线性趋势。通过阳性与阴性极化曲线的线性范围反推腐蚀电势,它们就会交汇并显示腐蚀电流密度。因为电极反应从不只是纯活化控制的类型,极化曲线的线性部分至少是电流密度的 10 个单位来确保反推断是可靠的。要使推断可靠,在单元反应中更少量的电子需要与腐蚀电势形成更大偏离。对于两个电子金属溶解反应,反推必须使用约 60mV 的过电位。对于三个电子的反应,值必须约 40mV。如果阴性的应是传质控制或阳性反应是钝化状态的,水平部分的电流密度是腐蚀速率的真正估算值。

塔费尔方程只在活化控制单电极反应中有效,因此在腐蚀系统中使用塔费尔方法得到的实验质量,不一定与任何特定的理论反应机理有关,图可能不显示一个明显的线性部分,这有几个可能原因。首先,极化可能太低,在 $E_{腐蚀}$ 附近,图基本不呈线性,更快的扫描率将阻碍样品达到稳定状态。几个电荷转移反应、扩散极化、与欧姆极化也会扭转线性。图 3-14 显示了

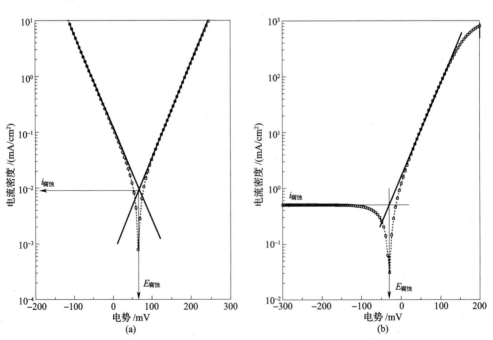

图 3-14 塔费尔斜率在两个例子中的情况

(a)两个反应是活化控制型反应 (b)传质控制型阴性反应

塔费尔图的两个例子。(a)例中,两个反应是活化反应。曲线有明显的线性部分,腐蚀电势的反推较简单。(b)例中,阴性反应是传质控制。反应速率等于极限电流密度。这里阳性部分的反推可能没用,因为腐蚀电势是从阴性反应的水平部分得到。当研究钝化的金属或缓蚀溶液时,对应的位置可能发生。两个案例中腐蚀速率都仅是电流密度的水平部分。

极化曲线另一个重要应用是在循环极化曲线中评估点蚀与缝隙腐蚀的易感性。这个标准方法是 ASTM G61-86"为铁、镍或钴基合金的局部腐蚀易感性测量循环动电位极化曲线"。循环极化测试的原理是钝化样品,在过钝化范围内产生腐蚀伤害,然后监测这些伤害的再钝化。图 3-15 显示了一个理论循环极化曲线。局部腐蚀开始发生的地方是阳性电流电势快速增加的地方,此处的电势叫过钝化电势 $E_{过钝化}$、临界电势 $E_{临界}$ 或点蚀电势 $E_{点蚀}$。

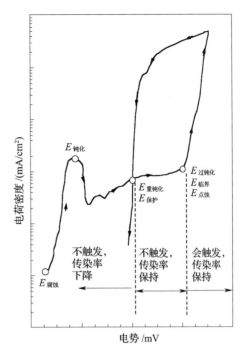

图 3-15　循环极化曲线与它的解释

当这电势变得更不活泼,腐蚀开始发生的机率变得更小。在腐蚀开始后,腐蚀将传播直至电极电势降到足够低的值。这个电势是再钝化电势 $E_{重钝化}$ 或保护电势 $E_{保护}$。当电势高于 $E_{临界}$,点蚀开始并传播。当电势在 $E_{保护}$ 与 $E_{临界}$ 之间,没有新的点蚀发生,但已存在的点蚀继续传播。在电势低于 $E_{保护}$ 时,已存在的点蚀消失。注意缝隙腐蚀可在电势低于点蚀电势 $E_{点蚀}$ 时发生局部腐蚀。

以下规定适合从循环极化曲线中得到点蚀抗性的评估。为了确保结果,材料的保护电势必须高于溶液的氧化电势。如果腐蚀开始电势高于溶液氧化电势,则会有良好的腐蚀抗性。使用保护电势选材更加安全。因为点蚀触发对触发条件的敏感性,点蚀电势值可能显得很分散。因为保护电势是一个比已存点蚀不再传播的电势还低的电势,它作为设计参数更受欢迎。因为未知的过程能触发点蚀,运行时间长的设备需要表面与神秘的位置不传播点蚀。在触发电势与保护电势的差距越小意味着这种材料的抗腐蚀性越强,这是因为小的迟滞回线显示了点蚀容易再钝化,在 50mV 以下的电势差就表示抗腐蚀性强。循环极化曲线是合金与环境的初步区分方法。这个方法的主要缺陷是对点蚀电势与保护电势的扫描率的依赖,对逆电流密度与对应的电势的迟滞回线的依赖。

循环极化曲线的另一应用是评价不锈钢的致敏性。将样品动电位极化到钝化范围,或扫描样品,从活化范围的腐蚀电势到预先定好的钝化范围,然后又扫描回到腐蚀电势。第一个方法是单回路动电位再活化法,第二个方法是双回路动电位再活化法。单回路法在 ASTM G108 中有描述,即"电化学再活化测试法(EPR)用于检测 AISI 304 与 304L 不锈钢的致敏性"。单回路测试假设金属溶解只在颗粒边界发生。在双回路测试中,晶间腐蚀的效果从总的腐蚀电流中分离。在单回路测试地往下扫描期间,通过消耗电荷来评价结果,在双回路测试中逆向与阴性扫描期间,通过最大电流比例来评价结果。颗粒边界消耗更高比例的消耗电荷或更高比例的电流能得到更高的致敏度。

3.4.2.2　恒电位与恒电流测试

恒电位与恒电流实验能更紧密地观察由极化曲线暴露出来的现象。当极化曲线快速并给出了系统第一幅图,恒电位与恒电势实验允许对系统进行更详细的研究。在恒电位实验中,电极电势设为一个常数,记录时间对应的电流密度。在恒电流实验中,电流密度设为常数,记录电势变化。当电势或电流转换成电池,样品开始从稳定状态转变成另一状态。只要被测电流密度或电势变化,则系统处于过渡状态。恒电势测试适合测量稳定状态电流密度、预测钝化态、评价涂层质量等。恒电流测试用于确定腐蚀可能性、评价涂覆质量等。不同的测试例子都遵循。

恒电位测试的最简单应用是测量稳定状态的腐蚀电流密度。在这个意义上讲,恒电位测试只是极化曲线用于大的电位间隔的扩展。当电位快速变化时,传质控制的电流密度与时间的平方根成反比。当被测的曲线变得平直,就会出现稳定状态的电流密度。这个方法用于预估钝化趋势。如果材料可以钝化,则电流密度会非常快的降到一个恒值。当电荷转移能控制反应速率,电流密度能按时间的平方根线性下降。如果电流密度下降又然后开始上升,则反应产物可能是多孔性的,或局部腐蚀开始发生。图 3 – 16 显示了恒电位测试使用的例子,这个使用场合是在硫酸中的最佳阳性保护电势。极化曲线显示在几乎不变的电流密度下较广的钝化范围。恒电位测试显示最小的电流密度有一个相对较窄的电势范围。当电势改变时它会快速上升。

恒电位测试中,电流密度与时间的平方根的反比成线性相关意味着这是扩散控制反应,

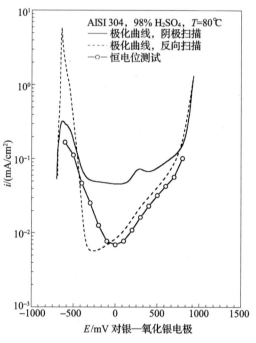

图 3 – 16　不锈钢的硫酸中的阳性极化
曲线与恒电位测试

电流密度与时间的平方根的成线性相关意味着这是电荷转移控制反应。对于后者,电流密度会比前者更快的下降。如果反应由两者共同控制,则先发生电荷转移控制,后发生扩散控制。当研究局部腐蚀或涂覆,样品不一定遵循上述两种反应,新反应的开始常意味着电流密度随时间而增加。这能预计钝化金属的点蚀与保护电势。这些测试需要触发电势值,这可以从极化曲线上得到。当测量点蚀电势时,测试开始于钝化、无点蚀的表面,这可以先阴极极化样品30min 至去除所有表面层,然后让其处于稳定状态的腐蚀电势,就能得到结果。样品然后极化到钝化状态的一定电势。如果设定电势在点蚀电势之下,就不会产生任何点蚀。电流密度会快速降到与钝化电流密度比肩的范围。如果设定电势在点蚀电势之上,则电流密度会先下降,但在触发时间之后会上升。触发时间会随着电势值的上升而下降。电流密度的增加是由于点蚀的触发与扩展。图 3 – 17(a)显示了这个现象。当测量保护电势时,通过将样品保持在点蚀电势之上一段时间,点蚀就开始在表面产生。样品然后极化到钝化范围的某一电势值。如果电流密度快速下降到钝化电流密度的值,则设定电势低于保护电势。如果样品极化到高于保护电势,电流密度先下降,但在某一诱导时间之后会上升。这是点蚀持续扩展的结果。当测量

点蚀电势时,有必要使用钝化状态的样品。当测量保护电势时,有必要取有活化状态的点蚀的样品。如果设定电势值低于点蚀电势或保护电势,则电流密度会快速下降并保持低值。如果设定电势高于对应电势,则电流密度先会下降,然后因为点蚀发生并持续扩展,就会开始增加。图 3-17(b)提供了这些测量值的例子。

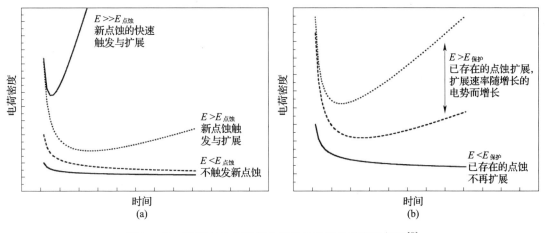

图 3-17　确定点蚀与钝化金属保护电势的恒电位测试[7]

　　恒电位测试也可确定点蚀与缝隙腐蚀临界温度,在这些测试中,样品被极化到系统所期望的最大腐蚀电势。在下一次温度上升之前,当为一个可靠的时间段中监测电流密度时,温度在预先设定的间隔时间不断增加。超过一些适当的电流密度标准就标志着触发局部腐蚀。这些测试允许材料在点蚀或缝隙腐蚀抗性上分出等级。

　　在恒电流测试中,电流密度,即腐蚀速率是预先设定的值,样品电势可游离变化。这种表现可以评价抗腐蚀性。图 3-18 显示了恒电流测试原理图的例子。图 3-18(a)中,要先选择可以容忍的腐蚀速率,然后测试材料对应的电流密度。每一步骤的增加的电势意味着反应产物层的形成比母体材料更不活泼。如果最终电势比溶液的氧化电势更高,则材料是有腐蚀抗性的,溶液的氧化电势不会高至可极化样品到设定的电流密度与腐蚀速率所对应的电势。如果样品电势先是增加而后来又下降,并反复波动,则可能意味着反应产物层是多孔的,或可能发生局部腐蚀,如图 3-18(b)所示。

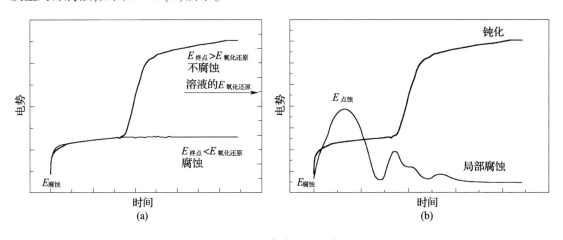

图 3-18　恒电流测试案例

　　恒电流测试也用于测试有机涂层。特别当使用涂层作为阴性保护作用时,它们必须能抵抗碱性条件与气泡的脱黏作用。涂层经常通过极化样品到阴性电流密度来测试,电流密度足够高到导致会出现长期的氢致开裂的程度。样品的评价用外观来确定。

3.4.2.3　极化电阻测试

　　腐蚀速率有时可能通过一些不用破坏样品的方法快速测得。一种极化电阻的测试方法是在 ASTM G59 所描述的"进行动电位极化电阻测试法"。极化电阻的单位是 $\Omega \cdot cm^2$,由腐蚀电势的极化曲线的斜率算得,$R_p = (\partial E / \partial i)E_{腐蚀}$。方法是使用巴特勒—福尔默方程的低过电位近似值。方法的另一名称是线性极化法,因为极化曲线假定为在腐蚀电势区域内为线性。如果腐蚀电势足够远离阳性与阴性反应的平衡电势,且两种反应都是活化控制,则此假设成立。极化电阻由混合电势法测得,混合电势与腐蚀电流密度成反比。它与单电极反应的电荷传递电阻和交换电流密度的关系类似。腐蚀电流强度不能直接用巴特勒—福尔默方程的低过电位近似值中从极化电阻中计算出来,即等式(3-9)。腐蚀电流密度是从等式(3-15)中算得,b_a 与 b_c 是阳性与阴性塔费尔斜率,单位是 mV。包括塔费尔斜率的因素常列在表中以 B 值标识。

$$i_{腐蚀} = \frac{b_a \cdot b_c}{2.303 \cdot (b_a + b_c)} \cdot \frac{1}{R_p} = \frac{B}{R_p} \tag{3-15}$$

　　假设阳性反应理论斜率为 $30 \sim 120mV$,阴性反应为 120mV。此斜率下氢致开裂无穷大,为了传质控制的氧还原,B 因子将为 $10 \sim 52mV$。氢致开裂作为阴性反应($b_c = 120mV$)的两电极溶解($b_a = 60mV$)将使 B 为 17mV。在传质控制的氧还原($b_c = \infty$)反应下,B 值为 26mV。当 B 值在 $20 \sim 30mV$ 时,一般可以腐蚀速率到至少是 2 的因素。如果测量斜率不遵循塔费尔规律,则结果无效。相关性很差也可能是由于表面膜松动、导电性弱或存在其他氧化反应。这里有一个从线性极化测试中计算腐蚀速率的在线平台。一些方法在理论上讲是有效的,而一些方法以实践的视角看更有用。

　　图 3-19 显示了极化电阻测试的例子。更高的极化电阻得到更小的 i 对 E 曲线的斜率。这方法不能区分真正的电荷传递电阻与溶液的电阻。特别是有些时候,溶液电阻与电荷传递电阻数量极差不多一样,腐蚀速率会被严重低估。在图 3-19 中,额外的溶液电阻 $R_\Omega = 120\Omega$,差不多是真正电荷传递电阻的两倍,$R_{ct} = 130\Omega \cdot cm^2$,因测量的极化电阻 $R_p = 250\Omega \cdot cm^2$。更小比例的溶液电阻对极化电阻会造成更大误差。曲线也不会是线性,线性的精确度用于确定极化电阻值,因此能很依靠使用的电势范围。在最低的过电位下,曲线最可能接近线性,但当测量低腐蚀速率时,可能显得很分散,如果腐蚀速率非常低,电势范围必须很大,才可得到可靠的电流测量值,而曲线可能不再在线性范式内。一般考虑线性范围出现

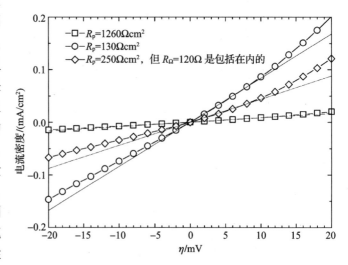

图例:
- $R_p = 1260\Omega cm^2$
- $R_p = 130\Omega cm^2$
- $R_p = 250\Omega cm^2$,但 $R_\Omega = 120\Omega$ 是包括在内的

纵轴:电流密度/(mA/cm²)　横轴:η / mV

图 3-19　通过线性极化法测量极化电阻

在过电位低于 10mV 时。

极化电阻测量最常见的错误有使用过大的过电位,使线性关系失效,还有在暂态状态下测量,在这个状态下腐蚀电势与同时进行的电极反应的电流会发生变化。浓度极化与欧姆电阻也会造成错误,被测极化电阻会过高估计与腐蚀反应有关的真正电荷传递电阻。这将导致腐蚀电流密度特别低。

3.4.2.4 电化学阻抗频谱

电化学阻抗频谱(EIS)是一项全新的技术。所有上述的方法属于直接电流测试法。EIS 是间接电流测试法。使用间接电流法允许将电荷转移、传质与欧姆效应区分开来。在这个方法中,往样品中施放呈正弦曲线的电势或电流激发信号,记录得到的阻抗的大小与相角。测量阻抗经常使用几个频率,例如从 10mHz 到 100mHz,这取决于系统与所搜集的信息。阻抗测量结果形成波特图,它显示出阻抗的幅度与相角,这两个参数是频率的表示方式,阻抗测量结果也可形成尼奎斯特图,它显示出阻抗在纵坐标的活性部分,与阻抗在横坐标的阻性部分,均以频率作为参数。EIS 在腐蚀研究中的主要应用是在弱电电性的溶液中测量极化电阻。

解释电阻频谱的前提是假设电气化界面能用含电阻与电容的平衡电路来描述。诸如电极电阻的元件值在测量时假定为不变值。从阻抗测量中得到的最重要的参数是为了电阻压降与极化电阻的溶液电阻。最简单的平衡电路是兰德尔电路。图 3 – 20 所示为兰德尔电路与它的阻抗频谱。它简化了电气化的表面,使连接的电荷传递电阻 R_{ct} 与双层电容 C_{dl} 与之平行。溶液电阻 R_{Ω} 与时间常数相关。当信号频率较低时,电容作为绝缘体存在,系统存在两个电阻,总电阻是 $R_{ct} + R_{\Omega}$。当频率上升时,电容的阻抗逐渐变得更小,在并联电路中电荷传递电阻的效果不断下降。在最高频率下,系统欧姆电阻与双电层电容的串联形式,本质上,只有欧姆电阻能见到。电容的效果发生在中频阶段。更高的电容值意味着它在更低的频率出现。对比起带有线性极化法影响因素的阻抗频谱与平衡电路,可见到极化电阻 R_p 是电荷传递电阻 R_{ct} 与欧姆电阻 R_{Ω} 之和。只有 R_{ct} 与电化学反应速率相关。

兰德尔电路对描述真正的系统来讲太简单。如果系统含有传质效应的影响,则要加入所谓的瓦尔堡阻抗与电荷传递电阻相连。表面层会导致额外的时

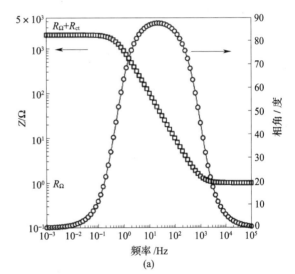

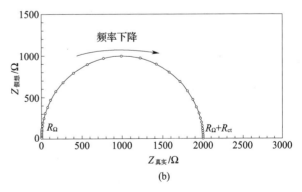

图 3 – 20　兰德尔电路与它的阻抗频谱

(a)波特图显示阻抗幅度与相角

(b)尼奎斯特图显示阻抗真实与假想的部分的混合

间常数。不同的时间常数可能与串联、并联或各种不同的平衡电路连接方法相关。将一种测量频谱来对应不同的平衡电路与元件值的可能性会使解释变得困难。阻抗频谱用绝对电阻值与电容值来测量。简单对比阻抗频谱是不合理的，除非样品有完全相同的表面积。为了对比不同的测量值，要计算平衡电路元件值，将它们与表面积联系起来，单位为 Ω/cm^2 与 F/cm^2。只有欧姆电阻能用绝对值来使用。

图 3-21 显示出一些用于描述不均匀腐蚀表面的平衡电路。从简单的电荷传递电阻与双层电容的平行时间常数开始，基本的电路都有兼容的欧姆电阻与瓦尔堡阻抗。多于一个相与电极接触的系统需要更多常数。这些能串联或并联，不论是串联还是并联，没有硬性规定哪个更好。

阻抗测量的问题是可能在可测频率窗中看不到反应现象，如图 3-22 所示。如果平衡电路值不合适，时间常数值可能太大或太小，在如此低或高的频率值下设备测量不到电容范围。图 3-22 的平衡电路含有两个串联时间常数与额外传质效果，与如图 3-21 所示的电荷传递电阻串联。这种平衡电路用于含涂层的样品。因为最大可测频率仍在电容的范围内，真正的欧姆电阻测不出来。取决于欧姆电阻值，在高频水平段的电荷传递电阻常被高估。低频水平段是涂层电阻值，电荷传递电阻与欧姆电阻的总和。尤其对于一个综合系统来讲，由线性极化法得到的腐蚀速率的测量值是可疑的。用线性极化法测得的极化电阻等于当频率趋向于零时的阻抗极限值。在如图 3-22 所示的系统中，用线性极化法测得的极化电阻约 $100k\Omega$，但真实的电荷传递电阻值约 100Ω。

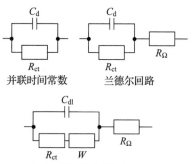

并联时间常数　　兰德尔回路

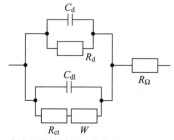

有瓦尔堡阻抗的兰德尔回路

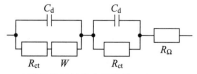

有涂层的材料的并联等量回路

有涂层的材料的串联等量回路

图 3-21　一些单相或多相系统的常见等量电路

3.4.2.5　计算腐蚀速率

腐蚀速率的计算使用法兰第定律。腐蚀速率计算能用到减重、减厚、凹坑深度等。通过使用电化学当量与金属的密度，将被测的电流转换成其他

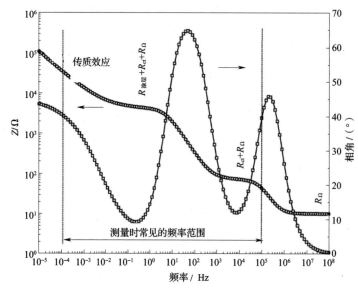

图 3-22　复合平衡电路的频率窗口

参数,例如减重或减厚。合金的电化学当量可从它的组分按以下方程(3-16)来进行预估:

$$电化学当量 = \Sigma \frac{M_i}{z_i \cdot \%_i \cdot F} \tag{3-16}$$

式中　M_i——元素的摩尔质量

　　　z_i——元素的电子数

　　%$_i$——元素的原子分数,%

　　一般地,只有大于1%的质量分数的元素才需要考虑。如果真正的分析还是未知的,那么就可以使用每种材料从组分的详细说明中的一半作为近似值。因为合金中的金属能溶解而产生不同数量的电子,那么每摩尔合金的电子数并不总是整数的。电化学当量显示需要溶解或沉积已知金属质量的电荷。理论上,纯铁以二价离子溶解,电化学当量为55.85g/mol(2×96500As/mol)=0.29mg/As或1.04g/Ah。铜是0.33mg/As或1.18g/Ah。电化学当量的一些值列在表3-3中。金属与合金在多氧化状态下,即氧化反应中不同电子数下电化学当量值是不同的。表3-3中不锈钢的计算例子使用金属两种不同的氧化状态。

表3-3　　　　　　　　　　一些工程材料的电化学当量

	摩尔质量/ (g/mol)	电子数	当量/ (g/Ah)
铁	55.9	2	1.04
铬	52	3	0.65
铬	52	6	0.32
镍	58.7	2	1.10
钼	95.9	3	1.19
铜	63.5	2	1.18
钢	56	2	1.04
锌	65.3	2	1.22
铝	27	3	0.34
镁	24.3	2	0.45
青铜(CuSn6)	65.4	2.07	1.18
黄铜(CuZn15)	63.6	2	1.19
AISI 304 不锈钢 Fe^{2+},N^{2+},Cr^{3+}	58.9	2.17	1.01
AISI 304 不锈钢 Fe^{3+},Ni^{2+},Cr^{6+}	58.9	3.39	0.65
AISI 316 不锈钢 Fe^{2+},Ni^{2+},C^{3+},Mo^{3+}	59.9	2.19	1.02
AISI 316 不锈钢 Fe^{3+},Ni^{2+},Cr^{6+},Mo^{6+}	59.9	3.47	0.64

　　腐蚀速率的计算需要了解通过电极的电荷与电化学当量。电荷必须与特定的表面积相关。因此它的计算要使用腐蚀电流密度与时间。当已知电荷与电化学当量,腐蚀速率能以每个单位面积与时间的减重来计算。如铁在$1mA/cm^2$的电流密度下的溶解将导致减重为:

减重 $= 0.29\text{mg/As} \cdot 0.001\text{A/cm}^2 \cdot$
$86400\text{s/d} = 25.0\text{mg/(cm}^2 \cdot \text{d)}$。

当材料厚度已知时,单位面积与时间减重可进一步转化成减厚,铁的密度是 7.87g/cm^3。当减重为 $25.0\text{mg/(cm}^2 \cdot \text{d)}$ 除以密度时,减厚为:

减厚 $= 25.0 \cdot 10^{-3}\text{g/(cm}^2 \cdot \text{d)}/7.87\text{g/cm}^3 \cdot$
$365\text{d/}年 = 1.16\text{cm/}年$

对于铜而言,1mA/cm^2 的腐蚀速率等于 $28.4\text{mg/(cm}^2 \cdot \text{d)}$ 与 $1.3\text{cm/}年$。以下是好的标准。对于一般的摩尔质量约 60g/mol 的工程金属,密度约 8g/cm^3,以二价电子溶解的金属,1mA/cm^2 的电荷密度等于 $250 \sim 300\text{g/(m}^2 \cdot \text{d)}$ 或 $11 \sim 13\text{mm/}年$。

腐蚀速率的正常单位是 mm/年,m/年,$\text{g/(m}^2 \cdot \text{d)}$ 与 $\text{mg/(dm}^2 \cdot \text{d)}$。在美国,mpy 是指毫英寸/年($10^{-3}\text{in/}年$),有时也叫 mil(密耳)。用减重来表达腐蚀速率必须与面积和时间关联,用减厚来表达腐蚀速率必须与时间关联,这样才有对比的意义。从设计角度看,变薄或穿透速率有直接用途,可以预计设备寿命或腐蚀余度。表 3 – 4 给出了金属与合金的大致密度,表 3 – 5 提供了腐蚀速率的换算系数。

在表 3 – 5 中,ρ 是金属密度,单位是 g/cm^3。通过表中的信息,腐蚀速率使用等式(3 – 17)所测的电流密度可以算得减重或变薄量。如果腐蚀速率以减重来表达,则不一定要用到材料密度。当腐蚀速率以变薄来表达,则材料密度一定要知道。

腐蚀速率 = 电流密度[mA/cm^2] × 电化学当量
× 换算系数 (3 – 17)

3.4.3 测试设备

电化学测量需要的硬件有简单的参考电极与万用表到昂贵与复杂的电脑控制稳压器与频率特性分析仪系统。越复杂的仪器与先进的测量技术越容易导致令人误导的结果。电化学测量的基本设备是稳压器。稳压器基本上是一个理想的电流源,能不怕电流中断而保持电池电压稳定。太简单的稳压电源是不合适的。稳压器基本上是一个置于反馈回路的测试电池的可控增强器,它的目标是经过辅助电极施加电流控制测试电极与参考电极的电势差。

稳压器使用三个电极:工作电极、辅助电极与参考电极。电流在电池工作电极与辅助

表 3 – 4 金属与合金的密度[6]

金属与合金	密度/(g/cm^3)(g/mol)
铁	7.87
铬	7.23
镍	8.9
钼	10.22
铜	8.94
钛	4.5
铸铁	7.1 ~ 7.3
碳钢	7.86
UNS S30400(AISI 304)	7.94
UNS S31600(AISI 316)	7.98
UNS J96200(CF – 8,铸 SS)	7.75
UNS N08904(904L 合金)	8.0
UNS S31254(254 SMO)	8.0
UNS N02200(镍 200)	8.89
UNS N06022(C – 22 合金)	8.69
UNS R50400(钛 2 级)	4.54
UNS R05200(钽)	16.6
青铜	8.4
黄铜	8.7

表 3 – 5 腐蚀速率换算系数

1mA/cm^2 的腐蚀速率等于系数 K 倍电化学当量	系数 K
89.2	Mdd[$\text{mg/(dm}^2 \cdot \text{d)}$]
8.92	$\text{g/(m}^2 \cdot \text{d)}$
$3.26/\rho$	mm/年
$129/\rho$	$10^{-3}\text{in/}年$(mil/年)
$0.129/\rho$	in/年

电极中通过。如果工作电极作为阳极则辅助电极作为阴极,相反亦然。参考电极测量工作电极电势,并与现在电势对比。如果参考电极感应到任何电势差,则稳压器将从电池通过更多或更少电流,来保持工作电极电势。如果工作电极作为阳极,将导致阳性电流增加,被测电势更加低。电极被极化至阳极方向,后回到设定电势值。额外低的被测电势将导致稳压器降低阳性电流并保持设定电势值。稳压器的操作原理会带来一些风险。如果参考电极不能感应到任何工作电极电势,则稳压器将尝试从电池中通过最大电流。因为电化学保护系统也以稳压器模式运行,错误的读数或被破坏的参考电极电缆将导致相当大的破坏。

　　实验参数必须不变,来得到有意义与可重复的数据。在电化学实验中,参考电极、电池结构与样品准备是关键因素。用参考电极测量电极电势。参考电极是带有已知并稳定的电势的电极系统。氢电极含有铂箔,硫酸催化 H^+/H^2 反应,氢在电极上发泡,约定此电极电势为0V。标准氢电极(SHE)给出了电化学电势的零点。在实践中,更多的是使用其他金属/金属盐平衡参考电极。改变参考电极的效果是改变电势的零点,而所有电势的相对位置不变。表3-6列举了一些参考电极与它们的性质。电极电势从一个参考电极范围加或减,就转换成另一个,不过常使人感到混乱。

表3-6　　　　　　　　　　　　参考电极的性质[6,8,9]

电极	填充电解质	25℃下 E/mV 对标准氢电极	温度范围/℃	温度系数/ (mV/℃)	使用场合
Ag/Ag₂S	4M Na₂S	−710		0.1	硫酸盐蒸煮液
HgTl/TlCl	3.5M KCl	−507	0～150	0.1	热媒介
Cu/CuSO4	Sat. CuSO4	320		0.97	泥土、水
Hg/HgO/OH⁻	1M NaOH	+98～+140			碱性介质
Ag/AgCl	3M KCl	207	0～130	1	通用,热媒介
Hg/Hg₂Cl₂/Cl⁻	Sat. KCl	242	0～70	0.65	通用
Ag/AgCl	0.1M KCl	288	0～95	0.22	通用
Hg/HgSO4	Sat. K₂SO4	+616～+640	0～70	0.09	含硫酸盐媒介, 碱性媒介

　　所有参考电极都只能适应部分环境。当电极有一个共同的阳极时,它们必须运行得好。例如,氯化亚汞与氯化银电极用于含氯化物的溶液,硫酸汞用于含硫酸盐的溶液。使用简单系统,如直接把样品浸泡在银/氯化银中可能有风险,因为电极电势与测试溶液的浓度有区别。电极电势随阳性浓度的下降呈对数增加。如果浓度足够高,即使这样安排也足够稳定。图3-23显示了四种商品银/氯化银参考电极与不同氯化物浓度的区别。如图3-23所示,理论区别大于实际电极。用这些商品电极,当氯化物浓度低于1000～2000mg/kg时能产生明显区别。

　　在工程环境中已应用特别的参考电极。例如,银/硫化银,硫化钼与不锈钢参考电极在硫酸盐蒸煮液实验室与现场腐蚀研究都有使用。被腐蚀的金属部分作为假参考电极有时是可以的。金属以恒定的速率被腐蚀,腐蚀环境的改变不能影响它的腐蚀电势。使用钝化金属更受怀疑。它的腐蚀速率较低,它的电势可能在钝化范围可有几百毫伏的波动。

电极电势测量可能使用有足够高输入阻抗的万用表。根据欧姆定律,以 $10K\Omega$ 输入阻抗的万用表测得 $1V$ 电势,意味着有 $0.1mA$ 的电流强度。如此高的电流可能极化参考电极与工作电极,导致错误的结果,所以必须使用超过 $10M\Omega$ 的输入阻抗的万用表。$0.1mV$ 的结果常足够用于腐蚀研究。电流测量必须使用低输入阻抗的万用表。

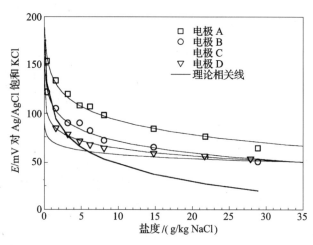

图 3-23　在不同浓度的氯离子浓度下银/氯化银参考电极电势的变化

电化学测量值几乎都使用三电极配置,含有工作电极、参考电极与反电极。工作电极是研究对象的电极,它的电势通过参考电极来测得,通过电池的电流在工作电极与反电极之间流动。反电极一般大于工作电极。为了确保合适的电流强度,电极一般是对称排列。平面电极形状的电极就安排彼此面对,环形反电极围绕着圆柱形工作电极,这样都是合理的排布。电极间的间距大将提供更均匀的电流分布。

参考电极的尖端要与工作电极表面尽可能地接近,但必须不产生任何屏蔽效应,这在鲁金毛细管中表现得很明显。毛细管是一个带尖端的玻璃管,与工作电极保持固定的距离,如图 3-24所示。鲁金毛细管降低了工作电极与参考电极之间的电势梯度,从而降低了电阻压降。毛细管常用塑料管延伸,允许参考电极在独立烧杯中改变定位。毛细管尖端到样品的最佳距离是管内径的两倍。

图 3-24 显示了一个典型的三电极电池的排布。工作电极与反电极浸在测试电池中,参考电极,即饱和甘汞电极(SCE)放在独立的烧杯中。带鲁金毛细管的参考电极测出工作电极电势。因为烧杯内的溶液与电池内的一样,这样液体的结合将会在更精确的时间内,虽然如此,在毛细管与参考电极烧杯之间的联系还是靠一座盐桥。在饱和氯化钾胶体内安装 SCE 参考电极能保护它不受测试溶液污染。这样的氯化钾盐桥能由 13g 氯化钾与 3g 琼脂(-琼脂溶于煮沸的蒸馏水中得到),溶液允许被冷却。当它仍可流动时,将它倒入一个带多孔陶瓷塞的玻璃管中。

为了各种目的,可以采用特殊电池结构。用旋转的圆盘与圆柱形电极围着样品以恒定速度旋转,通过测量不同的旋转速度,就可能可以消除传质效应。旋转的圆柱形电极是有价值的,例如对管道与池槽内的腐蚀

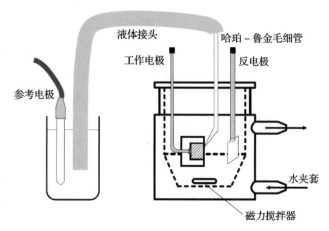

图 3-24　一个典型的三电极电池的排布

速率的定量测量。

当研究点蚀时,现已有为了消除不想要的裂隙腐蚀的有效的电池结构[10],这就是如图 3-25所示的 Avesta 电池。在样品与样品夹持器之间的缝隙腐蚀可通过用稀释水冲洗接触区域来消除。在所有电池结构中,要考虑电极的电路联结良好,毛细管与管路的连续性和外电气与电磁噪声源的防护。

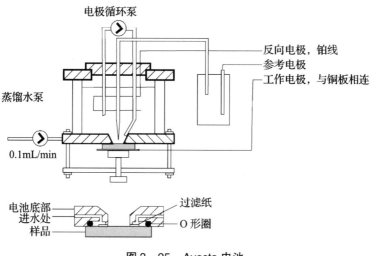

图 3-25　Avesta 电池

反电极使用任何可以导电的材料,有相对更大的表面积,不污染电解质。铂片是一个理想的反电极材料,但它较贵,碳棒也适合。

电池的容量取决于电极尺寸与预计的反应速率。它的原理是基于电解质的组分在实验期间不会改变。测试溶液必须不被反应产物污染,且它的氧含量、pH 等参数必须保持不变。不同的 ASTM 标准要求最低溶液体积与样品面积比例为 $20 \sim 40 mL/cm^2$。要求晃动电解质,这就常需要磁力搅拌器。一般需要除气,从而从氧气中除去氮气、氩气或用通风确保氧浓度。空气常通过烧结的玻璃鼓泡器将空气分散成细小的泡沫。除气的过程也可使溶液搅动。在将气通过电池之前用同样的测试溶液,通过容器起泡使除气变得彻底。如果溶液已被除气,则电池必须封闭在容器中,避免气体倒流入电池中,有毒的气体或通过有毒溶液的气体需要有特殊的涤气程序。

每个电化学测量结果都受到电压降或欧姆降的影响。电压降是一个由电解质电阻系统引起的线性系统误差。因为电极电势不能由电极本身测得,通过电池的电流在电极与位于溶液的电势测量点之间产生额外的电压降,这个位置距离电化学双电层有一段距离。电压降的存在导致真正的极化常小于电势测量的显示值。极化曲线变得更圆,电势值对应的电流密度常被低估。电压降的效果可从被测电流与溶液电阻运用欧姆定律来估算。电压降常在高电流密度或低电导率低电流密度的系统中造成可预估的误差。极化电阻测量的特殊例子是,当极化电阻与溶液电阻差不多,或溶液电阻出现更高的情况,溶液电阻则导致 R_p 的高估,腐蚀速率则被低估。将参考电极或鲁金毛细管置于电极表面附近可以将电压降降低至最小。因为正反馈补偿可造成振动,可使用干扰法。如果溶液电阻在实验前用阻抗频谱被测出,被测结果也可被校正。被测电势值减去测电流与欧姆电阻之积可得每个测量点的结果。

$$E_{实际} = E_{测量} - I \cdot R_\Omega \qquad (3-18)$$

用电子表格程序可以轻易进行这项计算。被测电流或电流密度值不会被改变。此法的主要缺陷是溶液电阻在整个实验中不总是保持不变的。图 3-26 显示了一个极化曲线的电压降的例子。图中任何电流密度对应的电势差都是总的被测电流与溶液电阻之积得到使用太低的欧姆电阻值来校正会导致低于补偿的电压降。使用太高的欧姆电阻值导致曲线向后弯,如图 3-27 所示。如果正确的欧姆电阻值是未知的,那么可能可以使用反复实验来消除大部分的电压降。这只是适合一或两个明显的电流峰值的简单系统。

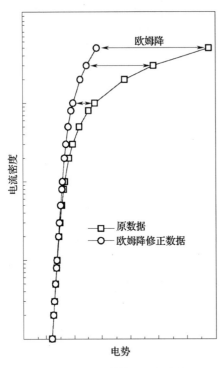

图 3-26　数学校正极化曲线
来降低欧姆降的影响

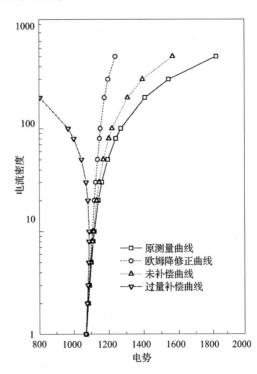

图 3-27　当去除欧姆降效应的影响时对
极化曲线的过量补偿

人们常高估电化学测量的精确度与结果可重复性。当在完全一样的条件下测量极化曲线时,正负 20mV 的电势波动与因一两种因素造成的电流密度变化是正常的。因为电流密度变化相当大,当计算减重或减厚速度时,电化学当量或合金密度发生小的变化就不重要。极其精确的临界电势或腐蚀速率测量不是必需的,因为加速法测试不会描述到真正的情况。电子表格程序能从电化学测量中非常有效地分析被测数据点。分析不需要更多的计算工具,使用个人电脑就可以完成几乎所有任务。从电化学测试中分析被测点的常见方法是曲线划点与曲线部分段进行线性拟合。从 E 与 $\log(i)$ 的数据点在合适的范围内进行线性拟合,可得到塔费尔斜率。从恒电位测量值得到消耗电荷量的合并可简单使用梯形法则。上述的电压降的校正法不是一个单调乏味的任务。阻抗可通过在选择合适的平衡电路后用反褶积法来分析。在这个情况下,被测量的样品组分与时间常数的效果,可以在有效通过的被测阻抗频谱中剔除出来。这个过程是单调的,需要经验。

3.4.4　样品的准备

工作电极可以用几种方法制作。一般地,电极的尺寸是 $1 \sim 10\mathrm{cm}^2$。如果所研究的材料是大宗材料,它可以安装到非导电性的树脂,电接触必须在样品后侧,在安装前使用钎焊、点焊、螺丝拧紧、导电性胶带或黏结物。在测量前,样品为了金相研究要放在地上以便改变它的表面状态。当研究钝化金属的局部腐蚀时,样品的制造是关键。用电接触与控制暴露表面来制作样品,不在样口与安装材料之间产生裂隙是困难的。有表面膜或涂层的样品更加难制作,因为打磨会破坏相关的表面。电镀保护漆用于保护电接触与样品边缘。

图 3-28 显示了样品制作的几种方法,最简单的制作方法是如图 3-28(a)所示,在不导电的树脂里安装。当选择安装材料时,最重要的考虑因素是对样品好的黏附性,以防裂隙与极低的导电性。一些树脂用于电子扫描显微镜(SEM)的研究。因此它们有导电性,不适用于电化学。图 3-28(b)的 Stern Makrides 法使用带着一根连线的圆柱形样品,结合处要用机制氟塑料的清洗器避免有裂隙[11],因此清洗器只能用一次。如果缝隙腐蚀不是问题,则塑料清洗器或合适的 O 型橡胶圈能使用几次。样品如图 3-28(c)所示安装在特殊的夹持器上。样品夹持器的成分为氟塑料,通过使用线或弹簧压在出口处。不一定非要使用安装材料。这会造成减重与微观研究更容易。样品与样品夹持器需要精确的加工来保证可重复性。

样品的组分与金相需要定义清楚。样品必须代表了真正用于实践的材料。商业制作的产品材料不会完全一样的。材料的表面能因氧化、脱碳等原因从主体成分上区分出来。在这个情况下,必须决定表面还是主体材料性质发生变化。Fontana 对比了样品与所在容器的基础之间的区别[12]。必须有化学组分、制作方法、冶金过程与鉴别。当设备使用铸造材料时,测试就必须采用铸造材料。对于铸造结构,就要有铸造样品。焊接材料与焊接流程必须经常测试。它们比单一材料需要更小心的记录与识别,为测试的焊接处与存在问题的流程设备的材料必须完全相同。从理想的情况讲,表面处理必须与样品和真正的过程设备要一样。商业金属与制作的表面状况是不同的。例如,不锈钢能有特殊的表面处理,当针对测试系列的样品时,每个样品的表面处理必须一样。为实践目的的测试需要对表面的处理少于为腐蚀机理的测试。打磨必须使用湿磨机。同样的砂纸不能使用完全不同的金属,如铜合金与不锈钢。用砂纸打磨对去除碳化层而还原金属本身就足够了。当湿打磨去除表面层时,它不会影响内部区域,如高碳含量的不锈钢的致

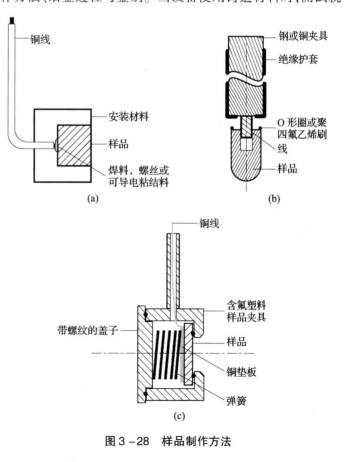

图 3-28 样品制作方法

敏性。

　　为应力腐蚀开裂测试的样品制作需要特别注意。间隙腐蚀测试的问题是得到可重复性的结果。缝隙腐蚀的发生很大程度上取决于样品的几何形状,特别是裂缝口。标准中有裂缝组合与受压样品。图 3-29 与图 3-30 是显示了这些样品的例子。裂缝的外形和本质与暴露测试使用的技术影响了缝隙腐蚀的程度。一般地,越紧密的裂隙造成更严重的局部腐蚀。边缘呈锯齿状的碳氟化合物塑料或陶瓷清洗器一般用于得到可重复性的裂隙尺寸。这些清洗器使用抗腐蚀性螺栓用恒定的扭矩将样品拴起来。在潜伏期的裂隙攻击频率非常低。因为在裂隙内的腐蚀性增加了暴露时间,在测试中随着时间的增加,裂隙攻击频率加大,因此多次暴露期可能必须准确确定缝隙腐蚀速率[13]。由缝隙腐蚀成的伤害的尺寸与几何形状是随机的。从腐蚀测试得到的数据使用人工裂隙必须只用于得到腐蚀抗性的定量性对比。

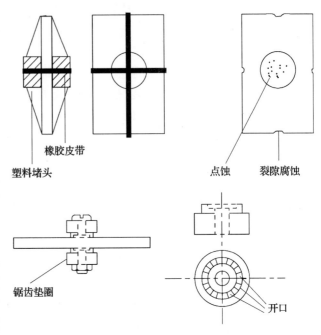

图 3-29　裂隙腐蚀测试的样品

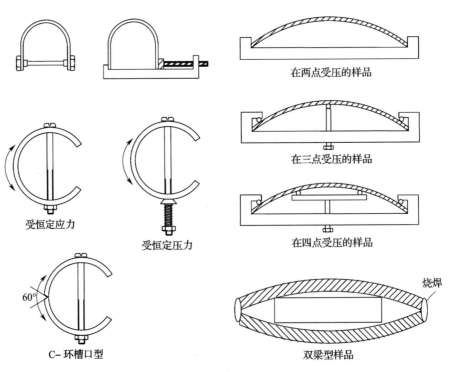

图 3-30　应力腐蚀开裂测试的样品

在应力腐蚀开裂样品中施加应力可使用恒定扭力、恒定负载或变动扭力。这里的各种方法包括 U 形、C 环形与点载荷弯曲,它们可提供恒定扭力。恒定的扭力样品简单而便宜,但应力的可重复性差。应力等级难以量化。用较正弹簧或黏在样品上的质量可施加一个恒定的负荷。在恒定负荷测试中能较好地定义应力。这些测试一般能得到在特定环境下不发生应力腐蚀开裂的应力临界点。可施加动态扭力到测试样品上,类似张力强度的测量,这种方法就是慢应变速率测试(SSRT)。材料缓慢的扭曲并发生塑性变形,直至它断裂。对比恒定应力或恒定负荷测试,SSRT 测试会比较快,但它们可能不够可靠,因为材料是通过扭曲而被破坏的。能在特定环境下抵抗 SCC 的材料可在 SSRT 测试中失败。相应等极的类似合金,如奥氏体或双相不锈钢或合金对环境参数抵抗力的影响都适合用 SSRT 测试[14]。

3.5　现场测试

现场测试一般与实验室测试的目的不同。现场测试一般包括腐蚀监控、过程变化的检测、突然腐蚀的诊断。方法一般是传统型的,包括比实验室更粗糙的设备。更复杂的实验室测试方法对于工厂应用来讲都太敏感。不同的流程环境、残渣、高流速、振动与电噪音问题可能限制了它们的应用。工厂中进行的腐蚀测试将在测试期间得到金属减重质量,或得到瞬间腐蚀速率,这取决于测量方法。测试试片与电阻探头能显示减重质量。测试试样的反应时间常是数周或数月,这取决于它们常怎么去除与分析。当金属减重增加了样品的电阻时,电阻探针改变了它们的反应,当腐蚀减少了这些探头的金属材料被暴露的部分的最小横截面,探头会改变了它们的反应,它们将在几小时或几天内改变腐蚀性。

电化学测量方法将不断测量腐蚀电势或腐蚀速率,如带有上述的限制的感应电流。常使用极化电阻、腐蚀电势、腐蚀电流与动电电流测试的方法。它们的反应时间常是数分钟。即使在工厂的局部区域内,因为腐蚀很少是均匀性腐蚀,所以更推荐使用超过一种的方法。这将提高结果的可信度,限制错误结果的发生概率。最有效的测量地点是那些腐蚀问题最严重的地方。

在几个月的时间中为确定平均腐蚀速率,用腐蚀试片是一种较廉价的方法。它们不适合在暴露期探测腐蚀性的变化。电阻探头是实时腐蚀试片,因为电阴能不用从工厂环境中去除样品就可以测得。因为腐蚀降低了电阻探头的横截面积,它的电阻将提高,可得出累积减重质量的预估。通过金属减重与时间的关系曲线的斜率,就可以检测到腐蚀速率的改变。电阻探头更适合测量均匀性腐蚀,因为在电阻率有明显改变之前,不同形式的局部腐蚀可导致巨大伤害,探头表面的导电沉积物可能导致错误显示出腐蚀速率的降低。

电化学方可在几分钟内确定腐蚀速率的大小。它们测量电流或另一个认定可代表金属溶解反应的速率的变量。它们只用于导电性有保证的溶液中。带或不带溶液电阻估计的 ac 组分的线性极化探头是常用的。通过使用重要的恒定参数,包括实验测得的塔费尔斜率、电化学当量与材料的密度,被测变量就可转换成腐蚀速率。

3.6　总结

腐蚀理论使用两个基本部分:混合电势理论与表面膜形成理论。在腐蚀的位置,所有从一个反应中释放的电子必须由另一个反应消耗掉。这形成封闭电路,从而诞生了混合电势理论。

混合电势理论可用腐蚀电池来显示,腐蚀电池的组成有阳极、阴极与两者之间的电路连接,即腐蚀性溶液。去掉其中一个部分就能使腐蚀电池停止运行。任何材料的腐蚀抗性取决于它的化学活泼性与形成表面膜的能力。不活泼的材料不容易发生反应。稳定的表面膜将在金属与它的环境之间形成屏障,防止进一步的反应,这被称为钝化。

腐蚀中的电化学反应很复杂。为了实践应用,要注意腐蚀环境会影响电化学反应速率与表面膜的形成。除非形成了保护性表面膜,高电化学反应速率等于高腐蚀速率。腐蚀速率也取决于腐蚀的形式。均匀腐蚀常比局部腐蚀的危害要小。

有几种方法可以测量腐蚀的发生几率与反应速率。一些方法的原理是改变样品的物理性质。电化学方法测量样品表面的电化学反应速率,将它们转换成腐蚀的发生几率与反应速率。许多测试方法都是加速法,并只适合作为比较使用。在解释结果时,电化学反应的使用尤其需要经验与常识。

参考文献

[1] Pourbaix,M. ,Atlas of Electrochemical Equilibia in Aqueous Solutions,Pergamon Press,Oxford,1996,Chap. 4.

[2] Crolet,J. – L. in Modelling Aqueous Corrosion(K. R. Trethewey and P. R. Roberge,Ed.),Kluwer Academic Publishers,Dordrecht,1993,pp. 1 – 28.

[3] Andreasson, P. and Troselius, L. ,The corrosion properties of stainless steel and titanium in bleach plants,KI Rapport 1995:8,. Swedish Corrosion Institute,Stockholm,1995,Chap. 4.

[4] Haynes, G. , in Corrosion Tests and Standards:Application and Interpretation (R. Baboian,Ed.),ASTM,PHiladelpHia,1995,Chap. 8.

[5] Groover, R. E. ,Smith,J. A. ,and Lennox,T. J. ,Corrosion 28(3):101(1972).

[6] Treseder, R. S. , NACE Corrosion Engineer's Reference Book,NACE International,Houston,1991,pp. 60 – 100.

[7] Szlarska – Smialowska,Z. ,Pitting Corrosion of Metals,NACE,Houston,1986,Chap. 3.

[8] Ives, D. J. G. , in Reference Electrodes – Theory and Practice (D. J. G. Ives and G. J. Janz,Ed.),Academic Press,New York,1961,Chap. 7.

[9] Eriksrud,E. and Heitz,E. ,in Guidelines on electrochemical corrosion measurements(A. D. Mercer,Ed.),The Institute of Metals,London,1990,Chap. 4.

[10] Qvarfort,R. ,Corrosion Science 28(2):135(1988).

[11] Kelly, R. G. , in Corrosion Tests and Standards:Application and Interpretation (R. Baboian,Ed.),ATSM,PHiladelpHia,1995,Chap. 18.

[12] Fortana,M. G. ,Corrosion Engineering 3rded. ,McGraw – Hill,New York,1987,Chap. 4.

[13] Kearns, J. R. , in Corrosion Tests and Stands:Application and Interpretation (R. Baboian,Ed.),ATSM,PHiladelpHia,1995,Chap. 19.

[14] Lisagor, W. B. , in Corrosion Tests and Stands:Application and Interpretation (R. Baboian,Ed.),ATSM,PHiladelpHia,1995,Chap. 25.

第④章　腐蚀的形态

腐蚀形态由造成腐蚀破坏金属的外观区分。即使腐蚀的原因待查，但是肉眼检测可区分大部分腐蚀的形式。腐蚀形态与腐蚀原因是不同的，它们的区分很重要。腐蚀的形式常有几类，由下面的章节讲述，但腐蚀的原因是腐蚀伤害关键原因。例如，腐蚀的形态可能是点蚀，但腐蚀的原因可能是由系统引入的氯离子。辨别工业设备的腐蚀形式将提供关于腐蚀的原因的有价值的线索。腐蚀效果只是腐蚀系统的任一部分的改变结果，腐蚀伤害是引起制造材料、环境或技术系统的运行损害的效果。腐蚀故障是一种伤害，特点是技术系统的运行完全无法进行。腐蚀的形式没有统一的分类，因为它们中的大部分是互相关联的，并随着年份的改变技术会发生变化。关于特定例子的旧式术语可能可以描述基本的腐蚀形式。Fontana 与 Greene 在1960 年引入了"腐蚀的八种形态"的概念，这个分类依然有用，可能使用得最为频繁[1]。

腐蚀最基本的分类是全面腐蚀与局部腐蚀。全面腐蚀中，整个金属表面受腐蚀环境影响，形成均匀的减重或减厚。如果金属表面没有单一区域的腐蚀更为严重的，那么全面腐蚀也被称为均匀腐蚀。均匀腐蚀造成材料成吨的减少，但局部腐蚀造成材料更快的故障。局部腐蚀是钝化金属的常见问题。钝化表面膜保护大部分金属防止均匀慢，但局部腐蚀发生在钝化膜相对较弱或腐蚀环境更严重的地方。例如，不锈钢表面有杂质会导致表面膜较脆。金属表面有尘或法兰连接处有裂隙，会导致更严重的腐蚀环境。局部腐蚀有宏观与微观两种形式。宏观点蚀与缝隙腐蚀在表面可见，但微观的局部腐蚀形式用肉眼几乎见不到。但它们都在金属中一起发生。图 4－1 显示了腐蚀的形态的一种分类法。均匀腐蚀与一些局部腐蚀形式可由

氧化剂均匀地进入整个表面

均匀腐蚀，没有任何位置受到更多腐蚀影响

局部的，宏观的

点蚀：在钝化膜的弱点处腐蚀

局部的，微观的

选择性腐蚀：合金的其中一相或组分被除去

电偶腐蚀：在较活泼的金属上受到更多的腐蚀伤害

裂隙腐蚀：在裂隙中存在更恶劣环境的腐蚀

应力腐蚀开裂：常由腐蚀与张力应力而形成的树枝状开裂

冲刷腐蚀：由流动的腐蚀剂通过机械运动加速的腐蚀

晶间腐蚀：在晶体边界更易受腐蚀，导致分裂与形成腐蚀颗粒

图 4－1　腐蚀的形态

表面的氧化物的均匀进入来区分,但大部分局部腐蚀形式发展在腐蚀区域内成特定的溶液化学。许多腐蚀特定的例子并不在主要的腐蚀分类中。在以下章节,腐蚀形式的讨论将从大部分普通类型开始,然后再讲特定的例子。

现存有工厂的腐蚀伤害的数据调查[2-3]。化工行业大约 50% 的故障与腐蚀有关。对于制浆造纸工业,笔者预计腐蚀引发故障的比例 30% ~ 40% ,这些当中有 50% 与环境引发的开裂有关。

4.1 均匀腐蚀

术语均匀腐蚀的意思是金属在腐蚀溶液中发生电化学溶解。均匀腐蚀发生在金属表面的大范围内。金属表面被划分为微观阳性与阴性区域,结果形成微型腐蚀电池。这些电池的运行是不断改变的。新的电池开始运行,旧电池停止反应,阳性与阴性区域互换位置。这主要是由于微观组织的活跃区域会更容易发生腐蚀,一些区域会堆积腐蚀产物而阻止腐蚀。氧化剂会更容易接近整个表面区域,所以不存在更容易发生腐蚀的区域,开始时抵抗性更差的区域会先溶解。当腐蚀进行时,腐蚀环境会因材料溶解或沉积而发生改变,腐蚀产物可能会占据很大空间。在阴极区域上形成腐蚀产物,可能比原金属的活泼性要低。这导致阴性与阳性的区域发生改变。如图 4 - 2 所示,开始是不受攻击的阴性区域开始腐蚀,因此腐蚀看起来"均匀"那仅是从肉眼见到。均匀腐蚀最典型的例子是大气腐蚀。酸常均匀的发生溶解反应,因为不形成表面膜,或反应产物不会以沉积的形式出现。均匀腐蚀的常见例子是由凝结的酸雾造成露点腐蚀。由不当的阳性保护剂或外漏电流造成过钝化溶解也可以见到相当均匀的腐蚀形态。

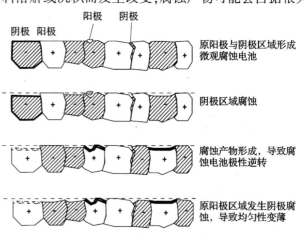

图 4 - 2 均匀腐蚀在微观视角下阳性与阴性区域的随机分布示意图

对设计者来讲,均匀腐蚀常不是个难题。知道了腐蚀速率就可以计算必要的腐蚀容忍度。腐蚀容忍度等于设计寿命乘以预计年腐蚀速率。将腐蚀容忍度加上最小的壁厚即为材料在计划寿命最末期时仍可保留的安全厚度。腐蚀容忍度只用在如果材料是完全处于均匀腐蚀的状态下才可使用,如果点深于均匀腐蚀所造成的深度,则详细算得腐蚀容忍度也不适用于小的壁厚。实践应用中,所有结构、槽体与设备的设计都使用腐蚀容忍度,但实际腐蚀速率对真正计算腐蚀容忍度不可用,这会造成计划外的腐蚀故障。实验测试常给出比实际更高的腐蚀速率。对于廉价材料,如碳钢,可能可以接受的腐蚀速率为 0.2 ~ 0.3mm/年。作为大概的估算,0.01mm/年的腐蚀速率意味着不发生有害腐蚀,0.1mm/年意味着需要维护或叫腐蚀容忍度,1mm/年就需要取消这种材料,除非有很好的经济原因来支持它的使用,10mm/年表示完全不能适用。在合理的设计与腐蚀容忍度下,需要的维护量就较少了。对于抵抗性更强而通常也更贵的材料来讲,均匀腐蚀速率必须小于其经济适用性。应用更复合的材料并不是一件简单的事,因为比起低合金材料它们可能有比均匀腐蚀更高的局部腐蚀速率。

均匀腐蚀必须是真正的均匀,这样腐蚀容忍方法的使用才有效,在管道弯头或水位线造成差异化的位置,流动加速型均匀腐蚀可导致更高的腐蚀速率,如图4-3所示。

虽然在传统角度讲,铁或结构钢并不是均匀腐蚀,但是通常将其视为均匀腐蚀,这是因为它们的整个表面不是按相同速率腐蚀的。在大气腐蚀与单相腐蚀性环境中,如冷却水、工业化学品的储存与处理处,可以预见材料的腐蚀速率。点蚀是指按均匀腐蚀的机理进行,但结果是出现明显更深腐蚀区域的一种不均匀的腐蚀。不用对自催化腐蚀与钝化金属联系起来感到困惑。这类腐蚀在酸性溶液与含氧的冷凝气体中发生。冷凝的氧化气体可形成酸液,造成均匀腐蚀。这也叫露点腐蚀。因为不锈钢的钝化膜可保护它们,所以它不易受均匀腐蚀的影响。在氢卤酸与一些有机酸等强酸的影响下,不锈钢则不会钝化。在非常强的氧化溶液中,会发生过钝化溶解。在非常热的碱性介质下,不锈钢不会均匀腐蚀。镍合金可能在不适当的应用下会发生均匀腐蚀。镍—钼合金在还原性介质中会在氧化物类型的存在下发生快速腐蚀,钛可能在热甲酸中发生均匀腐蚀[4]。

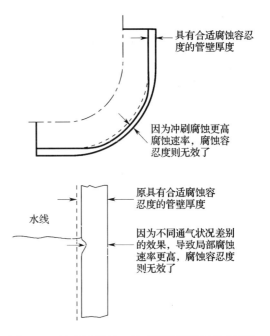

图4-3　流体导致的腐蚀或不同通风条件会导致腐蚀速率更高,故使用腐蚀容忍度法不适合

在制浆造纸行业,大部分室外建筑可能在没适当保护的情况下发生均匀腐蚀。在室内的设备、钢基础与铁架上,也可能发生均匀腐蚀。制浆造纸的生产中硫酸盐蒸煮器中的低碳钢腐蚀是一种常见的均匀腐蚀。腐蚀环境是氢氧化物与含硫化物的混合物。氢氧化钠与硫化钠的混合物会不断减少,但是溶解氧、硫代硫酸盐与多硫化物可作为氧化剂。碳钢在这个环境下会钝化。溶液中的高碱性可维持钝化状态。苛性与硫化学间的复杂平衡是所报道的腐蚀速率的波动的主要原因。如果碱性太强,可能发生均匀腐蚀。如果碱性足够高,使碳钢保持钝化,则未漂浆的洗涤设备可能使用碳钢。如果绿液得到较好通风并有高温和高含氯量,碳钢的管道可能发生均匀腐蚀。在这种情况下,阴性反应强烈,氯化物会阻止保护膜的形成。碳钢在白液中的抗腐蚀性也取决于苛性与硫化学之间的复杂平衡。均匀腐蚀的风险是导致不锈钢的置换。

图4-4　未漂浆洗浆机的均匀腐蚀

图4-4使用了未漂浆洗浆机的例子。人孔侧与支撑链的制造材料为碳钢。腐蚀部分显示出典型的由酸性环境造成的深沟纹。这个例子的腐蚀原因是不是酸性很强的环境。钢成分的分析显示其硅含量非常高。制造材料是普通钢,而不是特定的低硅类钢。

在蒸煮器中的碳钢的腐蚀本质上是均匀腐蚀。碳酸盐垢沉积、药液循环、加载与排液流程会使得特定区域的腐蚀速率快于其他区域。酸洗去除碳酸盐垢时,如果清洗用酸残留或清洗不充分,会导致区域内大的点蚀。必须使用无腐蚀性或加缓蚀剂的酸[5]。

由低合金奥氏体不锈钢制成的黑液蒸发器,如 AISI 304 与 AISI 316,它们可能因热碱介质发生均匀腐蚀。腐蚀区域表面平滑,在去掉沉积物后甚至非常光洁。当碱性溶液达到沸点时,不锈钢腐蚀速率可能会快速增加。高浓度碱液沸点更高,则更高碱度与更高温度将导致均匀腐蚀。

防止均匀腐蚀的方法包括所有普遍与直接的方法。首先,明显的方法是选择更抗腐蚀性的材料和使用涂层,如热浸镀锌材料或漆,有时通过除掉腐蚀物质改变环境也可以,如除氧或使用缓蚀剂。阴极与阳极保护法也适合,例如使用多硫化物作为钝化缓蚀剂与阳性保护剂来防止蒸煮器均匀腐蚀。

4.2 电偶腐蚀

电偶腐蚀的机理类似于均匀腐蚀,但是腐蚀在活跃区域进行得更快。术语电偶腐蚀限制在双金属腐蚀电池中异相金属连接处主要发生的地方。本书中"电偶腐蚀"是指双金属腐蚀或接触腐蚀,因为电耦合使活泼材料的腐蚀速率加快。易腐蚀金属也可以与导电性非金属耦合,如饱和碳垫片材料。均匀腐蚀时氧化剂供给结构的表面是均匀的。如果金属不耦合,它们将以它们正常的速率发生均匀腐蚀。电偶腐蚀假定阴性电流密度在未耦合区域保持不变,因为耦合,活泼金属传递所有或大部分阳性电流。不活泼材料单独作为阴极。为了维持阳极与阴极电流的平衡,阳性溶解速率必须增加。因为结构体中含有不同的金属,更活泼的金属将变成阳性,腐蚀速率加快。同时,结构体中余下的腐蚀速率降低或变成零。

电偶中电子流动造成更活泼与更不活泼的部分,发生极化并产生电势,取决于材料与环境,它们中的任何一种可以更容易被极化。如果更不活泼的材料的电势容易改变,则更活泼的材料的电势会改变更大,电偶腐蚀的结果更明显。电偶腐蚀的原理非常重要,因为它可扩展到不同形式的局部腐蚀,如点蚀、缝隙腐蚀、选择性腐蚀与晶间攻击。

电偶腐蚀的特殊例子是两种不同金属间的置换反应。当工艺液体从一个容器流经另一容器,携带的腐蚀产物从不活泼材料制作的容器流入下游容器,而下游容器由不活泼的材料制作,这就可能产生置换沉淀问题。在这种情况下,溶解的不活泼金属离子沉积于活泼金属之上,这种沉积反应消耗了从更加活泼金属溶解出来的电子。不活泼金属沉积物提供了阴极用于进一步的电偶腐蚀。一般地,铜沉积在含铁材料表面可导致非常严重的电偶腐蚀,小的铜沉积物形成小型电偶电池,于是加快它周围铁金属的腐蚀速率。

不同活泼性的原理不只用于固体材料上,不同浓度的浓差电池也可在同一表面产生不同的电化学电势区域。最常见的浓差电池是氧和金属离子浓差电池。例如,氧浓差电池可能在停滞的气液界面上产生更快的腐蚀攻击。这类腐蚀就产生水线腐蚀。浓差电池的产生是因为氧在气液界面中更容易产生。氧气不断地被限制在远离表面的水线以下,这导致容器壁在接近水线以下的局部位置更快溶解。丝状腐蚀也是电偶腐蚀中一种特有的类型,它发生在黏性差的涂漆或镀层之下,漆层薄与快干的漆更容易受到影响。当水汽渗透到涂层时就发生这种类型的腐蚀。丝状腐蚀的形态是辐射蜗形的腐蚀轨迹,从中心开始发生。

腐蚀丝状的头部是含氧量低的,丝状的尾部向着空气。这导致电势差与腐蚀在丝状头部蔓延。

电偶腐蚀的严重性大小取决于腐蚀电势与金属的均匀腐蚀速率,活泼与不活泼金属的相对表面积和电极的导电性。两种金属之间的腐蚀电势差越大,电偶腐蚀发生的概率越大。使用电位序列,即在已知环境下的查腐蚀电势值的表,一般可以估计这个概率多大。电动序列假定了腐蚀物质不会接触到其他材料。电势差与电偶腐蚀的发生没有硬性的规定。例如,一种正在腐蚀的金属的塔费尔斜率为 50 ~ 60mV。50 ~ 60mV 的电势变化就能造成腐蚀速率 10 倍的变化。如果更不活泼的金属容易被极化,则几百毫伏的电势差不一定会很大地提高腐蚀速率。形成钝化膜的金属与合金将显示出变化的电。它们的腐蚀速率很难量化。电偶触发电势差一般会因为阳极与阴极的极化而随时间而降低,电势差的下降会降低电偶腐蚀电流密度,并降低阳极腐蚀速率。电位序列不能给出触发极化的行为或长期接触的行为的信息。

图 4 - 5 显示了不同表面积与电导率的理论效果。如果活泼金属的面积比不活泼金属的大,则总阳极电流强度的增加会较小,阳极电流密度的增加会更小。在这种情况下,电偶不会造成活泼金属腐蚀速率的明显增加。如果活泼金属的面积比不活泼金属的小,则阳极电流强度与电流密度的增加会更大,因为电流密度与电流最相对量由等式(4 - 1)决定了腐蚀速率,这就导致腐蚀速率的增加:

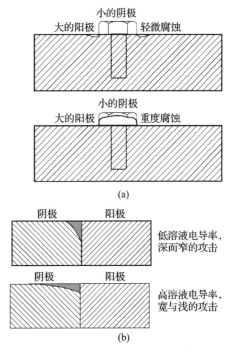

图 4 - 5　电偶腐蚀不同表面积
与电导率的理论效果

(a)电偶腐蚀不同表面积　(b)电导率攻击情形

$$I_a = I_c \rightarrow i_a \cdot A_a = i_c \cdot A_c$$

$$i_a = i_c \cdot \frac{A_c}{A_a} \tag{4-1}$$

电极的导电性影响了腐蚀攻击的强度。低导电性溶液将只在接头处造成腐蚀,这一般形成更深的腔。高导电性溶液会大面积但较浅的攻击,因此在高导电性电极的减重幅度会更高,但腐蚀攻击在低导电性溶液中可能更具危险性,这是因为穿透性更强。当从不同种类的金属接合处移开,由电偶腐蚀的攻击会呈指数的下降。在一定程度上,用 Wagner 指数可预计导电性的效果,Wagner 指数是活泼金属的极化电阻除以溶液电阻率 $W = R_p/\delta$。Wagner 指数的单位是长度单位,厘米。Wagner 指数是指电流流经的特征距离。其值越大显示电势在表面的这个长度上不变。高极化电阻意味着低电流密度,所以活泼金属不会"画出"更多电流。低电阻率意味着电势差没有浪费在溶液电阴上,电流也就"见到"在表面走出更长的距离。高 Wagner 指数($10^3 \sim 10^4$ 或更多)意味着更宽与浅的腐蚀攻击,反之意味着更窄而深的攻击。

更多的阳性材料的电偶腐蚀可能更普遍,在根据几何构造、材料性质与腐蚀产物膜的性质,腐蚀可能局部化。电偶腐蚀可能在不同的材料结合处发生。不同金属的结合在工程设计上很普遍。金属涂料也造成了不同类型金属的接触。不活泼金属的涂层需要像常见金属一样仔细考虑。不同的非金属材料是导体,可能在电偶中作为阳极。碳与含碳金属是典型的例子。导电性表面膜也产生了电偶。例如,碳钢的轧屑或不锈钢回火色是非保护性氧化膜,比对应金属要不活泼。这些铁鳞在酸性溶液中可能成为有效的阴极,可加速补偿更高的金属溶解速率的氢致开裂速率。钢的硫化亚铁也有类似表现。

铁与结构钢是活泼金属,在电偶中常作为阳极。在含铁材料之间微小的组分差别可能因为阳性极化表现有所不同而产生电偶腐蚀。虽然材料在阴性控制之下约在相同的速率下腐蚀,两者的偶合仍然可形成电偶电池。不锈钢的表现取决于它们的状态。钝化状态的不锈钢常更不活泼。由于腐蚀性离子造成保护膜分解可能将不锈钢变成活泼的状态,使过渡态的不锈钢极化更容易。它们对活泼材料的效果会更小。镍合金一般更不活泼,造成活泼金属的腐蚀,但镍—铬合金的行为类似不锈钢。一些镍合金的腐蚀电势介于不锈钢活跃与钝态电势之间,它们因此能造成不锈钢的局部腐蚀。钛是非常稳定的金属,它几乎总是作为电偶的阴极,钛合金常不会发生电偶腐蚀,当作为阴极时,钛合金强烈的氢致开裂可能造成氢脆变现象。

作为工程的一个分支,在制浆造纸行业中,当不同金属连接在一起时也可能发生电偶腐蚀。常见的现象是不活泼的金属连在碳钢上,连接面积占的比例较小,但挨着不锈钢的碳钢腐蚀会造成设备脱位。用更高合金量的钢类进行修补,可造成原来低合金量的部分发生电偶腐蚀。图4-6显示了电偶腐蚀的一个典型例子。澄清池的轴使用不锈钢,加长部分使用焊接碳钢管,这就忽视了电偶腐蚀的风险,图4-6显示出在不同金属连接处被严重腐蚀的情况。

图4-6　碳钢与不锈钢之间接头的电偶腐蚀

避免电偶腐蚀的第一步是合理的设计。必须避免出现电偶对,尤其是如果腐蚀电势的差值很大时。大部分出版的电位序列显示的是在海水中的材料,这里的电位序列是特指在海水周围的环境下。温度与其他化学品种类的存在能极大地影响材料的电位序列。置于不同环境条件下甚至会使电偶对的极化逆转。如果必须使用不同金属,必须选择腐蚀抗性接近的材料。不同金属的腐蚀行为可以在使用前进行电化学与浸泡测试。如果电偶配对不能避免,则不活泼材料制成的那部分要更厚,或更易更换。禁止出现阴极表面积大,使用漆料可以降低阴极面积。只在阳极区域喷漆是有风险的,因为漆层可能暴露非常小的阳极表面,在此处腐蚀速率非常高。可以增加在不同金属之间的距离,但此法常不实用,更实用的方法是使用焊接或将更不活泼的金属铜焊连接处。多孔性金属可能会吸收水分,可能造成新的电偶对。活泼金属可作为阴极保护者,但这不是一个一劳永逸的办法。因为锌可能变得比60℃以上的铁更不活泼,所以即使电偶也造成问题。缓蚀剂用于降低环境的腐蚀性,这也会降低电偶腐蚀。阴性保护法对电偶腐蚀是有效的。

不同金属之间进行隔离的常见错误是在螺栓连接。人们常认为在螺栓头与螺母的绝缘垫圈可以提供隔绝作用,但是因为螺栓轴仍然接触到两种金属,所以它们仍存在电接触,在螺栓轴周围包裹一层绝缘护套可解决这个问题。图4－7显示了正确的隔绝作业法。如果不能做到完全隔绝,则在阴极区域电阻涂层或塑料涂层也可起到帮助。

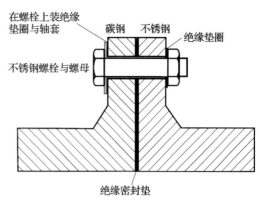

图4－7　连接头的合理隔绝方法

4.3　冲刷腐蚀

　　腐蚀物质的流动或容器固体表面的相对运动可显著增加腐蚀速率。冲刷腐蚀与气蚀现象都是由流体溶液造成的。流体与固体之间形成流体膜,接触表面小的相对移动会造成它们的微振磨损。冲刷使金属出现机械性腐蚀。冲刷腐蚀从金属表面除去氧化膜,结果新暴露的金属再氧化形成膜,形成周而复始的循环。这个过程导致管壁局部变薄或穿透。冲刷腐蚀或流动引起的腐蚀本质上是高速流动的电极强化了的均匀腐蚀。如果电极是不流动或缓慢流动的,则腐蚀速率就会变低。电极高速流动会物理性的除掉可能的保护膜,将金属一次次的暴露出来而加快腐蚀。溶液中的滞留的颗粒会加强侵蚀效果。在流动溶液中的固体颗粒或气流中的小液滴将增加对表面的机械性攻击强度。这种形式的另一术语叫冲击腐蚀。液体实际上像在轰炸设备的表面一样发挥作用。

　　很难评价腐蚀与机械磨损的作用哪一个相对重要一些。图4－8显示了流速如何影响腐蚀速率的。此图假定阴性反应速率是传质控制型的,因此腐蚀速率由阴性反应控制。在这个情况下,腐蚀速率取决于表面的阴性反应产物的量。这个比率与流速平方根成正比。到达一定的临界速率时,只有电化学反应导致腐蚀。在这个速率下,流体对表面膜的损害是机械应力的原因。表面膜的微小损害造成强烈的电偶反应。损害程度随流速急剧增加,从而造成腐蚀速率的增加。腐蚀速率随流速增加直至达到一个恒定值,此值已经与膜的位置无关。在这个流速范围不可能发生重新钝化。

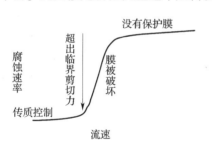

图4－8　假设腐蚀速率受阴性反应速率控制,冲刷腐蚀与流速的关系

　　流体的攻击常随着表面的层流与湍流的方向进行。冲刷腐蚀的典型方向是管道缩窄、管道接头、弯头、阀门与表面流速急剧转变的泵。当气相与冷凝液滴同时存在的两相流体也能造成严重的腐蚀,冲刷腐蚀的破坏形式非常多样,可能是沟纹、波纹、液滴形或马蹄形的凹坑与下陷。破坏处可能在金属表面的上游或下游位。冲击腐蚀常发生在管道入口附近,这形成凹坑或沟纹,而管道其他位置不会有腐蚀的迹象。在管内的阻碍物附近也会受到类似的流体冲击。

　　流体分为层流与湍流,层流是平稳的,随着流体的主要部分的流速的增加,在金属表面的流速却是最小的。当电解质溶液流动时,它得到恒定的补充。阴性反应产物与腐蚀性离子的提供量是恒定的,溶解金属离子不断地从表面离开。这些因素可增加溶解速率,压制保护膜的形成。阴性反应产物的增加可能会增加腐蚀速率,这个速率比允许转成钝态的金属临界电流密度对应的速率还要高。层流一般不会对表面膜造成额外的机械应力,除非流体中含有固体颗粒。增加层流的流速也会除掉黏附不牢且薄弱的腐蚀产物层,如钢在流动的白液中。当层流流速增加到超过临界流速时,流体转变成湍流,在表面的流动情况变成不可预知,流体与颗粒的影响会对材料表面造成较大的应力。湍流可能是因为突然的变径、转向、表面不连续,如不理想的装配接头、沉积或腐蚀破坏。湍流的一个典型例子是热转移管的破坏。当流体受力从头部进入管道,突然的变径会造成湍流。管道的入口会在湍流的影响下腐蚀,直至流体在管道的下游再次转变成层流。图4-9的示意图显示了造成湍流的不理想的设计。在这些例子中,当溶液高速移动并碰到不连续处,就会发生湍流。低流速可防止湍流的形成。

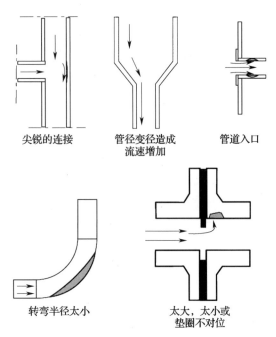

尖锐的连接　　管径变径造成　　管道入口
　　　　　　　　流速增加

转弯半径太小　　太大,太小或
　　　　　　　　垫圈不对位

图4-9　造成湍流的不理想的设计

空泡腐蚀是冲刷腐蚀的一种特殊形式,它是由在液与气的系统中极高的流速或表面温度的转变造成的。流速的突然增加造成压力下降,当压力再次上升时,在管壁表面的气泡会爆炸。爆炸产生压力冲击,便破坏了金属表面膜,爆炸甚至会移除管壁颗粒。要造成破坏,气泡必须在爆炸之前黏附在管壁表面。空泡腐蚀是化工行业的一个主要问题,因为它常影响到泵。这种现象发生在泵的搅拌叶片上、涡轮机、螺旋桨叶片与压力变换大的管道中。空泡腐蚀的破坏形态是粗糙的凹坑。空泡腐蚀常在低压侧显现为粗糙的坑,冲刷腐蚀则在受压侧表现为更平滑的坑。冲刷腐蚀可以增加空泡腐蚀,但腐蚀形态不是一定就像普通的冲刷腐蚀。

微动腐蚀是由腐蚀加剧的一种磨损过程。它与一般的冲刷腐蚀不同,这种磨损是由于两种固体表面接触引起的。由于腐蚀形成的氧化膜在受压下变形。甚至很小的动作都可造成微动磨损。腐蚀环境可能会通过增加腐蚀产物形成速率来加剧微动磨损。微动磨损主要发生在表面,这种表面原来设计是不允许相对运行的,但是由于在运行时发生往复移动的摩擦,相对运动的距离可小到1nm。

对冲刷腐蚀抵抗力差的合金一般强度较低,即使流体不影响它们,它们的抗腐蚀性也差。碳钢与铜合金就是典型的例子。如果冲刷腐蚀或空泡腐蚀持续地除掉钝化膜,则钝化状态的金属也可以发生腐蚀。大多数金属在特定的流动状态下都会受到冲刷腐蚀的影响。对冲刷腐蚀的抵抗能力要结合金属的自然腐蚀抗性与金属表面膜的硬度与韧性。如果金属不能足够支撑表面膜,则膜会更容易破裂。制造材料必须首先能有对环境的抵抗力。为了避免腐蚀,必须形成保护膜。避免冲刷腐蚀也需要能抵抗机械磨损。保护膜对流动腐蚀的抵抗能力取决于膜的硬度、黏附性与结构韧性。如果膜在低金属离子浓度下可快速形成,且机械强度较好,则它可以保护好金属。对气穴的抵抗性取决于合金硬度、微观结构与结构韧性。影响表面气泡的因素也很重要。如果气泡不容易被吸附在表面上,则它们不会在破裂时造成压力。冲刷腐蚀常攻击结构钢。不锈钢与镍合金一般不被攻击,除非设计有问题或运行条件发生变化。钛合金也有很高的抗性。如果钝化膜破裂,则因这些金属的活泼性高可被快速腐蚀[6]。

冲刷腐蚀可在流体流速很快或流向变化很快的任何地方发生。例如,制浆蒸煮器的顶盖会因为湍流的蒸煮液而受到冲刷腐蚀,使用碳钢的材料可能会导致冲刷腐蚀典型的宽而浅的沟。在进出口因为流体流动很快而被腐蚀。冲刷腐蚀常攻击下料槽与吹砂机。含高浓度固体颗粒的绿液中,冲刷腐蚀在泵内与其他移动设备中发生。生产效率增加到设计值以上时,会造成流速增加,这导致蒸煮锅锅壳发生侵蚀腐蚀,因为锅壁变薄侵蚀腐蚀会造成发电厂锅炉进水管严重的故障。侵蚀腐蚀的严重性表现在它可导致灾难性事故,即当设备的大部分被均匀的削弱时,在局部出现泄漏之前开裂,它与其他形式的材料降解结合在一起时会尤其危险,如积碳现象的生成与蔓延。冲刷腐蚀在蒸汽发电系统是一个众所周知的大问题,已超过 50 年。它在蒸汽冷凝水回流管的第一个问题是,低 pH 的位置会造成沟纹与隐患,因为要提高发电厂的利润要提产,则这个问题的严重性就随之增加。影响冲刷腐蚀的因素包括钢的组分、水与蒸汽的组分、操作温度、设计与组件的几何形状与蒸汽流速。

当流体的绝对压力降到这个液体的大气压力以下,就会发生典型的空泡腐蚀,因为这个压力降就形成气泡,这是因为流体进入叶轮时因为流体的速度差与摩擦损失,离心泵中叶轮眼中的气压最低,然后气泡沿着叶轮往外扫过。在叶轮叶片的另一侧,压力可能超过大气压,造成气泡爆裂。爆裂的气泡造成的影响足够能使叶轮表面的极小区域受到冲击。大多数工程场合需要泵去处理混合物,这些组分有不同的蒸汽压力或沸点。对离心泵的空泡腐蚀形式可以从点蚀到设备整体失灵。大部分损害都发生在叶轮叶片较低压的那一侧。这是气泡开始爆裂的区域,如图 4 - 10 所示的粗糙区域,这个部分使用的是 AISI 316 型不锈钢,叶轮常在 2 ~ 14d 就会损坏。在确认腐蚀的原因是气穴后,使用硬氮化钛涂层就可以解决这个问题,这种涂层能几乎完全防止气穴的破坏。叶轮的使用寿命可延长至数月。

图 4 - 10　在普通与由氮化钛涂覆改良的离心泵液轮受空泡腐蚀损害的对比

做好设计或选材可防止侵蚀腐蚀,设备与管道需要做成设备表面的流速较低的设计,避免湍流。弯头的半径要较大,管径要大,变径要平滑。在一些情况下,使用更大的管道、阀门与泵的花费要比更小直径的管道多。电极腐蚀性的调整可以避免冲刷腐蚀。有时将腐蚀容忍度设计量增加,或做更方便的更换是最经济的方法。增加材料的腐蚀抗性将阻止冲刷腐蚀。旧的与新的合金的内在的腐蚀抗性不需要区别很大,但要求更高合金含量的金属要能生成机械性能更强的表面膜。表面坚固的种类与多焊一些的种类有时都是适合的。如果流速慢到电化学腐蚀已比机械腐蚀重要的话,则加入阴性保护剂可防止冲刷腐蚀。

对于空泡腐蚀的预防理论是完全一样的。系统设计必须将压力降最小化。合金要有更坚固的表面膜,涂层的金属相要非常坚固,例如氮化物。在封闭系统中除掉溶解气对降低泡核是有效的。在高流速与气穴中,破坏主要是机械性的。电化学保护法一般没有用。

表面接触的干扰与相对运动可防止微动磨损。使用润滑剂与表面涂层可减少金属间的接触磨损,以防微动磨损。涂层保护界可降低腐蚀环境的转移,如氧气在互相接触的表面有时是有用的,使用更有腐蚀抗性的材料将不能防止微动磨损,因为摩擦颗粒的性质与合金的耐磨性会控制这种腐蚀形式的伤害。表面硬度更高的材料可能可防止微动磨损。降低在接触表面的材料的承受负荷可降低磨损量。

4.4　点蚀与缝隙腐蚀

　　点蚀与缝隙腐蚀是诸如不锈钢的钝化金属典型的腐蚀类型。常见的例子是不锈钢在中性与酸性氧化物溶液中受到的点蚀与缝隙腐蚀。将这两种腐蚀放在一起讨论比较方便,因为它们在触发与传播方面非常相似。对于不锈钢而言,点蚀是所有局部腐蚀的初级阶段。对于点蚀与缝隙腐蚀的触发与传播的重要因素之一是形成浓差电池,即被电极包围的阳性与阴性区域有不同的组分。点蚀发生在表面的局部微小区域,缝隙腐蚀发生在裂缝中。金属表面接触到少量溶液的任何保护区域都是裂缝。点蚀与缝隙腐蚀的关键条件是高卤素盐浓度、高温与氧化性物质。

　　点蚀中保护膜在较弱的区域破裂而形成腐蚀电池,于是在凹坑中暴露的金属所在的位置对未造成损害的部分来讲是阳极。在凹坑中的溶液常是酸性的金属氯化物溶液。在缝隙腐蚀中,流动条件受限的溶液在裂隙中会比起裂隙外部形成更具腐蚀性的溶液。裂隙溶液的腐蚀性最终将变得更强,破坏金属保护膜。在裂隙内部相对其他部分成为阳极。点蚀与缝隙腐蚀是自发过程。在凹坑与裂缝中,腐蚀过程本身形成了一种类似的腐蚀行为。缝隙腐蚀的一个重要因素是止裂温度。如果温度上升太快,缝隙腐蚀就可以开始。这种腐蚀会在温度降到足够低时停止。一旦缝隙腐蚀开始,问题就是运行温度要大于要求停止腐蚀的止裂温度。在凹坑与裂隙中的腐蚀速率比用钝化电流密度估算的要高几个等级。整体结构常不会腐蚀,但凹坑可以穿透设备壁,或因为缝隙腐蚀接头就会开始渗漏。

　　一种类比将点蚀比喻为最小化的缝隙腐蚀。对于点蚀与缝隙腐蚀机理存在几种理论。在大多数情况下,钝化膜局部较弱,或腐蚀环境在局部非常强,所以破坏了保护膜。点蚀与缝隙腐蚀的触发的典型特征为:

　　① 腐蚀性物质的浓度超过临界限位;

　　② 临界状态或破坏电势超过了腐蚀的成核与传播的条件;

　　③ 在触发阶段的引导期制造了足够破坏钝化膜的条件,并使腐蚀进一步传播(点蚀的引导期是形成钝化态金属的第一个点蚀的时间);

　　④ 在局部位置的金属被破坏。

　　点蚀与缝隙腐蚀的电势有一个主要效果。图4-11显示了临界电势的示意图效果。关键电势 $E_{临界}$ 给出了局部腐蚀触发的临界点。当这个电势变得更不活泼,腐蚀触发的概率就会下降。在触发后,腐蚀开始传播直至电极电势降到低于保护电势 $E_{保护}$。当电势在 $E_{临界}$ 与 $E_{保护}$ 之间,就不会有新的点蚀触发,但现有的点蚀会继续传播。图4-11显示了点蚀与缝隙腐蚀测试的循环极化曲线的示例。在没有氯化物的溶液中,在高电势时的电流密度会增加,这是因为过钝化的行为。这意味着通过一些金属溶解而影响到水的分解,出现氧析出现象。在含氯化物的溶液中,在比过钝化状态低的电势时电流开始增加,腐蚀凹坑伴随着电流密度的增加而形成。当氯化物浓度增加时,点蚀电势下降,钝化电势上升,钝化范围电流密度与钝化电流密度都增加。随着氯化物浓度的增加,腐蚀电势的改变幅度不会比重钝化电势的改变幅度大。

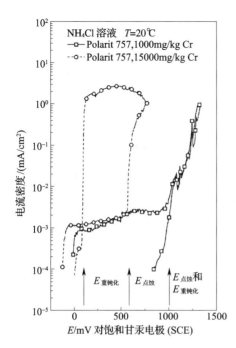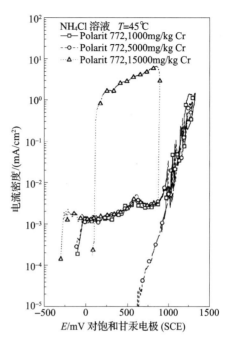

图4-11 铬、镍、钼最小含量分别为16.0%、10.5%、2.5%的不锈钢的循环极化曲线近似等于在氯化铵溶液中的铬、镍、钼最小含量分别为16.5%、12.5%、4.0%的不锈钢

注 Polarit 757 和 Polarit 772 均为合金结构钢牌号。

图4-12显示了腐蚀性离子浓度、温度与电势的综合影响。对于特定环境来讲,金属腐蚀抗性可能带有一定特征,在点蚀触发之上,在点蚀不触发之下的范围内,温度、阳离子浓度与电势的变化都很窄。阳极的腐蚀性强弱取决于参与的金属种类。氯离子是最常见的腐蚀性阳极,造成铁、镍、钛及它们的合金出现点蚀。硫酸盐可能造成低碳钢点蚀。卤素离子与钝化膜局部微观分解与阻碍膜的自然恢复是有关的。卤素离子强烈地影响了能使金属

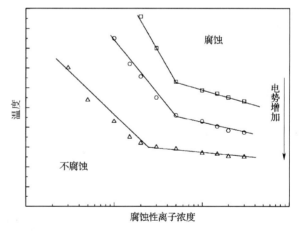

图4-12 点蚀的离子浓度、温度与电势的综合效果

钝化的阳性反应。在低浓度下,只有钝化电流增加。更大的浓度导致局部腐蚀,更高浓度导致点蚀太密,以至于腐蚀类型类似于均匀腐蚀。当阳性离子增加时,设备最高可承受温度、点蚀与保护电势下降。电势常随着腐蚀性离子浓度的对数而下降。最大承受温度也可能遵循这个规律,但常低于一些阳离子浓度时溶液腐蚀性变得明显下降。在高点蚀电势不变时,当氯化物浓度增加时引导时间下降。当氯化物浓度不变时,引导时间随电势的增加而下降。

点蚀的严重性能因为溶液中的抑制阳极而下降。一些化合物可以在溶液中充当氯化物的缓蚀剂,如硫酸盐、硝酸盐与钢、不锈钢、镍合金、不锈钢中的钼酸盐的氢氧根离子。一般地,对常见腐蚀有效的化合物也可以降低点蚀。阴极一般不影响点蚀,缓蚀剂离子需要一个最低的

有效浓度。阳极浓度之间的关系式如下：

$$\log[\text{腐蚀性离子浓度}] = a + b \cdot \log[\text{抑制剂离子浓度}] \tag{4-2}$$

在缓蚀性阳极的存在下，腐蚀性离子的浓度必须高于可产生点蚀的浓度。缓蚀机理有争夺性吸附或钝化膜修复两种。缓蚀性阳极的吸附降低了表面的腐蚀性离子浓度，或通过增加表面膜的 pH、形成不溶性化合物或增加金属表面的钝化层来修复钝化膜[7]。由于溶液组成的复杂性，预估溶液腐蚀性竞争能力是困难的。

点蚀触发的机理，可能是钝化膜中的氧被替换，然后通过吸附腐蚀性离子触发，可能是腐蚀性离子通过迁移、渗透至金属与膜之间的界面触发，也可能是腐蚀性离子降解钝化膜并阻止了它的修复。溶液中阳性浓度的增加会加强阳极吸附。缝隙腐蚀也遵循点蚀模型，不同之处是环境的腐蚀性随着时间变得更加强烈。只有当足够大到可以让液体能渗入，但又不够宽至液体可以补充时，一条裂缝就可以作为一个腐蚀点了。点蚀的传播可能要依靠溶解金属水解反应，点蚀的增长速率受氢致开裂率的控制，依靠凹坑内的盐膜层溶解速率，或依靠凹坑内外的传质速率[8]。缝隙腐蚀的传播取决于裂隙之外的阴性反应速率。如果 pH 足够低，它也取决于裂隙内的氢致开裂。点蚀传播速率取决于反应动力、传质速率与几何形状。

传统的缝隙腐蚀机理是假定腐蚀性阴离子的酸化与累积造成了钝化膜的破坏。这种机理叫脱氧—酸化机理。在裂隙中的溶液的主体溶液组分相同。腐蚀反应是金属溶解与氧还原。它们消耗同量的电子。阴性与阳性位置隔开是微不足道的。因为氧输送到裂隙中是有限的，氧在裂隙中的消耗快于它的补充。在裂隙中阳性反应速率将下降，而裂隙内部将逐渐变成阴性。最终，当阳性反应在裂隙外部发生时，裂隙将变成阴性。裂隙内的阴性反应产生了金属离子，造成水解，形成金属氢氧化物与氢离子。为了维持电中性，氢离子必须与负的阴极平衡，如有害的氯离子迁移到裂隙内时。这种水解反应与阴极迁移造成酸化和裂隙中溶液的离子浓度上升[9,10]。图 4-13 显示了脱氧—酸化机理的示意图。

酸化的程度取决于溶解的金属离子的扩散、水解率与主体溶液的 pH。裂隙溶液的酸化发生在中碱性溶液中，绝不会发生在强酸溶液中。表 4-1 给出了这种现象的解释。不同金属有不同的最低理论水解反应可产生的 pH。铁离子与铬离子有明显高于大多数制造材料的合金中的其他金属的水解常数，因此它们会造成强烈的酸化。金属离子浓度的增加与之后的酸化将持续至氢氧化物、氯化物或其他盐的可溶产物生成。表 4-1 的 pH 可以按下式计算：

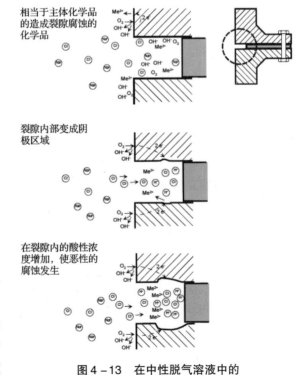

相当于主体化学品的造成裂隙腐蚀的化学品

裂隙内部变成阴极区域

在裂隙内的酸性浓度增加，使恶性的腐蚀发生

图 4-13　在中性脱气溶液中的脱氧—酸化机理的示意图

表 4 - 1　　　金属阳离子在 25℃的水解反应从不同的参考 pH 中引用的数据

化学反应	反应平衡常数	平衡 pH	参考 pH
$Fe^{2+} + H_2O = FeOH^+ + H^+$	$\log K = -8.3$		9
$Fe^{2+} + H_2O = FeOH^+ + H^+$	$\log K = -9.5$		13
$Fe^{2+} + 2H_2O = Fe(OH)_2 + 2H^+$		$6.64 \sim 1/2 \cdot \log[Fe^{2+}]$	11
$Fe^{3+} + H_2O = FeOH^{2+} + H^+$	$\log K = -2.7$		13
$Fe^{3+} + 3H_2O = Fe(OH)_3 + 3H^+$		$1.61 \sim 1/2 \cdot \log[Fe^{3+}]$	11
$Ni^{2+} + H_2O = NiOH^+ + H^+$	$\log K = -9.5$		9
$Ni^{2+} + H_2O = NiOH^+ + H^+$	$\log K = -9.86$		13
$Ni^{2+} + H_2O = NiOH^+ + H^+$	$\log K = -9.5$		14
$Ni^{2+} + 2H_2O = Ni(OH)_2 + 2H^+$		$6.09 \sim 1/2 \cdot \log[Ni^{2+}]$	11
$Cr^{3+} + H_2O = CrOH^{2+} + H^+$	$\log K = -3.8$		9
$Cr^{3+} + H_2O = CrOH^{2+} + H^+$	$\log K = -4.0$		13
$Cr^{3+} + H_2O = CrOH^{2+} + H^+$	$\log K = -3.8$		14
$Cr^{3+} + 2H_2O = Cr(OH)_2 + 2H^+$		$5.50 \sim 1/2 \cdot \log[Cr^{2+}]$	11
$Cr^{3+} + 3H_2O = Cr(OH)_3 + 3H^+$		$1.60 \sim 1/3 \cdot \log[Cr^{2+}]$	11
$Mn^{2+} + H_2O = MnOH^+ + H^+$	$\log K = -10.59$		13
$Mo^{6+} + H_2O = MoO_4^{2-} + H^+$	$\log K = -25.7$		14

$$a Me^{z+} + b H_2O = c\,金属氢氧化物 + d H^+ \tag{4-3}$$

等式(4 - 3)的平衡常数的计算假定了只有一种反应产物,就是固体金属氢氧化物:

$$K = \frac{[金属氢氧化物]^c \cdot [H^+]^d}{[Me^{z+}]^a \cdot [H_2O]^b} = e^{\frac{-\Delta G}{R \cdot T}} \tag{4-4}$$

重新整理等式(4 - 4)得到以下理论平衡 pH:

$$pH = \frac{-\log(K) - [Me^{z+}]^a}{d} \tag{4-5}$$

注意,平衡 pH 将根据反应产物与使用的化学热力学数据有很大不同。如果反应产物不是氢氧化物,而是一些氢离子,则它的浓度也会影响平衡 pH。氢氧化物的离子反应需要氢氧根离子,这进一步降低裂隙中的溶液的 pH。想精确计算在裂隙中溶液 pH 是不大可能的,因为想弄清真正的反应产物是困难的,离子的扩散速率是未知的,氢离子的反应可能发生在裂隙内。金属离子在裂隙内的估计浓度范围从 1mol/L[11]到饱和金属氯化物[12]。

因为水解反应的高平衡常数推荐强酸化作用,所以这可以对比不同金属的效果。在表 4 - 1 中的值显示铁离子与铬离子将导致更大的酸化作用,亚铁离子与镍的平衡常数较低。它们的平衡 pH 因此会更高,且不会造成强烈的酸化。六价钼基本不造成酸化作用。腐蚀抗性强的合金常产生酸性最强的裂隙溶液,且含有更高浓度的氯化物,这是因为更高铬浓度会导致更强的水解反应与酸化作用。

缝隙腐蚀也发生在强酸溶液中,且有氯化物与缓冲溶液存在的地方使 pH 保持稳定。脱氧－酸化机理不能解释这些情况。为了解释这种情况,在原来的机理基础上通过增加沿着裂隙的电势梯度来修正。这个改进的机理叫电压降机理或电压降去钝化机理。根据这个机理,当从裂隙口沿着裂隙的壁移动的电势会下降。电势变化的幅度取决于从裂隙流经的电流强度,电阻取决于电极电阻率与裂隙尺寸。例如,不锈钢的电势梯度可能是这样分布的,裂隙口处在点蚀腐蚀电势的范围,离裂隙口一段距离的电势处在钝化电势的范围,在裂隙底部则处于活跃电势的范围。这导致腐蚀损害主要在裂隙深处。图4－14显示了电压降去钝化的机理图[10,15]。

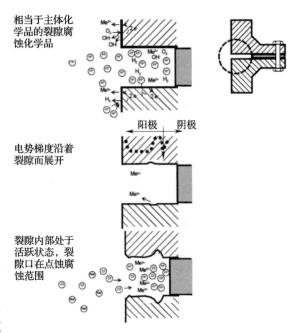

相当于主体化学品的裂隙腐蚀化学品

电势梯度沿着裂隙而展开

裂隙内部处于活跃状态,裂隙口在点蚀腐蚀范围

图4－14　造成裂隙腐蚀的电势降去钝化原理

　　点蚀与缝隙腐蚀的影响包括材料、电极与结构因素。合金组分的主要影响是钝化膜的结果。低钝化态与钝化电流密度的合金是更加有腐蚀抗性的。活跃电势范围较窄与钝化电势范围较宽的合金也是较好的。组分也影响腐蚀的传播,因为溶解金属离子水解会造成局部pH下降。例如,更高合金含量的不锈钢种类对点蚀与缝隙腐蚀的触发抗性更高,但在腐蚀触发之后,它们会腐蚀得更快,这部分是由于铬合金能提供更强的钝化膜。当一旦被溶解,就导致pH更快的下降。溶液的pH、氧化电势、腐蚀性离子浓度、温度等都将影响电极腐蚀性。当腐蚀性离子浓度与温度增加使得腐蚀的可能性更强时,成核电势与保护电势下降。溶液的高电阻率可促使由电压降机理形成的缝隙腐蚀。窄而深的裂隙通常比宽而浅的裂隙威胁更大。有时会出现一个致命的裂隙间隙,如果间隙比这个更加紧密,则腐蚀就会发生。如果裂隙深度不变,则要一个有更紧密的裂隙需要更高含量合金的钢来确保腐蚀抗性。在非常窄的裂隙中,腐蚀的可能性下降,因为腐蚀剂的扩散与腐蚀产物进出裂隙都很困难。

　　实践中常会出现各种形态的凹坑。凹坑可能有窄而深的或宽而浅的,凹割型的凹槽很常见。有许多细小的坑的点蚀是比较严重的现象,可能相当于均匀腐蚀的表面外观。在大多部分情况下,点蚀的凹坑直径是等同或小于它的深度的。凹坑常从水平面往下进行增长,这是因为凹坑中的溶液浓度要高于主体溶液。从垂直表面或那些往下开放的凹坑中,溶液要更容易出来。氯诱导的不锈钢点蚀使尖角位置产生大量的小坑,硫与硫代硫酸盐诱导点蚀会造成非常少量而体积较大的点蚀。图4－15显示了使用ASTM标准G46－92"点蚀的测量与评估"做出来的一些点蚀形态。ASTM G46－92的点蚀等级图可能可以预计点蚀的严重性。

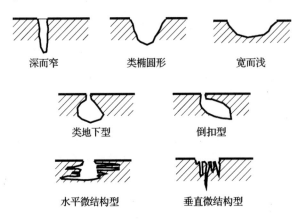

深而窄　　类椭圆形　　宽而浅

类地下型　　倒扣型

水平微结构型　　垂直微结构型

图4－15　使用ASTM标准G46－92"点蚀的测量与评估"的形态

点蚀的影响因素也可以量化点蚀的严重性，它是穿透最深的深度与平均深度的比值，如图 4-16 所示，平均深度通过减重的量来测得，它的值意味着造成设备故障的可能性更高。计算点蚀因素必须有一个常识，因为非常小的点蚀或普通的腐蚀速率会给出毫无意义的结果。

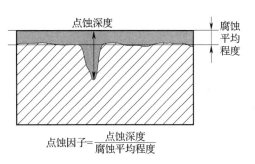

$$点蚀因子 = \frac{点蚀深度}{腐蚀平均程度}$$

图 4-16 点蚀因子的确定

缝隙腐蚀的形态取决于缝隙腐蚀机理。一般地，由脱氧与酸化机理形成的缝隙腐蚀会攻击裂隙的两面墙体，如图 4-14 所示，在电势处于活跃范围的距离处受到的攻击最强。因为不同金属离子浓度形成的缝隙腐蚀将攻击裂隙口。有更高浓度的离子的，在溶液中对应的金属电势越高。裂隙外面接触稀释的溶液，形成较低的电势，对比裂隙内部变成阳极，于是被腐蚀。缝隙腐蚀的特殊情况是垢下腐蚀。垢下腐蚀的机理运用浓差电池，就类似于脱氧酸化机理一样，在清理与被保护的区域内产生浓差电池，被保护区域是因为被沙、浆、屑等物质积压住。

每种工程金属物理或化学性不均一的表面都比普通表面更容易遭遇腐蚀。点蚀可能由那些脆弱之处触发。可以将钝化膜看成是薄而一质的陶瓷涂层。这层膜不能在母体材料上形成缺陷。例如，硫化锰是点蚀在碳钢与不锈钢里喜欢触发的位置。碳钢在经典的概念中是不会受到点蚀影响的。如果钢由气法形成，表面被非常薄的氧化层覆盖，则腐蚀可能以点蚀的形式开始，但将很快变成均匀腐蚀的形式。在特定条件下，碳钢被真正的钝化膜受保护的地方，如果环境变得具有腐蚀性，例如在酸洗蒸煮器中的碳酸盐垢时，则会发生点蚀。当碳钢可被钝化，但又沉淀、连接等，换句话说就是导致更具腐蚀性的溶液条件下，则会频繁发生碳钢的缝隙腐蚀。在腐蚀性非常强的大气化学品暴露下碳钢也可能发生缝隙腐蚀。

不锈钢是受点蚀与缝隙腐蚀最大的合金种类。不锈钢的腐蚀抗性取决其成分。铬与钼含量越高，不锈钢对点蚀与缝隙腐蚀的抗性就越强。从指定成分计算的点蚀抗性当量（PRE）能给出局部腐蚀抗性的预估。在不同种类的不锈钢之间这些值最好能分出等级。能考虑到铬、钼与氮的效果的常用表达式如等式（4-6）所示：

$$PRE = \% \, Cr + a \cdot \% \, Mo + b \cdot \% \, N \tag{4-6}$$

点蚀抗性当量的第一表达式确定了在奥氏体不锈钢中 1% 的钼可取代 3.3% 的铬。点蚀与缝隙腐蚀的相对抗性可从合金成分中计算出来[16]。氮的效果的指数常用 RPE_N 来表示。RPE 值常与临界点蚀温度（CPT）或临界缝隙腐蚀温度（CCT）呈线性关系，在一些测试中，这个温度以上腐蚀即触发。PRE 值仅仅是腐蚀抗性的粗略预估，其值的细小差别在实践中关系不大。使用 PRE 值、过钝化电势或临界温度，人们可以预估腐蚀抗性的大小。

含铁素体类金属一般比含量铬与钼的奥氏体类的腐蚀抗性要高。因为含铁素体类不锈钢成形的焊接性能差，它们很少用于工厂中。如果奥氏体类不锈钢的腐蚀抗性不够，可能可以用双相不锈钢代替。镍合金本质上在还原性介质中的抗性更强。它们在氧化性介质中的抗性是由于铬的加入。对比起不锈钢，含等量铬与钼的镍合金的腐蚀抗性更强，但也更贵。镍合金也含有硫化物杂质，它们可作为点蚀触发位置。钛是在氧化性介质中更适合，但在强还原性酸中的抗性会有浮动。商品纯钛及其合金在含氯溶液中表现非常好。点蚀将常只在电势达 8～10V 时触发。这一般不会发生在自发腐蚀的情况下。在一些钛合金中金属间相是点蚀触发的位置。在热氧化性含氯溶液中，在非常紧密的裂隙中都可能发生缝隙腐蚀。

点蚀与裂隙慢是造纸过程的每个阶段都常见的问题。不锈钢在亚硫盐蒸煮器、漂白设备、纸机流浆箱与管道中遭受攻击。在硫酸盐蒸煮器中，不锈钢常不会受点蚀腐蚀。不正确的酸洗流程或阳极保护系统会导致不锈钢的点蚀。缝隙腐蚀发生在管道接头、被沉积物积压与在储存容器的底部。系统的封闭将增加工艺溶液的固含物含量，增加沉积概率与缝隙腐蚀的概率。如果这些沉积是致密而连续的，它们可作为保护垢而降低腐蚀速率。典型的点蚀与缝隙腐蚀例子如图4-17。这些例子也显示了工艺环境的改变会造成不可预计的材料腐蚀损害，而这些材料原以为是有腐蚀抗性的。

工厂系统的封闭使pH下降，温度上升，氯含量上升。许多被认为有腐蚀抗性的材料也被腐蚀了，这是因为环境恶化的影响。例如，AISI304不锈钢在白水系统中有长效腐蚀抗性，但如今却发生严重的点蚀，如图4-17所示，这是由于环境变化造成的腐蚀例子。图中显示在白水储槽中的SIS2333（相当于AISI304，含18%的铬与9%的镍）不锈钢点蚀，凹坑是0.6~1.3mm半圆形或小而粗

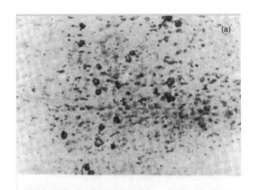
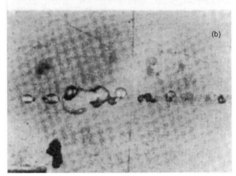

图4-17　在白水储槽中的SIS2333（相当于AISI304，含18%的铬与9%的镍）不锈钢点蚀
（a）得到典型的硫诱导型点蚀形态
（b）得到氯诱导型点蚀形态

的形状，被沉积物覆盖。图4-17（a）中的凹坑的形态是典型的硫诱导点蚀，图4-17（b）中是氯诱导点蚀，在图4-17（b）中线性排列的点蚀可能是因为焊接不正确造成了钢的腐蚀抗性下降。

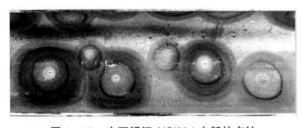

图4-18　在不锈钢AISI304内部的点蚀

氯酸盐来防止生物积垢，小而粗的点蚀是由铁锈色渍的同心轴环围绕着，显示为微生物型腐蚀（MIC）。沉积的形成是缝隙腐蚀常见的原因。图4-19中的例子显示在半化学浆厂的蒸发器的不锈钢管道。这些薄薄的黑色沉积物是由过高温度与过高浓度的化学回收液造成的，这造成固体颗粒黏附在管道表面，沉积物的有机材料的分析显示，有超过60%的碳，高碳含量浓度的沉积物也作为有效的阴极，产生了类似电偶腐蚀的机理而形成的局部腐蚀。

图4-18显示在不锈钢管内部的点蚀，材料是AISI304不锈钢，腐蚀性环境是封闭系统的冷水。冷却系统是使用次

图4-19　在沉积物下的不锈钢裂隙腐蚀

点蚀与缝隙腐蚀的防护方法是类似的。防护要关注系统设计、选材与流经液的性质。系统设计可以使任何发展成静滞与高浓溶液的可能性最小化。溶液流体在所有位置都是充满而均匀的。必须从溶液流体中除掉悬浮的固体颗粒。

表面清洁会降低沉积物的累积。容器与管道的设计要确保能排放得干净。裂隙的数量必须尽量少，不要太紧密，如有可能，可以将裂隙封掉。推荐使用无黏附性的密封材料，因为类似蜡芯与毛细管的形式将肯定形成停滞溶液。固体颗粒或焊接结构可以适合螺栓连接与铆接。

选材明显是应对点蚀与缝隙腐蚀的方法之一。制浆与造纸工业中，常用材料是更多的铬与钼含量的钢与镍合金、钛合金与非金属材料。点蚀与缝隙腐蚀的抗性按所列顺序增加。重钝化电势、临界温度与 PRE 当量是帮助选材的有效参考。增加壁厚将增加被穿透的时间。降低腐蚀性阳离的浓度、提高 pH 或降低温度与溶液氧化电势可降低溶液的腐蚀性。它们将降低点蚀或缝隙腐蚀触发的可能性。这些措施可单独或同时进行。

4.5　晶间腐蚀

晶间腐蚀容易攻击金属的晶体边界或附近。一般地晶间腐蚀是由于保护性的合金元素形式消失了，或在晶体边界的反应杂质元素出现富集。结果，晶体边界或附近的区域的腐蚀抗性下降。如果晶体边界只是比晶体本身的抗性要低一些，则会发生均匀腐蚀。沿着晶体边界比较常见的攻击能将金属颗粒分离，造成材料厚度的明显快速下降。晶间腐蚀的机理可简化为微观角度的电偶腐蚀。有些对腐蚀不敏感的金属在经过合理热处理后，但却暴露在不合理的环境温度中致使出现致敏性，则晶间腐蚀可在这种金属上频繁发生，在热的阶段暴露需要像焊接时间那么短，或长到像高温处理的时间那么长。晶间腐蚀的危害例子如碳化铬，$Cr_{23}C_6$，能穿透不锈钢，在黄铜中的锌富集，在铝合金中的铁富集。晶间腐蚀的现象是金属表面会有松动的晶体颗粒剥落，或是金属成品晶界内表面高低起伏，呈现页状剥落现象。页状剥落一般朝向轧制、挤压或初次变形的方向。晶间腐蚀最常见的例子是奥氏体不锈钢致敏，铝合金可见到页状剥落型的晶间腐蚀。

晶间腐蚀的形态取决于在晶体颗粒表面与边界的相对腐蚀速率。如果在晶体边界的腐蚀速率比表面的要高，则腐蚀可不造成明显的减重的情况下深入穿透金属。如果晶体没有受攻击并保持位置，则虽然晶间腐蚀通过整个纵切面穿透了金属，但金属可能仍保持原样。当颗粒表面也被攻击，则在腐蚀晶体边界的沟就会加宽。这导致颗粒变位并出现明显减重。颗粒尺寸较大的铸造合金比同类的锻造产品腐蚀得更深，减重得更少。图 4 – 20 与图 4 – 21 显示了一些晶间攻击的外观图。在图 4 – 20 中的结构发生在不锈钢在电极草酸蚀刻测试中。蚀刻样品用以下方法放大来识别[17]：

① "阶梯结构"：颗粒之间有阶梯结构，但没有沟渠（阶梯结构包括非常均匀的颗粒表面的溶解，没有晶间攻击）；

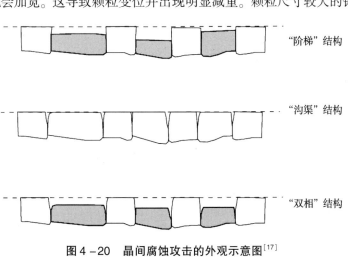

"阶梯"结构

"沟渠"结构

"双相"结构

图 4 – 20　晶间腐蚀攻击的外观示意图[17]

②"沟渠结构"：在晶体边界的深沟，一个或多个颗粒完全被深沟包围（沟渠结构有晶体边界的优先溶解造成的深沟）；

③"阶梯与沟渠双相结构"：晶体边界有一些沟，但没有颗粒完全被深沟包围（当碳化铬在晶体边界存在但不是连续相时，就出现双相结构）。

"阶梯"结构显示材料进行合适地热处理，但是"沟渠"结构显示了晶间腐蚀的易发性。图4-21显示晶间腐蚀的横切面的外观。一些顶部的颗粒松脱，几个在金属结构内的颗粒不见了。

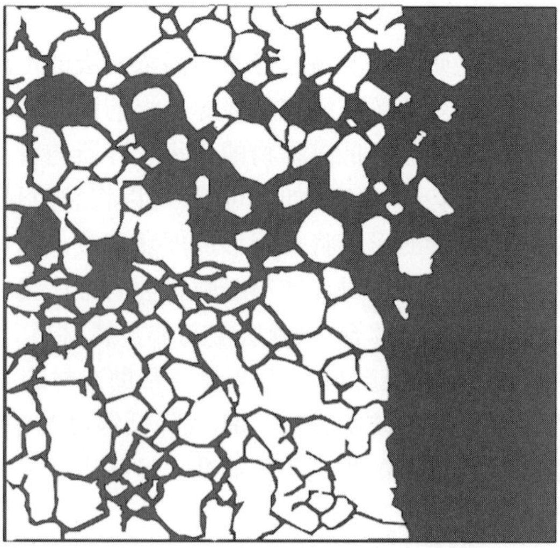

图4-21　晶间腐蚀的横切面的外观

在晶体颗粒边界的沉积形成也可能影响其他形式的腐蚀。在不锈钢中，碳化物沉积可能降低点蚀与缝隙腐蚀的抗性。碳化物可作为应力腐蚀开裂的内部破坏源。

致敏性是指由颗粒边界的碳化铬沉积引起的腐蚀抗性下降。这常是不锈钢的问题，但镍合金可能更受它的影响。约在540~700℃形成碳化铬。热处理或焊接期间也是在这个温度范围内。因为它的低扩散率，铬从颗粒边界附近迁出，与碳反应并形成连续性无铬区。如果碳含量为0.03%或更少，则不会有碳化铬沉积物。虽然见不到碳化物或其他沉积物，但是含钼的钢仍可能在强氧化性溶液中出现致敏性。与钛或铌的不锈钢合金可以阻止碳化铬沉积物，这就使钢稳定下来。当钢被加热时，碳与钛或铌在高温下反应，而不是与钛在低温下反应，碳被定住就可以形成非连续碳化物沉积，晶体颗粒的边界就不会受到腐蚀影响。

奥氏体不锈钢或一些镍合金的焊缝腐蚀是晶间腐蚀的另一种形式。焊缝腐蚀是一种特定的晶间腐蚀，是在焊接期间热影响区内的致敏性的结果。在烧焊期间，每侧的烧焊区域达到500~800℃，可能产生致敏性。刀线腐蚀攻击也是晶间腐蚀在烧焊的一种形式。这可能在钛或铌稳态型不锈钢中发生。在薄片烧焊期间，冷却可能太快，碳化钛与碳化铌没有足够时间在高温中形成，于是在低温下形成碳化铬，在颗粒边界杂质聚集便造成晶间腐蚀。磷与硅是有害杂质，它们在高氧化性溶液中可以见到效果。Cr7C3、碳化铬可能沉积在镍—铬合金中，碳化钼可能沉积在C-276型(15%钼)高钼含量合金中，碳化钼在还原性介质中降低了缺钼区域的腐蚀抗性，在氧化性介质中，碳化物常被攻击[18]。

在结构钢中，晶间腐蚀很少发生。铁素体与奥氏体不锈钢可能会被晶间腐蚀影响。在一些铁素体合金中可能存在碳化铬沉积物。在焊接期间，稳态合金中也可能存在碳化物与氮化物。含18%铬与8%镍的奥氏体不锈钢会受到晶间腐蚀的影响，除非碳含量足够低或它们被稳定住了。即使低碳类的钢，因为加热阶段被延长而形成σ相与χ相，则它也可能发生晶间腐蚀。高镍含量不锈钢可能更容易受到晶间腐蚀影响，因为稳定的成分需要比普通不锈钢低温。现代镍—钼合金常不受晶间腐蚀影响。镍—铬与镍—铬—钼可能因为铬、钼或两种金属的碳化物沉积物而变得有致敏性。钛常不受晶间腐蚀影响[18]。

晶间腐蚀攻击常因为不适当的烧焊。不锈钢现场烧焊尤其困难,因为结构体不能被热处理。低碳类的不锈钢排除了致敏可能性。漂白厂与纸厂的工艺管道与设备是因为氧化还原电势太高而受晶间腐蚀。在蒸煮器中的焊缝重叠也可能显示为晶间腐蚀。严重的晶间腐蚀常攻击晶体表面与晶体边界。图4-22显示了不锈钢在碱性环境下受到的晶间腐蚀攻击。

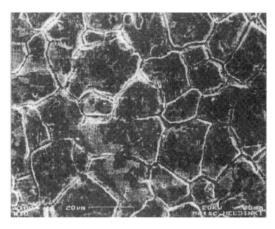

图4-22 不锈钢在碱性环境下受到的晶间腐蚀攻击

晶间腐蚀的防护首先要从整个冶金流程中适宜的热处理与焊接流程开始。这包括淬火与退火。这些处理将熔化碳化铬、氮化铬、碳化钼与内部金相。高碳含量的奥氏体不锈钢被加热到1040~1080℃后淬火。淬火是很快地,因为冷却时间长将使整个金属结构致敏。熔化碳化物的温度随着含碳量的降低而整体降低。如有必要低碳量奥氏体不锈钢可以加热到950℃,热处理时间为2~4h。在双相不锈钢中,期望在热处理、高温作业或两者结合之后得到50%的铁素体与50%的奥氏体微观结构。一般的热处理温度为1030~1150℃的范围,可造成一些原δ铁素体转化成更稳定的奥氏体。加长的加热温度超过315℃,冷却速率较慢,可造成多相的沉积,降低产品韧性。双相不锈钢不合适的热处理可导致次相沉积物的产生,它们的腐蚀抗性较低。在诸如烧焊等高温能造成铬与钼在奥氏体与铁素体相之间分离。当更多的铬与钼迁移至铁素体相中时,奥氏体的腐蚀抗性会下降。氮的增加降低金属间次相的风险。氮降低了铬与钼在铁素体相中的含量,就可以削弱金属相间沉积物的腐蚀性。在围绕着氮化物物的缺铬区内会发生局部腐蚀。

材料可能转变成更有抗性的种类。如果金属材料厚度超过几毫米,则不锈钢最大含碳量应该要达到0.03%。降低氮含量也防止了空隙成分的沉积。在稳定种类中的钛与铌将与碳形成碳化物,降低游离碳含量到较低值,使得此值不会形成碳化铬的沉积物。电化学保护对晶间腐蚀也没有用。适宜的烧焊作业对防护晶间腐蚀最有用。必须除去外部含碳源。在烧焊之前部件与电极需要清除油脂等,输入的热量低的金属将降低致敏性的程度。

4.6 应力腐蚀开裂与腐蚀疲劳

应力腐蚀开裂或环境性致敏裂缝是腐蚀的一种危险的形式。环境常造成的腐蚀很小,但同时有伸长应力与腐蚀的动作,就有时会导致一般被认为有韧性的合金发生脆性断裂。造成应力腐蚀开裂必须有三个同时发生的条件:能受到影响的合金、腐蚀性环境与伸长应力。这些因素并不一定同时存在。当运行环境随时间变化时,就会发生不同的危险组合。通过蒸发、稀释,腐蚀性不强的环境会浓缩一些致命成分,变成腐蚀性环境。伸长应力可源自维修期间螺栓闩上、烧焊等,携带腐蚀性溶液至下游流程或逆向冲洗也可造成溶液成分的改变,导致足够形成应力腐蚀开裂的腐蚀性。裂缝可以是晶体内的,也可以是晶体间的,或是两者兼而有之。它常与伸长应力的方向成垂直角度。循环性的应力与腐蚀可导致腐蚀疲劳。

大多数合金会受应力腐蚀开裂的影响,但合金与腐蚀性材料结合在一起则很少。环境与达到裂缝的电极电势是金属的钝态边缘。裂缝末因为应力集中而保持活跃状态,但裂缝侧则处于钝化状态。当裂缝侧重新钝化时，裂缝保持其尖锐的几何形状。残余应力可能从冷态作业、热处理或烧焊中重新出现，可能在维修期间施加外部应力。在裂缝可见时，许多年过去了，于是它们会快速传播。裂缝常传播直至残余横切面不再能承受设计负荷，则出现纯机械性的最终裂开现象。应力腐蚀开裂最早的例子可能是铆接锅炉的碳钢在碱性介质中裂开，这种现象的术语叫苛性脆变。苛性脆变是因为蒸汽从铆接接头处逸出。如今这可能在蒸煮池槽的管道变曲的接头处出现。逃逸的蒸汽浓缩了溶于沸水中的化学品，包括游离碱。当游离碱的浓度足够高时，钢变得易受到苛性应力腐蚀开裂的伤害。在早期的案例中，就是那些受高残余应力影响的铆接的洞中开始发生最终的故障的。

应力腐蚀开裂有两个阶段。在开始阶段形成应力，在扩展阶段裂缝会增长，导致设备故障。应力腐蚀开裂机理是结合了化学、物理与机械过程摧毁裂缝末端机械连接的一种综合结果，它导致了裂缝增长。在裂缝末端，不断地有新的金属被暴露出来，在它钝化之前都处于活跃状态。相反，在裂缝两侧的金属有时间转成钝化状态。在大的阴极区域是裂缝侧，小的阳极区域是裂缝末端，这个电偶电池会增加末端金属的腐蚀速率。

在应力腐蚀的初步阶段中，一些形式的局部腐蚀会发生，如点蚀或晶间腐蚀。如果以应力腐蚀开裂的角度看环境是具危险的腐蚀性的，则最初的缺陷就是重钝化很慢，钝化膜最终又会破裂。这允许最初腐蚀危险是作为应力的原因来形成的。裂开点变成阳极，周围是阴极。腐蚀集中在裂缝的点上，攻击点常在金属内树枝状裂缝的末端上。氧化物与腐蚀产物常黏附在裂缝表面。裂缝表面呈现裂开状。裂缝可以沿晶体之间或晶体内部的路线进行，如图4-23所示。晶体内的裂开比晶体间裂开要少见，但即使是同一样品也可能显示两种类型。晶体之间的应力腐蚀开裂可能与普通的不受应力影响的晶间腐蚀有关。裂缝的传播速率取决于钝化膜的重新形成与破裂的循环速率。

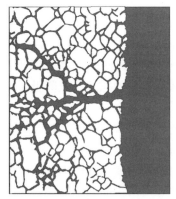
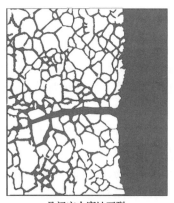

晶内应力腐蚀开裂　　　　　　　晶间应力腐蚀开裂

图4-23　晶内与晶间应力腐蚀开裂的横截面示意图，
可与图4-21的晶间腐蚀外观进行对比

应力腐蚀造成故障的时间取决于应力等级、微观结构、金属的成分、环境成分与温度。溶液的腐蚀性、温度与应力等级是关键因素，超过这些因素中的任一临界值就可能导致裂开。由烧焊、加工、弯曲或热处理造成的残余应力可达到或超过屈服点，因此尤其危险。材料中的残余应力是指将所有施加的负荷除掉之后材料余下的应力，烧焊中因为温度变化梯度快、冷却期间不均匀收缩形成的残余应力会很高。这些应力的范围可从接近材料屈服强度的伸长应力到很高的压缩应力。如果被烧焊的结构体不能承受因为收缩造成的应力，则结构体会扭曲，残余应力将会消除。如果结构体足够坚固，承受了这些负荷，则会发生微小扭曲，但残余应力的级别会很高，在焊缝处尤其会发展成高应力。较厚的结构会形成更高的残余应力，而较薄的结构会形成更高的扭曲变形。通常不期望在焊接结构中有伸长残余应力，它会导致裂缝，这种裂缝最终会造成构体故障。一些形式的裂缝是因为残余应力被固化而形成，有热形成裂缝、加氢裂缝、应力腐蚀开裂、疲劳裂缝与腐蚀疲劳裂缝。

合金成分直接影响了总的腐蚀表现，极小的成分差异都可能影响应力腐蚀开裂。如果某种金属趋向于发生局部腐蚀，则发生故障的时间会较短，由热处理硬化的合金对比同样成分在退火阶段制成的合金，前者要更易受应力腐蚀开裂的影响。槽口与其他不连续的表面是应力的来源。在应力不存在的地方，合金不常受应力腐蚀开裂的影响，而在同样的环境下它们则会裂开。应力的增长会降低裂开的时间，如图 4-24 所示，在临界应力

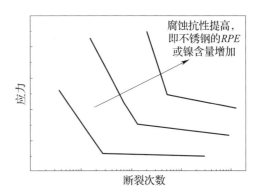

图 4-24　应力腐蚀开裂的应力-断裂次数曲线

以下，材料不会发生裂开，裂开的次数与临界应力取决于合金的腐蚀抗性与溶液的腐蚀性。有一个关于不锈钢的有趣的观点，就是高镍含量合金常更容易受到应力腐蚀开裂的影响。常见的 *RPE* 等式中不包括镍。从实际应用看，使用临界应力选材可能会被误导，因为它随着合金、扭力、冷态作业程度、环境与时间会发生改变。

腐蚀疲劳是脆性断裂，是由于循环性的应力与腐蚀造成，但它不需要特定的环境，一般地，有一点误差的旋转轴由于循环性的应力而振动，但这不会受到腐蚀疲劳影响，除非湿气渗到表面。润滑油形成了金属会暴露在潜在的腐蚀疲劳伤害之下的环境，润滑油可能含有几种添加剂，如抗氧化剂、抗磨损剂、分散剂，它们可阻止特定的沉积、腐蚀缓蚀剂与改变黏度等。由于润滑母体材料的降解或周围环境会形成污染物，如矿物油的氧化。

如果所有金属经历多次循环的应力冲击，它们都会裂开。Wohler 曲线或 S - N 曲线描绘了疲劳的抵抗能力。如果系统没有被腐蚀，则至发生故障之前循环的次数会随着应力的增加而下降。在已知为耐久极限或疲劳极限的临界应力以下，疲劳不会发展。含铁合金有清晰地疲劳极限，但许多非铁合金则没有。腐蚀也降低了临界应力，如图 4 - 25 所示，常常没有清晰地疲劳极限存在。虽然腐蚀伤害可以极其小，但是在非腐蚀性环境下的疲劳极限以下的应力作用仍然会发生断裂，因此从腐蚀疲劳造成的损害比循环性应力与腐蚀造成的损害总和要大。如果残余应力与循环性应力的总和很小，则腐蚀疲劳的时间可能会非常长。

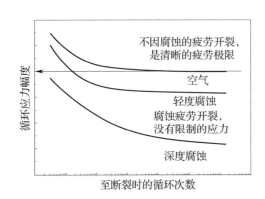

图 4 - 25　金属疲劳开裂与腐蚀开裂的
应力-断裂次数曲线

腐蚀疲劳有两个阶段。在第一个阶段期间，腐蚀与循环性应力通过局部腐蚀损害金属，形成裂缝，这裂缝的严重程度是即便没有腐蚀环境循环应力裂开都会发生。在第二个阶段通过裂缝传播发生故障。应力集中效应与金属的物理性质主要控制它。因此在材料受到其他诸如点蚀等形式的腐蚀的位置，腐蚀疲劳发生的可能性更大。裂缝的增长沿着晶体内的路径，不会产生分支，木楔形的破坏图形宽度大小取决于应力的频率。细小的裂缝是由于高频负荷，宽的裂缝是由于低频负荷。裂缝的末端是钝的，裂缝表面有痕迹或条纹。

在旋转的部件中，其痕迹是不规则的椭圆环状，环从外部表面开始。它们显示出移动的裂缝前面的连续位置，条纹是显示了裂缝前面位置在每次应力循环之后的宏观结构特征。它们也显示了局部裂缝传播的方向。因为疲劳腐蚀发生的结构体断裂的表面上可见腐蚀产物，但疲劳裂开面留下平滑光泽的表面。腐蚀疲劳是旋转部件最常见的形式，但它可能是因为压力变化、温度变化或热延伸。

如果某种金属的腐蚀电势在从活跃到钝化，或从钝化到过钝化的过渡范围，则它都会受应力腐蚀开裂或腐蚀疲劳的影响，如图 4-26 所示。在区域一中，腐蚀形式是均匀腐蚀，在区域二中是点蚀，除了在危险的电势范围以外，伸长应力也必须在屈服强度附近，或者应力必须是循环性的来造成故障。在一些条件下，在平衡电势附近的电势

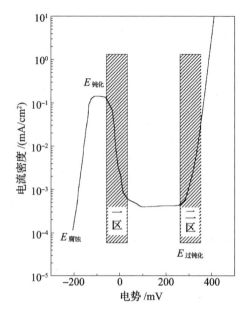

图 4-26　造成腐蚀应力腐蚀开裂或疲劳的潜在区间

注一区为从活跃到钝化的过渡区间，
二区为过钝化稀释区间。

也是危险的。腐蚀电势有时在钝化电势以下，且有一点低于从活跃到钝化的过渡范围内。于是氧化物浓度的一点增加可能将腐蚀电势移动到危险的区域中。

大多数环境不会造成应力腐蚀开裂。甚至将金属与环境的危险结合起来，也不总会发生设备故障。在制浆造纸工业，碳钢与奥氏体不锈钢的应力腐蚀开裂的常见例子是碱性应力腐蚀开裂与氯诱导型应力腐蚀开裂。许多应力腐蚀开裂的例子是特定术语，与腐蚀性环境有关。例如，硫应力裂缝是指在伸长应力与在水和硫化氢的存在下时发生的故障。碳钢由于碱性溶液、液氨与硝酸盐而易受应腐蚀裂缝的影响。晶体内与晶体间裂开都可能发生。高于 900MPa 屈服强度的高强度钢也可能在上述的环境中受到应力腐蚀开裂的影响。奥氏体不锈钢在氯化物溶液与热碱液中能发现晶体内的应力腐蚀开裂。镍含量越高的合金种类越少受到氯诱导型的应力腐蚀开裂的影响，但镍的加入对减少碱性裂缝没有效果。含氯溶液中有硫化氢的存在下金属会在温度与低氯溶液浓度的情况下发生晶体内裂开。铁素体类常对氯诱导型应力腐蚀开裂有抗性，但在热碱液中发生此类腐蚀。当铁素体类中的镍含量增加时，应力腐蚀开裂的抗性会下降。双相类钢拥有奥氏体类的韧性与铁素体类对应力腐蚀开裂的抗性。它们常用于恶劣的环境中，在这些环境下纯奥氏体类不锈钢会发生点蚀、缝隙腐蚀与应力腐蚀开裂。双相不锈钢中高铁素体含量的存在会改善纯奥氏体类对应力腐蚀开裂的抗性。铬—镍合金也常适合在含氯介质中替换不锈钢[19]。

应力腐蚀开裂在制浆造纸工业中成为一个问题。20 世纪 50 年代引入的连续性硫酸盐蒸煮运行约 20 年而不发生明显的腐蚀问题。碳钢蒸煮器的焊缝裂开始于 1970 年晚期。裂开也与碱性裂缝腐蚀有关，1980 年，在阿拉巴马州 Pine Hill，一个蒸煮器裂开导致容器顶部脱落。裂开发生在无应力消失与应力消失区的焊缝中[20,21]。奥氏体不锈钢在热交换器中显现出氯诱导型应力腐蚀开裂等。用盐酸清洗，但冲洗不充分是氯诱导型应力腐蚀开裂的常见原因。腐蚀疲劳在旋转部件与热交换管道中因为振动而会发生。

图 4 - 27 是废弃蒸煮液的蒸发器的不锈钢受氯诱导型应力腐蚀开裂的例子。内部腐蚀损害造成裂缝清晰可见,更深的区域围绕着裂缝口即是。

应力腐蚀开裂的伤害一般不能修复。要用合理设计、选材、涂覆、降低溶液腐蚀性与电化学保护来防止这种腐蚀。设计上要使伸长应力最小化,可低于临界应力。残余应力、热应力与运行时的总的应力等级需要进行考虑。尖角与刻痕会造成本必须避免的应力。避免出现滞流的几何尺寸,使局部溶液的浓度很高,这也同样重要。在由喷丸处理、喷砂打磨等造成压缩应力的作用下的放置表面可以降低现有的伸长应力。在烧焊后应力消除型热处理也可降低存在的残余应力。选材是应付应力腐蚀开裂常见的方法。已发生故障的合金材料要用更高合金含量的种类代替。例如,奥氏体不锈钢可由

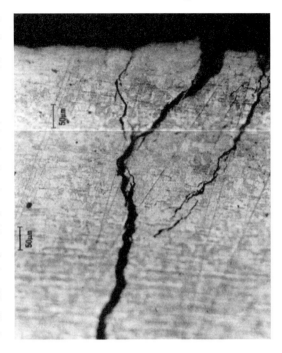

图 4 - 27　氯诱导的不锈钢应力腐蚀开裂

更高合金里的奥氏体种类或双相不锈钢、镍合金来代替。当考虑到替换的合金时,识别溶液造成应力腐蚀开裂的关键因素是很重要的。降低致命物质的浓度,通过除去氧化性物质种类来改变溶液氧化还原电势等,都可以控制应力腐蚀开裂。即使环境的腐蚀性不强,因为腐蚀需要的腐蚀疲劳度很小,不管实用与否,必须保护好受应力改变而要保护的部件。阴极保护也能非常有效地应对应力腐蚀开裂与腐蚀疲劳。阳性保护的做法是将腐蚀电势从概率较大的区域移动到明显的钝化电势范围内。图 4 - 28 为电势法来防止应力腐蚀开裂的汇总,为了防止应力腐蚀开裂,必须改变冶金态、环境或伸长应力等级。

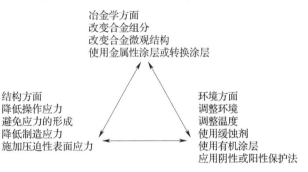

图 4 - 28　电势法来防止应力腐蚀开裂的汇总

4.7　选择性腐蚀

选择性腐蚀是将溶剂与合金内部的某组分反应而选择性的溶出,选择浸出的另一术语叫贫合金元素腐蚀。常见的例子是从黄铜中去除锌与从铸铁中去除石墨。选择性腐蚀可能有不同的机理,有时候不同的机理可能同时发生。活泼的合金成分被选择性溶解而离开不活泼的金属。选择性浸出是微观角度上的电偶腐蚀,金属之间活泼性差别越大越容易受此影响,如黄铜中的铜与锌,石墨在电化学上也是活泼的。它与铸铁中的铁形成电偶对,一种元素从无机械强度的多孔疏松材料中溶出。在合金组成的再降解之后发生均匀腐蚀,也可以得到这种多孔疏松材料。腐蚀攻击可能是层状或插头状。在第一阶段,材料整个表面可能被腐蚀,结构体的

形状不会变化,在第二阶段,腐蚀是局部性的,可能非常快地导致穿孔。层状选择性腐蚀常在溶液中均匀腐蚀很常见的地方发生,插头状选择性腐蚀也常在溶液中局部腐蚀很常见的地方发生。选择性溶解可在几种不同相的合金中发生,如双相不锈钢。选择性腐蚀通常可见到颜色变化。黄铜会从黄色转为淡红色,铸铁会从银灰色转为磨砂黑灰色。因为被腐蚀部分是多孔而偏软的,它们可以通过尖的工具刮掉后被看到。沉积物与有颜色的溶液可能使检查腐蚀部分变得困难。因为被腐蚀的区域与未被腐蚀的部分有大致相同的密度与摩尔质量,大多数非破坏性的测试方法都不能检查出选择性溶出物。

灰铸铁会受到选择性溶出残余晶体边界的石墨的影响,石墨作为一个长而连续的相。在铸铁中游离石墨在电化学上是比铁素体要不活泼的。尤其在酸或盐溶液中可通过阴性还原反应速率的提高来加速腐蚀速率。在石墨碎片旁的铁素体的快速腐蚀可制成多孔性结构。亚铁腐蚀产物可能与藏在腐蚀伤害外表面的游离石墨碎片进行机械接触,但会降低机械强度。对比在一些环境下的低碳钢,铸铁有明显更好的腐蚀抗性,这与多孔的石墨—铁腐蚀产物的保护性质有一些关系。其他铸铁不是同样的微观结构,因此腐蚀抗性更强。例如,白铸铁缺少游离石墨,它可以免疫电偶腐蚀。合金铸铁也免疫石墨的形成。

铜合金的选择性腐蚀有几种形式。超过15%的锌的黄铜可能可通过去锌来腐蚀,除非它们因为少量的砷、锑或磷而受到抑制。锡青铜受到锡的选择性腐蚀。钒铜受到铝的选择性腐蚀。白铜在还原性介质中受到镍的选择性腐蚀。不锈钢、镍—铬合金与钛合金常不受选择性腐蚀的影响。一个明显的例子是从不锈钢在强氧化性介质或含硫化氢的氯化铵溶液中,铁素体相的选择性溶出。铁素体可以是在焊接、铸造或双相种类中的残余铁素体[22]。

图4-29显示出UNS S31803中双相不锈钢铁素体相里的选择性腐蚀的情况。测试溶液是硫酸,含有发泡臭氧与氧气混合物。溶液的氧化还原电势相对于标准电势约在1200mV。在浸泡测试中,铁素体颗粒比奥氏体颗粒的溶解速率要更快。

不锈钢烧焊需要少量的铁素体留在被焊的金属中。在漂白工段的环境中会发生铁素体相的选择性被攻击。铸钢也受到铁素相的选择性腐蚀的影响。有意在CF8M与CF3M铸造中保持住少量铁素体,就可提供可靠的产品。一般这是无害的,但是铁素体会在酸性环境下被选择性攻击。

防止选择性腐蚀的方法包括选材、降低环境的腐蚀性与阴极保护。选择性腐蚀是腐蚀的一种特殊而罕见的形式。材料或环境中改变非常小都可以解决这个问题。为了抑制锌的流失,黄铜里加上砷(As)、锑(Sib)或磷(P)。灰铸铁中石墨的形成是个问题,因为铁与石墨之间形成电偶对。球状石墨铸铁或展性铸铁没有连续性的碳链,白铸铁本质上没有游离石墨。选材可能是应付选择性腐蚀最有效的方法,因为防止锌的流失可能需要完全将氧去除。

图4-29 UNS S31803中双相不锈钢浸在硫酸中(pH=3),用臭氧与氧混合物鼓泡,铁素体相里的选择性腐蚀的情况

4.8　氢蚀

术语"析氢腐蚀"或"氢攻击"包括所有与氢相关的损害。氢蚀是指当氢存在时发生脆变、裂缝、起泡与氢化物质形成。氢蚀的形式有氢起泡、氢脆变(HE)、氢诱导型开裂(HIC)、氢应力开裂(HSC)或应力导向型氢诱导开裂(SOHIC)。不同类的氢蚀的专门术语与缩写可能非常让人感觉混乱。

所有形式的氢蚀都是因为氢的内部作用。在氢进入金属之前,它必须吸附在金属表面作为氢原子。氢原子是由于氢致开裂造成的,氢致开裂是由于阴性腐蚀反应、阴极保护、含氢元素气体、酸洗与电镀操作造成的材料腐蚀。当氢原子吸附在金属表面,它可能重新组合形成氢气或进入金属结构体中。氢原子可能通过金属晶格扩散,因为它的体积很小,但氢分子则不会扩散。在晶格内的氢原子移到更适合的位置,如错位或结构缺陷,形式有夹杂物、微小裂缝与空隙。这些位置中氢原子可重新组合而形成仍困在内部缺陷中的氢原子。因为在金属内氢的重组形成了气体,结构内部压力造成了空隙或裂缝。

氢蚀的外观取决于发生机理。当氢原子在表面下部的空隙中重组时,会产生比原来更大量的气体,出现氢起泡现象而造成表皮膨胀,当在有缺陷的区域形成氢分子,压力的增加会造成材料分离并使缺陷扩大。起泡一般发生在低强度合金上,如碳钢。如果在氢这侧允许氢扩散而另一侧不可渗透氢,则复合金属或内衬的结构会出现起泡。氢脆变造成金属韧性与抗张强度的损失。当氢进入熔化的金属而立即在凝固后变成超饱和状态,就会发生材料内部的氢脆变。伸长应力超过特定临界值时,氢原子会诱导裂缝的扩大,从而造成材料断裂。在实际生产中,氢脆变可造成钢在屈服强度以下发生脆性断裂。氢诱导裂缝与氢应力裂缝都是氢起泡的表现形式。在氢诱导裂缝中,渐变的内部裂缝会摧毁金属的完整性。甚至当很小、没有施加的或残余伸长应力存在时,都会出现氢诱导裂缝,它看上去像起泡或泡型裂缝,与表面方向平行。氢应力裂缝是由于氢与伸长应力结合的氢引起的。它常在高强度合金中发生[23]。应力导向型氢诱导裂缝造成起泡型裂缝,与因晶体颗粒内表面解理断裂的方向垂直。

金属会随着温度与压力上升而溶解更多的氢。氢的穿透率也因温度与压力上升而增加。在钢中吸附的氢可能导致韧性的下降,而应力明显低于屈服强度钢都可能发生断裂。这种故障形式的概率会随着屈服强度的上升而增加。低强度钢可能表现为变脆,尤其在可以催化氢致开裂反应或阻碍氢离子与气态氢重组的阴极药剂存在的情况下。一些成分可视为阴性药剂,如硫化氢、氰化物、磷与砷化物。钛的表面氧化膜可阻止氢的渗透。当氢在钛中的溶解率达到极限时,氢化物就开始渗透。几百 ppm 的氢的吸附可造成脆变与裂开的可能。当感应电流,即在金属表面即性过保护或泄漏电流产生萌芽状态的氢时,就会处于危险境地。

制浆造纸行业中氢蚀的常见例子是跟焊缝与高温锅炉水有关。氢诱导损害的预防工作首先是要降低氢原子形成的概率。氢的源头常在清洗与酸洗阶段,用被水汽包围的电焊条烧焊,在阴极保护期间过度保护,或作为阴极反应的氢致开裂腐蚀。氢致开裂可通过降低腐蚀速率来消除。在电偶对中,更不活泼的金属将作为阴极,氢致开裂将集中在这种金属上。清洗与酸洗要使用到酸溶液。氢气泡的机械效应增加了氧化屑片的去除。这些流程在金属晶格中引入大量的氢。使用加缓蚀剂的酸将降低氢进入金属的风险。烧焊焊料周围的水汽是常见的氢引入源。在烧焊中氢的进入将导致被焊金属或热影响区域裂开。

在高温的水中,氢蚀是仅次于苛性腐蚀的第二恶性影响源。当浓碱溶解保护性磁铁层时,水将与铁中氢直接反应,当碱自身与铁反应时也发生氢致开裂。以原子形式释放的氢将在钢中扩散。在钢内部,氢原子可与氢分子重组或与碳反应形成甲烷(CH_4)。氢分子与甲烷不能在钢中扩散,而在特定位置集中形成颗粒边界。最终,气压将导致金属颗粒之间的分离。微小的裂缝集中将降低管道强度,直至内部压力超过其余完整无瑕金属部分的伸长强度。损害的结果常是厚壁、纵向爆裂,现象类似于蠕变断裂。

内部裂开或起泡的预防方法是使用低杂质含量的钢,即硫与磷要少,钢要在表面涂防腐材料与缓蚀剂。使有低强度与低硬度的合金可防止氢脆变。可改变环境来降低氢带电。热处理可除掉吸附的氢。当存在氢诱导型损害时,使用阴极保护法需要特别注意。过分保护,即极化受保护部分的结构到极低势,这会发生氢致开裂反应,使问题更加严重。

4.9　高温腐蚀

高温腐蚀是气态中金属的氧化反应。使用常压下超过水沸点以上水环境会产生高温环境,许多腐蚀现象与一般的水环境下发生的不同。"高温"不是一个清楚定义的温度,因为不同合金在不同的温度下有自己的机械与腐蚀行为。对于一种材料的高温是指材料开始蠕变或开始与低湿气、熔化盐或液态金属反应的温度。攻击速率常随着温度的增加而提高。

高温腐蚀是指金属受干燥气体即没有任何水汽膜下直接氧化的反应,但它仍然与液相腐蚀有一些相似。对于这类腐蚀的其他术语有生水垢或锈斑。大多数金属与氧气形成氧化膜。氧化反应在气体与垢的表面发生,或在金属与垢之间的界面发生。反应速率因阳离子、阴离子或电子在表面水垢之间的扩散速率而被限制。表面水垢作为固体电解质。随着氧化膜变厚,它限制了金属与周围环境之间的传质而降低了腐蚀速率。反应速率的决定步骤变成通过膜的金属或氧的扩散速率。

在水溶液中,溶液中的溶解成分就是这个环境的表征。在气态高温系统中,气体的分压就是这个环境的表征。气体分压即气体的相对浓度,决定了要形成的反应产物。在中等温度下的气相腐蚀相反,高温腐蚀的热力学因素比动力学因素更重要。理论计算可预估不同的腐蚀产生。成分的稳定性可用腐蚀产物对应的气体组分的分压来预估。

干净无污染的气体与金属经氧化作用形成一层薄的氧化膜,膜可能会增长到比较厚的一层垢。受污染的气体形成的氧化膜是多孔的。反应产物可能不是氧化物。它可以是硫化物、碳化物或其他化合物。保护性垢常是氧化物,但它们可也能是硫化物、碳化物或这些混合物。一般情况下只有氧化物是有保护性的。攻击速率会随着温度的上升而增加。如果垢是连续性而无孔的,而铁从膜的透过速率即为速率决定步骤。氧化物垢的性质将决定了金属在高温腐蚀的抗性。保护性氧化垢期望的性质是高热稳定性、高熔点、对表面有强吸附性、低导电性与反应组分的扩散系数低,这样垢的增加就会缓慢。影响垢成的重要的环境因素是温度、热循环的时间、反应组分的浓度、它们的化学吸附作用与扩散特征值和稳态与循环应力。

图4-30显示了高温氧化作用和它们类似于水的腐蚀的简单示意图。在清洁的金属表面,第一步是氧化剂的吸附,氧化剂通常是氧。这导致与金属反应,和先出现的反应产物成核并增长,初步的反应产物常在之后增长至形成连续性的表面垢。同时,一些氧化剂溶于金属中,因为连续性的表面膜形成了金属与大气之间的屏障,进一步的反应取决于氧化剂的分压,与通过膜的反应产物和电子的转移速率。传质速率将随着结构缺陷的增加而增加,如空隙位置,微观或宏观的裂缝、空腔、孔等。

垢的形成常按一些速率方程来进行，常见形式见等式(4-7)，$0 < p \leqslant 1$：

$$累积质量变化值 = k \cdot t^p$$

$$腐蚀速率 = \frac{\partial(质量差)}{\partial(时间)} = k \cdot p \cdot t^{p-1} \quad (4-7)$$

如等式(4-7)所示，含 p 因子的速率定律在小于 1 时将显示降低的腐蚀速率，随着时间显示出保护垢的形成。经常内部氧化作用是非常快的。如果这个内部垢是无孔的，则通过膜的转移机理将决定氧化速率方程。速率方程表达式用质量增加或厚度增加与时间或其他表示时间的方式之间的关系式。常见的速率方程有线性、抛物线、三次方与对数方程。如果垢的增长遵循线

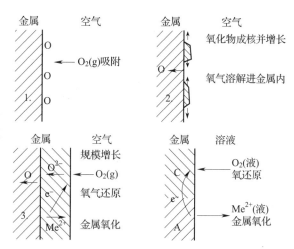

图 4-30　高温氧化的电化学作用和类似于[24] 水溶液中腐蚀的电化学作用的对比

性方程($p = 1$)，质量增长是时间的线性方程，产生腐蚀产物的速率是恒定的，则膜不能保护金属。如果质量增长相对时间来讲是二次方($p = 1/2$)或三次方($p = 1/3$)的关系，则产生腐蚀产物的速率会随着时间的延长而下降，膜就会有保护性。当氧化物变厚时，扩散长度会增加，扩散速率下降。钴、镍、铜与钨常遵循二次方定律，有些合金含铝或铬作为氧化形成元素并具有高温腐蚀抗性，它们的高温氧化反应也遵循二次方定律。对数与反对数速率方程描述的现象是质量增长或它的倒数的对数与时间呈线性关系。这两个速率方程常只在氧化反应的初始阶段低温与薄氧化膜阶段见到。当离子与空隙的扩散渠道随着时间而下降时，速率就会遵循对数速率方程。图4-31显示了理论产生腐蚀产物的速率与时间在不同的速率方程下的关系曲线。在大气腐蚀下的腐蚀速率也是遵循同样的定律。二次方的方程连续时间较短，得到一条线性速率的效果，叫侧线速率方程。在大多数实际环境中，任何给定的方程只会持续有限的时间。

两种形式的高温腐蚀都不遵循上述的任何速率方程。当许多裂缝形成并延伸至金属表面时，会发生破裂腐蚀，这使得金属底层不断地被裸露出来。体系可能首先遵循二次方方程，在破裂后遵循线性方程。质量变化的测量是无意义的，因为垢形成与破裂都很快。严重的氧化作用或热腐蚀的状况是指液相在氧化物垢上成形，液相穿透了金属底层与垢之间的界面和垢，于是它通过毛细作用扩展，这导致垢的破裂。不可能预测这种腐蚀速率，因为不同区域的底层金属受连续性变化的攻击。热腐蚀是因为形成了低熔点的杂质，如硫、钒与钠。这些化合物在表面可形成熔渣和保护性氧化膜流体。这

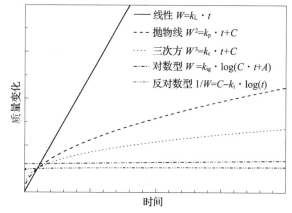

图 4-31　理论产生腐蚀产物的速率与时间在不同的速率方程下的关系曲线

注：W—腐蚀产物质量，kg；t—时间，s；C—常数；
k_L—一次方系数；k_p—二次方系数；
k_c—三次方系数；k_{ig}—对数系数；
k_i—反对数系数

使得金属再次易受腐蚀性的影响。热腐蚀是一种加速氧化反应的过程。例如,硫化物垢可转化成更稳定的氧化物,但释放的硫化物离子穿透金属晶格而形成更多的硫化物,然后被氧化。接下来的氧化与硫化反应会使腐蚀速率快于它们中的任意一种。

超过100℃高温的水比常温状态的水有很不同的性质。当受到温度与压力上升的影响,大多数水的产物组分会改变。盐的溶解度被超过,溶解气体的效应就是增强。温度的增加不只产生了新形式的腐蚀,而且会影响腐蚀抗性与垢的形成,这种垢形成的方法通常不可以从低温实验中得到的预测结果来估计。盐的溶解度可升高至盐的熔点,或降低至水的临界温度。表面的沉积物与高温水可从超饱和溶液或通过固体颗粒吸附到金属表面而形成固相晶体。在之前的例子中说到的沉积物通常坚硬而有黏附性,在后面的例子中说到的沉积物通常多孔疏松、不稳定而黏附性差。

电极反应的速率会随着温度上升而增加,溶解气体与盐可能造成比中等温度下更严重的腐蚀。溶于水中的二氧化碳和氧将极大地提高腐蚀速率。在沸水系统中,甚至极少量氧就能造成严重的腐蚀,如点蚀。二氧化碳将降低高温下水的 pH,导致保护膜的瓦解,如钢中的磁铁(Fe_3O_4)。二氧化碳造成材料相当均匀的变薄。垢与腐蚀产物沉积物可间接造成更危险的状况。当它们被沉积到一侧,它们在局部降低的热传导率,使材料的另一侧的表面温度上升。在高温水中的常见腐蚀形式就是由溶解气体造成的均匀腐蚀、点蚀、缝隙腐蚀、应力腐蚀开裂与氢蚀。

术语锅炉腐蚀用于发生在处理温度高的水与蒸汽这类系统的各种腐蚀现象。在锅炉中,能量以热的形式从燃料跨过热传递表面进入到水中,在锅炉中,水变成管道内的蒸汽,热的炉气或回收炉的熔炼是在外部,管道连接到普通的水分配箱、集水箱与蒸汽管。碳钢与低合金钢是建设产汽的锅炉设备的最初使用材料。在产汽操作条件下,锅炉进水的溶解氧代表了单一的最具腐蚀性的组分。溶解氧的浓度必须小于 0.01mg/kg。具有高压的超临界压锅炉有时使用更高氧浓度的水。很少发生氧点蚀,局部形式的高强度腐蚀攻击常是对锅炉系统最毁灭性的。氧蚀在运行锅炉中不常见,但常在空闲状态的锅炉中见到。氧蚀常产生深而明显的差不多是半圆形的凹坑。小结节常会盖住它们。在运行状态的锅炉中,氧蚀的出现常跟运行较差的除气器或不合理的除氧机相关。

与锅炉腐蚀相关的第二影响因素是 pH 与保护性氧化垢。在蒸汽侧的铁与化学纯的水之间的腐蚀过程实质上跟氧无关,根据等式(4-8)形成了保护性磁铁膜:

$$3Fe + 4H_2O = Fe_3O_4 + 4H_2 \tag{4-8}$$

在温度超过550℃时,铁与蒸汽的反应变得非常快。在此温度下形成无保护性的氧化亚铁(FeO)膜,而不是保护性的磁铁膜。在钢中铬的加入能降低在这种温度下的蒸汽的腐蚀攻击。

水的天然腐蚀性强弱跟原始供应水的杂质有关。腐蚀性常见的指标是 pH。低 pH 等于更强的腐蚀性。其他影响腐蚀性的要素有溶解矿物质与气体的量、温度与流速。从腐蚀的角度讲,锅炉是由铁支撑着的薄的磁铁膜。保护这层膜对于运行与闲置状态的锅炉而言是首要考虑的。好的水化学流程可将由腐蚀造成的故障降至最低。它也必须将沉积进入设备的垢形成量减至最少。垢在水侧的表面的累积会导致很多问题,从而降低运行效率。有效的锅炉水处理系统可减少因为锅炉爆裂成的能量浪费。在现代化的锅炉生产中,防止腐蚀的主要方法是进水的预处理,通过控制缓冲碱加入与机械和化学法除氧来防止酸腐蚀。锅炉水处理流程必须包括以下部分:

① 控制溶解氧、二氧化碳与其他不可凝气体;

② 控制钙与镁的水的硬度;

③ 控制污泥来确保悬浮固含量的控制;

④ 合理的碱度控制来维持钢的钝化状态。锅炉系统需要的碱度取决于几个因素,一般与锅炉运行压力有关。

在蒸汽冷凝系统因为气体的渗透,有特殊的问题发生。如果二氧化碳不能从锅炉进水中完作除去,被带入冷凝器中产生酸性腐蚀环境的话,氧的负面效果尤其显著。图 4-32 就是由于高温水中二氧化碳造成的腐蚀

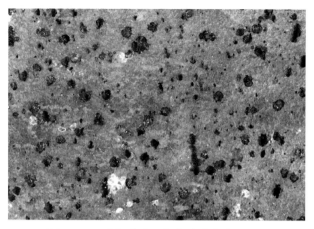

图 4-32 高温水中二氧化碳造成碳钢腐蚀

例子。酸性环境造成了碳钢管道上深而尖的凹坑。

铸铁在产汽的设备中——锅炉和冷凝水回收系统中的结构中有一些应用。压力容器限制了铸铁在受压设备中的应力。因为氧化膜的黏附性,它们一般在高温场合中表现较好。碳稳定元素可使材料在 550℃ 以上使用寿命明显提高,如铬与钒。含铬量高(20% ~ 30%)使材料 950℃ 以上都有好的腐蚀抗性。由于镍与铬的少量加入,垢的腐蚀抗性和在高温蒸汽中的低合金铸铁使用量增加[25]。

碳钢与低合金钢在发电厂的建筑中很常用。典型的设备包括蒸汽发电机、锅炉、反应容器、焚化炉与废气处理设备。这些料常见的限制是因高温造成强度的损失。在实际应用中,最佳的选材需要平衡氧化反应的抵抗性与使用寿命和设备建造难易度。碳钢在高于 400℃ 以上因为强度下降和氧化反应抗性差而不实用[26]。在氧化性环境下,铬的加入可提高保护膜的形成。在足够的含量下,镍改善了奥氏体微观结构并将脆变的可能性最小化。虽然受限于 550 ~ 580℃,含铬、硅与铝的低合金钢用途很多。高温环境中含有氧、水与二氧化碳,氮的氧化物可加速氧化反应并需要高于 17% 的铬与 8% 的镍。在 470℃ 以上,铁的碳化物破裂与石墨的形成导致强度与韧性损失。钼与铬合金类将在高温下有更多的抗性。加入高达 2% 的钼会降低高于 510℃ 的氧化反应速率。为了特殊的恶劣环境,采用了加入铌、钨和硅到合金中的方法。硅可形成二氧化硅层,可增加对石墨形成的抵抗性。含有 5% ~ 10% 的铝的合金能有很好的氧化作用抵抗性,但它们的机械强度不足而限制了应用。铝的含量低(1% ~ 2%)并加入少量硅将在不降低机械性能的情况下得到更好的氧化反应抗性[27]。

低碳钢用于约 450℃ 的蒸汽,但含有铬与钼的低合金钢能有更高的温度抗性。温度的波动会增加低碳钢的腐蚀速率,但加入约 6% 的铬可以降低剥落情况。冷凝管线常使用低合金钢,运行温度在 100 ~ 120℃。虽然冷凝物为相对纯净的水,但是极少量溶解氧与二氧化碳仍可造成严重腐蚀。

奥氏体不锈钢可清洁空气后在蒸汽达 850 ~ 1100℃ 时有抵抗氧化作用,铁素体钢则可在 700 ~ 1100℃。如果结构体不受应力影响,则蠕变抗性与氧化反应抗性将决定材料最高的运行温度。在这个情况下,最高运行温度会较低,奥氏体不锈钢约在 700℃,铁素体不锈钢在 350℃。铁素体类的最高温度下降是因为会有各种不同的脆变现象。热腐蚀是在透平机、炉边煤、燃油锅炉、蒸汽超级加热器与废物焚烧炉中常见的一种形式。在燃烧环境中污染物会显著增加腐蚀的严重性,如钒、钠与氯。在 450℃ 温度的使用场合中,奥氏体不锈钢是必须要用的。

在更高的温度下,必须使用更高含量的铬合金,甚至直接用铬—镍合金。镍不会轻易被氧化,它的保护膜可允许运行温度达 1100~1200℃。镍不适合在氧化性与还原性气体变化的情况下使用。含铬的镍合金有更好的抗氧化性,它们的抗性会随着铬的含量增加而增加。

硫是在许多燃烧环境中常见的杂质,会导致高温下的腐蚀速率加快。这样的还原性环境会含有氢、水蒸气、二氧化碳与硫化氢。在多数情况下,铬—钼钢或铬—镍—钼钢可在约 500℃下使用。对于含硫的氧化性环境中,必须使用至少含有 25% 铬的与可能含有硅的镍合金。硫与硫化物常用镍合金有害,将降低最大运行温度。

锅炉管道的选材要考虑氧化与腐蚀抗性,强度与成本。如果环境的腐蚀性不太强的话,未含合金的碳钢是最适合的材料。如果碳钢不适合,低合钢是下一种可考虑的种类。如果最大操作温度低于 450℃,则未合金碳钢适合锅炉、省煤器与过热器管道。钼合金钢适合在约 525℃用于锅炉、省煤器与过热器管道。铬与钼合金钢适合在约 550℃的场合。更高温度需要使用蠕变抗性、颗粒微小的钢、钒合金类或奥氏体铬—镍钢。

4.10　总结

腐蚀形态的分类用腐蚀造成金属损害的外观来进行。虽然腐蚀的起因还不清楚,但目视检查可识别大部分腐蚀形态。在工业设备中识别腐蚀形态可提供有关腐蚀起因的宝贵线索。

腐蚀形态最基本的分类是全面腐蚀与局部腐蚀,在全面腐蚀中,金属表面整体受到腐蚀环境影响,造成均匀的减重或减厚。不同的金属的电偶对与流体流动可增加腐蚀速率。全面腐蚀或均匀腐蚀造成最大量的材料损失,常以吨计,但局部腐蚀更快地造成设备故障。局部腐蚀一般是钝化金属常见的问题。钝化表面膜保护了大多数金属免于均匀腐蚀,但局部腐蚀发生在钝化膜较脆的地方,或腐蚀环境更恶劣的地方。点蚀、缝隙腐蚀与应力腐蚀开裂是局部腐蚀常见的形式。

均匀腐蚀对设计者来讲常不是个问题。知道了腐蚀速率后便可计算必要的腐蚀容忍度。对于大多数局部腐蚀形式,腐蚀速率的估算就没用了,此时腐蚀的发生概率更有意义。发生概率取决于材料的腐蚀抗性与溶液的腐蚀性。高腐蚀概率意味着腐蚀更容易触发。许多局部腐蚀的形式都有自催化的本质。这意味着一旦触发腐蚀,将导致局部变化,从而进一步促进腐蚀。高触发率常等于高传播率,于是腐蚀速率就很快。

对于全面腐蚀而言,降低腐蚀速率可通过降低电化学反应的速率来进行。例如,这可通过从溶液中去除腐蚀剂来达到。对于局部腐蚀而言,腐蚀防护的方法是维持好金属表面的保护膜。这可能通过使用含量更高的合金或通过降低环境的腐蚀性来进行。降低温度、氧化还原电势或腐蚀性离子的浓度可以降低腐蚀性。

参考文献

[1] Fortana, M. G. And Greene, N. D., Corrosion Engineering, McGraw – Hill, New York, 1967, Chap. 3.

[2] Collins, J. A. And Monack, M. L., Materials Protection and Performance 12(6):11(1973).

[3] Spahn, H., Wagner, G. H., and Steinhoff, U., 1973 Conference on Stress Corrosion Cracking and Hydrogen Embrittlement of Iron Base Alloys, Vol. NACE – 5, NACE International, Houston,

p. 80.

[4] Verink, E. D. , in Forms of Corrosion – Recognition and Prevention (C. P. Dillon, Ed.) , NACE International, Houston, 1982, Chap. 1.

[5] Crowe, D. C. , Corrosion on acid cleaning solutions for Kraft digesters, 1992 Proceedings of the 7th International Symposium on Corrosion in the Pulp and Paper Industry, TAPPI PRESS, Atlanta, p. 33.

[6] Glaeser, W. , in Forms of Corrosion – Recognition and Prevention (C. P. Dillon, Ed.) , NACE International, Houston, 1982, Chap. 5.

[7] Szlarska – Smialowska, Z. , Pitting Corrosion of Metals, NACE, Houston, 1986, Chap. 12.

[8] Oldfield, J. W. , Internation Material Reviews 32(3) :1(1987) .

[9] Oldfield, J. W. And Boulton, L. H. , British Corrosion Journal 13(1) :279(1978) .

[10] Betts, A. J. And Boulton, L. H. , British Corrosion Jounal 28(4) :279(1993) .

[11] Peterson, M. H. , Lennox, T. J. , and Groover, R. E. , Materials Protection 9(1) :23(1970) .

[12] Hakkarainen, T. J, Varjonen, O. , and Mahiout, A. M. , 1992 Proceedings of the 12th Scandinavian Corrosion Congress, The Corrosion Society of Finland, Espoo, vol. 1, p. 71.

[13] Turnbull, A. , Corrosion Science 23(8) :833(1983) .

[14] Watson, M. and Postlethwaite, J. , Corrosion 46(7) :522(1990) .

[15] De Force, B. and Pickering, H. , Jounal of Metals(9) :22(1995) .

[16] Lorenz, K. and Medawar, G. , Thyssenforschung 1(3) :97(1969) .

[17] Majidi, A. P. And Streicher, M. A. , Corrosion 40(8) :393(1984) .

[18] Streicher, M. A. , in Forms of Corrosion – Recognition and Prevention (C. P. Dillon, Ed.) , NACE International, Houston, 1982, Chap. 6.

[19] Payer, J. H. , in Forms of Corrosion – Recognition and Prevention (C. P. Dillon, Ed.) , NACE International, Houston, 1982, Chap. 4.

[20] Bennett, D. C. , 1993 Proceedings of 4th International Symposium on Corrosion in the Pulp and Paper Industry, Swedish Corrosion Institute, Stockholm, p. 2.

[21] Wensley, D. A. , 1989 Proceedings of 6th International Symposium on Corrosion in the Pulp and Paper Industry, The Finnish Pulp and Paper Research Institute, Helsinki, p. 7.

[22] Heidersbach, R. H. , in Forms of Corrosion – Recognition and Prevention (C. P. Dillon, Ed.) , NACE International, Houston, 1982, Chap. 7.

[23] Warren, D. , Materials Performance 26(1) :38(1987) .

[24] Kofstad, P. , 1981 Procerddings of High Temperature Corrosion Conference, NACE International, Houston, vol. NACE – 6, p. 123.

[25] Collins, H. H. And Gilbert, G. N. J. , in Corrosion, Vol. 2(L. L. Shreir, R. A. Jarman, and G. T. Burstein, Ed.) , 3rd edn. , Butterworth – Heinemann, Oxford, 1994, Chap. 7. 3.

[26] Pinder, L. W. , in Corrosion, Vol 2(L. L. Shreir, R. A. Jarman, and G. T. Burstein, Ed.) , 3rd edn. , Butterworth – Heinemann, Oxford, 1994, Chap. 7. 2

[27] Wright, I. G. , in Forms of Corrosion – Recognition and Prevention (C. P. Dillon, Ed.) , NACE International, Houston, 1982, Chap. 8.

第⑤章　制浆造纸行业中的腐蚀

现代制浆造纸工厂里都是高度复杂的工业设备。整个造纸过程包括备料、制浆、洗涤和漂白制浆的精炼、造纸和碱回收。大部分的原材料以原木的形式到达。原木在水中浸泡，然后去皮。去皮原木被切片机切成片。被蒸煮的浆通过洗涤以除去固体杂质、溶解的木质素和其他天然材料。一些纸种为提高白度需要采用漂白。在制作成给纸机使用的良浆前，纤维通过打浆工艺处理。添加颜料和填料到浆中，纸浆通过水来稀释成稀浆。进入纸机的浆超过98%是水。这样使得浆很容易被散开以及在纸机的成形部中形成纸页。多年来，经验表明，只有少数的通用材料因在应用中的好结果被普遍使用。只有当腐蚀和维护的成本更高时，才会考虑采用更耐腐蚀的材料来替换。金属制造商不断地开发更耐腐蚀的品种。为了从这些品种中得到最大的收益，有必要找到腐蚀的详细的原因。然后才能比较旧的和新的品种的性质差别。

大多数的腐蚀具有相同的原理。阳极和阴极同时发生电化学反应导致腐蚀，结果是金属可能形成表面薄膜对自身进行保护。反应的可能性和产生表面薄膜的概率取决于环境的情况。造纸工艺基本相同，但是每个工厂都有各自的特点。一个工厂的运行参数往往随生产率的变化，新采用的化学品，或不同的原料组成而改变。几乎每一个用于提高生产率的因素，如：提高温度、流量或化学品浓度，都会提高环境的腐蚀性。很多腐蚀问题的发生源于原来的材料不能抵抗新的工艺条件。木材制浆工艺将面临新的调整和封闭工艺。封闭意味着最大量的工艺水回收。这无疑将导致更高的溶解物质浓度。为了应对过程的化学变化，不断的需要改进或替代材料或方法。下面的讨论将提供一个过程中了解腐蚀环境影响的例子。

腐蚀环境的关键因素有溶剂、pH、氧化还原电位、温度、溶解盐和气体以及流量条件：

① 溶剂是溶液的主要成分。它可以是水的、有机的或两者混合而成的。

② pH 描述稀释的水溶液是酸性或碱性的。pH 会影响腐蚀机理和腐蚀速率。

③ 氧化还原电位是氧化的或还原的溶液电位的测量。氧化还原电位会影响腐蚀机理和腐蚀速率。它往往决定了不同合金的适应性。例如：钝化合金在氧化环境中有用，铜镍合金在还原环境中有用。

④ 温度影响反应速率。腐蚀通常是由温度的升高启动或加速的。

⑤ 溶液中的溶解盐经常影响材料表面保护薄膜的形成和稳定性。盐也可能影响电化学反应速率。溶解气体通常是阴极反应的反应物，它可能影响表面保护薄膜的形成和稳定性以及范围。

⑥ 流体流动情况可能影响反应速率和表面薄膜的形成和稳定性。提高流动速度可能加速常见腐蚀形态的速率和造成冲刷腐蚀(但是停滞的情况下可能造成点蚀)、空泡腐蚀和裂隙腐蚀。为了钝化或保持钝性,必须维持最少的氧化复合物供应量。

5.1　水溶液腐蚀

大多数腐蚀现象发生在水溶液中。水的环境范围很大,从薄的湿气薄膜到大量的溶液,以及包括自然环境和化学品。水溶液的腐蚀性取决于溶解气体、盐、有机化合物和微生物存在的数量。溶解物质的浓度、pH、硬度、电导率等参数用于表述水溶液。水溶液分为酸或碱,以及氧化剂或还原剂。酸性溶液中的 H^+ 离子数多于 OH^- 离子数,碱性溶液相反。如果纯净水中活动的溶解氧高于溶解氢,溶液是氧化剂。当活动的氢浓度更高,溶液是还原剂。这给出了四种不同的环境条件,如图 5 – 1 所示。

情况从来不会如此简单,因为水溶液中还会含有溶解盐。当盐溶于水,它离解成正离子和负离子,并形成电解质溶液。电解质这个术语最初描述的是盐在溶液中离解成离子,但是电解质溶液也可以简单地被称为电解质。如果盐容易离解,则它是一种强电解质。氯化钠和硫酸钠是典型的强电解质。弱电解质,例如乙酸,只能部分离解。电解质溶液导电是因为带电离子可以通过它们移动。电解质溶液都是离子导体,区别在于电子导体通过电子的运动导电。

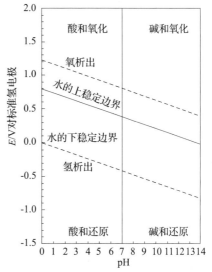

图 5 – 1　水溶液性能(H_2O Pourbaix 图)[1]

几种方法可以构成电解质溶液。组合物可能与溶解物质的摩尔数有关。摩尔溶液是在一升的溶液中包含一个给定数量的摩尔离子或物质。例如,在水中溶解 1mol 氯化钠 NaCl(原子量 58.44g/mol),调整体积到 1L 可以得到 1mol 溶液。由于化学反应理论上在整个比例上发生,在研究工作中优选摩尔溶液。更多地磁场定向方式给溶液复合物的是克每升或质量百分比。注意,例如:按质量分数 10% 的氯化钠溶液在 1L 水中包含 100g 氯化钠和 900g 水,而不是100g 氯化钠。它是 100g/L 氯化钠溶液。

5.1.1　酸和碱类

水分子(H_2O)由一个氢离子(H^+)和一个氢氧根离子(OH^-)组成。中性水溶液有等量的氢离子和氢氧根离子。氢离子 H^+ 是自由质子,它很快溶剂化成 H_3O^+ 而不复存在。完全水合质子 H^+ (aq)也是氢离子。质子不会定位于单个氧原子,它会不断改变它的位置。pH 描述溶液是酸性还是碱性。pH 起源在于很小程度的水离解的事实。1mol 纯净水或稀释水溶液中含有 10^{-7} mol 氢离子和 10^{-7} mol 氢氧根离子。这是中性的。产品的氢离子和氢氧根离子浓度经常是 10^{-14} 。氢离子增加将水改变为酸性的,氢氧根离子的增加使得水更碱性。在数学上,pH 是氢离子浓度的负对数: $pH = -\log_{10}[H^+]$ 。一个单位的 pH 改变意味着氢离子 H^+ 浓度 10 倍的变化。

酸性或碱性溶液的当量浓度是指氢或氢氧根离子的摩尔浓度。溶解 1mol 的一元(一个氢原子)酸如盐酸 HCl(36.5g/mol)到体积 1L 可得到 1mol/L 溶液。溶解 1mol 二元(两个氢原子)酸如硫酸 H_2SO_4(98g/mol)可得到 1mol/L 溶液。在浓溶液中,离子的活性改变。这会影响 pH 的测量。浓酸或碱复合物通常按质量或体积百分比溶液给出。这是因为按要求产生的低酸或碱量的 pH 为 0 的酸溶液或 pH 为 14 的碱溶液。如果化合物分解完成,溶液有 0.5mol 或 49g/L H_2SO_4 理论上 pH 为 0。一溶液有 1mol 或 40g/L NaOH pH 为 14。pH 也取决于温度,温度升高 pH 降低。这是因为氢离子活性改变了。

酸是一种氢离子水溶液浓度升高的物质。它的 pH 低于 7。酸有无机或无机酸和有机酸。通用无机酸有硫酸(H_2SO_4)、硝酸(HNO_3)、磷酸(H_3PO_4)、盐酸(HCl)、氢氟酸(HF)。无机酸类都是氢酸或含氧酸。在氢酸中,酸的氢原子直接与中心原子结合,例如盐酸中的 Cl。大部分的酸是含氧酸,含有羟基。例如,氢原子通过一个氧原子与中心原子结合。在一般的温度和压力情况下,卤酸如氯化氢和氟化氢是气态的。他们用于气态化合物的水溶液。例如,氯化氢溶解在水中形成盐酸。当氯的氧化物溶解于水形成相应的含氧酸,例如:$HClO$,$HClO_2$,$HClO_3$。当他们的酸酐溶于水时通常形成含氧酸。溶于氧化硫 SO_3 得到硫酸 H_2SO_4。

在一般的无机酸中,硝酸是强氧化的。当浓度超过 90% 和温度高的时候纯硫酸氧化性也很强。相对应的,有些是还原性的。磷酸是氧化性或还原性取决于浓度和杂质。盐酸是强还原性的。在还原或非氧化酸中,阴极反应是析出氢。还原酸都对暴露在空气中或氧化杂质很敏感。氧化化合物的存在通常会增加还原酸的腐蚀率。在氧化酸中,最初的阴极反应是酸中阴离子的减少,例如硝酸中的 NO_3^-。暴露在空气中和氧化的化合物不会影响氧化酸的腐蚀,减少杂质如卤素的存在增加了其腐蚀性。如果一种金属有不同的氧化态离子数,在还原酸中的腐蚀通常导致氧化态离子降低,在氧化酸中的腐蚀使得离子升高。

最重要的有机酸有甲酸($HCOOH$)和乙酸(CH_3COOH)。有机酸是弱的还原酸,随着碳链越长酸性越弱。甲酸大部分解离然后得到乙酸等。有机酸不可视为典型的纯化学品来处理,而是无机酸、有机溶剂或盐的混合物,或者是几种有机酸的混合物。完全无水的有机酸腐蚀性很大,但是百分之几的水就可以减少它对很多合金的腐蚀。对于大多数有机酸,杂质将决定酸溶液的氧化或还原能力。

碱是化合物,它释出的羟基(OH^- 离子)在水中溶解使得提高 pH 超过 7。碱可以中和酸形成盐和水。氢氧根离子的活性取决于相关的阳离子。氢氧化碱是强碱。通用碱有氢氧化钠(烧碱,NaOH)、氢氧化钾(苛性钾,KOH)、氢氧化钙[$Ca(OH)_2$]和氢氧化铵(NH_4OH)。化合物和弱酸盐,如碳酸钠(Na_2CO_3)和碳酸氢钠($NaHCO_3$)也是弱碱,尽管他们不能释出 OH^- 离子。当这些盐溶于水,他们形成未离解的弱酸如碳酸,造成水水解以及 OH^- 浓度升高。从腐蚀的角度看碱就是各种碱性化合物,如氢氧化碱、无水氨和前面提到的盐。甚至有机碱性化合物如氨有时归类为碱。

pH 和氧化还原电位在金属腐蚀可能性上的影响可大概用图表示,但是图上没有在反应速率上提供信息。图 5-2 表示依赖 pH 的主要类型。溶液 pH 影响腐蚀产物的溶解性和形成保护膜的可能性。贵金属如金的腐蚀速率天然就低,并不受环境的 pH 影响。一些活泼金属氧化物在酸和碱中均可溶。如:锌,铝,铅和锡。他们是两性金属。在酸溶液中,溶解导致金属离子和碱金属复合,如:锌酸离子 ZnO_2^{2-} 或铝酸离子 AlO_2^-。两性金属的腐蚀率在中性 pH 范围最低,酸性或碱性方向腐蚀率增加。金属如铁、镍和铬形成的氧化物溶于酸不溶于碱。在非氧化性酸溶液中,溶解率高是因为氢的析出。在中性溶液中速率几乎恒定,在碱中速率降低。在高浓度碱中,一些金属如铁可能再溶解形成复合物。

铁腐蚀的 pH 依赖属于第三组。随着 pH 降低,发生析氢反应和更快速的阴极反应。例如,在低于 pH = 4.5 ~ 5,因为析出氢作为阴极反应金属的腐蚀快速。表面不会形成薄膜。pH > 5,氧还原是主要的阴极反应,腐蚀率取决于氧的传质速率。pH 也不会直接影响金属溶解速率,但 pH 影响反应产物层。在接近中性 pH 的范围 5 ~ 10,形成多孔的非保护性膜。pH > 10,随着 pH 增加使得腐蚀率减低,表面薄膜厚度增加,孔隙率减少。图 5 - 3 表示在带有 5cm³/L 氧的水中铁腐蚀的变化是 pH 的函数。溶液的pH 由 NaOH 或 HCl 调整[2]。温度在析氢范围没有很大的影响,但随着沉积的形成影响变得更清晰。温度高,在低 pH 时沉积开始形成。

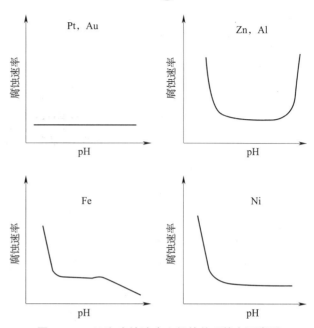

图 5 - 2　pH 和腐蚀速率之间的关系的主要类型

尽管反应方程表明总的方程,金属的氧化和反应物层的形成通常发生在几个步骤。反应物产生是因为单一化合物的很少的均匀薄膜。例如:钢在大气中的腐蚀反应经常写成如下方程:

$$2Fe + O_2 + 2H_2O = 2Fe^{2+} + 4OH^- \qquad (5-1)$$

反应物 Fe^{2+} 和 OH^- 会进一步反应。亚铁离子会和氢氧根离子和氧反应产生磁铁矿(Fe_3O_4)和针铁矿($FeOOH$):

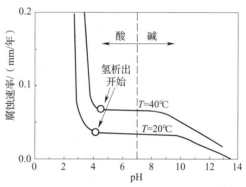

图 5 - 3　钢的腐蚀速率如溶液 pH 的函数[2]

$$3Fe^{2+} + 2OH^- + \frac{1}{2}O_2 = Fe_3O_4 + H_2O$$

$$Fe^{2+} + OH^- + \frac{1}{2}O_2 = FeOOH \qquad (5-2)$$

磁铁矿中的铁有两种氧化态。一些铁在亚铁态(FeO),其余的在铁态(Fe_2O_3)。这些可以进一步反应产生针铁矿和导致锈层。磁铁矿的氧化薄膜被厚的针铁矿外层覆盖。

另一个例子是在碱性环境中的铁的氧化。Wensley 和 Charlton 认为硫酸盐法白液氧化分两个阶段[3]。第一阶段铁氧化成氢氧化亚铁,方程(5 - 3);第二阶段氢氧根氧化成磁铁矿,方程(5 - 4):

$$Fe + 2OH^- = Fe(OH)_2 + 2e^- \qquad (5-3)$$

$$3Fe(OH)_2 + 2OH^- = Fe_3O_4 + 4H_2O + 2e^- \qquad (5-4)$$

总反应式如下:

$$3Fe + 2OH^- = Fe_3O_4 + 4H_2O + 8e^- \qquad (5-5)$$

这些反应来自纯氢氧化锂的研究[4]和假设发生在碱性蒸煮液中。电化学测量表明两个反应峰电流。

5.1.2　氧化剂和还原剂类

氧化剂和还原剂在溶液中的浓度决定氧化或还原情况。通用氧化剂有氧、臭氧、氯和次氯酸钠。气态氢、二氧化硫、硫化氢、和亚硫酸氢钠是还原化合物。氧化剂会氧化其他化合物意味着接受电子和发生还原反应。还原剂会还原其他化合物,提供电子和发生氧化反应。如果溶解氧的活性高于溶解氢的活性纯净水是氧化的,如图 5 – 1 所示。因为溶解氧,水经常被认为是弱氧化剂。在腐蚀研究中,还原环境通常被认为是那些腐蚀是由于析氢反应作为阴极反应。溶液氧化或还原其他材料的能力通过测量溶液氧化还原电位决定。实际氧化还原电位值取决于浓度和氧化剂的活性。在大部分的应用中,这是比实际氧化剂或还原剂浓度更有用的信息。当存在多种氧化剂时,氧化还原电位测定不能决定单一氧化剂的作用。氧化剂对金属的腐蚀电位的影响可以在一个超过几百毫伏的范围内变化。在电化学腐蚀中,金属的内在活泼性决定它是否会溶解于氧化或还原溶液。贵金属像镍具有高的平衡电位,以及只在氧化条件下溶解。活泼金属如铁和锌具有低的平衡电位,并且在氧化和还原条件下均可溶解。

所有在电化学反应中的阴极反应都是氧化剂。相应的氧化还原反应有更高的平衡电位意味着单元的氧化电位更强。随着析氢反应作为阴极反应的腐蚀经常被称为在还原条件下的腐蚀,但是氢氧根离子也是一种氧化剂。还原条件意味着阴极反应的平衡电位太低,钝化不可能发生。大部分漂白化学品具有高的平衡电位,因此强氧化剂产生强氧化性溶液。室温下氧在纯水中的溶解度大约是 8mg/L,随着温度和溶解盐的浓度升高,氧溶解度降低。氧已经在制浆造纸中得到各种应用,包括浆漂白、黑液氧化、石灰窑大气浓缩。在室温下,臭氧比氧有更高的溶解度。提高温度降低溶解臭氧浓度。氯气溶于水产生氯化物溶液。溶液的构成取决于 pH。过氧化氢和被称为过酸的它的酸溶液都是新的漂白化合物。过乙酸、过甲酸、过硫酸或卡罗酸都是强氧化剂。理论上化合物的氧化作用可以从表 5 – 1 中相应的氧化还原反应的平衡电位估计。表 5 – 1 的右边一列表示,大部分漂白化学品的氧化还原电位随着 pH 的升高而降低,随着化学品浓度的升高而升高。

表 5 – 1　通过制浆造纸工业中漂白化学品和其他相关化学品支持下的氧化还原反应的平衡电位

化学品	反应	25℃下的平衡电位(mV 对标准氢电极)
氧 pH <7	$O_2 + 4H^+ + 4e^- = 2H_2O$	$E_O = 1228 - 59 \cdot pH + 14.7 \cdot \log(pO_2)$
氧 pH >7	$O_2 + 4H^+ + 4e^- = 4OH^-$	$E_O = 401 - 59 \cdot pH + 14.7 \cdot \log(pO_2)$
臭氧	$O_3 + 6H^+ + 6e^- = 3H_2O$	$E_O = 1501 - 59 \cdot pH + 9.8 \cdot \log(pO_3)$
	$O_2 + 2H^+ + 2e^- = O_2 + H_2O$	$E_O = 2076 - 59 \cdot pH + 29.5 \cdot \log(pO_3/pO_2)$
过氧化氢	$H_2O_2 + 2H^+ + 2e^- = 2H_2O$	$E_O = 1776 - 59 \cdot pH + 29.5 \cdot \log(H_2O_2)$
	$HO_2^- + 3H^+ + 2e^- = 2H_2O$	$E_O = 2119 - 88.6 \cdot pH + 29.5 \cdot \log(HO_2^-)$
酸性环境的氯	$Cl_2 + 2e^- = 2Cl^-$	$E_O = 1395 - 29.5 \cdot \log(Cl_2)/(Cl^-)^2$
接近中性环境的次氯酸	$HClO + H^+ + 2e^- = Cl^- + H_2O$	$E_O = 1494 - 29.5 \cdot pH + 29.5 \cdot \log(HClO)/(Cl^-)$
碱性环境的次氯酸盐	$ClO^- + H_2O + 2e^- = Cl^- + 2OH^-$	$E_O = 890 - 59 \cdot pH + 29.5 \cdot \log(HClO)/(Cl^-)$

续表

化学品	反应	25℃下的平衡电位(mV 对标准氢电极)
二氧化氯	$ClO_2 + 4H^+ + 5e^- = Cl^- + 2H_2O$	$E_O = 1511 - 47.3 \cdot pH + 11.8 \cdot \log(pClO_2)/(Cl^-)$
硫	$S + 2H^+ + 2e^- = 2H_2S$	$E_O = 141 - 59 \cdot pH - 29.5 \cdot \log(pH_2S)$
硫代硫酸钠	$S_2O_3^{2-} + 6H^+ + 4e^- = 2S + 3H_2O$	$E_O = 499 - 88.7 \cdot pH + 14.7 \cdot \log(S_2O_3^{2-})$
氢	$2H^+ + 2e^- = H_2$	$E_O = 0 - 59 \cdot pH - 29.5 \cdot \log(pH_2)$
连二亚硫酸钠	$S_2O_4^{2-} + 2H_2O = 2SO_3^{2-} + 4H^+ + 2e^-$	$E_O = 416 - 118.0 \cdot pH - 29.5 \cdot \log(SO_3^-)^2/(S_2O_4^{2-})$

通常,随着氧化剂浓度增加,溶液的氧化还原电位只能到升到一定的水平。更高的氧化剂浓度下氧化还原电位基本保持恒定。图 5－4 表示室温下 pH＝3 的硫酸溶液中臭氧和氧的混合物氧化还原电位。环境对应的臭氧脱木素。

氧化剂浓度通常是通过测量其残留水平监测。原则上,残留的氧化剂的浓度是衡量过程中没有反应的剩余的化学品。高残留水平表明过程控制差,可能会导致不想要发生的溶解,因为氧化还原电位通常会随残留的化学物质的浓度增加。更高的氧化还原电位经常产生更高的金属腐蚀电位和腐蚀率。例如,二氧化氯取代元素氯使用导致不锈钢的腐蚀率更高。二氧化氯是比氯气更强的氧化剂。由于腐蚀的机理是基本相同的,使用合金含量更高的不锈钢更耐腐蚀。图 5－5 表示残余氯对不锈钢的氧化还原电位和腐蚀率的影响。更高的残余氯浓度意味着更高的氧化还原电位[5]。

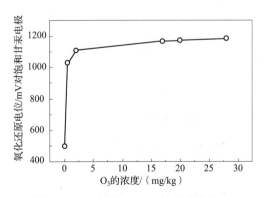

图 5－4　室温下 pH＝3 的硫酸溶液中
臭氧和氧的混合物的氧化还原电位

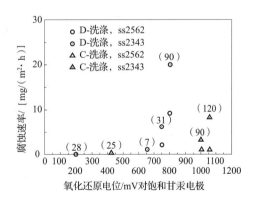

图 5－5　残余氯对不锈钢氧化还原电位和
腐蚀速率的影响[5]

注:括号中的数值表示以 mg/L 测量的残余氯的浓度

5.1.3　溶解盐类

溶解盐增加溶液的电导率。当量离子电导描述单个离子的迁移率。更高的当量离子电导等同于更高的盐溶液的电导率。随着盐浓度的增加,电导率增加是低于线性的,但每种盐的非线性的程度是不同的。对于强电解质,电导率随浓度的增加几乎呈线性相关。对于弱电解质,相应的变化最初是非常迅速的。在更高的电导率时，浓度的增加对等效离子电导的影响很小。表5-2表示的是各种典型的处理和没处理的水的电导率。

表5-2　　　　处理和没处理的水的电导率

水的种类	电导率/（S/cm）
3.5%的氯化钠溶液	53000
海水	30000～50000
没处理的自然水	>200
软自来水	100～200
商业去离子水	10～100
完全去离子水	≈2
去离子和超滤水	≈0.2

溶液电导率不会影响反应平衡但会影响腐蚀形态。在带有少量溶解盐的软水中，腐蚀形态是彼此接近的部位发生腐蚀，接近均匀腐蚀。随着导电率增加，腐蚀部位减少，并集中在彼此远离的几个部位。如果仅仅是反应物薄膜没有形成，这样是有效的。很多溶解离子都对材料的耐腐蚀性能有直接影响。最常见的可溶性盐类可增加腐蚀速率达到一定的临界浓度。例如在氯化钠溶液中，钢的临界浓度为约3%质量的氯化钠。这相当于海水[6]。

盐的溶解可以改变溶液的pH。强碱和弱酸性的盐可以增加pH，强酸和弱碱性的盐可以降低pH。一些溶解的盐在自然和工业溶液中很常见。溶解的盐有三种。第一组盐，不会在阴极或阳极形成不溶性化合物。典型的有碱金属氯化物，硫酸盐和硝酸盐。在这个组别中最常见的盐是氯化钠。第二组盐会在阴极形成难溶性化合物。例如：碳酸钙，很多锌、镍、铬和锰盐。他们可作为阴极缓蚀剂。第三组盐会在阳极形成难溶性化合物，如磷酸钠、硅酸钠和铬酸。他们可以作为阳极缓蚀剂。有些盐是强氧化剂。当溶于水时，由于金属离子具有高的价态，他们会产生高氧化溶液。最典型的例子是铜和铁的氯化物 $CuCl_2$ 和 $FeCl_3$。金属离子 Cu^{2+} 和 Fe^{3+} 具有高的平衡电位。因此他们可以通过置换机理使固体金属溶解。

钝化金属的局部腐蚀主要取决于溶液的阴离子浓度。腐蚀性的阴离子如氯和其他卤素的影响是有据可查的。这会降低不锈钢和其他钝化合金的耐腐蚀性。当腐蚀性阴离子浓度更高时，在较低的温度和电位下腐蚀开始。一些阴离子可以减少点蚀。例如在氯化溶液中，阴离子如 SO_4^{2-}、OH^-、ClO_3^-、CO_3^{2-} 和 CrO_4^{2-} 可以增加点蚀电位。它们能否发挥缓蚀作用取决于它们的浓度和溶液中氯离子浓度的大小。与氯浓度对比具有更高的阴离子摩尔浓度的缓蚀剂的溶液对不锈钢的腐蚀性较小。

在自然水中，最重要的溶解离子是钙和镁阳离子，这些产生水的硬度。具有高钙镁浓度的硬水腐蚀性低，因为它们可以在金属表面形成碳酸保护膜。水的硬度可用不同尺度表达如 $mg/kg\ CaCO_3$。中等硬度的水含有 $50～100mg/kg\ CaCO_3$，软水含有少于 $50mg/kg\ CaCO_3$，硬水含有超过 $100mg/kg\ CaCO_3$。水的硬度在制浆造纸中通常不是一个问题，除非因为水硬度太高导致碳酸盐垢沉淀。大部分工厂周期的酸洗来清除积聚在池壁、管道和筛上的碳酸盐垢。清洗经常使用盐酸，但是也会使用甲酸和氨基磺酸。甚至硝酸也可用于全不锈钢覆盖的池子[8]。酸的浓度必须足够高以便溶解沉积物。温度越高，除垢反应速率越快。随着酸浓度和温度的升高，腐蚀速率也升高。通过增加反应物的传质和表面缓蚀剂的去除，腐蚀率会加速。当降低酸温，提高酸液循环和使用浓度更高的缓蚀剂时，清洗酸的腐蚀性降低。

5.1.4　溶解气体类

溶解气体通常是阴极反应的反应物。随着温度和溶解盐水平的升高，气体的溶解性通常降低。最重要的溶解气体是氧，因为氧的还原是常见的阴极反应且形成氧化膜必须有氧。溶解氧对腐蚀速率的作用可能是提高腐蚀或腐蚀减速。如果没有形成稳定的表面薄膜,腐蚀速率直接与金属表面的氧传质速率成比例。疏松多孔的反应产物膜不能防止腐蚀,随着氧含量增加直到通过膜传质变成速率决定步骤,腐蚀速率增加。腐蚀速率增加到临界氧浓度发生,之后它开始下降。临界浓度取决于溶液的流速。它在快速地流动溶液中降低。如果氧浓度高于临界浓度,阴极反应消耗不了的剩余氧用于保护膜的形成。如果金属可以钝化,超过一些氧浓度这个现象会发生,腐蚀速率会急速下降。保护层不应太厚,因为他们容易破裂。这导致氧转移到表面的局部变化。如果在表面不同区域的氧转移速率不相同,浓度单元将会形成。在单个浓度单元中,相对于低氧浓度的区域,高浓度区域将会是阴极。具有低氧浓度的区域将会腐蚀,如沉积物区域下面。

空气中的二氧化碳可以溶于水。它存在于很多化学过程中,对溶液和固体化合物平衡有各种影响。在自然表层水中,二氧化碳与气体平衡约在 1 ~ 10mg/L。二氧化碳溶解形成碳酸,它会析出 H^+ 和碳酸氢根 HCO_3^- 离子降低溶液 pH,如方程(5 - 6)所示。

$$CO_2 + H_2O = H_2CO_3 = H^+ + HCO_3^- \tag{5-6}$$

二氧化碳溶于水是一种弱酸,温度升高时可作为腐蚀剂。二氧化碳特别会攻击没有足够的碱用于中和的无氧系统中的铁。主要是均匀腐蚀。

石灰性沉积物的形成取决于二氧化碳的含量。如果水中有钙,如方程(5 - 7)的沉积反应发生。

$$CO_2 + H_2O = CaCO_3 = Ca(HCO_3)_2 \tag{5-7}$$

朗热利耶指数可以评估淡水中石灰性沉积结垢的可能性。该指标的计算使用的是原始的pH,以及当水和固体碳酸钙平衡时的 $pH—pH_S$。饱和指数的定义是 $pH—pH_S$。正指标值表示沉积结垢。可以调整添加碳酸或氢氧化钙的量。碳酸盐沉积可能形成氧扩散到金属中的有效屏障。然后腐蚀停止。如果二氧化碳浓度太高,指标值是负数,水将会溶解现有碳酸盐结垢。负指标值可能在热交换应用中更好,沉积结垢将会降低传热率。如果二氧化碳含量过于低以及饱和指数极度正值,保护结垢不会形成。迅速形成的沉积将是多孔的和没有保护性的。如果二氧化碳的浓度只是太低以致保持碳酸氢盐在溶液中,碳酸钙会沉积在阴极区中。优选的饱和度指数也是微小的正值,约为 0.6 ~ 1.0。饱和指数只是热力学值,不能表示结垢率[9]。

雷诺兹稳定指数是预测水的结垢倾向的实证方法。这个指标经常用来和朗热利耶指数比较以提高预测水溶液结垢或腐蚀倾向的准确性。雷诺兹稳定指数从朗热利耶饱和 pH 计算。这是当水和固体碳酸钙平衡时的 pH 值 pH_S。雷诺兹稳定指标是 $2 \cdot pH_S—pH$,其中的 pH 是 pH 值测量值。雷诺兹稳定指标与结垢和腐蚀倾向的关系如表5 - 3所示。

表5 - 3　雷诺兹稳定指标与结垢和腐蚀倾向的关系

雷诺兹稳定指标	水倾向
4.0 ~ 5.0	严重结垢
5.0 ~ 6.0	轻结垢
6.0 ~ 7.0	微量结垢或腐蚀
7.0 ~ 7.5	明显腐蚀
7.5 ~ 9.0	严重腐蚀
9.0 和更高	无法忍受的腐蚀

5.1.5　硫和氯化学品

硫和氯化合物以及他们的化学品对于腐蚀非常重要。硫化合物广泛发生在浆和纸制造中。在水溶液中,硫有多种氧化态从 - 2 到 + 6。简单硫化合物有元素硫、二氧化硫 SO_2、氢硫化物 H_2S、硫化物 S^{2-}、硫醇 HS^- 和硫酸盐 SO_4^{2-} 离子。在过程液体中发现更多复杂的化合物,

硫代硫酸钠 $S_2O_3^{2-}$，四连硫酸盐 $S_4O_6^{2-}$，亚硫酸盐 SO_3^{2-}，二连硫酸盐 $S_2O_6^{2-}$ 离子。硫酸根离子具有最高的氧化态。由于它非常稳定，它不会氧化和不会影响水溶液的腐蚀率。亚硫酸根离子是第二稳定的。它是弱氧化剂。亚硫酸盐 SO_3^{2-}、亚硫酸氢钠 HSO_3^{2-}、亚硫酸 H_2SO_3 都是亚硫酸盐的水解产物。它们的相对量取决于 pH。在酸溶液中，H_2SO_3 占主导地位。在碱溶液中，亚硫酸盐离子占主导地位。H_2SO_3 是强的还原酸。硫化氢和它的离子具有最低的氧化态，它们可以还原化合物。在 pH 11～14 范围的硫酸盐法蒸煮，硫化合物作为一种 S^{2-} 和 HS^- 的混合物存在。亚硫酸盐溶液通常是碱性和还原的，它们可以造成轻微的均匀腐蚀。由于硫离子在绿液荷化过程中氧化，硫代硫酸钠在硫酸盐体系中积聚。氧化将硫代硫酸钠转化为聚硫。聚硫都是多种一般由 S_X^{2-} 构成的硫离子的化合物，其中 $X = 2～5$。聚硫都是弱氧化剂。碱存在时，聚硫可以分解为硫代硫酸钠和硫醇。硫醇离子 HS^- 在制浆中是一种活性化学品。二连硫酸盐是还原的漂白化学品。图 5 – 6 表示了各种硫化合物之间的关系。

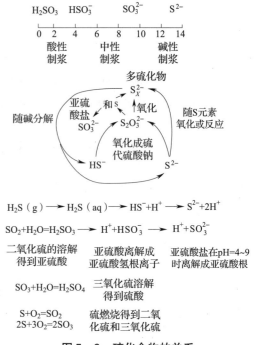

图 5 – 6　硫化合物的关系

二氧化硫和氢硫化物容易溶解于水。溶解的二氧化硫会形成含硫的酸。二氧化硫水解得到亚硫酸 H_2SO_3。高浓度的 SO_2 水腐蚀性可以比得上硫酸或亚硫酸。氢硫化物溶解会形成弱酸溶液。含有 H_2S 的水总的腐蚀通常轻微，但是各种形式的局部腐蚀可以迅速进行。

氯化合物通常在工业溶液中。干燥的氯气不会攻击除钛以外的大多数金属，在水浓度低于 0.1% 时钛剧烈反应。湿氯气是腐蚀性很强的环境。氯化物中最稳定的离子是氯离子。氯化物都是盐酸盐。他们溶解时会降低溶液 pH。氯化物存在于自然水中，因此过程溶液中经常有杂质。氯化物离子不需要参加腐蚀反应，但对钝化膜的形成和稳定有很大危害。氯和氧形成很多化合物。最稳定的氯和氧的化合物是高氯酸根离子 ClO_4^-，通常没有腐蚀性。氯酸盐离子 ClO_3^- 在水溶液中稳定。它没有腐蚀性除非在强酸的溶液中。4 种高活性化合物都是强氧化剂：氯气 Cl_2、次氯酸根离子 ClO^-、二氧化氯 ClO_2、亚氯酸根离子 ClO_2^-。这些化合物在漂白时使用。氯酸盐溶液的腐蚀性可以比得上氯酸钠溶液。亚氯酸盐，特别是次氯酸盐溶液更具侵蚀性。

在水中氯气迅速水解形成次氯酸 HClO，如方程（5 – 8）所示。

$$Cl_2 + H_2O = HClO + HCl \tag{5 – 8}$$

次氯酸是一种弱酸，它会进一步离解成氢和次氯酸离子 ClO^-。水解取决于 pH。所得的溶液是一种盐酸和次氯酸的混合物，它具有氧化和腐蚀性。ClO^-、HClO 和 Cl_2 的相对浓度是 pH 和总氯浓度的函数。次氯酸盐是次氯酸的盐。往水中添加次氯酸盐如 NaOCl 或 Ca(OCl)$_2$ 导致形成带有相应碱的次氯酸。

二氧化氯是一种比氯更强的氧化剂。在水中不会水解，在水溶液中长时间稳定。高 pH、光、杂质和热将会加速他的离解。二氧化氯在超过 30g/L 的浓度下可能爆炸。因此储存和运输浓缩液是不可能的。它要求在使用点制备[10]。二氧化氯的制备采用在酸中酸化或氧化亚氯酸根离子(ClO_2^-)或还原氯酸盐离子(ClO_3^-)。从亚氯酸生产它是不经济的,因为反应是可逆的。工业制备采用氯酸盐作为原材料。为从氯酸盐生产二氧化氯,商业上使用的还原剂有二氧化硫(SO_2)、甲醇(CH_3OH)、氯离子(Cl^-)和过氧化氢(H_2O_2)。为从氯酸盐中生成二氧化氯,通过产品和经济性选择还原剂,它会影响反应条件。在大气压力下操作马蒂松、索尔韦和R2过程。他们分别使用二氧化硫、甲醇和氯化钠作为还原剂。他们产生大量的废硫酸。试图消除废酸人们发明了真空蒸发工艺。第一个真空工艺是R3。它采用的化学品与大气的R2一样。进一步发展导致新的工艺,它通过生产减少钠、硫和氯。

随着很接近的阳极和阴极,氯化钠水溶液电解产生氯气。按照不同的溶液参数(特别是pH和温度),得到各种不同反应物。在pH = 6.5 ~ 7时,总的反应如方程(5 - 9)所示。

$$Cl^-(aq) + 3H_2O \rightarrow ClO_3^-(aq) + 3H_2(g) \tag{5-9}$$

在适当的条件下水溶液电解,氯酸盐离子ClO_3^-可以进一步氧化成高氯酸离子ClO_4^-。这个氧化的反应如方程(5 - 10)所示。

$$ClO_3^-(aq) + H_2O \rightarrow ClO_4^-(aq) + 2H^+(aq) + 2e^- \tag{5-10}$$

溶液蒸发后电解产生氯酸盐和高氯酸盐。两者都是强的氧化剂,与金属或有机化合物结合产生危害。氧化氯化合物与有机物质反应产生有机材料的氧化和氯离子。图5 - 7表示各种氯的化合物之间的关系。

活性氯这个术语在漂白化合物中频繁使用。活性氯意味着加入盐酸后转化成按质量每百分之一氯的量。如图5 - 8所示在溶液中氯、次氯酸和次氯酸盐的相对量取决于pH。当pH大于3,几乎没有溶解的氯分子存在于溶液中。通过添加盐酸,pH降低,所有的化合物转化为氯气,然后它将会从溶液中散发出去。

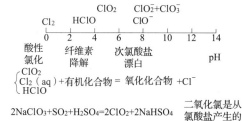

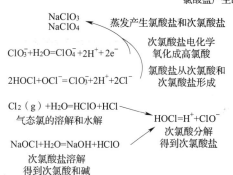

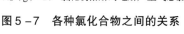

图5 -7 各种氯化合物之间的关系

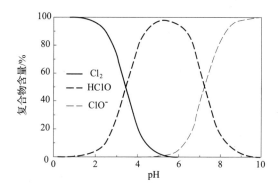

图5 -8 氯、次氯酸和次氯酸盐的相对量如pH函数

氯和硫的化合物的联合作用是非常复杂的。硫代硫酸钠很好的证明了这点。硫代硫酸钠点蚀不像氯离子引起的点蚀,是低于而不是高于一定的电位。在这种情况下,这是硫代硫酸钠的还原电位。当在酸溶液中氢离子还原硫代硫酸钠,硫膜吸附在金属表面。吸附的硫活化阳极溶解和阻碍钝化。高浓度氢离子对产生麻点酸化是必需的。硫代硫酸钠点蚀特别在不含钼的不锈钢中发生。麻点非常稳定,不会钝化。实验结果表明,摩尔浓度比按等式(5－11)所示硫代硫酸钠就会造成最严重的点蚀[12]。

$$\frac{[SO_4^{2-}] + [Cl^-]}{[S_2O_3^{2-}]} = 10 \sim 30 \tag{5－11}$$

超过这个范围,硫代硫酸钠即使不多也能触发点蚀。低于这个范围,多余的硫代硫酸钠还原防止麻点酸化。硫代硫酸钠点蚀也是电位决定的。在过高的电位,硫代硫酸钠还原不足,很快形成吸附硫膜。在过低电位,金属的溶解太慢使得酸浓缩点蚀环境保持。

5.1.6 温度和流速

温度影响电化学反应速度和电解质性质。激活控制反应的经验法则是10℃为一个阶梯,每升一极使得反应速度翻倍。传质控制反应是30℃的一级,每升一级使得反应速度翻倍。如图5－9所示,温度上升的作用由两种常见的观察所得,腐蚀速率非常快,呈指数上升,或者随后腐蚀加速影响忽略不计。第一个例子是活跃状态腐蚀金属的通性。第二个例子是钝化金属随腐蚀电位接近钝化电位发生的。随着温度的升高,腐蚀物质的氧化能量增加。在一些点,金属在过钝化范围腐蚀[13]。

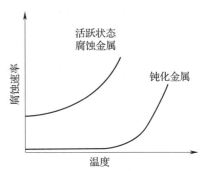

图5－9 温度对腐蚀速率的影响

随着温度的升高溶液的 pH 降低。随着温度的升高溶解气体的溶解度降低。温度的作用可能非常复杂。在闭式系统中,铁的腐蚀速率随着温度直线上升。在开式系统中,当通过降低阴极反应物(O_2)溶解度使得铁溶解速率过度增加时,最大的腐蚀速率发生。在高温的应用中,随着温度升高加速的腐蚀,析氢过电位有可能降低。在高于大气压力沸点温度,反应产物层经常变得更致密,且腐蚀率降低。

流速会直接影响反应物和反应产物的传质速率。升高的电解液流速通常使得腐蚀率升高。如果系统在激活控制下,流速不会影响反应速度。在传质控制下,反应速率与流速的平方根呈线性关系。湍流流速甚至会导致更快的腐蚀率,由于保护膜将会受到损坏。直到薄膜确实损坏,流速增加对腐蚀率没有或只有轻微影响。

如果腐蚀是因为很少量的氧化剂,例如在自然水中的氧还原,随着腐蚀率降低,增加氧传质可以克服钝化动力学障碍。流速也影响腐蚀形貌。在静止或移动缓慢的溶液中,腐蚀是局部的,而形态是点蚀或沟纹的。在更快速的溶液中,腐蚀表现得更均匀。这是因为腐蚀产物被去除,否则会附在表面产生浓度电池。

5.1.7 制浆中的腐蚀

浆料是湿浆纤维和水的混合物。制浆将粘连的木质素与纤维素纤维分离。浆料制造的原材料通常是硬木和软木。软木浆来自像松树和冷杉这样的常青树。硬木浆来自落叶的落叶乔木。软木浆具有产生纸张强度的长纤维。硬木纤维短,给纸页提供平滑度与支撑主体。不同的原材料要求不同的制浆工艺或制浆环境。制造浆料可以使用机械的或化学的工艺或混合工艺。机械制浆会研磨原木或木片,通过打浆将它们转化成短纤维。留在浆中的木质素随着时间的推移造成纸张发黄和分解。热机械制浆在机械研磨前使用压力蒸汽软化木片。化学制浆使用化学品蒸煮木头,分离出纤维素。这个工艺也可以溶解大部分木质素。在大部分木浆使用化学品也可以帮助溶解杂质。制浆工艺应该产生一种低残留木质素含量的浆,以减少漂白量。不幸的是,制浆过程中溶解木质素低于一定的水平将会对浆料性能产生不利影响。为得到低残留木质素和保持浆料性能的工艺调整可能改变工艺条件,使工艺条件变得更有腐蚀性。

在蒸煮中,蒸煮环境是碱、中性或酸溶液。最重要的制浆工艺是硫酸盐法制浆,它使用硫化钠和氢氧化钠的热碱性混合物。硫酸盐法制浆的另一个名字是牛皮制浆法。硫酸盐法制浆开始于 20 世纪早期。连续蒸煮器出现在 50 年代。硫酸盐法制浆使用的溶液通常是带有不同硫化物浓度的无氧碱性溶液。在硫酸盐法制浆法发展以前,主要的制浆工艺是亚硫酸盐法。亚硫酸盐法使用酸和亚硫酸氢钙直到约 1950 年。因为酸蒸煮原材料的局限,其他化学品如钠、镁、氨氢氧化物被引进。亚硫酸盐蒸煮液由游离的二氧化硫和溶解在水中的亚硫酸氢盐组成。亚硫酸工艺蒸煮液的 pH 范围从 1 的酸蒸煮到 10 的碱蒸煮。硫酸盐法制浆产生更强的浆料和允许比亚硫酸盐法更有效的化学品回收,但是在硫酸盐法制浆法中木质素的去除效率较低。这要求更多的漂白。表 5 - 4 比较了主要制浆方法的环境[14]。

表 5 - 4　主要制浆法的化学环境

	硫酸盐法	酸性亚硫酸盐法	亚硫酸氢盐法	中性半化学法
化学品	NaOH	H_2SO_3	$M(HSO_3)$	Na_2SO_3
	Na_2S	$M(HSO_3)$	$M = Ca,Mg,Na,NH_4$	Na_2CO_3
		$M = Ca,Mg,Na,NH_4$		
蒸煮时间	2 ~4h	4 ~20h	2 ~4h	1/4 ~1h
液体 pH	超过 13	1 ~2	3 ~5	7 ~9
温度	170 ~180℃	120 ~135℃	140 ~160℃	160 ~180℃

5.1.8　硫酸盐法制浆

硫酸盐法制浆工艺是主要的制浆方法。世界约 80% 浆料生产采用硫酸盐法制浆。它制浆效率快,适用于多种类型的木材原料,产生强度高的浆料且化学品消耗低。此流程中也有许多的不足之处。纸浆产量低,浆料需要大量的漂白,硫化学品导致恶臭排放,必须在化学回收系统和环保处理技术进行高资本投资。传统的硫酸盐法制浆法包括在中等温度下化学浸渍之后高温下的脱木素。木片在一个带有热蒸煮液的蒸煮器中加热。木质素和其他成分溶解释放纤维素纤维作为纸浆。蒸煮器是一个垂直、圆筒形压力容器,由碳钢环构造,一些部件由不锈钢制作。在碱性溶液中的碳钢钝化需要一些氧化化合物如氧。提高温度、碱性和硫化物含量会阻碍钝化。碳钢结构的设计准则是对应最高工作压力的强度。这要求有一定的腐蚀余量。现在,蒸煮器有一个至少在关键的地方更耐腐蚀的合金衬套。不锈钢衬套,例如堆焊或包层或甚至固体双相不锈钢都是可行的。

图 5 - 10 表示单元过程和硫酸盐法制浆过程的质量平衡。蒸煮之后,从纸浆中洗涤出的黑液被处理再生成有用的蒸煮化学品。新的蒸煮液包含氢氧化钠(NaOH)和硫化钠(Na_2S)。废蒸煮液含有作为无机化合物的钠化合物与有机酸结合。此外,废蒸煮液中含有溶解木质素,碳水化合物等。废蒸煮液是从纸浆一系列洗涤操作产生的贫瘠黑液中分离出来的。这便于在

碱回收炉中燃烧。碱回收炉将废蒸煮化学品转化回可用的化学品。

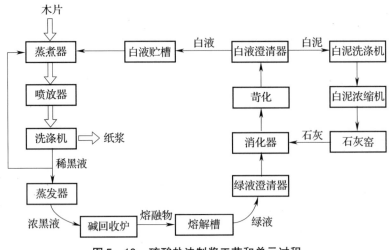

图 5 - 10　硫酸盐法制浆工艺和单元过程

蒸煮可以在小型间歇蒸煮器中或大型连续蒸煮器中发生。间歇蒸煮是最老的方法。在这种技术中,所有的蒸煮步骤都在整个蒸煮器中发生。蒸煮器中加入木片,按照预定程序加热。在间歇蒸煮器中,在循环中腐蚀环境改变。连续蒸煮中的蒸煮器具有用于多个目的的不同垂直区域。在连续蒸煮器中,环境取决于垂直高度,但本质上是一样的,如图 5 - 11 所示。木片首先在单元的上面经过浸渍,之后在中部蒸煮和在下部洗涤。蒸煮液、提取黑液和洗涤液通过使用内部筛网与管道和进料混合而进行循环。用于连续蒸煮器的木片,通常在加入蒸煮器前先用白液或有时用白液和黑液的混合物浸渍。浸渍容器具有和蒸煮器一样的环境。

间歇蒸煮器中的腐蚀率通常比连续蒸煮器高。这是因为起初间歇蒸煮器中的蒸煮液更有腐蚀性,在排放的过程中保护膜可能经常受破坏。封闭的研磨机导致使用漂白阶段溶液来洗涤和制作蒸煮液。来自氧脱木素的溶液更有氧化性,来自氯或二氧化氯脱木素的溶液比一般用于制浆的溶液含有更多氯化物。两个因素都可能导致蒸煮器内部具有更强腐蚀的环境。

硫酸盐法制浆工艺中的蒸煮液是俗称白液的氢氧化钠($NaOH$)和硫化钠(Na_2S)的混合物。除活性蒸煮成分,蒸煮溶液中含有硫酸盐、碳酸盐、硫代硫酸钠和氯化物。蒸煮液通常是白液和之前蒸煮的废黑液的混合物。蒸煮液的组成变化,工业已经发展了不同的习惯来描述它。通用的术语是硫化度,如方程(5 - 12),它是 Na_2S 对 $NaOH + Na_2S$ 活性碱的百分率。活性碱是另一个广泛使用的术语[15]。

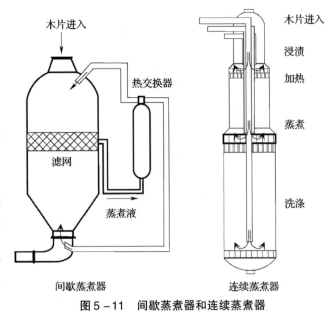

图 5 - 11　间歇蒸煮器和连续蒸煮器

$$\text{硫化度} = \frac{Na_2S}{[NaOH] + [Na_2S]} \times 100(\%) \tag{5-12}$$

所有的化学品被 Na_2O 的等效质量表示。2mol 的 NaOH 相当于 1mol Na_2O，1mol Na_2S 相当于 1mol Na_2O。通常情况下，白液的氢硫化物和硫化物的近似摩尔比例是 2.5:1[15,16]。白液的正常硫化度是 25% ~30%。

白液的 pH 是 12 ~14。它含有大量的有机化合物，但是没有溶解氧。因此环境是还原的。蒸煮温度大约是 150℃，但是在 80 ~180℃ 变化。一个没有氧化物种的 100 ~120g/L 氢氧化钠和 20 ~50g/L 硫化钠的典型混合物对碳钢不是很有腐蚀性。蒸煮液中的腐蚀剂是过量的氢氧化钠和氧化剂，例如氧、硫、多硫化物和硫代硫酸钠。现代硫酸盐法工厂的白液可能含有非常少 0.015mol/L 氯化物（小于 0.3g/L 作为 NaCl 计算）[17]，但是氯化物的含量对多达 25g/L NaCl 没有影响[18]。

带有更高含量的 NaOH 和 Na_2S 强蒸煮液通常腐蚀性更强。例如，最初的间歇蒸煮腐蚀性最高。如果氢氧化硫浓度增加，pH 升高以及铁的钝态消失。在连续蒸煮器中，自发钝化通常发生在贫液区。高浓度硫化氢限制钝化，它会发生在间歇蒸煮之后的阶段，因为它提高了钝化的临界电流密度。

硫代硫酸钠具有氧化性，但它不会帮助碳钢钝化。相反，它会增加腐蚀速率和形成一个无防护的硫化铁的结垢或可溶性铁和硫的复合物。主要硫化合物、硫化物和硫代硫酸盐，将反应形成多硫化物如 Na_2S_2。多硫化物作为氧化剂增加腐蚀直到发生钝化的临界浓度时。碳钢的这个浓度大约是 3 ~6g/L[19]。碳钢也可能受到碱性应力腐蚀开裂。这会发生在主动被动转换，一个相对狭窄的电位范围。应力腐蚀开裂要求高的拉伸应力，经常在焊缝中发现。高硫含量可能会增加裂纹扩展速率。

自从 20 世纪 50 年代，实验方程已经评估了硫酸盐蒸煮液对碳钢的腐蚀性。Stockman 和 Ruus 得到了第一个方程。根据方程(5-13)[20]，他们表明碳钢的腐蚀取决于硫化钠 Na_2S、硫代硫酸钠 $Na_2S_2O_3$ 和氢氧化钠 NaOH 的浓度。该方程腐蚀性 C 是指在间歇蒸煮器中每次蒸煮的质量损失 g/cm^2。浓度都用 g/L。

$$C = -3.6 + 0.03 \cdot [Na_2S] + 0.11 \cdot [NaOH] + 0.04 - [Na_2S] \cdot [Na_2S_2O_3] \tag{5-13}$$

他们的结果还表明，次级因素如表面的反应产物层，金属的性质和加热的方法将显著影响腐蚀。方程(5-13)的观点是，氢氧化钠作为活化剂，提高溶液的 pH 到极高的水平，保护铁氧化物薄膜溶解。如方程(5-14)所示，硫化钠 Na_2S 和硫代硫酸钠 $Na_2S_2O_3$ 将会反应形成多硫化物 Na_2S_2 和亚硫酸盐 Na_2SO_3。

$$Na_2S + Na_2S_2O_3 = Na_2S_2 + Na_2SO_3 \tag{5-14}$$

Roald[21] 通过两个方程来描述蒸煮液的腐蚀性。在低浓度时，他认为多硫化物扩散速率控制腐蚀率。在高浓度时，只有到达钢铁表面的部分离子将会反应，如方程(5-15)所示。他的方程使用亚硫酸钠的浓度，腐蚀性与亚硫酸钠的浓度成反比。在低亚硫酸盐浓度时，腐蚀率与亚硫酸盐呈线性关系。在高浓度时，与浓度的平方根有关。这些方程建议，低亚硫酸钠含量是有害的，因为它将方程(5-14)的平衡转移到产出物方面，因此增加硫浓度。

$$\text{腐蚀速率} = \text{常数} \cdot \frac{[Na_2S] \cdot [Na_2S_2O_3] \cdot ([NaOH] + 0.04 \cdot [Na_2S_2])}{[Na_2SO_3]}$$

$$\text{腐蚀速率} = \text{常数} \cdot \frac{[Na_2S] \cdot [Na_2S_2O_3] \cdot ([NaOH] + 0.04 \cdot [Na_2S_2])}{\sqrt{[Na_2SO_3]}} \tag{5-15}$$

在硫酸盐法的黑液中,Wensley 和 Charlton[3] 认为硫化钠和硫代硫酸钠会加速腐蚀。硫化钠是主要的腐蚀剂。多硫化钠控制腐蚀电位与氧类似。硫酸钠和亚硫酸钠没有影响。

一些改良的具有高 pH、高温和低木质素含量的连续蒸煮工艺可能比传统的腐蚀性更大。高 pH 和高温会导致更强腐蚀的环境,但是木质素具有钝化特性。在蒸煮器的顶部的更高的提取木质素将导致在连续蒸煮器的底部洗涤阶段低木质素含量[22,23]。

间歇和连续蒸煮器通常具有不锈钢内衬里也有使用复合板。低碳牌号 AISI304L 和 AISI316L 可以容忍在高碱度环境下的高氯离子浓度。由这些常见的牌号制作的液体加热器管可能会受到应力腐蚀开裂:铁素体或双牌号更具防腐性。洗涤、筛选和脱水设备可以使用通用牌号 AISI304L 和 AISI316L,但更高的氯含量可能要求使用更多合金的牌号。这取决于 pH。随着蒸发回收废蒸煮化学品开始,今天不锈钢是最通用的材料。如果碱含量和温度不是太高,通用不锈钢牌号表现良好。在间歇和连续蒸煮器、喷放器等,双相不锈钢或覆层变得更受欢迎。典型的牌号是含有 22% Cr 和 3% Mo 的 S31803(通用名 2205)[24-26]。

直接的蒸汽的喷射,或蒸煮液的间接加热用于间歇蒸煮器。间接加热通常用于加热连续蒸煮器。蒸煮液循环系统包含可以将黑液加热到约 170~180℃ 的热交换器、泵和管道。间歇蒸煮器通常配有一个热交换器,连续蒸煮器配有多个热交换器。大部分热交换器是多管单元,蒸煮液在管内,蒸汽在壳里。普遍使用不锈钢。起初,加热器使用铁素体牌号 AISLI410,但是他们会遭受常见的腐蚀和腐蚀疲劳。后来奥氏体牌号 AISI304 和 316 被引进,但是他们可能遭受氯诱导腐蚀和碱性应力腐蚀开裂。蒸煮液泄漏到蒸汽侧这种现象,大部分情况这会发生在蒸汽侧。如果 pH 和温度很高,普通奥氏体牌号 AISL304 和 316 可以抵抗一般腐蚀。如果奥氏体不锈钢不满足要求,高镍合金和双相不锈钢都是好的选择[24,25]。

在压力下,蒸煮器排空去喷射器,软化的木片分解成纤维。喷射器,特别是喷射板会受到冲刷腐蚀,硬质不锈钢表现最好。然后在几个粗浆洗涤阶段,纤维从废黑液中分离。粗浆洗涤系统有一个筛选系统,除节机清除没有蒸煮的碎片、枝节和垃圾,用于稀释和搅拌的带有中间碎浆机旋转滚筒过滤器系列或连续洗涤机。该系统通常有逆流。在洗涤过程中,洗涤水被压在纤维间,在那里将剩下的蒸煮液稀释。然后它被压出过滤器。粗浆的腐蚀性取决于氯化物水平、温度、pH 和曝气水平,例如氧化还原电位。粗浆洗涤设备通常是碳钢或 AISI304 和 316 不锈钢[24,26]。氯化物水平低的碱性、曝气溶液的腐蚀性低。使用漂白阶段的氯或二氧化氯滤液来洗涤或稀释会影响 pH 和增加氯化物水平。在喷射过程蒸汽从蒸煮器中去除,经过蒸汽冷凝热回收泵送至粗浆洗涤。

含有溶解木材化学成分的废蒸煮液是黑液。黑液从粗浆洗涤进入碱回收工段。由奥氏体不锈钢制成的蒸发器首先会浓缩一系列黑液。因为碱的浓度和温度比蒸煮化学品加热系统低,腐蚀问题发生得不频繁。浓缩黑液进入回收锅炉。

5.1.9　亚硫酸盐法制浆

亚硫酸盐蒸煮与硫酸盐法的工艺有很多相似之处,尽管蒸煮液化学品不同。两种工艺都可以使用间歇或连续蒸煮,以及回收废蒸煮化学品。蒸煮接下来的工艺步骤如粗浆洗涤、漂白是相同的。带有过量溶解的二氧化硫的亚硫酸氢钙溶液的酸仅用于一些木种。溶液的 pH 必须低,因为钙的溶解性有限[27]。通过使用昂贵的基于镁、钠、铵的化学物质,较高的 pH 是有可能的。这使得制浆法可用于大部分木种。在 19 世纪 40 年代钙开始消失,而其他所谓的可溶性基被引进。因为环境的原因和新的碱的高成本,化学回收迅速变成亚硫酸盐法制浆工艺的一部分。

亚硫酸盐法制浆工艺是最大腐蚀的制浆方法。由二氧化硫溶解和水解产生的亚硫酸溶液,即亚硫酸,pH 低于 2。亚硫酸蒸煮液包含溶解于水中的游离二氧化硫和以亚硫酸氢钠形式存在的二氧化硫。亚硫酸、亚硫酸氢钠和亚硫酸盐的比率取决于溶液 pH。添加一种碱可以提高溶液 pH 使得亚硫酸氢钠离子更稳定。当 pH 为 2 ~ 7 时,溶液是缓冲的。在碱性溶液中,亚硫酸盐离子是稳定的。以下是亚硫酸盐法制浆的类型:

① 酸性亚硫酸法:pH 约为 1 ~ 2。溶液包含 H_2SO_3 和亚硫酸氢盐(X)HSO_3。

② 亚硫酸氢盐法:pH 约为 1.5 ~ 4。实际亚硫酸氢盐 pH 约为 4 ~ 5。溶液包含亚硫酸氢盐(X)HSO_3。

③ 中性亚硫酸法:pH 约为 6 ~ 9。溶液包含亚硫酸盐(X)SO_3 和碳酸盐(X)CO_3。

④ 碱性亚硫酸法:pH 高于 10。溶液包含亚硫酸盐(X)SO_3 和氢氧化物(X)OH。

(X)表示过程中使用的阳基离子,例如:Ca^{2+},Mg^{2+},Na^+ 和 NH_4^+。

图 5 – 12 给出一个亚硫酸盐法制浆工艺的概况。燃烧单质硫和吸附 SO_2 到碱性溶液中为蒸煮液做准备。原料蒸煮酸通过从蒸煮器中累加 SO_2 被加强。加压是必需的,因为在大气压力下,SO_2 在水中的溶解性有限。蒸煮通常在间歇蒸煮器中发生。木片和热酸通过蒸煮液的强制循环按照预定程序被加热。在蒸煮时,亚硫酸木质素反应生成不溶性的木质素磺酸,转换为在碱性条件下的易溶盐。蒸煮结束时,加热停止,压力开始下降。当压力足够低,蒸煮器被排空到喷射器,浆被剩余的蒸煮液洗涤[27]。

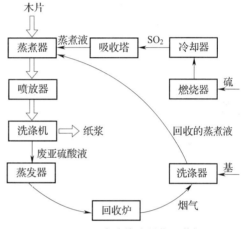

图 5 – 12　亚硫酸盐法制浆工艺概况

亚硫酸盐制浆液是通过在 1100℃ 燃烧单质硫形成二氧化硫,冷却到 200℃ 并将其溶解在钙、硫、镁或氢氧化铵溶液中制成。蒸煮液的 pH 取决于基和溶解的二氧化硫 SO_2 量。根据工艺,pH 可以 1 ~ 10[27]。蒸煮液的氧化还原电位取决于二氧化硫浓度。制浆液可能含有可以造成不锈钢点蚀的硫代硫酸盐。硫代硫酸盐同时形成。奥氏体不锈钢一般不适用于这个目的。因为燃烧,必须使用铁素体和双牌号。冷却洗涤塔有耐酸砖或衬砖。不锈钢可以使用,但金属应该有高钼含量。需要一种改进的牌号 AISI 317L(例如 UNS S31725 含有 18% Cr,15% Ni 和 4.5% Mo)或者甚至合金 904L。

钙基蒸煮液蒸煮温度通常低于 140℃,但是其他基蒸煮温度为 160℃ 或更高。制浆速率随着 pH 的降低,温度的提高和更高的二氧化硫浓度增加。通常,更高的制浆速率对应于更高的腐蚀性。制浆速率也取决于金属离子使用的种类,依次增加 Ca – Na – Mg – NH_4[27]。在亚硫酸盐蒸煮中,蒸煮器可能有不锈钢衬里或可以使用不锈钢板包覆。不锈钢 AISI316L 不再有足够的抗性,AISI317L 或 18% 铬、15% 镍和 4.5% 钼的牌号更好。随着氯化物水达到 1g/L,AISI316L 将会发生局部腐蚀和应力腐蚀开裂[16]。因为浓硫酸液滴,冷凝气体可能导致露点腐蚀。后来需要 904L。在工艺管道和相关设备中,趋势是 AISI316L 或 AISI317L。大部分比较受腐蚀的部件要用 904L。洗涤、过滤和脱水设备可以使用 AISI316L 或 AISI317L,但是因为残余液体中存在的少量亚硫酸氢盐,AISI304L 通常不够抗性。垢下腐蚀可能需要 AISI317L 甚至更高的合金材料[25]。如果钼合金不锈钢失败,使用镍合金或钛是必要的。

亚硫酸盐制浆工业是最早大规模使用不锈钢的用户。标准材料处理新鲜和废液很快变成

AISI316,如钼合金奥氏体不锈钢。这种型号现在已经没有足够抗性。在亚硫酸盐工艺中,蒸煮器和附属设备使用高合金不锈钢。在亚硫酸盐工艺中采用不锈钢或内衬不锈钢蒸煮器。高钼含量必不可少的最低含量通常认为是 4.5%。双相不锈钢 S31803 也在亚硫酸盐蒸煮器中使用[25,26]。亚硫酸盐工厂中的不锈钢最重要的腐蚀问题与二氧化硫的浓度相关。二氧化硫可以保持对酸性蒸煮液的钝态,或者通过分解或 SO_3 氧化形成硫酸。蒸煮液的氧化还原电位取决于 SO_2 的浓度。低的溶液 pH 要求高的 SO_2 浓度来钝化钢。如果不锈钢处于活性态,由于有其他氧化剂,SO_2 浓度的增加将会增加腐蚀速率。在间歇蒸煮中,情况比连续蒸煮轻,因为由于温度降低和新鲜 SO_2 进入,钝化膜可以自我修复[26]。

5.1.10　机械法制浆

机械法制浆是通过磨碎原木和精炼木片制成的。机械制浆可适用于所有树种。部分因为不需要化学回收系统,制作工艺比用于生产化学浆简单。使用更高的压力、温度或化学处理通常提高制浆方法。机械浆的主要类型是磨石磨木浆和盘磨机械浆。两种类型都有变化。磨石磨木浆曾经是机械制浆的主要手段。最简单的方法是去皮原木压着旋转磨石。水喷在石头上防止纤维的加热和燃烧,去除它们作为浆。在没有化学添加时,因为脂肪酸和树脂酸,溶液通常呈轻微酸性 pH = 4 ~ 6[16]。在这些单元中,腐蚀通常不是问题。

盘磨是机械制浆较新的工艺方法,在 20 世纪 60 年代发展出来的。它可以产生更高强度的纸浆,采用木片和残渣作为原料。盘磨片是铸铁、钢或不锈钢,通常用一些耐磨金属或陶瓷涂层喷涂。螺旋输送机将原料引进盘磨口。通过开口供应水控制浆厚度[26]。原材料在精炼前和精炼中经过短期蒸煮。使用蒸汽软化木片生产更高百分比的长纤维。加热和精炼通常发生在压力下。最大温度约140℃[28]。为了分离杂质和长纤维,水利旋流器过滤和清洗纸浆。被阻挡的纤维进行进一步打浆。相较于在磨石磨木浆,在盘磨浆中腐蚀是更严重的问题,因为更高的温度和在一些版本出现的制浆化学品。因为摩擦与蒸汽和水的高速度可能发生磨损[16,26]。

使用化学和机械处理分离木材的纤维素纤维是化机制浆或半化学制浆。木片是第一部分通过化学方法蒸煮,而其余的通常使用盘磨机机械的处理。半化学制浆工厂流程图如图5 – 13所示。化机制浆中的化学阶段通常与硫酸盐法或亚硫酸法工艺类似。腐蚀问题和材料的选择因此相同。

在半化学制浆中的制浆设备遭受各种腐蚀环境。机械法制浆中的溶液是弱酸性的(由于从木材中溶解的有机酸)碳酸钠的加入将增加溶液的 pH,降低磨片的腐蚀和防止纸浆中金属离子的积累[16]。氯含量取决于原料和封闭度。冷磨温度40 ~ 60℃,热磨温度60 ~ 90℃。半化学制浆工艺包含两个工艺阶段:用化学品和机械打浆部分溶解木质素。结构材料的选择取决于溶解阶段使用的化学品。中性半化学制浆工艺包含 120 ~ 200g/L 硫酸钠和碳酸钠、碳酸氢钠或氢氧化钠去维持 pH 在 7.2 ~ 9.0。蒸煮温度约为 170 ~ 190℃[25]。蒸煮液比硫酸盐法蒸煮液更具腐蚀性,包括清洗阶段都要求使用 AISI 316L 以上不锈钢。

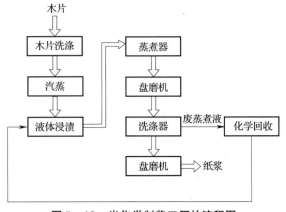

图 5 – 13　半化学制浆工厂的流程图

5.2　漂白工段中的腐蚀

　　纸浆由纤维素纤维和5%木质素组成。木质素是一种天然树脂,使得纸浆呈褐色。采用一系列处理漂白纸浆增加纸浆亮度。一般情况下,漂白亚硫酸盐浆比硫酸盐浆容易。由于残余木质素的性质,硬木纸浆比软木纸浆更容易漂白。纸浆的性质影响漂白车间溶液的组合物和腐蚀性。木质素的溶解和去除在蒸煮过程开始,在漂白过程结束,得到白色纤维。漂白开始,木质素溶解。最后,有色化合物被去除或使之无色。以前亮度通过使用氯化合物溶解木质素分子造成。溶解和去除木质素使得剩余的纤维素纤维呈白色。今天,氧已经用于分解木质素分子和漂白木材非纤维素成分产生的黑斑。漂白阶段,碱处理从纸浆中提取反应产物。

　　使用以下化学的三大类传统漂白系统:a.基于二氧化氯系统;b.无氯氧化系统;c.无氯还原系统。

　　用于漂白的化学物质包括氯、二氧化氯、氯酸钠或钙、氧、臭氧、过氧化氢和过氧酸、烧碱(NaOH)或生石灰(CaO)。漂白工艺和化学品持续变化。例如,二氧化氯已经取代分子氯。这减少了氯化产物释放的量和度。对于任何纸浆的漂白阶段,重要的过程变量是 pH、温度和保留时间。考虑各种化学品,很容易理解最严重的腐蚀环境发生在漂白车间。例如,不锈钢广泛的用作漂白过滤器和它们的支撑结构、真空管道、真空头和泵的结构材料。它们可能遭受点蚀和缝隙腐蚀、冲刷腐蚀、应力腐蚀开裂、腐蚀疲劳,有时还有空泡腐蚀。漂白车间的防腐蚀基本问题是明确控制环境腐蚀性如下列因素的影响:a.氯含量;b.氧化剂残留水平(Cl_2、O_2、O_3等);c. pH;d.温度;e.流动条件;f.沉淀;g.温度和浓度梯度。

　　总的趋势通常是已知的。例如,如第4章图4-12所示氧化还原电位、氯浓度和温度影响示意图。问题是明确定义对于不同材料氯浓度、氧化还原电位(氧化剂残留水平)、温度等的临界值。另一个问题是不相容的材料与环境的组合,如碱性过氧化氢中的钛。这些应该避免,除非已经发生验证,一般条件下腐蚀不会发生。本书第6章讨论材料选择。

　　一个典型的漂白系统有三个不同的单元过程:用氧化剂的脱木素,漂白阶段木质素和非纤维素碳水化合物去除的碱提取和形成最终亮度的氧化。这些单元过程可以以不同的方法结合得到所需的产物。因为两个连续的步骤是非常不同的腐蚀环境,这个材料的选择非常复杂。一个阶段最佳材料的选择,会导致在下一阶段使用相同的材料产生严重的腐蚀。当纸浆从一个阶段进入下一个阶段产生一个不可预知的腐蚀环境,会发生几个问题。漂白分阶段进行。如图5-14所示每个阶段需要一个混合器混合纤维、化学品和蒸汽;一个反应塔;一个洗涤机从废物中分离处理纤维。一些漂白后果要求使用不同浓度需要稀释的纸浆和阶段之间的浓

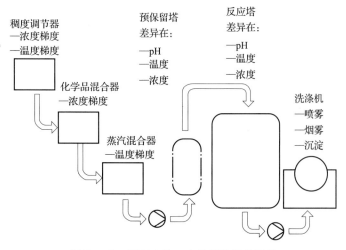

图5-14　漂白中的一个单独阶段的元件

缩纸浆。通常选择结构材料使得他们可以应对假定的腐蚀环境。温度、物种浓度、飞溅的水花和沉淀等的变化和梯度可以导致更积极的条件。

两种方法在纸浆的化学漂白中是可能的。一种方法是几乎完全的去除残留木质素。一些化学品不与木质素联系但破坏一些化合物有助于提高纸浆颜色,这样提亮度有别于真实的漂白。由于提亮但不去除木质素,这些纸种将会很快变色。各种漂白阶段的缩写如表 5-5 所示。氯化和提取通常顺次发生在脱木素纸浆,因为很少增白变化发生在这里。主要使用氧阶段脱木素。与氯阶段相比,次氯酸盐阶段灵活的向系统添加。螯合阶段去除金属离子,过氧化氢阶段往往是必要的[29]。

完全没有元素氯(ECF 纸浆)或氯化合物(TCF 纸浆)的硫酸盐法纸浆漂白的世界产物逐渐增加以满足需求。在氧反应器中残余脱木素通常发生。臭氧和过氧化氢作为增白化学品使用。全无氯(TCF)制浆降低出水的化学需氧量和不产生有机氯化物。TCF 漂白工艺的废水类似于一个典型的纸厂的出水。由于氯离子的存在,用氧化学物质漂白比用氯化学物质漂白对设备的腐蚀少,例如氧气、臭氧、过氧化氢[30]。

脱木素使用氯、二氧化氯或氧气。这些在脱木素过程中的化学品比任何蒸煮过程的蒸煮液有更多选择。化学品浓度或保留时间低于一定的水平,蒸煮液不能去除木质素。氧气不能去除所有的木质素,因为它只攻击某些化学键中的

表 5-5　用于各种漂白阶段的缩写

工艺阶段	缩写	化学品
酸化作用	A	H_2SO_4,SO_2
氯脱木素	C	Cl_2
二氧化氯脱木素	D	ClO_2
碱性萃取	E	NaOH
用 O_2 碱性萃取	E_O	NaOH,O_2
用 O_2 和 H_2O_2 碱性萃取	E_{OP}	NaOH,O_2,H_2O_2
次氯酸盐	H	NaOCl,NaOH
氧脱木素	O	O_2,NaOH
过氧化氢	P	H_2O_2,NaOH
连二亚硫酸盐	Y	$Na_2S_2O_4$
金属离子的螯合、络合	Q	DTPA,EDTA
臭氧	Z	O_3,O_2

木质素分子。氧脱木素已经作为漂白之前的初步木质素去除步骤使用。为了更高的木质素去除,氯或二氧化氯酸处理是必要的。为了达到亮度、清洁度和强度,漂白必须使用几个阶段。

氯漂白(C 阶段)通常最小化纤维伤害来提供给纤维最佳的性能。在纸浆的氯化过程中,木质素通过木质素中的氢和氯之间的置换反应发生氧化或氯化。置换反应主要影响木质素,但是氧化也影响碳水化合物和降低纸浆强度。这两种反应使木质素转变成为更容易被碱溶解的形式。反应产物是氢和氯离子[29]。酸性条件有利于置换反应。氯化通常使用低的浓度保证氯溶解和充分混合。

用氯的脱木素是强酸性和氧化性的环境。pH 通常是 2~3,但是它也可能小于 1。氯含量约为 1~10g/L。残留氯含量可以高达 0.1g/L。为避免降低纸浆质量,以前温度约为 20~30℃,但是添加二氧化氯后可以允许温度上升到 60℃。有机化合物中结合氯导致废水处理存在问题,氯化物阻碍其他阶段滤液的直接使用。漂白塔通常使用的钢和混凝土内衬耐酸砖或塑料。C 阶段的腐蚀环境是因为以下因素:a. 高酸度;b. 因为氯,高氧化还原电位;c. 高氯化物浓度;d. 当使用 ClO_2 时高温度。

C 阶段的腐蚀性通过控制 pH 和残余氯浓度达到最有效的控制。有利于氯的完全反应和低的残余水平的因素是氯化塔中足够的保留时间,纸浆和氯的充分混合,进行范围内的高温

度,并控制氯的添加以减少高水平的残余氯。内衬氯化塔可以暂时地提高耐腐蚀性,但是下面的管道、洗涤机等的赤裸金属将会腐蚀。如果高的残余氯水平和低的 pH 的场合是频繁见到的,剩余的选择是选择更耐腐蚀的合金。

二氧化氯环境(D 阶段)温度为 60 ~ 80℃ ,pH 从 2 至中性,高氧化还原电位和在二氧化氯还原过程中形成氯离子。在 1mol 基础上,二氧化氯的氧化能力是氯气的 2.5 倍[29]。因此,二氧化氯漂白通常比氯漂白具有更低的氯离子浓度。二氧化氯是一种非常有选择性的漂白化学品,它攻击木质素而不是纤维素或半纤维素。保留时间通常是 3 ~ 4h。大多数的脱木素发生地比较快。然后进程放缓。温度的升高会增加反应速率允许较低的保留时间或在恒定的停留时间得到更高的亮度。二氧化氯是最有效的中性或弱酸性溶液,但在强酸性溶液中木素脱除率较高。过度的酸性溶液会降低纸浆强度。D 阶段的腐蚀环境是因为以下因素:a. 高氧化还原电位;b. 高温;c. 氯化物通常比氯漂白少;d. 在一些情况下高酸度。

在 C 和 D 阶段洗涤机中的气相比液相更具腐蚀性,因为残余氯导致的更低的 pH 和更高的氧化还原电位。二氧化氯通常由氯酸钠 $NaClO_3$ 制成。通过强酸溶液中的各种还原剂,氯酸盐离子被还原成二氧化氯。残余二氧化氯必须被分解以防后续阶段的腐蚀问题。例如,在保留塔和洗涤机之间使用脱氧剂可以帮助防止 D 阶段洗涤机的腐蚀。此外,将 pH 调节到较高的值也是有帮助的。然后 pH 应该接近中性(pH = 6 ~ 8)。在二氧化氯中显示出满足耐腐蚀性的材料包含不锈钢、镍合金、钛和玻璃纤维增强塑料。引进洗涤水回用使得 D 阶段洗涤机环境更具侵略性,钼含量 2% ~ 4% 的型号例如 AISI 316L 和 317L 不能生存。二氧化氯塔现在优选的材料是具有高钼含量如 4% 的不锈钢。合适的材料是奥氏体 UNS S31254 或双牌号 S32570。钛也可以使用。塔可以有耐酸砖内衬,玻璃纤维增强塑料已经在各个地方使用。

许多纸浆厂使用烧碱、一种还原剂,从漂白纸浆中去除残留氯和二氧化氯。氢氧化钠、白液和二氧化硫气体已经在这些应用中通用。氢氧化钠和白液增加溶液的碱度,氯化合物的平衡转变使得次氯酸根离子更稳定。这些溶液要求在有效的足够高的速率情况下应用。这可能会导致显著的设备和能源成本。高碱度可使碳酸钙垢分解。通过减少残余氯和二氧化氯,二氧化硫对氯离子工作。因为它的成本效益二氧化硫被频繁使用,但是它增加了潜在的安全和腐蚀危险。

用氧、次氯酸盐或过氧化物漂白常用碱性条件。不锈钢因此比在氯化阶段不易发生点蚀和缝隙腐蚀。氧脱木素(O 阶段)在实际漂白前清洁纤维[29]。在蒸煮器后氧脱木素可以降低纸浆中的木质素含量达 50% 。当试图消除漂白剂或漂白废水中的氯时,这是一个有效的方法。另一个优点是有很少腐蚀性化学品,因此它们的反应产物(如 Cl^-)的浓度较低。大部分氧漂白使用 20% ~ 30% 的高浓度纸浆。氧脱木素的化学物质是气体氧气或氧气和过氧化氢混合溶液、氢氧化钠和氧化的白液和硫酸镁减少纤维素的降解。温度是 90 ~ 130℃ ,压力 0.2 ~ 0.4N/mm²(2 ~ 4bar)以及保留时间约 1h。在下一个漂白阶段之前,要求去除溶解有机质和添加的钠。氧反应器使用高镍不锈钢例如 33% Ni 以防止应力腐蚀开裂[26]。在氧漂白中的腐蚀环境主要由以下因素构成:a. 高温;b. 高氧化还原电位;c. 保留氯化物。

用次氯酸盐氧化(H 阶段)通过氢氧化钙或钠使用碱性条件。在次氯酸盐漂白过程中,残余木质素分解,纸浆白度增加。次氯酸盐处理在高 pH 时更强大,在纸浆中留下一个黄色阴影。次氯酸盐阶段对 pH 是敏感的。在低木质素浓度下,次氯酸盐也会攻击纤维素使得纸浆强度降低。H 阶段的 pH 最初 11 ~ 11.5,跌至 8。最佳的 pH 范围是 8 ~ 10。如果 pH 太低,次氯酸盐反应成次氯酸攻击纤维素。在漂白开始时如果 pH 太高,最初的反应速率可能太低。

温度一般约为 35~45℃。在次氯酸盐阶段的环境没有氯阶段积极主要是由于碱度。在次氯酸盐阶段保留时间可以 2~6h，要求有巨大的内衬砖的混凝土或钢结构塔。在次氯酸盐阶段结尾，二氧化硫、硫代硫酸钠或其他化合物分解残留的次氯酸盐。残余的次氯酸盐会导致纸机腐蚀。高碱度允许承受更高的氯化物浓度。H 阶段的腐蚀环境由以下因素描述：a. 高 pH；b. 中等温度；c. 剩余次氯酸盐去除后的硫化合物。

木质素保留漂白保证机械纸浆的高产量。漂白化学品可能氧化（主要是过氧化氢）、还原（主要是连二亚硫酸盐）或组合。木质素保留漂白利用称为载色体的光吸收功能组的转变或稳定。例如，连二亚硫酸盐减少醌成为氢醌。过氧化氢漂白的 pH 高。因为过氧化氢是强氧化剂，条件可以非常具有腐蚀性。过氧化氢漂白溶液浓度约为 0.3%~0.5%，化学浆比机械浆高。在 35~55℃低温下，过氧化氢是有效的木质素保留剂。在 70~80℃，在后面的阶段增加白度和白度稳定性。过氧化氢已经在几个地方使用。典型的，用氧将它添加到第一或第二提取阶段。过氧化氢也已经作为一个独立的阶段指向漂白序列的结尾。H_2O_2 也可以添加到漂白后的纸浆储存塔中，提供更稳定的白度和增加白度。过氧化氢溶液可以是酸性或碱性。碱性过氧化氢溶液可以通过直接向流程添加碱和过氧化氢制成。酸性过氧化氢溶液必须先生成再加入系统。P 阶段的腐蚀环境取决于以下因素：a. pH；b. 温度；c. 氧化还原电位；d. 溶解的固体（特别是钛的抑制物）。

过氧化氢在硫酸盐法纸浆漂白过程中有三个反应物种。在酸性条件下水合氢离子（HO^+）稳定，在碱性条件下过氧化物离子（HO_2^-）稳定，特别是过渡金属如铁和锰的存在羟基自由基（$HO\cdot$）发生。这些物种的纤维素和木质素在一定程度上反应。所需的反应是脱木素和增白，但羟基自由基可导致纸浆非选择性反应。pH 是优化过氧化物使用的主要反应参数。过氧化物效应提升 pH 到 10.5，持续上升接近 12。高温也对提取阶段效率有积极的作用。一个最佳的金属离子构成能提高亮度和黏度，同时最大限度地减少过氧化氢消耗。令人满意水平的碱土金属如镁和钙和最小浓度水平的过渡金属如锰、铁和铜是最好的。通过包括螯合阶段（Q 阶段）这是可能的。典型的螯合阶段的条件是 40~80℃，pH 4~7，活性螯合剂如 EDTA 的浓度小于 0.5g/L。

浓缩过氧化氢的储存可以使用铝或 304L 或 316L 不锈钢构造的储存罐。橡胶内衬或橡胶密封不适合过氧化物使用。氟化碳氢化合物是合适的垫片材料。金属杂质可能导致过氧化氢分解。过氧化氢漂白溶液不腐蚀常规不锈钢或内衬设备。在过氧化氢环境中使用钛是一个复杂的问题。在氯和氯化物阶段到包括过氧化物的加入要使用钛设备，否则有灾难性的后果。实验室和现场试验都显示了极高和极低的腐蚀速率。钙、钡、锶离子抑制钛的腐蚀，但所需的离子浓度可能太高以致引起结垢问题。降低 pH 到 9 也可以降低钛的腐蚀速率[31]。

漂白机械浆的另一种方法是使用连二亚硫酸钠。连二亚硫酸钠漂白的另一个术语是亚硫酸盐漂白。活性化合物通常是连二亚硫酸钠 $Na_2S_2O_4$。如果仅要求亮度稍微提高，连二亚硫酸钠可以漂白纸浆。为了得到更高的亮度值，使用过氧化氢和氢氧化物。连二亚硫酸钠漂白工艺与过氧化物漂白有一些相似之处。例如，两者都要求使用配位剂。主要区别是，过氧化物是氧化化合物，连二亚硫酸盐是还原化合物。连二亚硫酸钠反应产物亚硫酸根离子，可以氧化成硫代硫酸钠。连二亚硫酸钠溶液不是很稳定，不能长时间储存。腐蚀条件由以下因素构成：a. 低 pH；b. 硫代硫酸钠。

臭氧脱木素是另一种消除或部分替代含氯化学品的使用。特别是臭氧作为一种强氧化剂取代氯元素。氧气是臭氧发生器，产生含有 7%~13% O_3 的混合气体。臭氧和氧气的混合物被压缩,输送给混合器的反应器。臭氧的浓度取决于温度以及臭氧和氧气的分压。它通常小于 100mg/L。化学浆的臭氧漂白使用 pH 2 ~ 4 的酸,温度 50 ~ 65℃,保留时间范围从秒到 10min[32]。不需要保留塔。Z 阶段的腐蚀环境由以下因素描述:a. 高氧化还原电位;b. 低 pH;c. 中等温度;d. 杂质如氯化物。

臭氧与木质素反应分解成小分子。分解臭氧在第一阶段的结果是气态氧、氢氧根离子。溶解的金属离子和高 pH 会增加氧分解速率。羟基离子会与臭氧反应形成过氧化物离子和氧。过氧化物离子是一种增白剂。处理和稀释的纸浆通常不包含剩余臭氧。加入酸可以摧毁任何现存的臭氧。在臭氧溶液中,高钼牌号不锈钢可能比常规低合金化牌号表现更差。添加臭氧到曝气溶液中,仅随着氧的溶解可以提高不锈钢的腐蚀电位到 500 ~ 900mV[33]。橡胶及其他弹性体通常不适合在臭氧中使用,但特殊牌号的氟可以使用。

碱性萃取(E 阶段)去除脱木素后洗不掉的氯化木质素。通常在 45 ~ 60℃ 使用氢氧化钠。使用特殊的高等牌号温度可达 100℃。保留时间为 2h。约为 10 的 pH 允许更大量的氯离子,而普通不锈钢没有点蚀腐蚀的危险。高数量的 OH⁻ 离子给氯化物一个抑制作用。甚至已经使用 AISI 304L,但通常选择钼合金牌号[25]。在侵略性的大气中,也需要考虑外部腐蚀。逆流洗涤使得碱性萃取阶段更具侵略性,要求使用 AISI 317L 或更多合金的牌号。提取塔可以使用内衬瓷砖混凝土或内衬橡胶的钢塔。氧碱性萃取(E₀)使用氧和碱降低其它漂白化学品的消耗如二氧化氯。氧和过氧化物的添加增加了溶液的氧化还原电位,使得比传统萃取更具腐蚀。E 阶段中的腐蚀环境用以下因素描述:a. 高 pH;b. 中等温度;c. 由于高 pH 降低氯诱导腐蚀的风险;d. 当使用 O_2 或 H_2O_2 时高氧化还原电位。

漂白车间的腐蚀问题通常有不锈钢的点蚀和裂缝腐蚀和应力腐蚀开裂。如表 5 – 2 所示,漂白溶液的氧化还原电位随着氧化剂浓度的增加而增加。所有的氯的化合物作为氯化物的反应产物。显然,大量使用漂白化学物质很容易引发钝化金属局部腐蚀。早期的工作指出,残留氧化剂如氯(Cl_2)和二氧化氯(ClO_2)是漂白车间的主要腐蚀原因[26]。因为 20 世纪 70 年代二氧化氯开始取代元素氯以减少氯的释放,腐蚀问题开始变得严重。尤其在漂白车间,带有高残留浓度的滤液回收造成了现有材料的腐蚀[26]。特别是在第一阶段,温度和氯浓度太高,腐蚀甚至可能在高合金不锈钢发生。水循环的封闭提高了操作温度。现代封闭的概念使用逆流洗涤和在漂白车间的水广泛再用。这增加了杂质的含量和前一阶段的氧化还原电位。

5.3　纸机中的腐蚀

在造纸厂中的主要单元过程有浆料制备、浆料清洗和纸机本身。纸浆通常是不同来源的混合物。所有来源的浆添加溶解白水中的无机固体物。纸浆的离子物种包括:

① 化学浆:Cl^-、SO_4^{2-}、SO_3^{2-} 和残留漂白剂;

② 机械浆:Cl^-、SO_4^{2-}、$S_2O_3^{2-}$、HSO_3^-、S^{2-}。

在纸机,浆料经脱水、压榨、干燥后变成成品纸。所有纸机有相同的主要部分:湿部、压榨部和干部。在湿部,浆料用一张或多张网脱水。高度稀释的浆流从流浆箱喷到网上脱水。为保持浆流的稳定和均匀,流浆箱表面抛光是必要的。根据网部的设计,如果纸机是长网纸机,则在有多条辊子之间张紧的网子上脱水,同时纸页成形,双网造纸机纸页成形发生在两个网子之间,脱水在两个方向上发生,或者混合型纸机同时有一个长网和一个双网。有效的网部要求尽快去除水。网子在通过连续或间歇的使用时已经考虑了不同的 pH 的清洗剂清洗。它们会影响循环白水的特性。高转速和压力会导致运动部件的开裂和疲劳。留在网子上的浆料作为纸页,绝干量约为20%。

纸页在压榨部依靠压榨辊子挤压继续脱水。压榨出口的纸页干度约为30% ～50%。压榨部通常通过毛毯将压力分布在纸页上来脱水。有可能在一台纸机上有几种不同的压榨形式。真空压榨由一条多孔的真空辊,一条带有花岗岩或橡胶壳的对应辊和装配有真空泵的真空箱组成。沟纹压榨有一条排气(沟纹)固体辊和一条具有平滑表面的对应辊。在压区中,水从毛毯中被挤压到沟纹里,然后通过离心力甩出。在衬网压榨中,在毛毯和下面的辊子中间衬一张大孔的塑料网。

毛毯也要求使用清洁剂。高转速、循环应力和压力差可能导致设备开裂和疲劳。局部腐蚀可以作为这些损坏的起始点。

在干部,纸页被干燥到干度约为95%。干燥部装在一个保持良好通风及去除潮湿空气的烘缸罩内。纸机可以使用烘缸部的形式进行分类,带有大量蒸汽头直径为1.5 ～1.8m 的多烘缸纸机,单缸纸机使用一个直接为4～6m 的大的扬克烘缸(单缸),混合型纸机使用一个扬克烘缸和其他普通烘缸。腐蚀问题可能发生,例如在通风风管和烘缸表面。纸机结构示意和一些腐蚀问题如图5－15 所示。

上浆材料是白水和纸浆纤维悬浮物混合物。造纸厂的腐蚀问题主要是湿部的运行。造纸的主要电解质是白水。影响白水腐蚀性的因素有 pH、温度、氯化物、硫酸盐、亚硫酸盐和硫代硫酸盐的浓度。随着水的循环度不同,腐蚀性也不同。闭式系统包含溶解盐和溶解有机固体。他们的 pH 通常比开放系统低。由于溶解的盐和低 pH 闭式系统更具有腐蚀性,白水的 pH 通常是弱酸性为4～6。滞留的白水 pH 可能降低2 个单位。白水的温度大约是40～50℃。如果水中含有数百毫克/升的氯化物,可能高到足以触发常规不锈钢局部腐蚀。白水中主要离子有氯化物和硫酸盐,硫代硫酸盐和亚硫酸盐也可能。硫酸盐氯化物的比重是2～5[34]。硫酸盐含量高会抑制点蚀和缝隙腐蚀。大量固体颗粒变化,影响液体流动。如果流量太低,纤维可以积聚在表面和创造缝隙点[23]。

造纸环境没有制浆和漂白过程的腐蚀性那么强。传统的结构材料有碳钢、304 和 316 不锈钢、铸铁和塑料。今天奥氏体和双相不锈钢是白水环境的主要结构材料。青铜曾经在成形网部和真空辊中使用,但是在现代白水系统中它不适合。真空辊的优质材料是沉淀硬化和双相不锈钢。对于管道,AISI 316L 和双相不锈钢都很好。其他元件使用 316L 和 317L 锻造不锈钢和铸造不锈钢 CF－8M(等于 AISI 316)[34]。主要的腐蚀问题是氯离子引起的点蚀和缝隙腐蚀,硫代硫酸钠点蚀,微生物引起的腐蚀。

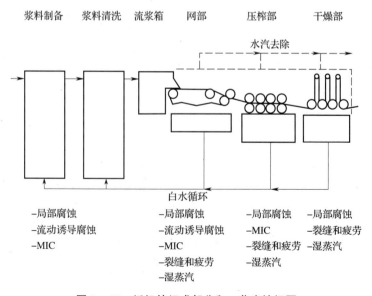

图5－15　纸机的组成部分和一些腐蚀问题

需要关注白水的主要问题是超过临界的氯化物浓度、温度，或者两者一起。为氯化物环境选择不锈钢可以依靠钼含量。表5-6给出奥氏体合金清单，表示增加抗氯化物引起的局部腐蚀。规则是利用最小的钼含量。AISI 316L 通常是有抗性的。由于它通常有略高于最小 2% 的钼含量，选择瑞典级 SIS 2353 或 AISI 317L 安全边际是可能的[26]。不幸的是，这些合金的成本随钼含量的增加而增加。

硫代硫酸钠是一种腐蚀性化合物，特别在不含钼的不锈钢造成点蚀。不像氯化物点蚀，低于临界电位硫代硫酸点蚀发生，那是硫代硫酸钠的还原电位。坑内是稳定的，没有自发的再钝化。由 AISI 403L 制造的设备硫代硫酸钠水平应该低于 5mg/L，由 AISI 316L 制造应低于 10mg/L。

纸机可能遭受微生物引起的腐蚀。白水含有的营养成分可以维持细菌的生

表 5-6 白水环境的奥氏体合金

合金	钼最小含量/%
AISI 304L	0
AISI 316L	2
SIS 2353	2.5
AISI 317L	3
UNS N08904（904 合金）	4
UNS S31254（254SMO）	6
UNS N10276（C-276 合金）	15

长。流体系统的设计应最大限度地减少滞液积累，但设计并不总是能一劳永逸。滞液聚集于流速低的区域。表面不连续性也可能允许黏液攻击和变厚。黏液沉淀开始形成，它们同样增加厚度。滞液层在有氧条件下可能会改变厌氧作为层变厚。在厌氧环境中，硫酸盐还原菌生长并产生游离硫离子。这会导致环境下的生物膜变成还原的，引起不锈钢钝化和点蚀。

纸机流浆箱是特殊的例子。在纸机宽度范围内流浆箱输送浆流的状态是均匀的稳流状态。浆料喷入纸页成形区必须具有局部高度均匀性，按时间顺序在微观和宏观尺度得到一致的纸页。流浆箱的结构采用 AISI 316 钢甚至更高合金含量的钢。流浆箱的表面光洁度对纸机的运行是非常重要的，因为腐蚀损伤将导致结垢，形成挂浆影响浆流。流浆箱的内表面酸洗或电解抛光以获得好的表面光洁度，预防在运行时开始腐蚀的薄弱点。

封闭白水系统主要的两项是水的过滤和重用。为了避免黏泥和微生物腐蚀问题，溶解的和胶态的物质去除可能是必需的。来自漂白阶段的过氧化氢和 SO_3 可能导致白水的变化。它们的影响难以估计。过氧化硫可能在烘缸罩内引起问题。过氧化氢将帮助氯化物引起局部腐蚀，但可以抑制硫代硫酸钠诱发的点蚀。对于总硬度、总碱度和 pH 的控制要求能预估结垢的趋势。结垢通常是一个问题，但碳酸盐垢也可以从腐蚀中保护碳钢。大于 200mg/L 是常见的循环白水的氯化物浓度。硫酸盐仍将是占主导地位的白水中阴离子[34]。增加电导率，由于离子含量高可能会增加腐蚀性和影响腐蚀形貌。

5.4 化学回收中的腐蚀

硫酸盐制浆工厂正常运行非常封闭。进入的有机材料约 99% 制成产品或燃烧成能量。约 95% 的无机材料循环进入过程，留下一个小的固体废物流。污水的平均值约为 90m³/t 纸浆，一些高达 200m³/t。低于 30m³/t 也有可能。现代工厂的经济在很大程度上依赖于化学回收阶段的持续有效运行。不同制浆过程有不同的回收系统。在硫酸盐法中，化学物质从黑液中回收。废黑液的 pH 为 12，残留的活性碱通常小于 30g/L[26]。

来自粗浆洗涤中的黑液经过一系列过程步骤称为蒸煮化学回收。化学回收包括水和高温

过程。黑液首先通过蒸发浓缩。蒸发是一个分离过程，留下一个纯粹的冷凝和含非易失性成分的浓缩进料。蒸发利用几个步骤，每个步骤得到更浓缩的液体。如果需要，黑液氧化以控制气味控制。浓缩的黑液与硫酸钠在碱回收炉中燃烧，得到含碳酸钠和硫化钠熔融物。熔融物溶解在水中产生绿液。用氢氧化钙处理绿液，将硫酸钠转变成氢氧化钠和产生新的白液。转换导致碳酸钙沉淀，随后回收和在窑中煅烧成氧化钙，在水中溶解再生使用的氢氧化钙。图5－16表示硫酸盐制浆中化学回收的循环性质。

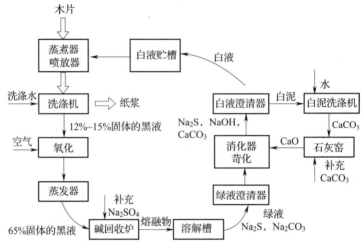

图 5－16　硫酸盐法制浆中化学回收的循环性质

在粗浆洗涤机分离纸浆后，少于20%固体的黑液在蒸发器管系的多个阶段浓缩，使得液体易燃。燃烧中，干固体含量应尽可能高，因为得到更好的热经济性，更小的含硫气体排放和化学剂更有效的转化为活性蒸煮化学品。在蒸发过程中，使用蒸汽作为加热介质将液体中的水煮沸。如果蒸发发生在一个阶段，蒸汽的消耗量等于水蒸气蒸发量。因此，蒸发通常分为5个或6个阶段来降低蒸汽需求到约1/5。蒸发器可以是垂直升膜、降膜管壳结构或外部有黑液的层状结构的降膜。蒸发器在不同压力下串联运行，使一个蒸发器的蒸汽成为下一个的蒸汽供应。在整个系统中的蒸汽和黑液流是相反流，但在每一个蒸发器阶段的流体通常是相同的方向。第一个蒸发器最热。为使黑液从一个蒸发器移动到下一个，压力、沸点和固体浓度增加。高固体含量和碱含量要求较高的温度，以驱除剩余的水。从最后的蒸发器中释放的强黑液固体浓度通常是50%～55%。这要求在浓缩器或直接接触蒸发器中进一步浓缩。直接接触蒸发器使用液体和热气体或气旋之间交替接触。浓缩器是一个独特的、直接使用大体积流体溶液加热的蒸发器[35]。最终用于燃烧的重黑液固体浓度是60%～65%到大于70%[26,35]。碳钢在现代工厂通常不够抗性。不锈钢如 AISI 304 和 AISI 316 是主要的材料，但浓缩碱溶液接近或在沸点以上也可以腐蚀不锈钢。黑液蒸发使用合金，但酸性亚硫酸盐法红液要求采用钼合金牌号如 AISI 316。蒸发阶段的环境腐蚀性取决于温度和液体组成，特别是碱和氯化物的浓度。

蒸煮过程中有害气体如 H_2S 和硫醇释放，要求处理。在化学回收过程中黑液氧化降低总还原硫排放量，有助于硫酸盐法工厂的气味特征。黑液的氧化消除硫化物的恶臭。这个过程将亚硫酸盐（Na_2S 和 NaHS）转变成硫代硫酸钠。在直接接触蒸发器中消除了脱硫化氢（H_2S）。在新的碱回收炉的设计中，直接接触蒸发器被淘汰，黑液氧化是不必要的[35]。高浓度硫代硫酸钠不引起碳钢严重腐蚀。在氧化黑液中，碱在蒸煮时被消耗，硫化物被氧化。从防腐角度，氧化精益黑液是可取的。从运行和经济的角度来看,氧化浓缩液体更好[35]。碳钢可用于氧化设备和储存氧化的液体[26],但牌号 AISI 304 的不锈钢已经由于安全原因用于气体管线[25]。

余热锅炉或回收炉是在废蒸煮化学品回收中最重要的单元。在余热锅炉中,黑液的有机成分被燃烧,氧化的硫化合物被还原成硫,以熔融形式回收。余热锅炉还为工厂提供蒸汽。重黑液被喷到炉的下部分。它在下降到底部前热解。在炉的底部,空气流量仍然很低,所以大气还原。碳和一氧化碳作为还原剂将硫化合物转变回硫。碳酸钠同时形成。余热锅炉的运行保证给绿液连续供应化学品。能源效率和蒸汽发电是第二重要的。一个单独的部分讨论了与硫酸盐回收锅炉相关的腐蚀问题。主要的问题是由于炉内气体中的硫化合物,它们不能在铁上形成保护层。炉膛下部的还原条件和上部的氧化条件,以及不同的硫和氧的化合物使得腐蚀预测困难。在炉膛下部,水冷壁管实际上由一层凝固的熔融物保护。

来自回收炉熔硫和碳酸盐溶解在水中产生绿液。液体产物可能是非常腐蚀的环境,因为在搅拌容器中热熔盐在蒸汽喷射中解体,随后颗粒溶解。流动的颗粒可能导致侵蚀腐蚀。绿液由 Na_2S 和 Na_2CO_3 组成,pH 约 10～11。加入水和洗涤溶液控制绿液强度。以前绿液设备使用陶瓷喷涂碳钢。今天,低合金奥氏体不锈钢是常见的。绿液还含有未燃烧的有机材料、碳酸钠和钙、铁化合物等。在液体和石灰(CaO)混合得到白液以前,在澄清池和洗涤机中它们被去除。这种再苛化的目的是将碳酸钠转变成氢氧化钠,并去除杂质。苛化发生在两个阶段如方程(5–16)所示:熟化和苛化。

$$CaO + H_2O \rightarrow Ca(OH)_2$$
$$Ca(OH)_2 + Na_2CO_3 \rightarrow 2NaOH + CaCO_3 \tag{5–16}$$

第一步是放热,例如它产生热。高温和剧烈的搅拌促进第一步。苛化效率取决于第二阶段,优选高比例转换成氢氧化钠以减少碳酸钠的回收。随着碱度和硫化度的减少苛化效率增加[35],但是这种溶液在蒸煮时活性化学物质低。熟化后,为了慢的苛化步骤直至完成,溢出的液体经过一系列搅拌槽以得到足够的保留时间。白液也必须澄清以去除称为"白泥"固体碳酸钙 $CaCO_3$。通过燃烧白泥转变回烧石灰。这种转换过程是煅烧。它发生在回转窑或流化床中。煅烧反应需要约 800℃温度,导致碳酸钙分解成石灰和二氧化碳,如方程(5–17)所示。热需求约为 8000MJ/t 石灰[35]。

$$CaCO_3 \rightarrow CaO + CO_2 \tag{5–17}$$

再苛化过程对硫酸钠没有影响。回收白液储存在一个槽内,在蒸煮时使用。再苛化的碱性条件对奥氏体不锈钢是合适的。主要的问题可能是侵蚀,由于有绿液中的固体和白液澄清池。

化学回收系统,特别是碱回收炉有时也用于处理各种废物。这可能增加蒸煮液循环中的杂质水平。增加的杂质会影响整个化学回收系统。例如,高氯化物浓度不一定会导致蒸煮器腐蚀增加,但会导致在碱回收炉中低熔点化合物形成造成炉边腐蚀。氢氧化钠和钾是高挥发性的,它们可能积聚在炉内最冷的部分,例如,靠近主要的空气口。熔融氢氧化物对不锈钢比对碳钢更具腐蚀。氢氧化硫和其他还原硫化合物的过分形成与极低流量的空气适当氧化,可能导致在过热器中遭受硫的攻击[26]。过热器上和炉管的积灰通常是由于黑液携带的颗粒或钠化合的冷凝。它们的沉淀可以使氯化物丰富,吸收三氧化硫等。漂白化学品再生的废酸的添加和高钒含量烧油的过量使用可能导致在积灰下非常腐蚀的环境。

亚硫酸盐法工厂的化学回收系统比硫酸盐法工厂变化多。有时候,处理亚硫酸盐蒸煮液的目的不是为了回收化学品,而是满足水排放的环保要求。由于经济的原因,原酸性亚硫酸盐法工艺中的氢氧化钙都没有被回收。昂贵的碱几乎从一开始就被回收。大多数的亚硫酸盐回收过程开始于废蒸煮液的蒸发和燃烧。处理系统的选择取决于碱,要求回收基、硫或两者,热回收,经济因素。由于石膏的形成 $CaSO_4$,只有热回收可用钙基。有硫和无硫氨基液燃烧回收是可能的。因为氨和水反应分解成氮气和氢气,没有基可以回收。带有镁基溶液的完整的化学回收是可能的,且过程简单。这个过程不同于硫酸盐法回收,因为没有熔融物产生和化学品被烟气如 MgO 和 SO_2 去除[35]。钠基的亚硫酸盐液的化学回收过程,使用在硫酸盐法型号的炉中燃烧的废液和回收化学品作为熔融物。熔融物有很高的硫化度,烟气比硫酸盐法回收锅炉中的烟气含有更多 SO_2。不同的方法可以从熔融化学品中再生蒸煮液。熔融物碳化,随后碳酸氢钠分解成回收的碳酸钠是一种常见的技术[35]。这些反应中存在的氢硫化物可能导致腐蚀问题。

亚硫酸液比硫酸盐法黑液更具腐蚀性。要求使用含钼牌号不锈钢储存废液。如果游离二氧化硫氧化,通过硫酸露点腐蚀是可能的,可能需要最少含 4% ~ 4.5% Mo 的合金 UNS N08904(904 合金)[36]。蒸发器管系通常使用 AISI 316L 或 317L 不锈钢。点蚀和垢下腐蚀是最常见的问题[26]。镁基溶液比钙基或钠基溶液更具腐蚀性。氨基溶液腐蚀性最小[36]。亚硫酸盐回收锅炉主要是耐腐蚀碳钢结构。热喷涂不锈钢有时防止碳钢水冷壁腐蚀。复合管是越来越受欢迎。烟道气体中含有更多的三氧化硫、硫化氢和可能的盐酸。AISI 316L 和 317L 不锈钢和玻璃纤维增强塑料已经用于洗涤器。点蚀和缝隙腐蚀可能需要使用高合金不锈钢或镍合金[26]。

5.5 保温下的腐蚀

大多数工艺需要使用保温,减少能量损失和相关加热和冷却的费用。保温材料覆盖在金属表面上允许腐蚀环境和降解的发展和继续忽视。保温层下腐蚀的关键因素是溶解氧、高温和溶解物的浓度。随着温度的升高,氧的溶解度通常会降低从而降低腐蚀速率。在保温层下,水分被保持在一个封闭空间。图 5-17 显示了开放和封闭容器中溶解氧引起的腐蚀行为的示意图。随着温度的升高,腐蚀速率增大。在一个开式系统中,腐蚀速率开始降低在温度以上,溶液蒸汽压的增加迅速降低氧分压。在一个闭式系统中,氧气不能逃脱,腐蚀速率随着温度的升高而持续增加。现场数据证实了保温层下钢的腐蚀随温度升高稳步增加[37]。保温层下的钢腐蚀等于闭式热水系统中的腐蚀。保温不腐蚀钢,但为水分和杂质提供集合地点。它防止水和水蒸气逃跑。

热循环低于露点和高于环境温度将会造成在表面水冷凝、干燥和杂质富集。类似的案例发生,当管道通过容器壁和环境变化,从冷到热、湿到干或反之亦然。外覆层保护和保温材料必须保持完整以防止水进入涂覆了的金属表面。水的进入和保温材料饱和创造了腐蚀环境。如果保温受潮,在现场条件下干燥几乎是不可能的。在这样

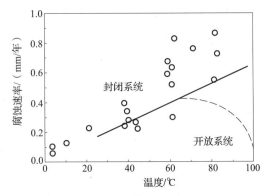

图 5-17 保留溶解氧在开放和封闭系统中的影响[37]

的情况下,通过保温层水被困在金属表面,氯化物和硫酸可能集中和加速腐蚀。有时,当变得潮湿时,存在保温材料中的氯化物导致腐蚀。保温层下的腐蚀速率大小跟随较高的腐蚀速率趋势,通常与加压系统有关。奥氏体不锈钢发生更大的问题,因为通过氯化物它们很容易受到应力腐蚀开裂。氯化物可能造成外部开裂,因为保温层下温度可能非常高,管道弯曲造成应力。

保温通常由以下的几种组成:

① 刚性保温材料如聚苯乙烯酯、玻璃纤维或聚异氰脲酸酯制成的板;

② 棉絮保温材料如棉花、矿棉或玻璃纤维制成的毛毯;

③ 松散填充保温材料使用纤维素或胶凝异氰脲酸酯现场吹进或发泡。

纤维素保温材料主要是再生纸。其余的材料是一种阻燃剂产品。纤维素防火性已经被关注。有些产品使用硼,但硼酸盐可溶于水。硫酸铵阻燃剂将提高阻燃性能。关注与保温层接触的金属存在的腐蚀。保温可以干吹或倒入封闭腔松散的填充应用。一个常见的应用是湿喷法,它与水混合后喷到墙上或天花板腔。保温棉是棉絮和松散的填充保温材料,用聚酯纤维再生纤维改善撕裂强度和回弹特性制成。这是阻燃处理。胶凝保温材料使用硅酸镁。它是现场用压缩空气发泡和膨胀。矿物棉保温材料是金属生产的副产品。岩棉采用天然岩石如玄武岩和辉绿岩。它是不可燃、无腐蚀性、无异味散发、不支持真菌或细菌生长的。一些矿物棉材料与热固性树脂黏合。玻璃纤维保温采用砂和石灰石为原料。传统的玻璃纤维保温用酚醛树脂作黏结剂。泡沫保温材料使用生产中石化品如聚氨酯、聚异氰脲酸酯、挤出和发泡的聚苯乙烯和酚醛泡沫。挤塑聚苯乙烯有热塑性。这意味着它可以被加热和重塑成一个新的产品。聚氨酯和酚醛产品不能重塑但可以回收作为填料。聚苯乙烯和酚醛泡沫可用作板。聚氨酯和聚异氰脲酸酯可作板或在现场发泡。

矿物棉和聚合物泡沫是最常见类型的保温材料。在每一个保温材料下腐蚀可能发生。聚氨酯泡沫用于冷和防结露的服务。它们渗透到水蒸气。最高工作温度为80℃。如果用在持续寒冷的条件下,它不会腐蚀无保护金属。在高温下,这些泡沫可能释放氯化物。聚异氰脲酸酯泡沫有防火性。它在冷的服务中渗透进水蒸气。最高温度为120℃。当加热时,细胞结构破坏从阻燃剂释放氯化物和发泡剂。柔性泡沫弹性好不吸收水,最高工作温度80℃。泡沫玻璃是一种刚性玻璃泡沫,它的发泡剂含有 CO_2 和 H_2S。它不吸收水,最高使用温度几乎是500℃。水存时,细胞受损,发泡剂的有害化合物可以释放。玻璃纤维保温通常是纯玻璃纤维和一些结合材料。它会吸收水分,而多余的水分会流失。最高工作温度为230℃。特殊等级超过450℃。矿物棉基本上是不纯的玻璃。它会吸收水。最高温度为650~1000℃。矿物棉通常保水性好。这使得无保护的金属表面具有潜在危险。钙硅酸盐胶凝材料,可吸收水分高达自身重量的400%。硅酸钙基材料的水提取物、玻璃纤维、泡沫玻璃和陶瓷纤维,通常是中性至碱性。pH 为 7~11。泡沫玻璃是无氯的,但其他材料可能含有氯化物。矿棉给出了一个中性的 pH 6~7 的环境和低含量 2~3mg/L 氯化物。有机泡沫的水提取物可以非常强酸性,pH 为 2~3。如果卤系阻燃剂是泡沫成分,自由卤化物(Cl^-、F^- 和 Br^-)的浓度取决于水解反应[38]。

在消除保温层下的腐蚀的最重要因素是保持保温材料和金属表面干燥。金属护套和各种密封剂和胶黏剂用于保持保温层干燥,但它们不会防止水蒸气与空气与金属表面接触。保温材料的抑制有过尝试。缓蚀剂通常是无机盐。保温材料本身不会保护基板。为排除腐蚀杂质的高水平绝缘材料的精心选择是减低保温层下腐蚀的关键。保温材料的选择、抑制保温材料并用防水涂料都不被认为是防止保温层下腐蚀的有效方法[37]。

保护涂层系统已经使用以防止保温层下腐蚀。在保温层下,条件比大气中更严重。保温层下的环境温度与实际温度,尤其是环境工作温度范围超过100℃的变化使保护系统的选择困难。环氧酚醛树脂已用于保温层下碳钢腐蚀保护,工作温度100～120℃。其他的操作如蒸汽清洗可能促使温度高于环氧树脂的抗热能力,导致应用的涂层分解。保温层下工作温度120℃以上的钢结构保护可以使用锌硅酸盐和火焰喷铝或Al－5Mg合金。

保温层下腐蚀的特别问题是金属结构被隐藏。腐蚀会因此继续忽视到发生故障。保温层下腐蚀是局部的,因此抽查不显示所有的腐蚀。可见的湿的地区更容易注意到。它们可以在拆卸保温后调查。复杂的几何形状,特别是在管道系统中限制大多数无损检验方法的使用。潜在问题区域的检查清单包括[37]:

① 所有的表面接触频繁的冷热温度循环;

② 低温设备的喷嘴、滑动、和支架延伸穿过保温层;

③ 低温精馏塔热到冷的界面区和热库温度;

④ 水平管道特别是连接处或管道的分支处或管道底部;

⑤ 保温天气障碍已机械的损坏或去除;

⑥ 保温已经改变形状或开始膨胀指示一个可能的腐蚀产物的积累。

5.6 大气腐蚀

大气腐蚀比任何其他类型的环境在吨位和成本的基础上占更多的失败。有一半的防腐蚀是由于热镀锌、喷漆等,以防止大气腐蚀。大气环境可分为室内、农村、海洋和工业。环境的攻击性按提到的秩序增加。当盐、硫化合物和其他大气污染物存在时,腐蚀的严重程度增加。工业环境中的含硫化合物、氮化合物和其他酸性剂,可以促进金属的腐蚀。此外,工业环境中包含的空气中的颗粒,也有助于腐蚀。海洋环境的特点是存在氯化物。农村环境是最小腐蚀性的大气环境。他们有低水平的酸性化合物和其他攻击物种。

对于一个给定的金属,大气腐蚀的影响因素主要是环境中的水分、温度和污染物的存在。大气腐蚀机理与水腐蚀非常相似。由于雨、雾或水蒸气冷凝,大气腐蚀是在湿膜中的基本水腐蚀。在湿膜形成后,大气腐蚀速率取决于薄膜中氧的供给和杂质的存在。大多数金属都有一个临界湿度,它是大气的相对湿度,大于它金属腐蚀速率急剧增加。

大气腐蚀的阴极反应通常是氧的还原。薄的湿膜吸收氧饱和。金属的耐腐蚀性取决于密贴表面膜的形成。裂纹、多孔和溶膜不给予保护,可能导致高的局部腐蚀速率。均匀腐蚀是大气腐蚀的典型形式。薄的湿膜允许氧向着金属表面快速扩散。在大气腐蚀中局部腐蚀比较罕见,但电腐蚀有可能。大气腐蚀是通过白天黑夜经常循环作为相对湿度,由此产生的润湿时间变化。大气腐蚀是不连续的过程,当总结每个分开的腐蚀过程中腐蚀损失时,它的影响发生。

水膜的形成取决于湿度。对于大气腐蚀湿度不是足够,由于无污染表面的腐蚀可能低,甚至在非常潮湿的环境中也是一样。在干净、无污染的环境中,保护性氧化膜可能形成。污染物和其他杂质提高湿膜电导率和改变其化学成分。典型的杂质和污染物导致疏松、多孔的形成,无防护薄膜表面有氯化物、二氧化硫、氮氧化物和氟。吸湿性盐膜的形成提高了大气腐蚀,因为它们降低了临界湿度和增加了润湿时间。毛细效应,由于表面的不连续性如裂缝、固体颗粒和多孔的腐蚀产物会降低临界湿度。温度的影响是可变的。环境温度低,造成低腐蚀速率,但延长润湿周期。阳光暴露可能增加表面温度和提高反应速率,但是也干燥表面和减少腐蚀。

阴影区经常腐蚀更迅速,特别是在农村和工业环境。由于在阴影区的沉淀没有去除,它们保持湿润。

由于大气腐蚀只发生在当表面有电解质膜覆盖时,湿润时间是一个重要的参数。这不仅取决于大气参数,也取决于表面上的腐蚀产物。这将确定临界湿度,在它以上发生结露。水蒸气的露点温度,是指在这个温度时从干净表面冷凝态的蒸发速率等于从气态冷凝的速率。大气水蒸气的露点温度约为 0 ~ 10℃,但是含有约 10% 水分的烟气的露点温度约为 40℃。气相中二氧化硫、氯化氢的存在,导致酸冷凝形成的温度远高于水蒸气单独存在时那个温度。在正常的大气温度下,空气中的水分足以开始腐蚀。在金属表面的酸和盐增加任何湿气的电导率和加速腐蚀。在灰尘颗粒上聚集水分。

图 5 - 18 显示了各种金属的腐蚀行为的例子。某些金属如铬迅速形成保护膜,腐蚀停止。金属如锌是不能这样做。它的腐蚀速率保持不变。所有含有铝、铅的铬合金发生铬型行为。由于保护膜增厚,铜合金的腐蚀速率缓慢下降。活性金属如锌、镁、镉和镍发生锌型行为。由于反应产物层的不断消耗,腐蚀率不会降低。行为也取决于环境。例如,在乡村大气中金属的腐蚀是铜型,但在海洋或工业大气中是锌型。在海洋大气中,锌的腐蚀是铜型。

工业环境比农村或城市环境更加严峻。对于大气腐蚀,宏观气候通常没有微观气候重要。局部杂质源比一般大气条件更重要。金属在他们所在的地区变得湿并保持水分一般比金属暴露在雨水中腐蚀更迅速。雨水冲刷堆积的污垢,导致不同的曝气腐蚀。由于局部或全球的原因的酸雨显然是个例外。大气中的杂质对腐蚀速率的强烈影响如图 5 - 19 所示。二氧化硫加速腐蚀,木炭延长颗粒润湿时间和为阴极反应提供活性位点。

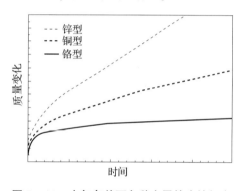

图 5 - 18　大气条件下各种金属的腐蚀行为

最常见的大气污染物是二氧化硫、硫化氢、氮化合物、盐颗粒和其他空气中的微粒[40]。硫氧化物中的二氧化硫是最常见的,会增加钢和锌的腐蚀速率。大气中的 SO_2 来自含硫燃料的燃烧以及自然 H_2S 的氧化。在潮湿条件下,二氧化硫在金属表面吸收形成硫酸。有色金属如铜、铅、镍,硫酸导致直接腐蚀。锌和镉,它会溶解保护碳酸盐薄膜和消耗酸。在黑色金属的腐蚀中,结果硫酸盐氧化和硫酸再生。硫化氢导致铜和银变色,可能在电气设备中有明显影响。氮化合物如氨可以增加金属的润湿。氨化合物在浓度很低的时候可引起铜及铜合金应力腐蚀开裂。盐化合物如氯化钠在工业大气中,硫酸铵在海洋大气中通常有吸湿性。有些是酸性的。其他粒子通常会吸收水分和污染物以增加润湿时间和酸度。高水分含量和酸性条件下,将会增加大多数金属的腐蚀速率。

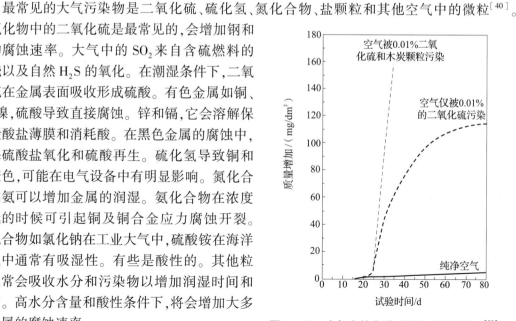

图 5 - 19　大气中的杂质对腐蚀速率的影响[39]

通风、排气和煤气洗涤系统给大气腐蚀问题提供一个特例。通风的目的是提供更好的工作条件和更多控制的室内环境。排气和煤气洗涤系统从气流中除去气体及各种成分。在所有这些情况下,水分或蒸发的水都从系统去除。随着气相冷却,冷凝的发生。与自然大气相反的条件下,干湿循环是不会发生的,表面几乎被不断的湿膜覆盖。由于去除的气体中常含有腐蚀性化合物,气体处理设备可能会处于很强的腐蚀性环境。例如,纸机通风系统从纸机湿部去除水分和水蒸气。因此,去除的气体中包含这些在白水中发生的化合物。设备内部和附近的排气阀和排气口的微观气候将确定大气腐蚀性。过程控制系统、仪器仪表和电气设备是任何工业设备运行的关键部件。他们也很容易受到工厂正常运行中产生的种类广泛的污染气体的腐蚀,而这类腐蚀攻击过程控制系统往往是难以察见的。

5.7　微生物腐蚀

微生物腐蚀、微生物引起的腐蚀和微生物影响的腐蚀(MIC)指的是由于微生物的活动,腐蚀开始或腐蚀速率增加的情况。在一个系统中发生微生物腐蚀,微生物必须存在,使用温度必须适合微生物的代谢,营养必须存在和金属容易受到微生物腐蚀。微生物引起的腐蚀不包含任何新形式的腐蚀。虽然有些微生物能代谢金属,微生物是否导致金属直接浪费有些疑问仍然存在。当规划腐蚀预防措施时,微生物腐蚀的识别是必不可少的。例如,有机缓蚀剂可能是细菌的营养剂。微生物通常与局部腐蚀相关,而不是均匀腐蚀。大多数微生物腐蚀包含沉淀。黏液膜、离散的沉淀和结节往往与微生物腐蚀有关。微生物腐蚀的一个可能的迹象是即使使用更耐腐蚀材料,总是发生几种相同的腐蚀。微生物影响的腐蚀通常发生在温度 20~40℃ 的 pH 5~9 的近中性溶液中。甚至在 75℃ 时也可能发生。微生物腐蚀的机理多样。在某些情况下,阴极反应提高微生物的影响例如硫酸盐还原细菌。在其他情况下,微生物膜的代谢反应可能导致局部酸化或局部脱氧。在生物膜下,pH 可能低几个单位,氧化还原电位高达 400mV 低于本体溶液。

微生物引起的腐蚀最主要原因是生物膜的形成。这是一个由细菌、真菌和藻类等组成的微生物质。生物污损是指在设备表面的不需要的生物生长和沉淀。生物膜在很多方面改变了在它下面的液体的化学性。生物膜本身大多是水,它不能从本体溶液中完全隔离金属液体界面,它会导致垂直于金属表面的浓度梯度大。生物膜的组合物可能从三个维度随时间而变化。

生物膜中发现的微生物是细菌、真菌和藻类。细菌是生物麻烦最大的集团。黏液形成的细菌产生稠密、黏性物质,会导致换热器结垢。阻碍水的流动会导致传热损失。当系统水流量减少,额外的微生物生长发生。孢子形成的细菌难以控制,完全的杀掉是否必要,如果环境变得不利,微生物变成惰性;一旦环境变得合适微生物再次开始繁殖。当微生物在孢子形式时,孢子形体不影响大多数过程。硫酸盐还原的细菌产生来自硫酸盐的硫化物,可能引起严重的局部腐蚀。它们将含硫化合物转变成酸性硫化氢。这个过程通常发生在大片红黑色的沉淀的中心和导致沉淀下很深的凹陷。铁还原的细菌发生在高铁含量的水中。亚铁离子转化为不溶性的氢氧化铁。这导致高度结核,结果抗流动性和承载能力限制增加。与细菌相关的腐蚀可以有有氧或厌氧,自养或异养。有氧菌要求需要氧气,厌氧菌要求没有氧气。自养生物不依赖于有机物作为营养物质的环境,但异养生物需要从有机物中得到能量和碳。细菌可能作为单细胞或多细胞菌存在。可以按照物理和代谢特征分类。这些类别如下[41]:

① 形状:a.球菌:球面;b.杆菌:杆形;c.螺旋菌:弧形或逗号形。

② 温度需求:a.嗜冷菌:喜好冷 0~25℃;b.嗜温菌:喜好中等温度 20~45℃;c.嗜热菌:喜好热 45~70℃。

③ 氧需求:a.有氧菌:生存需要氧;b.兼性菌:有氧或无氧均可生存,但有氧时生长速率增加;c.异性菌:有氧或无氧均可生存,但无氧时生存速率增加;d.厌氧菌:生存要求无氧。

④ 营养需求:a.自养微生物:从无机物的氧化中得到能量;b.异养微生物:从有机和无机物的氧化中得到能量;c.寄生微生物:寄生虫以活的有机物为饲料;d.腐生微生物:以死亡或腐烂的物质生存。

由于藻类的生长需要阳光,它们发生在冷却塔的开放、暴露区。藻类生长成致密的纤维层,它可以堵塞管道。藻类的生长,还提供了一个理想的厌氧菌生长培养基。藻类对 pH 不敏感,有些物种可以在 50~60℃或更高条件下生存。大多数藻类属于以下三类:a.蓝藻类:蓝绿藻;b.硅藻类:硅藻;c.绿藻类:绿藻。

蓝绿藻喜欢中性或碱性环境。几类蓝绿藻可以在一个仅提供氮、二氧化碳、水、阳光和几个重要的如钾、镁矿物质的环境中生长。pH 对绿藻是不要紧的,它们可以在 pH4.5~9.3 生长。对它们的生长,阳光、二氧化碳和一些矿物质是必不可少的。对于大多数真菌生长的最适温度 25~30℃。在冷却水中发现许多物种更喜欢稍高的温度。所有的真菌在 pH 为 6 时生长最好。改变 pH 和溶解态的重金属的存在容易扰乱代谢。

5.7.1　生物膜的形成

生物膜的形成发生在几个阶段:定植细菌的吸附和繁殖,细胞变成嵌入自己的高分子材料的多层膜,发展为成熟的生物膜。当金属表面暴露在自然或某些工业水中时,它成为定植微生物物种。第一步是高分子有机膜吸附"情况膜"。最初的细菌也开始附着于表面。细菌会附着于任何金属,与水溶液接触。最容易定位在粗糙的表面或存在液体内壁凹陷之处,此处流体的流动性差。不同物种的微菌落发展并最终合并形成一个生物膜,微菌落随机分布。一些表面定植严重小于其他的。这很容易形成各种浓度的细胞。生物膜形成的第二个步骤包括基板上的细胞嵌入黏液细胞。黏液是由微生物分泌的有机聚合物基质。这个过程产生了一个金属表面与液体中电解质之间的障碍。更多的有机和无机材料加入到膜中。流动的水可以分离一些膜产生一个平衡厚度的膜如图 5-20 所示。

充分发展的生物膜中有细胞、黏液、真菌和藻类。真菌和藻类附着在金属表面形成细胞群,它们有不同的好氧度与集中度级别的有氧微生物和浓度的细胞。真菌的生长需要氧气,他们通过厌氧发酵或有机物的好氧氧化获得能量。藻类是含叶绿素的植物。他们得到来自光或无机物氧化的能量,通过二氧化碳同化得到生长所需的碳。氧化生物如流动的水中养分少,它们可能集中在金属表面。

当微生物在金属表面

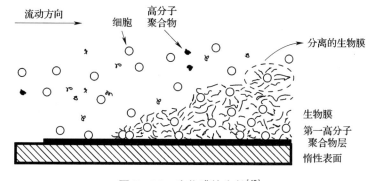

图 5-20　生物膜的生长[42]

形成的定植时,他们没有形成统一的层只是局部位点。初始定植的位点可能与如粗糙度、现有的腐蚀区域或包裹物这样的冶金特点有关。在定植形成后,它吸引和包含其他生物和非生物物种。依靠可利用的氧、铁、锰等,膜的形成和物种的代谢导致定植菌内或下面与周围的金属相比更严重的腐蚀环境。这导致裂缝、氧和离子浓度细胞形成。大多数微生物菌落通常保持固定的初始定植位点。这使得阳极网成为永久。水黏液覆盖表面,产生差异充气电池最后在下面形成厌氧环境。在有氧环境中,微生物可以创造内部氧浓度低于本体溶液的结节。

5.7.2 微生物腐蚀的机理

微生物腐蚀主要是由于不同的细菌。其他微生物的作用是产生有机酸。异养细菌破坏有机化合物成为有机酸,自养细菌氧化它们成为酸。有些细菌产生二氧化碳,它可以反应形成碳酸。与腐蚀有关的主要细菌类型是硫酸盐还原菌、产酸菌和金属氧化菌(SRB)都是厌氧菌。它们将硫酸根离子还原成硫离子和硫化氢。它们出现在许多工业水中,非常耐生物杀灭剂。硫酸盐还原菌的一些物种促进硫化物薄膜形成,这可以催化氢还原反应。好氧细菌能氧化硫和硫化物或氧化金属离子成较高的价态,通过代谢反应生成酸,形成黏液。硫和硫氧化细菌产生的元素硫或硫酸根离子,它之后可以形成硫酸。短链有机酸如乙酸是微生物活动的普通产物。当醋酸积聚在定植点或其他沉淀下面,醋酸对碳钢非常具有侵略性。铁、锰氧化细菌通过氧化亚铁离子成为铁离子获得能量。铁离子是一种强氧化剂,因此能够加快阴极反应速率和腐蚀速率。最危险的生物膜可能包含几株细菌,它们同时能改变许多环境因素使其变得更具腐蚀性。图 5-21 是微生物腐蚀一些机理示意图。

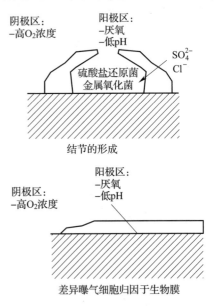

图 5-21 微生物腐蚀的机理示意图

微生物腐蚀第一个已知的例子发生在 19 世纪,被观察到硫化物反应产生了微量的铁。通过硫酸盐还原菌阴极去极化,导致钢和铁的微生物腐蚀的经典解释是由 Wolzogen Kühr 在 1934 年提出的[43]。该机理采用腐蚀中限制速率的步骤是从阴极离解氢气的观点。在一个封闭的网内使氢积累,可增加活性过电位和减少阴极反应速率。硫酸盐还原菌可能通过氢化酶的活动和"去极化"阴极消耗氢。这增加了腐蚀速率使其恢复到原来的水平。一些研究者仍然相信,这个机理是铁和钢微生物腐蚀重要原理之一。后来的研究表明,氢去极化机理不能解释所有的情况。该机理没有考虑其他重要因素,如硫酸盐还原产生的硫化氢、二硫化碳和硫化氢的影响,析氢反应中硫化物具催化作用,产生其他腐蚀性化合物等。尽管这个机理可能不清楚,但是硫酸盐还原菌的主要作用是加快阴极反应速率。大多数微生物腐蚀的研究集中在硫酸盐还原菌上,因为它们可能是微生物腐蚀问题的主要原因[43]。

金属表面遮挡区域的形成是因为微生物菌使得金属表面产生局部定植中心,而不是均匀层。定植菌落吸引其他生物物种、金属和氯离子,导致在菌落内和下面的情况不同于周围的金属。裂缝、氧和离子浓度的细胞形成使得腐蚀继续。大多数微生物群落通常保持固定的主要定殖位点,导致这个区域成为永久的阳极。取决于不同种类的生物膜,膜下面的条件可能会变成酸性,氧化的金属离子和侵略性的阴离子浓度可能会增加,或者氧浓度减少。硫氧化细菌是有氧的,能产生浓度高达 10% 的硫酸[44]。铁细菌是一类在工业水、河流、湖泊、井和饮用水中发现的微生物。铁氧化细菌产生铁离子,它使氯离子迁移恢复电平衡就像缝隙腐蚀的机理。有些细菌可以氧化锰得到相同的结果。微生物腐蚀有时有自催化性质。高浓度侵蚀性离子在酸性环境中肯定会引起腐蚀。铁细菌可以以水合氢氧化铁的形式沉淀铁。水会变成"红砖"导致通常提起的"红水"。除了使水变色,这组微生物在管、喷嘴、池塘等产生不良的积累。这些沉淀最终会脱落,堵塞管道,堵塞泵和阀。它们也会影响最终的产品质量。这些微生物是好氧的,它们生长在具有非常低的氧含量的水中。黏液形式生物产生层,造成氧浓度的差异。在生物膜的顶部,极端的情况下氧浓度迅速降低到几乎厌氧条件。生物膜中高浓度的氧化剂结合生物膜下的缺氧将创建浓度差异巨大的细胞。生物膜和生物膜中的物种不直接造成腐蚀,但是创造一个腐蚀非常可能开始的环境。

在微生物腐蚀中的重要变量难以指定。除了通常与研究腐蚀的形式相关的变量,影响微生物物种的生命周期也变成重要的变量。这些变量是溶解氧、pH、温度和可用的养分。许多变量还没有微生物也可能影响腐蚀行为。通常,影响腐蚀的生物和现象在生物膜或结节内。因此,散装电解质的性能可能与腐蚀问题的相关性不大。当预测微生物腐蚀时,直接计数在本体溶液中的微生物也可能没有用。硫酸盐还原细菌可以存活在微酸性至微碱性的较宽的 pH 范围内。大多数细菌生活的最低和最高温度之间,也有一个它们活性最高的狭窄的最佳温度范围。这些温度是不明确的,可以随其他环境因素的变化而变化。

5.7.3　微生物腐蚀的问题

由于微生物存在足够的营养和腐蚀性的产品,微生物腐蚀是工业过程一个共同的问题。对碳钢,微生物腐蚀往往是结节下的点蚀。在奥氏体不锈钢上,硫酸盐还原菌产生黑色沉淀物,铁细菌产生棕色或红棕色的堆。制浆和造纸工业与化学工业的总的结构材料一样,但是环境往往非常适合生物活动。在一个典型的纸浆厂,潜在的敏感微生物腐蚀系统如下[45]:a. 原水系统;b. 处理的过程水;c. 省煤器;d. 白水系统;e. 纸机流浆箱和真空辊;f. 冷却水系统;g. 消防水管道。

原地下水和地表水含有铁氧化菌和硫酸盐还原菌。碳钢管道的问题通常有结节的形成和相关的点蚀、流量减少和水通过腐蚀产物如溶解铁、铁化合物和硫化氢的污染。

处理过程水使用喷淋、洗涤和稀释。过滤器、澄清池和贮罐是金属的氧化菌和黏液形成菌的合适的环境。通过过程水,这些可以转移到每一个位置。冷却水系统和它们的问题类似于其他工业过程。开式循环冷却系统特别适合微生物活动。生物膜引起传热损失,通过好氧和厌氧细菌腐蚀。省煤器和热交换器同样用冷凝水或处理的过程水和含有溶解固体的温水运行。

在纸浆和纸张制造中最常见的微生物活动的情况是纸机的白水环境。白水是温暖的,含有溶解的有机营养物质和硫酸根离子用于硫酸盐还原菌代谢。不清的白水中也含有悬浮固体,它有助于建立生物膜。虽然白水通常含有氧气以维持好氧微生物的活性,但厚污泥导致厌氧活性很常见。微生物腐蚀导致一般腐蚀和几个地方的点蚀,微生物腐蚀并不局限于特定的材料类别、流速和温度范围等。除了在白水系统中的腐蚀问题,微生物腐蚀可以导致生产恶化和气味问题[45]。微生物腐蚀是碱性造纸中的一个特殊问题。纸机流浆箱是脆弱的,甚至轻微的腐蚀可以导致生产问题。由于硫酸盐还原菌和铁氧化细菌,不锈钢点蚀和碳钢的结核性攻击成为可能。结核性行动是腐蚀过程,它在金属表面产生腐蚀产物的硬堆(结节)。腐蚀的结果增大了摩擦,减少了水分配系统的流量。由于腐蚀导致表面更粗糙,生物膜可以更有效附着,沉淀可以变得更加普遍,腐蚀和微生物腐蚀的控制变得更加困难。由于细悬浮固体与辊子亲密接触,真空辊和伏辊受到微生物腐蚀。黏液形成菌能紧密地黏附到表面并产生差异充气电池。硫酸盐还原菌可以在黏液和纤维沉淀下活动。由于辊子载荷恒定和真空辊也有大量的孔作为应力集中器,下一分钟沉积物腐蚀开始开裂[45]。

防止微生物腐蚀可以注意材料选择或化学处理。材料选择与大多数水环境具有相同的准则。使用更高的合金会有更高耐蚀性结果。微生物腐蚀的机理对碳钢和不锈钢是不同的。AISI 304 或 AISI 316 不锈钢代替碳钢可能因此无效和导致其他的微生物腐蚀。由于通过金属沉积的细菌产生结节下差异充气电池形成,不锈钢经常腐蚀。其腐蚀机理是类似于缝隙腐蚀的脱氧酸化机理。更多合金的不锈钢,特别是那些有高钼含量的也因此比普通 AISI 304 或 AISI 316 更具抗性。本书第 6 章讨论在"污染控制"下为防止微生物腐蚀的化学处理。

5.8 高温腐蚀

材料的"高温"是任一温度,在那里材料开始蠕变或开始与低湿度大气、熔盐或液态金属发生反应。随着温度的增加攻击速度会增加。高温腐蚀是通过干燥的气体等对金属直接氧化,没有任何的湿膜,它与水腐蚀有一些相似之处。大多数金属与氧反应形成氧化物膜。氧化可以发生在气体表界面或在金属表界面。由于阴离子或阳离子转移的规模,可作为固体电解质反应进行。随着氧化物膜越来越厚,它限制了金属与周围大气之间的传质,降低腐蚀速率。速率决定步骤变成金属或氧通过膜扩散。在水溶液中,溶液中溶解化合物的浓度描述环境。分压如气体的相对浓度,将决定哪些反应产物将会形成。与水溶液腐蚀相反,高温腐蚀比动力学因素更取决于热力学因素。用理论计算已知气体的分压,可以预估各种化合物可以形成的腐蚀产物。

一个埃林汉姆(Ellingham)图可以估计气体大气下金属的稳定性。这样的图表显示化合物作为温度的函数的吉布斯自由能变化。如果气体分压足够高,就会形成化合物。如果气体分压足够低,金属不会发生反应,现有的化合物将还原到金属状态。气体分压是离解压力。合金成分与各种化合物的反应,数据在预测中具有实用价值。在高温下,对化合物的形成所需的气体分压通常是低的。低的气体分压出现在混合气体中而不是真空系统。图 5 - 22 是氧化物形成的简化埃林汉姆(Ellingham)/理查德森(Richardson)图。辅助刻度显示氧分压作为混合气体如 $H_2 + H_2O$ 和 $CO + CO_2$ 中气态氧或氧分压。描述氧化物形成的线具有正斜率。这意味

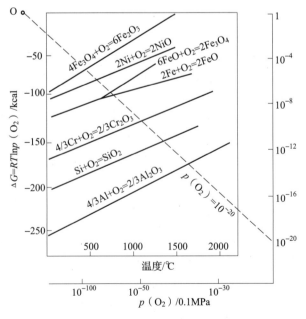

图 5 - 22　氧化物形成的 Ellingham/Richardson 图

着,随着温度的升高,氧化稳定性降低。在图 5 - 22 中表明,氧化物的形成更可能在高氧分压时。硫化物、碳化物等的构建有相应的图[46]。

相稳定图对估计气体混合物的反应产物更方便。这些图显示在恒定温度下,金属和气态化合物的分压函数的化合物的稳定性边界。该图是在水溶液中 Pourbaix 图的高温物。如果气态反应物的分压足够低,金属作为一种纯金属存在。气体化合物分压增加将转移平衡,首先向最富金属化合物的稳定域转移,然后向那些不含金属的化合物转移。图 5 - 23 显示了在 700℃时在 Ni - O - S 体系中镍和它的化合物的稳定性。硫化合物在图 5 - 23(a)中是纯硫,三氧化硫是在图 5 - 23(b)中。结果相基本相同,但是他们的稳定区域不同。

在清洁的空气中氧化,氧气提供了氧化物薄膜,它可能会变厚。在受污染的气体中,氧化膜常常多孔。反应产物不一定是氧化物。它可以是硫化物、碳

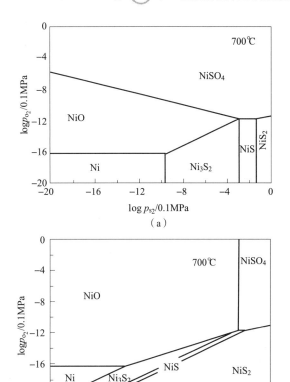

图 5 - 23　Ni - O - S 系统在 700℃时的相稳定图

化物或其他化合物。保护结垢通常是氧化物,但它们也可以是硫化物、碳化物或这些材料的混合物。通常,只有氧化物被认为是具保护的。随着温度的升高,氧化速率增大。如果结垢是连续无孔的,离子通过膜的运输将是速率决定步骤。氧化结垢的性质将决定金属的耐高温腐蚀性。保护性氧化结垢所需的性能有高热力学稳定性、高熔点、黏附到表面的良好性、低电导率和活性物质的扩散,因此结垢增长缓慢。影响结垢形成的重要环境因素有温度、相对于时间的热循环、腐蚀剂的浓度、化学吸附和扩散特性、静态和循环应力。

氧化速率取决于反应产物的性质。反应产物通常是脆性和黏塑性的。反应产物结垢开始裂缝取决于拉升或压缩应力和应力幅值下的表面结垢。垢的结构和形成也影响氧化速率方程。使用 P - B 比理论评价结垢的保护程度。这是在生产氧化物时,氧化物的摩尔体积比形成的金属消耗如方程(5 - 18)所示。

$$P-B 比 = \frac{V_{氧化物}}{V_{金属消耗}} = \frac{M_{氧化物} \cdot \rho_{金属}}{Z \cdot M_{金属} \cdot \rho_{氧化物}} \tag{5-18}$$

式中　$V_{氧化物}$,$V_{金属消耗}$——摩尔体积

$M_{氧化物}$,$M_{金属}$——摩尔数

$\rho_{金属}$,$\rho_{氧化物}$——金属或氧化物密度

Z——金属离子化合价

它的氧化物的摩尔体积小于金属,比值低于 1。这意味着没有足够的氧化物可以覆盖整

个表面。其结果是多孔的、无保护膜。因为膜是多孔,氧化将遵循线性规律。如果氧化物的摩尔体积比金属的大,比值大于1。在这种情况下,氧化膜应该是连续的和具保护性的。这对于某些金属如铝是真的。如果比值太高,通常产生困难。在生长的氧化物薄膜中,压缩内部应力发展可能导致起泡和氧化物的开裂。通常,金属 P—B 比接近 1 ~ 2 应该形成保护氧化物。在实践中很少形成。

金属氧化物与离子化合物,氧化物通常非化学计量并包含空位。在间隙位置有过量金属的氧化物或有阴离子空位的氧化物都是 n 型氧化物。缺乏金属的氧化物是 p 型氧化物。在 n 型氧化物中,薄膜生长,过量的金属同时扩散到表面,电子向相反的方向扩散。在表面上,金属离子将会反应成氧化物。在 p 型氧化物中,增长是由于空位浓度梯度,导致金属离子向表面外部迁移。用于金属成形的 p 型氧化物与低金属合金将会加强保护膜。由于空位数量少和母体金属离子数增加,氧化率降低。用于金属成形的 n 型氧化物通过阴离子扩散或阳离子间隙扩散生长。在前一种情况下,阴离子空位减小。在后者的情况下,间质金属离子数量减少[47]。

大部分高温合金中含有铬。由于铬提高到 10%,铁合金的氧化率大幅下降。单独镍对铁氧化还具有抑制作用。铬、镍强烈提高了钢的抗氧化性。最终,镍扩散和在 FeO 基板界面处积聚,抑制 FeO 形成。这稳定地保护 Fe_3O_4 和 Fe_2O_3 相。它是稳定抗蠕变奥氏体相,提高了热循环阻力。硅单独形成抗黏附性膜,或与铬一起,但是蠕变阻力减少。铝也形成保护性的氧化物,但它可能会导致脆化。因此,要求铝尽可能在最低浓度使用[48]。

5.8.1 混合气体

氧通常在耐热合金上形成抗性屏障结垢。在实际服务中,环境中含有水蒸气、硫化合物、一氧化碳和二氧化碳。在混合气平衡中,有过量游离氧的含氧环境是氧化的,或没有游离氧的含氧环境是还原的。几种氧化剂和低活性氧的混合环境,通常更具腐蚀性。热循环也很频繁。这对合金抗性产生不利影响。许多高温气流实际上是缺氧的。这降低了氧化物的热力学稳定性和增加其他化合物形成的概率。热循环会导致氧化膜开裂。在高温下韧性的氧化物在低温下可能是脆性的。当温度变化时,不同的金属热膨胀系数引起应力。由于物理或化学转化,保护膜的生长可能突然地改变成线性氧化。首先,氧化膜看起来是保护,质量增益随时间减少。如果在不断增加的位点数量下保护膜开始裂缝,裂缝导致分离腐蚀。

灾难性的氧化和热腐蚀是从一般的高温腐蚀中分离的特别说法。由于如硫、钒和钠杂质,热腐蚀可能形成低熔点化合物。这些化合物可以在表面形成熔渣和熔解氧化物保护层。然后金属又容易受腐蚀。热腐蚀是一种加速氧化过程。例如,硫化物结垢可以转化为更稳定的氧化物,但释放的硫离子渗透到金属基体中形成更多的硫化物,然后单独反应。热腐蚀限制高镍合金的使用,特别在高硫的分压环境中。

几种气体成分可以导致比单纯的氧化更严重的腐蚀。如果气态硫的分压如浓度足够高,可以代替氧化物形成硫化物相。危险的硫化合物有硫蒸汽、硫化氢和侵蚀性小的二氧化硫。因为它有更多的孔,硫化物结垢几乎总是比相应的氧化物保护少。硫化物也比氧化物在更低的温度下熔化。腐蚀程度取决于硫、氧、相对稳定的硫化物和氧化物的分压。相比硫,氧是强氧化剂。通常,氧化物将对含铬和铝合金中的硫化物形成替代。在许多燃烧气体产物中,氧气已经消耗,以致气体流中存在的硫化合物可以更容易的与金属反应。特别是在破坏氧化结垢中,硫化合物可以与铬和铝合金反应,阻碍了氧化膜的修复,并允许基体金属如铁和镍硫化。在非常低的氧分压下,渗碳是可能的,例如在还原条件下。一氧化碳和二氧化碳可以通过孔隙和裂缝穿透氧化层,金属将会氧化。随着碳含量的增加,碳化物可能形成。渗碳降低机械强度以及氧化和硫化抗性,由于碳化物的析出可能导致内部应力。它不同于其他高温反应,因为在反应之前碳必须扩散进入金属。

硫化描述通过硫化氢 H_2S、二氧化硫 SO_2、气态硫和其他气态硫物种的气体攻击金属。硫化氢在还原空气中存在,二氧化硫在氧化空气中存在。吹入炉内的空气量,可以将硫化合物从一个改变成另一个。在氢和硫化氢的混合物中,氧分压很低使得保护性氧化物不稳定。硫化物是稳定相的。除硫化合物,更复杂的混合气体环境中还含有一氧化碳、二氧化碳和水蒸气。氧和硫的分压太高,氧化物和硫化物可以形成。在二氧化硫的环境中,烟气中含有二氧化硫或二氧化硫和氧气的混合物。氧分压足够高,氧化物可形成。硫化氢可能是最具腐蚀性的硫化合物。在低温水溶液腐蚀中,它可以作为酸和在较高的温度下与铁直接反应形成脆性的、无保护的硫化物结垢。硫化氢对铁的攻击率不随时间减少。钢的低合金添加不解决问题。在高温硫化物的运行条件下,可能必须使用铬含量超过12%来得到益处。奥氏体不锈钢和直铬钢(12% ~16% Cr)有抗性[49]。在混合环境中,如果环境不发生氧化和分裂腐蚀,该合金是保护的。在这种情况下,可能会跟随快速的硫化攻击。高镍合金通常对硫化非常敏感。铁、镍或钴基的铬合金将会提高抗性。在二氧化硫的环境中,当氧存在时铬合金是有腐蚀抗性的。大气中二氧化硫 SO_2 分压较低,攻击可能会更强。使用过量氧可以防止这种情况[49]。

在高温应用中卤素也是有害杂质。反应机理通常与氧化或硫化相同。卤素通常不形成结垢,因为反应产物不稳定,会蒸发。卤素物种是常移动的。他们在金属基体中扩散和溶解。这可能会导致严重的内部氧化损伤。氯化物干扰保护结垢,因为它们蒸发留下空位和在结垢中形成空隙。卤素服务材料选择通用准则是卤素蒸气压力达到10Pa,材料保持温度低于它[49]。混合污染环境中,烟气成分在高温时变化特别困难。尝试在单个的炉中燃烧不同的废物可以导致快速腐蚀,由于各种杂质使用不同的机理攻击保护氧化结垢。

5.8.2　碱回收炉腐蚀

碱回收炉是一个制浆工厂的化学品回收过程中的主要单元。它回收废蒸煮化学品和同时使用黑液加热生产蒸汽。硫酸盐法碱回收炉基本上是一个普通的蒸汽锅炉,燃烧含有有机材料废蒸煮液。碱回收炉的主要作用是将废蒸煮液转变回蒸煮化学品。产生的能量是一个副产品。碱回收炉有两个部分。较低的部分使用还原条件,上部采用氧化条件完全燃烧。浓缩的黑液和硫酸钠(Na_2SO_4)在还原条件下燃烧。黑液中的有机元素转化为二氧化碳和水蒸气。当二氧化碳与钠反应时,生成碳酸钠的形式。添加硫酸钠补充蒸煮中元素的损失。在还原条件下,在锅炉动力部分,氧化的硫化合物如硫酸和硫代硫酸钠还原成硫化物。来自燃烧的黑液滴液的硫释放是分解反应,当热解开始时开始。黑液中释放的硫在炉膛下部,主要为硫化氢气体。在大气中的反应和熔炼造成硫离开锅炉,因为硫化钠和硫酸盐在熔融物中,硫化氢和二氧化硫在烟气中。还原的程度是由硫酸钠转化为硫化物的多少衡量。这通常是 90% ~92% 。这是回收锅炉效率的一个衡量。

碱回收炉采用熔盐床。熔融物的主要成分是碳酸钠和硫化钠。带有循环水的锅炉管环绕熔盐。这是水墙结构。蒸汽在管阵列中产生,形成换热器和回收锅炉墙。一层熔融物冻结在水冷壁管炉边,提供管道和锅炉大气之间的屏障,通过前面提到的高温过程,炉管外表面可能腐蚀。由于水处理较差,内表面可能会腐蚀。应力腐蚀开裂、热疲劳开裂和露点腐蚀也是可能的。水冷壁的下部是最关键的地区。如果一个管破裂,高压水可以释放到锅炉。当水接触熔化的化学品时瞬间蒸发。管泄漏是无法容忍的,因为熔融物与水反应能引起爆炸。

在 20 世纪 60 年代以前,碳钢制成的锅炉炉管严重腐蚀损伤是罕见的。当管道内结垢阻碍水流动时,由于局部过热,通常发生腐蚀损伤。随着构建更大的锅炉和在较高的压力下运行的趋势,碳钢管的使用寿命减少到几年。碱回收炉腐蚀成为 20 世纪 60 年代初的一个严重的问题。在芬兰和瑞典会发生严重的气侧腐蚀,这可能是由于相比加拿大和美国,在北欧这些国家的制浆流程中温度和硫化度要更高。高压锅炉回收提供更高效的发电,但相关的高温烟气也更具腐蚀性。腐蚀是由于烟气中的硫化氢。通过在镶嵌管上使用热喷涂涂层或氧化铬基础的耐火材料,寻找水冷壁管的保护。自 20 世纪 60 年代后期,已经使用不锈钢外覆的管[50]。外覆不锈钢牌号已由 AISI 304 逐渐增加到 6% 的钼牌号和镍基合金。高合金复合管的成本造成了再次使用镶管和铁素体管。

图 5-24 是一个碱回收炉的结构示意图。锅炉管连接在一起。锅炉包括三个区域:底部的还原区,中间的干燥、燃烧区和顶部的燃尽区。黑液送入中间的干燥和燃烧区。干燥的有机化合物跌落到锅炉底部,在那里与顶上的熔融层构筑一堆凝固的熔融物。所有的反应发生在活跃的熔融层。一次空气送入还原区的量只有燃烧所需氧的 40% 来保持必要还原条件。还原大气是由于碳、一氧化碳和氢存在。这些还原硫酸钠为硫化钠。熔炼温度约为 800℃,但在低压锅炉中管壁温度低于 300℃或在高压锅炉中略高。固体熔炼本身不腐蚀,将会保护墙体免受腐蚀性气体和熔融物侵袭。进入除尘脱硫前,烟气通过过热器、蒸汽发生堆和省煤器部分。

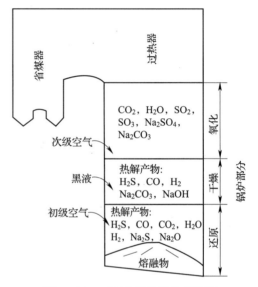

图 5-24　碱回收炉的结构示意图

在碱回收炉底部的大气是还原的。原则上,生存在这样的条件下材料应具有较高的铬和镍含量和含有一些铝。许多原锅炉使用铁素体,低合金 CeMo 钢。这些合金的腐蚀问题导致使用奥氏体不锈钢包覆。由于存在应力腐蚀开裂风险,管不能使用固体不锈钢。已使用用热喷涂保护的铁和镍基合金。管有时有突出的钉,帮助管上的冻结熔融物在管上黏附,但这些可能会导致热梯度。炉膛中的腐蚀和熔炼随工作压力增加,因此管表面温度增加。与管接触熔融熔炼可以导致快速腐蚀。熔点随氯和钾含量增加而降低[50]。

黑液包围的管和气道有时遭受局部腐蚀。这可能是在管口的停滞区域的熔融碱冷凝的结果。腐蚀甚至可以延长到锅炉外面[50,51]。固体氢氧化物结垢不一定会造成腐蚀,但熔融氢氧化物溶解保护膜。炉在消除停滞气体流区的设计是重要的。烟道气体中含有二氧化碳,来自有机物质燃烧的水和来自硫物种的二氧化硫。硫化氢也在烟道气体中存在。

通过增加黑液固体含量和升高温度,腐蚀会变得更糟。燃烧液体的干固体含量已经由 65% 上升到 70%。通过修改传统的蒸发器和锅炉装置,正在努力使干固体含量高达 75%。试图增加固体含量以提高效率和降低环境负荷是常见的。浓缩废液的干固体含量在回收锅炉运行中是重要的。在炉中,干固体含量高要求的温度更高。这增加了还原的程度,降低了烟气中对环境有害的二氧化硫和硫化氢的含量。固体含量高也增加了蒸汽产量。较高的固体发射引起了回收锅炉内腐蚀环境加剧,现有的单元会遭受意想不到的问题。

碱回收炉热效率是在现实的生产蒸汽中,黑液实际燃料值的百分比。现代的设计可以实现高达 70% 的效率。影响效率的两个主要因素是液体固体浓度和出口气体温度。一个碱回收炉的容量极限取决于固体负荷。当荷载增大,气体的温度和夹带进入过热器部分的固体物也增加。当进入过热器部分气体温度很高使得悬浮液中的灰尘颗粒都是黏性的,表明已经超过了该炉的最佳容量。机械的方法不再能控制表面结垢。炉边结垢熔化确定过热蒸汽温度上限。在这个温度上面,过热器管的腐蚀速率增大。该结垢主要由硫酸钠、碳酸钠和少量的氯化物、硫化物和钾盐组成。氯和钾化合物降低结垢的熔点。

当烟气进入省煤器,其温度下降。金属温度可以低到 $150 \sim 200^{\circ}\text{C}$。锅炉二氧化硫或三氧化硫水平高,硫酸可以在表面凝结造成露点腐蚀。损害是坑或垂直的槽。为了避免露点腐蚀,气体和金属的温度必须足够高。

5.8.3 高温水中的腐蚀

高温水环境与环境温度下水环境不同。在高温条件下,水通常是受限的,如溶解的盐和气体已被去除。在高温水中的腐蚀问题通常是由于错误的水处理。锅炉系统采用加热产生蒸汽,水含有杂质和污染物。水中的杂质可以是气体或固体形式。溶解的气体包括氧气、二氧化碳和氮。固体有两种形式:悬浮或溶解。水中悬浮固体杂质包括砂、淤泥或有机质颗粒都是不溶的。如果没有打扰,悬浮物沉降到容器或储槽的底部。溶解的固体包括任何杂质溶解在水里。总溶解固体量是在一个给定的供应水中所有的杂质溶解的一个衡量。在水中发现的大部分溶解矿物杂质是以离子存在。溶解的杂质,提高锅炉水的电导率。温度补偿电导率仪是用于检查锅炉水和给水总溶解固体(TDS)水平的有效仪表。

浓度循环是指在供应水中的杂质的累积。由于水分蒸发,水中的杂质留在后面。当锅炉补充新水时,更多的杂质进入系统。如果没有发生补偿行为,锅炉系统中的杂质无限增加,直到水再不能溶解它本身的杂质或在溶液中保有它们。随着蒸汽的产生,锅炉水的固体保留在鼓和管中。除非去除,这些固体会不断累积,最终导致锅炉运行的不满意。每个锅炉有一个总固体的限制。这一限制随锅炉压力升高降低。一些浓缩锅炉水必须从循环系统中去除以便控制固体含量。浓缩水部分去除是锅炉排污。随着给水更换浓缩水降低了锅炉中的总固体浓度。

腐蚀工艺在蒸汽侧铁和氧自由水之间导致一个保护磁铁矿薄膜形成,整体反应根据方程(5-19)。

$$3Fe + 4H_2O = Fe_3O_4 + 4H_2 \tag{5-19}$$

此反应的进行有三个主要步骤:铁的溶解、铁的氢氧化物沉淀、这些氢氧化物转化为保护磁铁矿结垢。这最后一步是 Schikorr 反应,如方程(5-20)。在温度低于 100°C,Schikorr 反应速度很慢,但在 200°C 以上它发生很快,几乎没有铁的氢氧化物的存在[52]。

$$3Fe(OH)_2 \rightarrow Fe_3O_4 + H_2 + 2H_2O \tag{5-20}$$

磁铁层的稳定性取决于水的碱度。过酸或碱的条件下将溶解磁铁导致钢腐蚀。最佳 pH 约为 $8.5 \sim 12.7$。图 5-25 表示了在 310°C 水中 pH 对钢腐蚀速率的影响[53]。只有健全的和连续的磁铁薄膜可以保护防止腐蚀和允许使用碳钢。保护层的厚度大约只有 $5 \sim 20\mu\text{m}$。水处理的主要目的是保护磁性层。

锅炉水的特殊问题是由溶解氧和二氧化碳、碱腐蚀、氢的脆化和结垢造成的腐蚀。水处理主要解决这些问题。蒸汽和水系统的所有部分都是相互依存的。在应用任何的水处理方法前,必须考虑它对整个系统的影响。氧的存在导致在锅炉和蒸汽冷凝水系统中点蚀。氧浓度必须保持尽可能的低经济成本。当操作压力增加时,变得更重要。机械除氧通常是不够的,这就要求使用化学除氧剂。常见的清除剂是亚硫酸钠和肼。亚硫酸钠已经在低中压锅炉中使用。在高压锅炉中,它会导致溶解固体的过度携带。在高压锅炉中氧去除几乎完全用肼或有机催化肼。亚硫酸分解为二氧化硫和硫化氢,可导致在锅炉后面部分的腐蚀问题。典型的,最大残余氧5μg/kg(5μg/L)是安全的[54]。

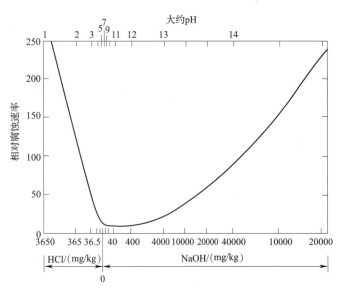

图5-25 在310℃水中pH对钢的腐蚀速率的影响[53]

在锅炉后面部分蒸汽系统中,腐蚀是一个常见问题。在锅炉后面部分包括过热器、蒸汽使用的设备和冷凝线。由于溶解固体携带、污染以及腐蚀产物的迁移,沉淀可能在这些地区。锅炉后的腐蚀最常见的原因是氧腐蚀和由二氧化碳引起的低pH。二氧化碳腐蚀几乎总是冷凝线的一个问题。通过加热碳酸氢盐分解形成二氧化碳如方程(5-21)所示[55]。

$$2HCO_3^- \rightarrow CO_3^{2-} + CO_2 \uparrow + H_2O$$
$$CO_3^{2-} + H_2O \rightarrow 2OH^- + CO_2 \uparrow \tag{5-21}$$

在冷凝水中,二氧化碳会和水反应形成碳酸。二氧化碳降低pH和导致腐蚀。此外,碳酸导致碳酸氢根离子的形成。这些可以与溶解铁反应,防止保护磁铁结垢的形成。当压力下降或蒸汽中二氧化碳含量降低,碳酸亚铁将会沉淀,氢氧化物和水合氧化物引起结垢。当氧气和二氧化碳同时存在,腐蚀迅速。二氧化碳扰乱钝化,氧增加未受保护表面的阴极反应和腐蚀速率。碳酸导致的腐蚀通常结果是均匀的金属减薄。

由过量的氢氧化钠引起的腐蚀会造成钢的一般腐蚀和开裂。氢氧化钠已经使用在锅炉水的处理以便为保护磁铁结垢得到最佳pH,为保持溶解固体作为无黏着力污泥代替结垢。在高压锅炉中,过量的氢氧化钠会导致磁铁矿和铁腐蚀,无防护形成。任何原因都可造成多孔沉积层形成,氢氧化钠可以在它们下面集中而造成另一个问题。锅炉水进入下面的沉积,它转换为蒸汽,蒸汽会穿过沉积出来。任何溶解化合物仍将在沉积下保留,如图5-26所示。在炉水中的氢氧化钠的浓度不高约5~10mg/L。在多孔沉积下面,它能增加到100000mg/L。如此高的碱浓度是硫酸盐法蒸煮液的水平。

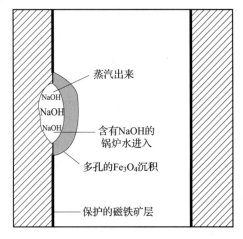

图5-26 多孔沉淀下锅炉水固体如氢氧化钠积聚

如果内部表面的腐蚀迅速,氢损伤可能发生。这将在短时间内释放出大量的初生态氢。一些氢原子可以迁移穿过钢管的表面与碳化物反应。这个反应的结果形成甲烷 CH_4。这是一个大分子,会造成金属的内部压力[53,55]。在低 pH 水化学品中锅炉氢损伤是可能的,沉积物覆盖表面。

通过隔绝传热表面,沉淀结垢干扰热交换。结垢最常见的形式是碳酸钙 $CaCO_3$。自然水中,钙离子与碳酸氢结合形成重碳酸钙,如方程(5-22)所示。

$$Ca^{2+} + 2HCO_3^- = Ca(HCO_3)_2 \qquad (5-22)$$

随着系统温度的升高,通过分解重碳酸钙转化为碳酸钙如方程(5-23)所示。

$$Ca(HCO_3)_2 = CaCO_3 + H_2O + CO_2 \qquad (5-23)$$

朗兹利耶指数可以估算碳酸钙沉淀的危险。当太多的钙存在或碱性太高,沉淀成为可能。其他结垢沉淀来源有污染冷凝水和腐蚀产物。局部的结垢沉淀有时会导致在炉侧上局部更高的壁面温度,这可能会导致意外的高温腐蚀。由于锅炉炉管过热,结垢沉淀也能导致金属软化、膨胀和失效。这通常在温度最高的传热区。

5.9　总结

特征腐蚀环境的关键变量有溶剂、pH、氧化还原电位、温度、溶解盐和气体、流量条件。这些因素中的一些会影响电化学反应速率,其他的会影响表面保护膜的稳定性。溶液中的化学局部变化经常发生。由于不均匀流动、不均匀加热、化学品问题、沉积物和生物膜等,变化就可以发生。pH 会影响通过阴极反应传质如氧限制的腐蚀速率。在酸性环境下,析氢速率往往控制腐蚀速率。大多数金属在一定的 pH 范围内,可以形成表面保护膜。在此范围之外,他们会腐蚀。氧化还原电位可测量溶液氧化或还原电位。它往往决定了各种合金的适宜性。例如,在氧化环境中钝化合金是有用的,但在还原环境中铜和镍的合金是有用的。高度氧化的溶液可以很容易引发局部腐蚀。温度会影响反应速率。提高温度,腐蚀通常启动或加速。

溶液中的溶解盐往往会影响表面保护膜的形成和稳定。例如,氯化物浓度的增加可以启动不锈钢的局部腐蚀。盐也能影响电化学反应速率。溶解的气体通常是阴极反应的反应物,能影响表面保护膜和结垢的形成和稳定。为了钝化和维持钝化,最低的氧化物供给是必要的。

流体流动的条件可以影响反应速率和表面薄膜的形成和稳定。增加流动速率加速一般腐蚀速率导致冲刷腐蚀,但停滞状态可导致点蚀、氧差腐蚀和缝隙腐蚀。

参考文献

[1] Pourbaix, M., Atlas of Electrochemical Equilibria in Aqueous Solutions, Pergamon Press, Oxford, 1996, Ch. 1.1.

[2] Katz, W., in Korrosion und Korrosionsschutz (F. Tödt, Ed.), Walter de Gruyter, Berlin, 1995, p. 118.

[3] Wensley, D. A. and Charlton, R. S., Corrosion 38(8):285(1980).

[4] Macdonald, D. D. and Owen, D., Journal of the Electrochemical Society 120(3):317(1973).

[5] Henrikson, S. and Kucera, V., Effect of Environmental Parameters on the Corrosion of Metallic

Materials in Swedish Pulp Bleaching Plants, Pulp & Paper Industry Corrosion Problems, vol. 3. , NACE, Houston, 1982, p. 137.

[6] Heidersback, R. H. , in ASM Metals Handbook, Vol. 13, Corrosion, ASM International, Metals Park, 1987, p. 893.

[7] Szlarska – Smialowska, Z. , Pitting Corrosion of Metals, NACE, Houston, 1986, Chap. 12.

[8] Crwe, D. C. , Corrosion on acid cleaning solution for Kraft digesters, 1992 Proceedings of the 7th International Symposium on Corrosion in the Pulp and Paper Industry, TAPPI PRESS, Atlanta, p. 33.

[9] Anon. , Principles of Industrial Water Treatment, Drew Chemical Corporation, Boonton, 1997, Chap. 4.

[10] Hasenberg, L. , in DECHEMA Corrosion Handbook(G. Jänsch – Kaiser, Ed.) , vol. 11, VCH, Weinherm, 1992, pp. 1 – 64.

[11] Fredette. M. C. , in Pulp Bleaching: Principles and Practice (C. W. Dence and D. W. Reeve Eds.) , TAPPI PRESS, Atlanta, 1996, Chap. Ⅱ :2.

[12] Garner, A. and Newman, R. C. , Thiosulfate Pitting of Stainless Steels, 1991 NACE Corrosion Conference, NACE, Houston, Paper ·no. 186.

[13] Fontana, M. G. , Corrosion Engineering, 3rd edn. , McGraw – Hill, Singapore, 1987, Chap. 2.

[14] Smook, G. A. , Handbook for Pulp & Paper Technologists, TAPPI PRESS, Atlanta, 1989, Chap. 4.

[15] Smook, G. A. , Handbook for Pulp & Paper Technologists, TAPPI PRESS, Atlanta, 1989, Chap. 7.

[16] Laliberte, L. H. , Corrosion Problems in the Pulp and Paper industry, Pulp & Paper Industry Corrosion Problems, vol. 2. , NACE, Houston, 1977, 9. 1.

[17] Troselius, L. , Field exposure of carbon steel and stainless steel in digesters, 1995 Proceedings of 8th International Symposium on Corrosion in the Pulp and Paper Industry, Swedish Corrosion Institute, Stockholm, p. 46.

[18] Mueller, W. A. , Mechanism and Prevention of Corrosion of Steels Exposed to Kraft Liquors, Pulp & Paper Industry Corrosion Institute, Stockholm, p. 46.

[19] Ahlers, P. E. , Polysulfide in kraft cooking and its effect on corrosion of carbon steel, 1983 Proceedings of 4th International Symposium on Corrosion in the Pulp and Paper Industry, Swedish Corrosion Institute, Stockholm, p. 53.

[20] Srockmann, L. and Ruus, L. , Svensk Papperstidning 57(22) :831(1954) .

[21] Roald, B, Norsk Skogsindustri 10(8) :285(1956) .

[22] Maspers, E. , General Corrosion in Continuous Digesters, 1995 Proceedings of 8th International Symposium on Corrosion in the Pulp and Paper Industry, Swedish Corrosion Institute, Stockholm, p. 1.

[23] Kiesling, L. , A study of the influence of modified continuous cooking processes on the corrosion of continuous digester shells, 1995 Proceedings of 8th International Symposium on Corrosion in the Pulp and Paper Industry, Swedish Corrosion Institute, Stockholm, p. 12.

[24] Jonsson, K. – E. , in Handbook of Stainless Steels(D. Pechner, I. M. Bernstein, Eds.) , McGraw –

Hill, New York, 1997, Chap. 43.

[25] Anon. , Stainless steels for pulp and paper manufacturing. Nickel Development Institute Report No9009, American Iron and Steel Institute, Toronto, 1982, pp. 5 – 47.

[26] Garner, A. et al. , in ASM Metals Handbook, Vol. 13, Corrosion, ASM International, Metals Park, 1987, pp. 1187 – 1220.

[27] Smook, G. A. , Handbook for Pulp & Paper Technologists, TAPPI PRESS, Atalanta, 1989, Chap. 6.

[28] Smook, G. A. , Handbook for Pulp & Paper Technologists, TAPPI PRESS, Atalanta, 1989, Chap. 5.

[29] Smook, G. A. , Handbook for Pulp & Paper Technologists, TAPPI PRESS, Atalanta, 1989, Chap. 11.

[30] Yeske, R. and Garner, A. , Processing changes and materials engineering challenges in the pulp and paper industry, 1992 Proceedings of 7th International Symposium on Corrosion in the Pulp and Paper Industry, TAPPI PRESS, Atlanta, p. 1.

[31] Andreasson, P. and Troselius, L. , The corrosion properties of stainless steel and titanium in bleach plants, Swedish Corrosion Institute, Stochholm, 1995, Chap. 4. (In Swedish).

[32] Tounsavile, J. and Rice, R. G. , Ozone Science and Engineering 18 : 549 (1997).

[33] Klarin, A. and Pehkonen, A. , Materials in Ozone Bleaching, 1995 Proceedings of 8th International Symposium on Corrosion in the Pulp and Paper Industry, Swedish Corrosion Institute, Stockholm, p. 96.

[34] Thormpson, C. B. and Garner, A. , Paper machine corrosion and progressive closure of the white water system, 1995 Proceedings of 8th International Symposium on Corrosion in the Pulp and Paper Industry, Swedish Corrosion Institute, Stockholm, p. 207.

[35] Smook, G. A. , Handbook for Pulp & Paper Technologists, TAPPI PRESS, Atlanta, 1989, Chap. 10.

[36] Jonsson, K. – E. , in Handbook of Stainless Steels (D. Pechner, I. M. Bernstein, Eds.), McGraw – Hill, New York, 1977, Chap. 43.

[37] Asbaugh, W. A. , in ASM Metals Handbook, vol. 13, Corrosion, ASM International Metals, Park, 1987, pp. 1144 – 1147.

[38] Valentine, R. J. , in ASM Metals Handbook, vol. 13, Corrosion, ASM International Metals, Park, 1987, pp. 1226 – 1231.

[39] Chandler, K. A. and Hudson, J. C. , in Corrosion, Vol. 1 (L. L. Shreir, R. A. Jarman, G. T. Burstein, Eds.) 3rd edn. , Butterworth – Heinemann, Oxford, 1994, Chap. 3. 1.

[40] Fyfe, D. , in Corrosion, Vol. 1 (L. L. Shreir, R. A. Jarman, G. T. Burstein, Eds.) 3rd edn. , Butterworth – Heinemann, Oxford, 1994, Chap. 2. 2.

[41] Anon. , Principles of Industrial Water Treatment, Drew Chemical Corporation, Boonton, 1977, Chap. 5.

[42] Boffardi, B. B. , in ASM Metals Handbook, vol. 13, Corrosion, ASM International Metals, Park, 1987, pp. 487 – 497.

[43] Borenstein, S. W. , Microbiolosically influenced corrosion Handbook, Industrial Press, New York, 1994, Chap. 2.

[44] Stein, A. A. , in A Practical Manual on Microbiologically Influenced Corrosion (G. Kobrin, Ed,), NACE International, Houton, 1993, Chap. 10.

[45] Lutey, R. W. , in A Practical Manual on Microbiologically Influenced Corrosion (G. Kobrin,

Ed,),NACE International,Houton,1993,Chap. 4.

[46]Kofstad,P. ,High Temperature Corrosion,Elsevier Applied Science,London,1988,Chap. 1.

[47]Bradford,S. A. ,in ASM Metals Handbook,vol. 13,Corrosion,ASM International Metals,Park,
1987,pp. 61 –76.

[48]Pinder,L. W. ,in Corrosion,Vol. 2(L. L. Shreir,R. A. Jarman,G. T. Burstein,Eds.)3rd edn. ,
Butterworth – Heinemann,Oxford,1994,Chap. 7. 2.

[49]Lai,G. Y. ,Journal of Metals(11):54(1991).

[50]Sharp,W. B. A. ,Overview of recovery boiler corrosion,1992 Prceeding of 7th International
Symposium on Corrosion in the Pulp and Paper Industry,TAPPI PRESS,Atlanta,p. 23.

[51]Bruno,F. ,Primary air register corrosion in kraft recovery boilers,1983 Proceedings of 4th In-
ternational Symposium on Corrosion in the Pulp and Paper and Paper Industry,Swedish Corro-
sion Institute,Stockholm,p. 68.

[52]Hömig,H. E. ,Metall und Wasser,4th ed. ,Vulkan Verlag,Essen,1978,Chap. 2.

[53]Dooley,R. B. ,in ASM Metals Handbook,Vol. 13,Corrosion,ASM International,Metals Park,
1987,pp. 990 –993.

[54]Kingerley,D. G. ,in Corrosion,Vol. 2 (L. L. Shreir,R. A. Jarman,G. T. Burstein,Eds.) 3rd
edn. ,Butterworth – Heinemann,Oxford,1994,Chap. 17. 4.

[55]Anon. ,Principles of Industrial Water Treatment,Drew Chemical Corporation,Boonton,1977,
Chap. 11.

第 ⑥ 章　腐蚀的防护

大部分工程材料都是热力学不稳定和被腐蚀的。完全停止腐蚀通常是不可行的。常见的做法是将腐蚀率降低到一个可以接受的水平。防止腐蚀的第一步是了解腐蚀的具体机理。第二和更难的一步是设计保护方法。有几种防腐蚀的方法可用,其中经济因素确定的方法是最可行的解决问题的方法。这章的目的是给各种不同的防腐蚀方法一个概述。本章给出了设计、材料选择、涂层、水处理和电化学保护的一般原则。

利用腐蚀单元的原理,四种方法都可能阻止腐蚀:a. 阻止阴极反应;b. 阻止阳极反应;c. 除去电解质;d. 除去电极之间的电连接。

在封闭系统中除去氧化剂例如氧可以阻止阴极反应。使用缓蚀剂或涂层阻止氧化剂转移到阴极区域将会减慢阴极反应。选择一更抗腐蚀的材料,采用阳极保护提高钝化膜的形成,或使用缓蚀剂或涂层可以减缓或停止阳极反应。电解质的去除主要是尽量减少停滞的溶液和污垢积累的设计问题。在双金属连接使用绝缘垫片、套筒和垫圈除去电气连接是一个有用的方法。阴极保护的使用不遵循以上腐蚀单元的闭合电路原理。阴极保护系统提供额外的阳极电流。通过阳极溶解反应的电流,替代部分或全部腐蚀电流是可能的。

防腐蚀工艺在设计阶段之前开始。结构设计和工艺的选择应包括腐蚀风险分析。工艺容器和设备的设计是非常复杂的,通常必须满足官方的要求。从腐蚀角度结构合理原则很简单,但有时难实现。工艺选择与发展的要求是腐蚀环境将不会变得严峻。当其他方法不经济时,涂层和电化学保护是可用的。好质量的涂层经常是最好的解决方案。今天,防腐蚀的主要任务是保证拥有好质量的产品的连续运行,不需要昂贵的非计划停机。防腐蚀应该是一个装置整个生命的一部分。防腐蚀绝不会在最后一分钟应用一层油漆。

6.1　设计

一个健全设计的目的是保证一个带有足够安全余量的系统寿命,但没有高估材料的厚度。在结构中腐蚀损坏的速度、程度和类型不同取决于具体的应用。结构和部件通常暴露在不是恒定的各种环境中。例如,相对湿度、温度、溶解的物质的浓度、pH、氧浓度、固体和溶解的杂质、流量的变化都会影响腐蚀速率。这些差异和影响必须是在设计阶段考虑的一部分。而运行中的腐蚀可能会考虑到,但运输、储存或者开机和停机中的腐蚀经常被遗忘。安装做法差可能会失去合理设计的好处。典型的开机问题有:a. 过高的温度;b. 不同的浓度;c. 系统所有部分的缓蚀剂供应不足和不完全的氧去除。开机前的正确清洁是新工厂和设备建设或制造中重要步骤。它可以避免用昂贵的费用纠正严重问题。清洗包括去除临时的防腐蚀化合物、油脂、污垢、切削油、工厂水垢和新鲜清洗的金属表面的其他腐蚀产物和钝化。停机问题通常也涉及清洗不当，然后是腐蚀剂在局部位置集中。

如图6-1所示，不同的金属和溶液其不均匀性和几何因数会引起腐蚀的潜在差异。一些因数导致电位差异是不可避免的，但是恰当的制造和安装程序会消除其他的差异。冶金结构的差异会在任何商业合金中被发现。设计师不能弥补这些问题。晶界、夹杂物等通常变成剩余合金冷加工区和应力区的阳极。需要考虑消除应力的热处理和避免外部应力的适当的制造和安装做法。表面必须光滑、干净和无腐蚀产物。

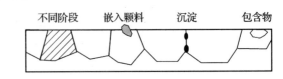

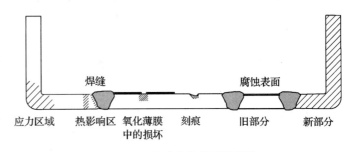

图6-1 导致电位差异的因数

保护膜中的孔和损伤，水垢和涂层通常将会变成阳极。需要再次强调适当的制造和安装做法。对于钝化膜，材料的选择是预防腐蚀的关键。裂缝、表面沉淀和其他几何细节可能导致阴极反应的浓度差异。在这些情况下，较低的阴极反应物浓度在接触区成为阳极。选择的材料确保其耐腐蚀性，或通过合理设计和操作避免浓度差异都是有用的。避免异种金属的接触是有必要的，因为少数贵金属的腐蚀速率会增加。适当的设计或者在原系列中选择彼此接近的材料将会有帮助。设计师也应该考虑不同的温度、速度、pH和溶解盐浓度的影响。接触区高温度、高速度、低pH或较低的盐浓度的区域通常会成为阳极。结构中应力高的部分会变成阳极，新的、腐蚀的表面和更高的初始腐蚀速率的替代区也会变成阳极。

通过阻止沉淀的形成，平滑的表面经常能提高耐腐蚀性。通过抛光可得到更好表面质量，同时会从金属中去除非合金表面层和薄弱点。在使用前去除表面水垢是很重要的因素。抗应力腐蚀开裂尤其取决于冶金状态。热处理加工和冷处理加工可能对耐腐蚀性有很强的影响。安装过程中耐腐蚀的损失通常是一个要考虑的问题。通常有必要对焊缝热处理和对退火消除应力，但现场控制需要专业知识。

6.1.1 容器

好的防止容器腐蚀的设计细节的基本规则是存在的。再次，最根本的原则是避免非均质性。这包含金属、工艺溶液、热、压力和流量。工艺设备的内部和外部都要注意。储存槽和容器应该允许完全排空，因此腐蚀剂没有时间在底部保留和聚集。当使用高浓度化学品时，有必要完全排空。任何残留溶液可能吸收水分、稀释和开始腐蚀金属。硫酸和碳钢就是例子。容器中如不考虑平稳和足够的流量，碎片就可能积累。容器底部向中心倾斜，从底部最低点排空。容器应该完全充满，因为在液气表面腐蚀通常最快。如果容器有时是空的，需要良好的通风避免腐蚀剂结露和集中。进入的管线要延伸到容器中间以防腐蚀因子局部集中。加热器应放在中间的位置。在液体留在容器中前,固体颗粒和气体或蒸汽要求从液体中去除。出去的管应该使用法兰。容器内的角应该是圆的。图 6-2 表示容器设计要点举例。

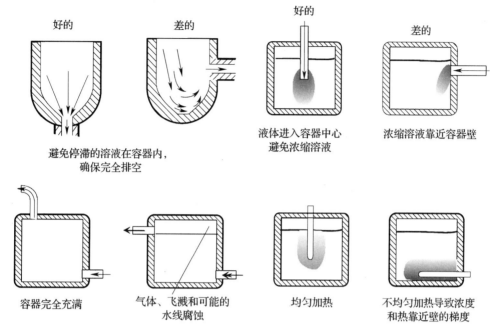

好的　　　　差的　　　　　好的　　　　　差的

避免停滞的溶液在容器内,　　液体进入容器中心　　浓缩溶液靠近容器壁
确保完全排空　　　　　　避免浓缩溶液

容器完全充满　　　气体、飞溅和可能的　　均匀加热　　不均匀加热导致浓度
　　　　　　　水线腐蚀　　　　　　　　　　和热靠近壁的梯度

图 6-2　好的和差的容器设计举例

健全的设计很多小细节要避免:裂缝、不同的金属连接、定位焊、圆边连接和其他潜在的水陷阱、尖角等。图 6-3 表示小设计细节的例子。不同类型的裂缝可能是每次工艺过程的最薄弱点。典型的裂纹发生在连接处。危险的裂纹通常 0.025~0.1mm 宽。他们可能在螺栓连

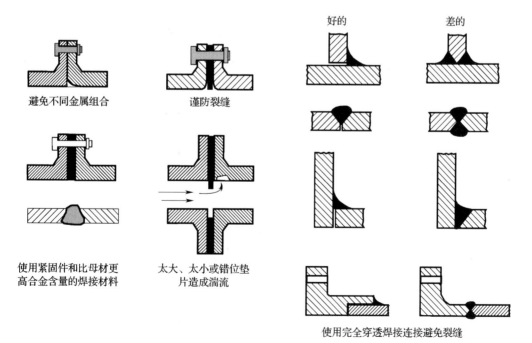

好的　　　　差的

避免不同金属组合　　谨防裂缝

使用紧固件和比母材更　　太大、太小或错位垫
高合金含量的焊接材料　　片造成湍流

使用完全穿透焊接连接避免裂缝

图 6-3　设计细节

接、铆接连接和焊接处。更紧的裂缝要求更耐腐蚀的材料。过大或过小的密封和垫片可能造成裂缝网和湍流,导致侵蚀。垫片材料吸收水分也可以造成缝隙腐蚀。相比结构材料,连接经常使用更高级的螺栓、铆钉、螺钉和焊条。如果要求连接两种不同金属制造的元件,他们应该彼此电绝缘。小的关键部件使用贵的耐腐蚀材料制作,以便不贵的大规模的结构可以给予阴极保护。当使用涂层,从来不会仅喷涂不贵的部分。更贵材料的喷涂将会减少总的阴极区域和减少电偶腐蚀。相反的例子,涂层中的小损伤可能造成不贵材料的急速腐蚀。

局部的温度差异可能因为几个原因。这些通常会导致局部腐蚀增加,如图 6-4 所示。冷的表面将会从大气中凝结液体。冷凝液可能含有不同量的腐蚀因子。如果冷凝连续发生在相同的位置和滴流在表面,可能导致腐蚀。如果冷凝液滴保留在向下的表面一段长时间,也可能导致腐蚀。铜管上的冷凝可能造成这种情况下局部结构腐蚀,因为包含铜离子的液滴通过置换反应造成腐蚀,如渗碳反应。外部加强筋和其他结构可能导致冷桥。这将导致容器内气态向那个比容器墙冷的区域冷凝。这种情况下要求不仅容器,还有所有与它直接接触的所有冶金结构绝缘。热表面和热点也可以造成腐蚀。提高温度通常提高反应速率,温度足够高可能导致局部腐蚀开始,如点蚀。与溶液接触的热点,可能提高在表面不均匀性中的泡沫的形成,结果得到局部热浓缩溶液。

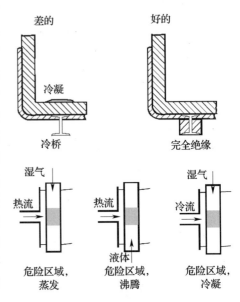

图 6-4　冷、绝缘等对局部腐蚀影响

6.1.2　连接

可靠的螺栓连接要求强而牢固,并且材料在环境中稳定。稳定的几何构型和部件中包含合适夹紧力的适当应力。螺栓连接应该防止滑动、分离、振动、不对中和部件磨损。刚性连接产生于大直径的大螺栓,及足够强的螺栓和连接材料,坚固的连接件和正确的安装步骤。螺栓尺寸应该是拉应力不大于螺栓屈服强度的60%,取决于现场实际。如果应力腐蚀拉裂是危险的,20%的负载可以确定。螺栓和连接材料的热膨胀系统应该相似。温度还会影响应力腐蚀拉裂,氢的脆化和疲劳。在热循环后垫片连接可能开始泄漏,因为垫片和金属部件的蠕变,垫片材料性能改变,通过热膨胀和收缩导致的垫片夹紧力的丧失。

紧固件有各种材料。选用材料时应考虑腐蚀环境中使用、温度、质量、性能、应力、可重用性和预期寿命。为保持低成本,应选用标准材料。大多数紧固件使用钢。不锈钢紧固件使用在那些腐蚀、温度和强度有问题的地方。常见的马氏体紧固件合金有 AISI 410,416 和 431。当耐腐蚀要求不太严重时,由于经济的原因使用铁素体钢。通用紧固件合金是 AISI 430。奥氏体合金是最耐腐蚀的。典型的合金有 AISI 304 和 AISI 316。镍紧固件可以用商业上的纯金属制造,镍铜合金 Ni - Cu 或镍铬铁合金 Ni - Gr - Fe。它们在高温下使用的韧性、耐腐蚀性和强度是令人满意的。纯镍适用于多种场合,包括污染性强的环境中,它在高温与零度以下均能保持强度。镍铜合金 Ni - Cu 是一种经济的选择,适用成形部和纸机。镍铬铁合金是紧固件最好的选择,必须在温度高达850℃保持高的强度和抗氧化性。

紧固件的抛光是整个连接附件的重要且必须的部分。喷涂或抛光改善外观,提高耐蚀性和提供润滑性。电镀锌、镉、镍和铬的紧固件是很常见的。锌更适用于工业环境。镉在海洋环境中最好,但它比锌更昂贵。镉对健康有危害。在锌和镉的表面腐蚀产物形成保护膜。镀锌后的铬酸盐处理增加耐腐蚀性。这对结合部件干燥水分和防止生锈特别有效。铬酸盐涂层不是很耐磨。锌作为紧固件抛光,可以被镍、钴或铁合金。在同样的厚度,这些合金比纯锌更耐腐蚀:

① 锌钴合金在含有 0.4% ~1.0% 钴时可以得到最好的耐腐蚀性。降低或升高钴的含量都不能提高耐腐蚀性。

② 锌镍合金中镍含量是 5% ~20%。相同厚度的锌,较高百分比的镍提供的耐腐蚀性超过钴合金。

③ 锌铁合金中铁的含量范围是 0.4% ~1.0%。这些沉淀可以是铬。

电镀螺纹紧固件可以改变螺纹配合到要求的量。热浸镀紧固件要么镀铝,要么镀锌。它们为便宜、高强度、铁紧固件提供低成本的保护涂层。化学转化涂层如磷酸盐涂层提供耐腐蚀的沉淀。通常,紧固件浸在锌或磷酸锰的溶液中。磷酸盐涂层比电镀便宜,特别是需要大的沉淀时。有机涂层提供致密膜阻碍腐蚀。它们可以进一步延展耐腐蚀性。以前有机抛光使用醇酸、酚醛涂料,但新的涂层是用氟碳和其他聚合物。

焊接往往是一个具有成本效益的制造方法。因为它不需要重叠的材料,消除了多余的质量。焊接连接工作应力均匀分布。连接的设计影响焊接工艺的选择。有五种可能的基本连接类型:a. 对接连接;b. 角连接;c. T 连接;d. 搭接连接;e. 边缘连接。

每种焊接工艺都有它自己的特点和功能。连接的设计必须适合所需的焊接工艺。连接的设计也会影响焊缝。理想的焊接程序是那些在最低的总成本下产生可接受的质量的焊缝。连接设计必须考虑通过焊接和所涉及的各种过程中产生的热。填充材料应该与被焊接的建筑材料相等或更多合金。焊接可以在结构中产生变形和残余应力。如果可能,接头应远离高应力区。在大多数的焊接材料中,加热可以缓解应力。焊缝的尺寸和数量应最小,焊缝应相配但不要超过母材金属的强度。当采用穿过金属厚度的全渗透连接,焊缝金属强度必须等于或大于建筑金属。

焊接使用高度局部加热熔断材料。由于加热材料的膨胀和收缩,它导致零件中不均匀应力。当熔池形成,压应力在冷的母体金属中形成;但拉伸应力发生在当焊缝金属收缩和热影响区对冷的母体金属立即抵抗冷却时。如果产生的应力超过母体金属的屈服强度,局部发生金属塑料变形。塑料变形造成零件尺寸的永久性减少和结构扭曲。主要的变形类型有纵向和横向皱缩、角变形、弓形、碟形、弯曲和扭转。冷却时焊缝区的收缩导致纵向和横向的皱缩。穿过厚度的非均匀的收缩产生除皱缩外的角变形。当焊缝纵向皱缩弯曲这个部分成弧形,焊接板发生纵向弓形。包覆板可能向两个方向弓,由于覆层纵向和横向的皱缩。这就产生了一个碟形。碟形也发生在加强筋板上。长期的压应力可能造成薄板弹性弯曲,从而导致碟形、弓形或波浪形。箱型截面的扭曲是由于不同的纵向热膨胀。增加定位焊缝的数量可以防止剪切变形和减少扭曲的数量,但是定位焊对于耐腐蚀性不是一个好的选择。

母体材料的热膨胀系数和单位体积比热容特性影响变形。例如,不锈钢比普通碳钢有更高的热膨胀系数,它将因此更可能遭受变形。如果一个元件焊接而没有任何外部约束,它变形以消除焊接应力。约束产生较高水平的残余应力对焊缝金属和热影响区的裂纹风险更大。合适的连接形式可以通过板的厚度平衡热应力。这可能意味着对比单面焊应选择双面焊。配合部分应均匀,产生可预见的一致的收缩。通过增加所需填充焊缝金属的量,过度的连接间隙可能也会增加变形程度。焊接过程主要是通过它对热输入的影响来影响变形程度。由于焊接工艺的选择通常考虑质量和生产率的原因,为降低变形限制焊工范围。作为一般规则,焊接量应最小。

6.1.3 管道

工艺车间中的管道数量是巨大的。元件可能包括直管、弯头、T形和分支管、改变管直径的大小头、盲板、法兰和法兰连接。通常,弯头、大小头、分支管使用与直管一样的材料,但是连接通常使用其他材料。管道系统或者当管道与容器和其他设备连接时频繁使用焊接,但是当需要再次打开时常见法兰连接,材料相容可焊接,否则不可焊接。最常见的腐蚀原因是过高或过低的流量,在流体管道中不同的不连续性造成湍流和固体颗粒。

为避免管道的腐蚀,有几个指导原则。速度是最重要的影响管道系统设计和腐蚀的单因素。介质的速度通过系统影响压力损失和泵送的成本。设计车速的选择控制着很多组件的尺寸,如泵和阀。随着尺寸增加这些组件的成本迅速增加。速度也会影响一些结构材料的腐蚀行为,如碳钢和铜基合金。对于不锈钢系统,流动情况下的腐蚀不是问题。流动速率要足够高,以防止颗粒和可能的垢下腐蚀的沉淀物。镍基合金和钛在特殊的应用中使用。从设计速度,局部速度可能相差很大。这是可以产生湍流的系统特别重要的特点,如:小弯曲半径、孔板、部分开的节流阀、错位的法兰等,造成局部高速度。特别是在低标称流速的系统,当入门于节流时,阀门造成湍流和高得多的局部速度。系统的设计和制造应尽可能减少湍流产生。

固体杂质,如砂、纤维、腐蚀产物等,需要由过滤或其他方法去除。天然气、空气、蒸汽管线应无水分,空气应该从液体管线去除。管道的设计应使液体管线总是充满,没有空气的空间。如果有必要,管线也必须适应全部排空的情况。管道系统的设计应具有最小数量的弯头和连接。平稳的流动对于避免湍流是必要的。这是接头、直径变化、流动方向变化合理设计的结果。弯曲半径应该尽可能大。对于钢和铜,它应该至少是管道直径的3倍。如果材料容易发生腐蚀或应力腐蚀开裂,甚至更大的弯曲半径都是必要的。更高的流速要求更高的弯曲半径。如果溶液流激烈地击打金属表面,将会发生侵蚀腐蚀和汽蚀。不连续的流动造成湍流,这会在管壁上引发应力和损坏保护膜。管径的变化应该平滑,长度必须至少是较小管的直径的两倍。流量的控制应该使用一段长度的直管。不应该在弯管、泵或其他部件的前面。如果管线中压力足够高,它会防止汽包成核和空化。

当使用不同的金属时,更贵的金属通常在活性金属之后。在异种金属连接的管道系统中,腐蚀性评价是必需的。如果电偶腐蚀可能发生,不同的材料应该电绝缘,或者贵金属材料内部喷涂接近耦合以减少阴极区域。例如,喷涂部分的长度可能是管道直径的10倍。必要的腐蚀余量可以在过渡区指定,或一些不耐腐蚀的材料可以用来作为牺牲废片。在不同金属的连接中,我们可以假定接近连接处的局部腐蚀速率可以高于平均腐蚀率。根据溶液电导率,腐蚀速率从连接处到5倍管直径的长度内呈指数下降。这可以确定腐蚀余量或废片长度的大小。异种金属的电绝缘很重要的一点是保证从外部将连接拆除。工艺管道可以在远离实际异种连接处固定在金属结构上,但是电连接还是存在。管道的固定也可以在外部方面造成裂缝和缝隙腐蚀。

图6-5提供了一些管道设计规则。主要任务是避免湍流形成和冲刷腐蚀的危害。所有流量改变或流动方向平滑导致这个结果。原则上,具有低压力损失的管道系统从腐蚀角度是合理设计。所有弯头、大小头和连接都必须尽可能平滑。法兰连接的垫片直径必须与管的内

径匹配。焊缝不能造成流动的梗阻。焊缝应光滑,渗透必须是完整的。如果焊缝没有将根部填满,情况将会和使用过小垫片的法兰连接发生的一样。

　　泵和阀门的设计主要是考虑它们的机械性能。它们通常能够抵御常见的腐蚀性环境。对于腐蚀性更强的溶液,可能需要特别的设计或材料。泵和阀门内部和外部暴露在腐蚀环境中(环境条件)。由于任一来源攻击都能引起问题,每一个都值得认真关注。恶劣的外部环境如腐蚀溶液一样一定会损坏阀门。因为阀箱中的阀杆的腐蚀,金属阀门经常失效。

　　用于铁管道系统的基本成本低的阀,有一个更耐蚀内部材料的铸铁

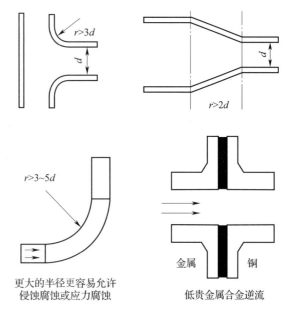

更大的半径更容易允许
侵蚀腐蚀或应力腐蚀

低贵金属合金逆流

图 6-5　工艺管道细节

阀体。铸铁体阴极保护内部材料,除非一层石墨腐蚀产物的形成。在阀体上涂料往往是有用的,但是它们成功主要取决于阀的设计。涂层的任何损坏可能导致阀体强烈的腐蚀和穿孔。阀体材料的升级给出更高的可靠性要求,使用合金如含有奥氏体的镍铸铁。不锈钢具有高的冲刷腐蚀的抵抗性,当用它们做阀体时,很少由于侵蚀腐蚀产生问题。当处在或低于阀流量限制,流动被打断,空化经常发生。由于点蚀和缝隙腐蚀在阀中很重要,阀体采用与管道相同抗性的合金是必要的。几种不锈钢高合金铸造板可用。

　　阀座,特别用于节流服务的会体验高的水速度。阀座可以加工的区域在阀体、盘、门或球,这取决于阀的设计。为了一旦损坏方便更换,一些使用分体阀座。在这种情况下,阀座材料可以与阀体或盘材料不同。不锈钢阀的阀杆采用与阀体相同的耐腐蚀性的材料。在管道系统中,阀门都是昂贵的部分,但是阀门的成本取决于它的设计。球阀比蝶阀更贵,因为它质量的更大。如为了球阀更好的流动控制特性使用球阀是可取的,但必须接受更耐腐蚀材料的额外成本。在球阀内流动方向发生急剧变化。这会导致严重湍流。推荐采用更抗冲击的材料。对于不锈钢系统,球阀中的湍流表现没有问题,与管道材料相同的合金是合适的。

　　泵叶轮接触快速地流动、高速的湍流。循环泵使用频繁,应使用抵抗这些条件高的材料。当泵固定和充满时,有些合金不用承受冲击攻击,但是可能点蚀。铸铁或铸钢泵壳,不锈钢叶轮是可取的。当泵静止时,通过泵壳阴极保护减少对叶轮的点蚀危险。不锈钢泵,叶轮可以使用与泵壳一样的材料。快速的泵磨损通常因为磨料、过低流速、过高的压力或温度。与关键部件如叶轮轴和密封相比一个常见的做法是,在泵体中使用阳极材料。同样的原则对于阀也适用,阀阴极更强。

6.1.4　户外建设

　　遭受大气腐蚀的结构设计也有一些简单的规则。必须先评估微气候的侵袭。工厂区域尤其是冷凝物侵袭和攻击重要的是方向。遭受腐蚀环境的面积应该最小。简单的箱型结构因此

比复杂的对角形结构更好。腐蚀溶液流动必须远离表面。在大多数情况下,溶液和粉尘在表面的收集和保留将会导致最严重的攻击。当选择结构外形时,最少的边和角是可取的。如图 6-6 所示,直管和倒角 L 形比 U 形或 I 形好。裂缝和接缝应最少,接缝方法应仔细考虑。连续焊接是可取的。如果可能,结构要求与土壤分离。没有好的涂层或混凝土基础,钢棒会驱使土壤腐蚀附近的表面。

用涂料保护是最常用的防腐蚀方法。为了确保涂料的合理应用,需要考虑一些设计细节。涂料的使用要求彻底的预处理和质量检查。涂料膜必须应用到一个有合适粗糙度的很纯的表面。为了确保污染物的去除,结构不应该有裂缝。如图 6-7 所示,为了减少涂料的应用和减少空隙,接近结构的所有部件必须是好的。大部分设备使用涂料喷涂。这需要一些结构的细节。裂缝应该避免,它不可能被清洁和适当的喷涂。全焊缝比定位焊缝可取,圆角比锋利的角好。螺栓配合面和跳焊连接要求密封填缝。

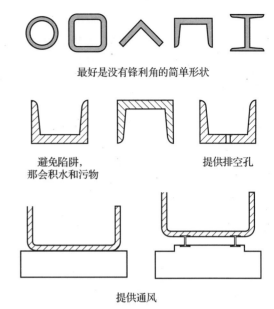

最好是没有锋利角的简单形状

避免陷阱,那会积水和污物　　提供排空孔

提供通风

图 6-6　针对大气腐蚀的设计

热镀锌是一种常见抗大气腐蚀的腐蚀保护方法。电镀物品的设计和制造有一些规则。首先需要考虑的是,物品将会承受在温度至少 460℃ 的锌液中浸泡。所有的结构必须有通风和排水孔,因为如果酸洗液蒸发,自封闭的大型区域可能导致爆炸。好的锌涂层沉积只发生在当表面没有有机污染物时。污染物不用酸洗去除,要求采用喷砂或动力工具清洁。提高镀锌质量的因素如下:

① 设计结构以便在镀锌后组装,更多采用紧固件。提供吊点和确保容器可以完全排空。

② 安装部件在镀锌后应该彼此之间可以移动,或表面间至少有 1mm 间隙。

③ 避免使用厚度差别很大的材料。浸泡过程中的不均匀加热可引起翘曲、弯曲等。避免长、纤细的结构。大区域的材料厚度小于 3~4mm 是不合适的。

④ 避免使用不同的材料。热轧钢、腐蚀钢和铸铁需要不同的镀锌程序。如果在组装中不同的材料焊接在一起,涂层将会不均匀。不同脱氧方法生产的钢不应该焊接。

⑤ 避免酸陷阱如紧裂缝、定位焊缝以及搭接连接。如果覆盖面积大于 70cm² 左右,通风孔是必要的。如果酸渗入封闭区域或紧裂

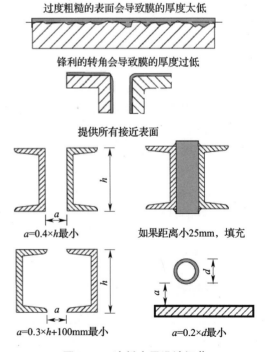

过度粗糙的表面会导致膜的厚度太低

锋利的转角会导致膜的厚度过低

提供所有接近表面

$a=0.4×h$ 最小　　如果距离小 25mm,填充

$a=0.3×h+100mm$ 最小　　$a=0.2×d$ 最小

图 6-7　涂料应用设计细节

缝,它不能被去除甚至被稀释融化的锌覆盖入口,被困的酸最终会腐蚀钢。将镀锌的铸造结构必须有光滑的表面。

6.2 材料选择

防腐措施中性价比最高的方法是合适的选材,包括涂层的选择。选材步骤包括以下四步:

① 通过分析环境、结构等确定材料的要求;

② 对可选材料进行辨别;

③ 对入围的材料进行评价;

④ 选择合适的材料。

在化工加工行业中经济的选材是复杂的,因为加工过程环境常比外界环境的腐蚀性强。由于加工过程环境的流动产生了传热与传质,这改变了腐蚀性环境。通过可得到的数据来预计的腐蚀性可能会太乐观。标准类型常有较大的成分限定范围,这使得选材难度更大。例如,AISI 316L 不锈钢的钼含量按标准应为 2% ~3%,对于材料而言,要有好的表现的最小值可能要在这个范围,具体对“造纸级别”来讲,AISI 316 不锈钢的钼含量是 2.75% 。一般使用的术语,如不锈钢或防酸钢可能会误导人,因为假定钢的成分是一样的,但其实对于 AISI 标准、德国标准、瑞典 SIS 标准与芬兰 SFS 标准,它们有不同的组分范围,这些差异不太大,但可能影响腐蚀抗性的表现。

表 6 - 1		奥氏体不锈钢与防酸钢常以质量比分析其当量			单位:%
不锈钢	**防酸钢**	**最大碳含量**	**铬**	**镍**	**钼**
AISI304 (UNS S30400)		0.1	18.0 ~20.0	8.0 ~10.5	
W. Nr. 1.4301		0.1	17.0 ~19.5	8.0 ~10.5	
SIS 2333		0.1	17.0 ~19.0	8.0 ~11.0	
SFS 725		0.1	17.0 ~19.0	8.0 ~11.0	
	AISI 316 (UNS S31600)	0.1	16.0 ~18.0	10.0 ~14.0	2.0 ~3.0
	W. Nr. 1.4436	0.1	16.5 ~18.5	10.5 ~14.0	2.5 ~3.0
	SIS 2343	0.1	16.5 ~18.5	10.5 ~14.0	2.5 ~3.0
	SFS 757	0.1	16.0 ~18.5	10.5 ~14.0	2.5 ~3.0

选材的决定性因素应该是在系统设计运行时间内的总成本。材料总成本必须包括起始投入、安装、维护与替换成本,甚至包括被干扰的生产造成的额外成本。已被详细说明的材料的起始成本高,但是在整个生产期间未被详细说明的材料会通过停机与维护成本来增加单位产量的生产成本。选材需要对投资与运行成本方面进行优化,当能得到安全与可靠性的足够保障时,要使生命周期成本(LCC)最小化,优先考虑市场上容易得到、制造流程记载清晰与运行表现较好的材料。不同材料类型的数量必须成本最低、可以互换、以及方便找到备品。要说明的是,腐蚀抗性高且昂贵的材料需要小心,因为它可能会给出错误的安全感,但却需要高昂的投资。

现有不同种类的选材所需的腐蚀数据。一些数据是定性的,一些是定量的。制造厂家发布的数据有时只是为了他们的产品促销。这些发布者常含有实验测试结果与使用案例。例如,一些标准测试中商品合金的腐蚀表现对比可能非常有用。一些参考著作含有大量的腐蚀数据。对于简单的系统设计,能用到某些图,但真正的流程却常是很复杂的。另一个问题是,一些融合了几种材料来源的大表格并不能识别材料的微细区别,而往往某些区别却对腐蚀抗性有大的影响。在以下著作中能找到不同材料的腐蚀数据:

① 德化学设备与技术协会《腐蚀手册》(12 卷),展示了在特定的介质中不同材料的腐蚀表现。在一些环境中的相当多种类的金属与非金属,可以从德国法兰克福德化学设备与技术协会中购得。

② 腐蚀数据调查,在金属与非金属部分,本书给出了一些材料与材料类别的腐蚀速率,这些材料是在特定的环境中分为四个类别,特定的环境是以化学品浓度与温度来描述的。本书是一系列参考点的合集。在田纳西州休斯顿的美国国际腐蚀工程师协会可得。

③ 美国金属协会《腐蚀数据手册》通过环境组织撰学而成。从中也能得到具体的合金系统概述。本书还给出了很多的数据与图表,在美国金属协会、俄亥俄州《金属园地》可得。

④ 美国金属协会第 13 卷,《腐蚀》。本书给出了金属、腐蚀形式与环境的知识。这些知识基本等同了美国金属协会《腐蚀数据手册》。在美国金属协会、俄亥俄州《金属园地》可得。

期刊与学术会议可能会对特定的问题给出解决方法,相同或类似的装置的表现数据会相当有价值。使用这些数据是可以对比的,要持续关注直至流程的工况、操作条件与材料。因为系统封闭导致腐蚀性更强的环境,制浆造纸行业过去的经验失去了价值。腐蚀测试是材料表现数据的最后渠道。实验室测试的问题是如何能真实反映真正的工况与许多具体的实地细节。从各种渠道搜索材料的表现情况,这样的用处是增加了实验室测试、工厂中试与在真实可对照的工况下进行优先使用的可靠性。

选材一般考虑物理或机械性能。腐蚀抗性则很少像它们一样受到关注。所有发布的数据只给出了选材过程的开始。从不同的渠道来获得环境对应的推荐材料,会得到一系列候选材料。当人们找到了对均匀腐蚀有足够抗性的合金,就能确保它对于各种不同形式的局部腐蚀的抗性。任何候选材料的性质也需要在正常的工厂运行环境之外进行评估。在设备开启或停机期间,当时的工况可能与正常时期的相差较大。例如,氯化物的浓度或温度可能增加到可以触发不锈钢点蚀或应力腐蚀开裂的临界点,而正常时不锈钢能保持腐蚀抗性。选择在更恶劣的条件下具有腐蚀抗性的材料是更安全的,但也可能会更贵。除了非金属材料,选材可使用以下 8 类:

① 碳钢与低合金钢;

② 不锈钢;

③ 铝与它的合金;

④ 铜与它的合金;

⑤ 镍与它的合金;

⑥ 铅、锌与锡;

⑦ 入门金属与难熔金属,即钛、铌、钛与锆;

⑧ 贵金属。

在还原性或非氧化性的环境下,镍、铜与它们的合金在理论上是有腐蚀抗性的。在氧化性环境下,钝化合金是有用的,如含铬金属。在强氧化性介质中,铬也不能保证足够的腐蚀抗性,钛或其他入门金属会更好。其他具有腐蚀抗性的材料,如塑料与非金属无机材料也可能可以用,这些材料常在恶劣的环境中极其适合。大部分陶瓷比金属要耐腐蚀与耐磨损,但它们的机械强度却不如金属。

对于制浆造纸行业而言,主要的金属材料是碳钢、不锈钢、镍合金与入门金属。不同种类的合金以及在同一类合金的腐蚀抗性的差距都很大。碳钢与低合金钢的腐蚀抗性基本相同,这类钢的组分差距对腐蚀抗性的影响不大,但也是存在当成分较少的组分改变而产生腐蚀抗性的巨大差距的个别案例。在硫酸盐制浆与有关白液的设备中,硅含量非常少而铜、镍、铬含量高的碳钢的腐蚀抗性会更好[2]。不同种类的不锈钢的腐蚀抗性差别较大,但不同制造商的同类产品则性能类似。不同种类的镍合金的表现可以完全不同,因而选用不合适的合金类型就存在极大的风险。因为钛合金的腐蚀抗性数据几乎相同,所以钛类一般没有问题。

　　腐蚀抗性的评估流程始于系统的运行时间、运行环境与运行参数范围,始于候选材料的初步筛选。候选材料的选择会考虑它们的均匀腐蚀速率与操作时间的比值,常使用环境的主要组成部分的腐蚀速率。许多参考资料含有腐蚀图来帮助完成这个任务,这种图可能含有对应特定腐蚀速率推荐的合金,或对于单一或少量的合金的不同的腐蚀速率。图中可能也显示了对于特定的腐蚀形式的风险,如应力腐蚀开裂(SCC)。如图 6-8 所示:

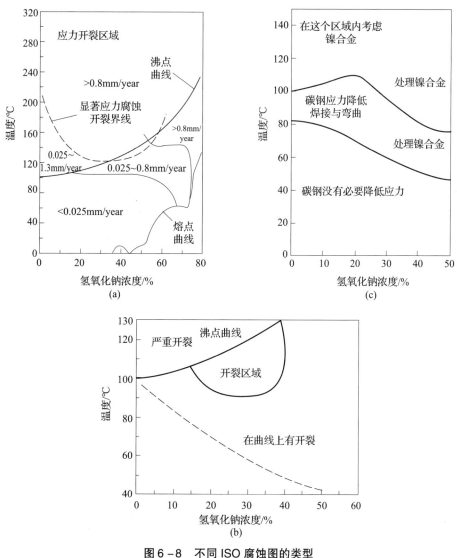

图 6-8　不同 ISO 腐蚀图的类型

(a)显示 AISI304 与 AISI316 不锈钢的腐蚀速率

(b)显示碳钢引发应力腐蚀开裂的概率[3]　　(c)给出钢与镍的应力范围[4]

① 图 6 – 8(a)显示了奥氏体不锈钢 AISI 304 与 AISI 316。在氢氧化钠的腐蚀速率,腐蚀速率取决于碱的浓度与温度。

② 图 6 – 8(b)显示了关于碳钢的苛性应力腐蚀开裂的特别信息。这种图比图 6 – 8(a)更简单,因为它不包括不同的腐蚀速率。这个信息显示了是否 SCC 存在。

③ 图 6 – 8(c)显示了不同材料的应用情况。在这个图中,腐蚀抗性的标准常是预先设定的腐蚀速率。在图 6 – 8(c),图中显示了钢与镍在碱性环境应用的合适区域。

腐蚀抗性评估的下一步是预估过程参数的效果。必须对可能造成腐蚀机理发生变化的变量给予额外关注。典型的变量是温度、压力、流速、pH 或离子浓度的变化,还需要考虑在开机或停机期间不正常的条件。例如,pH 降低会改变碳钢的腐蚀机理,使其从氧还原传质控制型转变为更快速与活跃的氢致开裂型。当存在几种溶液因素时会发生更复杂的属性。例如,氧化物浓度或温度暂时性的提高可以诱导不锈钢的点蚀或缝隙腐蚀。有为了这个目的而绘制的各种不同的图。图 6 – 9 显示了不锈钢的示意图。

① 提高 pH 可以允许有更高的氯化物浓度,pH 与 log[Cl⁻] 的线性相关性较强。

② 氯化物浓度对腐蚀电势与点蚀电势的效果也常是呈现线性。氯化物或其他腐蚀性离子更高的浓度降低了腐蚀抗性,这在更低的腐蚀与点蚀电势值时更为明显。

③ 在腐蚀与不腐蚀区域有明显的分界线,这种现象经常出现。这取决于溶液组分与合金组分。增加不锈钢的合金成分将使抵抗未知的腐蚀性变化更加安全。

④ 腐蚀性离子浓度与温度很复杂。更高的氯化物浓度常导致设备只能在低温下运行,只在低氯化物含量的条件下设备可能可以在高温下运行。临界点蚀温度与临界缝隙腐蚀温度与溶液组分的函数关系一般都不简单。

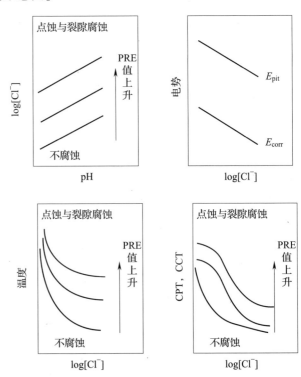

图 6 – 9　腐蚀抗性预估的示意图

6.2.1　碳钢

铁与钢是非常常见的制造材料。它们包括在室外很多环境下都会腐蚀。很少根据它们的腐蚀抗性来选择结构用钢,而是更多看重它们的强度、制造难易性与成本。涂覆、缓蚀剂与电化学保护对保护钢都有很用。所有钢在湿汽、含杂质的空气中都会腐蚀。加入少量铜能降低50% 的腐蚀速率,这是因为锈层变得更致密与有黏性。使用风化的钢可能不用刷漆,钢保护层的形成需要反复的浸湿与干燥。如果钢的表面一直是湿的,则它的保护层就不会形成。如果结构钢的腐蚀抗性不够,正常的逻辑思维就是考虑结构钢。碳钢在大气中的腐蚀速率取决于它的位置,在干燥的农村环境中,腐蚀速率就是几微米每年,在海边的环境中,腐蚀速率就是 $50 \sim 100 \mu m/$年,在工业环境中腐蚀速率可能超过 $100 \mu m/$年。局部盐或化学品负荷会增加腐蚀速率到几百 $\mu m/$年。一开始,在大气中的碳钢腐蚀速率是高的,但因为保护层的形成而下降。图 6 – 10 对比了没有合金碳钢与商品风化钢的腐蚀速率。结果显示更高含量合金的钢的腐蚀速率更快地达到稳定值。

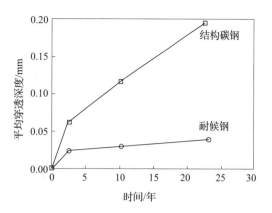

图 6 – 10 不同碳钢的腐蚀速率[5]

结构钢对碱、强氧化性酸与许多有机物都有好的腐蚀抗性。在常温下稀碱液腐蚀性不强,可在钢中作为缓蚀剂。在室温下氢氧化钠浓度超过 $1g/L$ 或 $0.7g/L$ 氢氧化钾碳钢的腐蚀会终止。当碱的浓度或温度上升至临界点,腐蚀开始。碳钢可以应付烧碱浓度达 50% 而温度 $55℃$。通风换气、二氧化碳与氯化物的存在会增加腐蚀速率。常是局部腐蚀,因为在碱的环境中形成保护层,腐蚀会集中在活跃的阳极区域中。在阳极区域保护层要更脆弱,或保护层被破坏。图 6 – 11 与 6 – 12 显示了碳钢在氢氧化钠与硫酸中的腐蚀速率[7,8]。

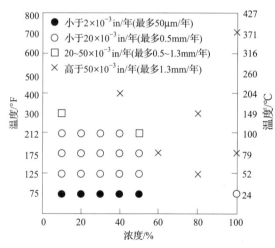

图 6 – 11 碳钢在氢氧化钠中的腐蚀速率[7]

注:10^{-3} in = 25.4 μm。

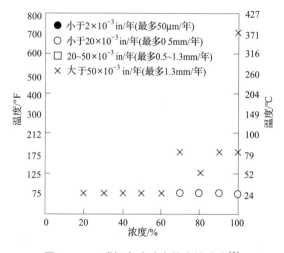

图 6 – 12 碳钢在硫酸中的腐蚀速率[8]

注:10^{-3} in = 25.4 μm。

在大部分水溶液中,腐蚀是由溶解氧而产生。在工业液体中也可能存在其他氧化剂。碳钢在间歇硫酸盐蒸煮的腐蚀速率从小于 $0.38mm/$年到 $3.8mm/$年变化[9],这些值非常高。运行工况的变化提高腐蚀速率,导致需要使用不锈钢焊层覆盖。第 5 章图 5 – 3 显示了 pH 与氧化剂对碳钢的腐蚀速率的效果。在图 6 – 13 显示从实验模拟的污水道测试中得到的瞬时腐蚀速率[10]。氧化电势不是非常高,因为溶液中含有溶解氧而无溶解氯。当溶液变成酸性时腐蚀速率增加得非常快。

低碳钢容易在含硝酸、氢氧化物、氨与硫化氢的介质中产生应力腐蚀开裂。氢致开裂可能产生脆应变与起泡。图 6 – 14 显示了碳钢形成应力腐蚀开裂的环境[14]。对于一些环境,腐蚀电势的危险范围很广。例如对于氢氧化物,存在图 6 – 14 讨论的两个狭窄的电势范围,而广的腐蚀电势范围对应更可能发生的应力腐蚀开裂。

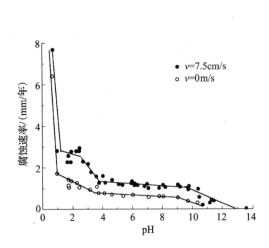

图 6-13 实验模拟的污水道测试中得到
的瞬时腐蚀速率[10]

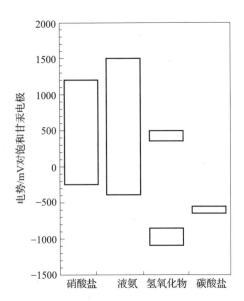

图 6-14 碳钢形成应力腐蚀开裂的环境

低合金钢有更好的强度,它们的腐蚀抗性接近结构钢。当浸泡或埋住低碳钢、低合金钢与锻铁,它们的腐蚀速率基本相同。当将高强低合金钢硬化到它们最大的硬度时,即使在一般的腐蚀环境中也非常易受到应力腐蚀开裂的影响。

6.2.2 不锈钢

不锈钢是第二重要的种类。它们对氧化性环境的腐蚀抗性尤其强。因为不锈钢的腐蚀抗性会变化,取决于钢的微观结构与组分,如何选择它们并不容易。许多不锈钢种类拥有相似的腐蚀抗性,但主要给高强度或可加工性进行设计的,这使不熟悉改进与原因的选材者困扰。不锈钢的使用寿命取决于对它们性质的理解,误解常导致不成熟的失败。历史上不锈钢的微观结构用于分类,这不能完全表示腐蚀抗性。微观结构对氯诱导型应力腐蚀开裂尤其重要,使这类腐蚀对奥氏体不锈钢是个问题,但对铁素体与双相不锈钢就影响不大。必须按它的 UNS 号或标准名称来选择不锈钢种类。常见的术语与商标可能会误导人。例如,"6-钼"类是高含量的铬与钼的超级奥氏体不锈钢(超过 24% 的铬与约 6% 的钼),但"7-钼加"是指含 26.5% 铬与 1.5% 的钼的双相不锈钢。

不锈钢腐蚀抗性对比的一些通用规则是存在的。更高含量的铬可以使不锈钢对更强氧化性介质与高温度的腐蚀抗性更高。镍、钼与铜改善了不锈钢在非氧化性介质的腐蚀抗性。钼尤其对降低氯化物造成的局部腐蚀有利。图 6-15 显示出合

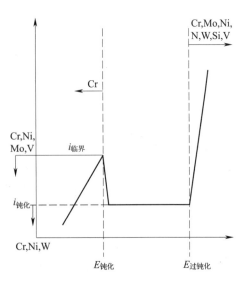

图 6-15 合金元素在不锈钢的
腐蚀与钝化的主要效果

金元素在不锈钢的腐蚀的主要效果。降低钝化电势或钝化电流密度的合金元素将使钝化更容易。通过与铬、镍与铜来降低钝化电流密度将使钝化状态的反应速率下降。当缝隙腐蚀是问题时这就很有利。

从元素名字的组分计算出来的点蚀当量（PRE）能预估对局部腐蚀的抗性大小。可以使用这些值将不同种类的不锈钢分类。PRE 值的计算要使用各种公式。最常使用的表达式考虑了铬、钼与氮的效果。在双相不锈钢种类中，氮的效果比奥氏体不锈钢类要好。在双相不锈钢中引入活泼的合金元素钨，会形成另一个表达式：

① 奥氏体不锈钢：$PRE = \% \text{Cr} + 3.3\% \text{Mo} + x\% \text{N}$，$x$ 因子根据氮的效果，其值为 12.8，13，16，27 与 30；

② 在硫化氢环境中奥氏体不锈钢：$PRE = \% \text{Cr} + 3.3\% \text{Mo} + 11\% \text{N} + 1.5(\% \text{W} + \% \text{Nb})$；

③ 双相不锈钢：$PRE = \% \text{Cr} + 3.3(\% \text{Mo} + 0.5\% \text{W}) + 16\% \text{N}$。

尤其对于双合金而言，还因为合金元素的分块而必须单独考虑双相各自的点蚀，有 PRE 值高的合金元素可能因为实际低的 PRE 值的那一相更容易腐蚀，而它的抗性也降低。图 6 - 16 显示了点蚀与应力腐蚀开裂对不锈钢微观结构与组分的影响。在所有合金中，铬、钼与氮含量的增加能提高对点蚀的抗性。在奥氏体与双相不锈钢中，镍与钼会增加应力腐蚀开裂的抗性。在铁素体不锈钢中，它们则起到负面的效果。

各种参数可描述不锈钢对点蚀或缝隙腐蚀的抗性。因为临界温度、氯化物浓度与温度必须超过点蚀或缝隙腐蚀的触发点，所以要画出任何这些参数或它们的相关性，与用于选材对比的另一个参数或钢的组分。作为常识，不锈钢的缝隙腐蚀抗性与点蚀抗性相关。图 6 - 17 显示了临界点蚀温度（CPT）与阳性极化曲线实验测试的结果[12]，实验是在 1mol/L 的氯化钠溶液中进行，CPT 值自然是由溶液组分与电势构成。如果这些保持不变，当一些合金的腐蚀抗性是已知的且用于衡量标准，则图 6 - 17 的结果是有用的。

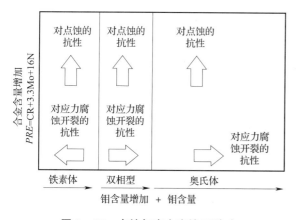

图 6 - 16　点蚀与应力腐蚀开裂对
不锈钢微观结构与组分的影响

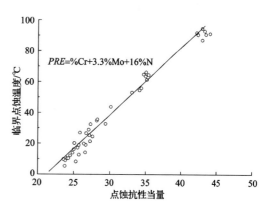

图 6 - 17　临界点蚀温度（CPT）与
不锈钢组分的关系曲线[12]

另一种可能是建立显示腐蚀与溶液温度和浓度的相关性的图。通过几个测试可得到图 6 - 18 与图 6 - 19 的数据。溶液是 pH 为 6 的氯化铵，在这些数据中，样品是用循环极化曲线在不同温度与氯化物浓度下测试的。如果曲线没显示滞变，样品也看不到可见的变化，则测试是过去的结果[13]。图 6 - 18 的结果显示点蚀的临界温度，图 6 - 19 显示了缝隙腐蚀的对应结果。如这两图所示，点蚀比缝隙腐蚀的临界温度要低很多。

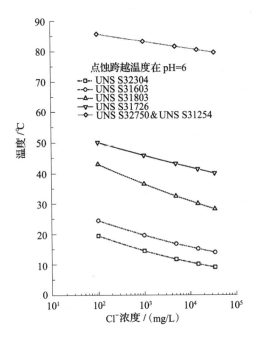

图6-18 奥氏体不锈钢在氯化铵溶液
中点蚀的临界温度

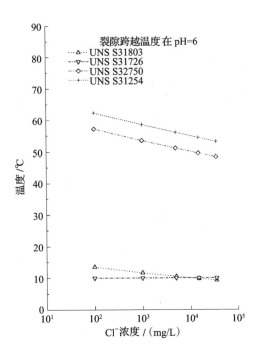

图6-19 奥氏体不锈钢在氯化铵溶液
中裂隙腐蚀的临界温度

氯化物浓度对点蚀的效果也比缝隙腐蚀低。对于选材,安全区域位于这些曲线的下面。不锈钢对无机酸的抗性取决于氢离子浓度与酸的氧化能力。不锈钢可应用在氧化性硝酸中。大多数奥氏体 AISI300 系列不锈钢在退火阶段对硝酸有较好抗性,硝酸浓度可为 0 ~ 65% ,温度可达沸点。在应对硝酸时,铬含量对不锈钢与镍合金的腐蚀抗性很重要,对硝酸使用最广泛的是低碳钢或稳定奥氏体类:304L(S30403),321(S32100)与347(S34700)。高碳含量的不锈钢,如 304(S30403)会在焊接附近热影响区受晶间攻击,结果导致致密性。一般认为钼的增加改善不锈钢对于酸的抵抗性,在硝酸中,304L 的表现会比含钼类更好,因为钼改善了对硝酸抗性较差的 σ 相。对于混合酸或含卤化物的受污酸,316L 更适合。

在硫酸中,不锈钢可能处于活跃或钝化状态。传统的奥氏体类能抵抗非常稀或浓硫酸。中等浓度的更有腐蚀性,AISI304 与 316 或 317 不像图 6 - 20 显示得那么适合[14]。好的通风或氧化类的加入会增加酸的氧化电势。将酸从还原性转到氧化性促进了不锈钢的钝化。高镍与铜含量的钢抵抗性更强。传统性铁素体类不适合硫酸[15]。

图 6 - 20 在硫酸中不锈钢与其他合金使用 508μm/年的最大腐蚀速率的情况,以点画线显示金属硫酸盐的抑制效果。

亚硫酸是还原性的,但许多不锈钢仍适合它。例如 316 与 317 用于亚硫酸盐蒸煮。AISI316 与 317 与 20Cb - 3 合金用于湿二氧化硫与亚硫酸。

常用不锈钢,诸如 AISI304 与 316 不适用于盐酸,即使在中等温度下腐蚀速率也很高。高合金类可能用于室温下非常稀的酸下,镍、钼与铜可能可以改善稀盐酸的腐蚀速率,但仍可能发生点蚀与应力腐蚀开裂。标准铁素体类,如 AISI410 与 430 不适合盐酸。如果用于设防备除锈,不锈钢对盐酸的抵抗性差可能会出问题。即使加了缓蚀剂的盐酸也不适合覆焊的蒸煮器。

一般不锈钢对碱性溶液有抵抗性,在氢氧化钠中,传统的 AISI304 与 AISI316 类对所有浓

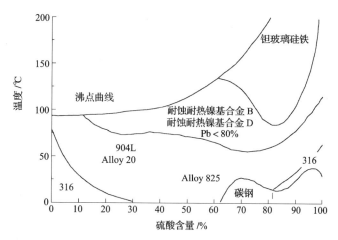

图 6-20 在硫酸中不锈钢与其他合金使用 508μm/年的最大
腐蚀速率的情况,以点画线显示金属硫酸盐的抑制效果[14]

度的、温度达 65℃的氢氧化钠均匀腐蚀有抵抗性,对 20% 浓度的氢氧化钠达到沸点有抵抗性。它们在达 100℃时会出现如图 6-8(a)显示的应力腐蚀开裂。在氨与氢氧化铵溶液中,不锈钢在所有浓度与达沸点温度下都有抵抗性。

不锈钢对中性与碱性非卤素盐有腐蚀抗性。卤素溶液导致不同形式的局部腐蚀,因为它们能渗透与破坏钝化膜。点蚀在通风或中等酸性溶液中更有可能发生。在非常强的氧化性条件下,如漂白,不锈钢会发生不同形式的局部腐蚀,腐蚀是由于额外高氯化物浓度、温度与溶液氧化能力造成的。合金含量更高的种类有更好的抵抗性。漂白厂设备常用不锈钢是奥氏体 AISI316L 与 317L。如果它们出现问题,一般采用钼含量更高的不锈钢,如 904L(4%~5% 钼)或 254SMO(6% 钼)。传统合金常不适合用于洗浆环境,甚至 6% 钼合金也会出现缝隙腐蚀[16]。常见铁素体类在 AISI400 系列不适合用于漂白工段,但 29-4-2 型超级铁素体类可以适合。含钼双相不锈钢,如 2205 也适合。

6.2.3 镍合金

镍合金是当不锈钢不适合时的下一选择种类。镍合金比较贵。它们只用于没有可能的替代品的场合。镍合金一般用于含氯与还原性介质的场合,而不锈钢在此处会受到局部腐蚀的攻击。镍与它的合金适用于碱。商品镍合金可适应大部分酸。它们也常能抵抗酸、中、碱性盐溶液。镍合金有两类,取决于组分不同,它们本质上是有腐蚀抗性的,或它们的腐蚀抗性源自铬合金。第一组合金适合非氧化性的条件,第二组合金用于氧化性条件。镍合金中加入钼与铜改善了它在还原性介质的抵抗性。镍中加入铬能抵抗几种氧化与还原介质。镍-铬-钼合金是几种能抵抗氧化性条件与卤素离子的金属。高镍含量合金一般在高温中对氯溶液中晶间应力腐蚀开裂有抵抗性,而这场合一般的奥氏体不锈钢是不能使用的。当镍含量超过 10% 时应力腐蚀开裂的抵抗性增加得很快。镍合金是一类比不锈钢更不均相的种类。因为镍合金在许多腐蚀性环境中都有用,所以应用场合与腐蚀速率也比不锈钢更挑剔。纯镍主要用于强碱溶液中。它们能抵抗高达 50% 浓度的氢氧化钠。镍与含镍合金对碱性溶液的腐蚀抗性基本与镍含量成正比。图 6-21 显示了镍合金在氢氧化钠中的 ISO 腐蚀图[17]。只有在高浓度下腐蚀速率超过 25μm/年。当需要更高强度或更强抗性,如 Inconel 600(N06600),Inconel 800

（N08800），Hastelloy C－276（N10276）的合金都有用。

镍－铬合金适合在高温的水、蒸汽与热尾气中。高温含硫化物的空气可能造成腐蚀与含镍合金的脆变。含有约 50% 的镍和 50% 的铬的合金对由硫酸钠和五氧化二钒造成的热腐蚀的抵抗性好，它们也适合碱性溶液。镍－铜合金适合含盐水与浓度小于 50% 的碱液。镍－钼合金可用于非氧化性酸溶液中，如 Hastelloy B 型，可用于典型的盐酸、硫酸与磷酸。含钼量高的镍－钼合金在还原性溶液中可以使用，但不能用于氧化性溶液中。

镍－铬－钼合金适合用于氧化性与非氧化性酸与它们的混合液中。它们常用于含氯溶液，而不锈钢往往不能用于这种溶液。它们也用于湿氯气、液氯与二氧化氯这些漂白液中。在镍－铬－钼合金中加入铜可改善对杂质、含卤素的非氧化性酸与含盐水的腐蚀抗性。

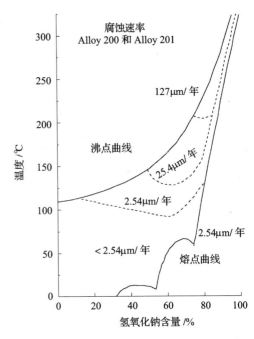

图 6－21　镍合金在氢氧化钠的 ISO 腐蚀图[17]

常见的漂白工厂的环境是用氯来氧化的。这些环境常需要使用含钼量高的铬合金。

在制浆造纸行业，镍合金主要用于制浆工段、漂白运行、干燥辊与诸如二氧化硫洗尘器等尾气直接脱硫装置。含镍量约 70% 的镍－铬－铁合金用于碱性制浆工段，在这个种类中的合金是 Inconel 600 与它的衍生物。Inconel 600 与 800 合金用于蒸煮液加热管，因为镍含量高可防止应力腐蚀开裂。使用 600 与 625 填充金属与衬垫覆盖在烧焊区域上，这个被涂覆的设备就可防止蒸煮器的焊接区域发生裂开现象。高镍含量的镍－铬－铁合金也可用于蒸汽加热烘缸。镍合金类，如镍－铬－铁－钼合金在蒸煮器中也有用。在漂白厂，镍合金可抵抗热、酸且带氧化性的液体，这些液体含有氯、二氧化氯、次氯酸盐、氯化物等，适合的合金中含有高含量的钼，如 Inconel 625（N06625）含有 9% 的钼，Hastelloy C22（N06022）含有 13% 的钼，Hastelloy C－276（N10276）含有 16% 的钼。镍合金旧的应用是沉淀硬化合金 K－500（N05500，63% Ni，29% Cu 与 3% 的铝）刮刀片。合金提供了耐磨性与抗腐蚀性[18]。表 6－2 给出了镍合金与它们在制浆造纸行业中的应用。

表 6－2　　　　　　　　　　镍合金在制浆造纸行业的应用[18]

合金	类别	应用场合
N08026 卡氏 20Mo－6	Ni－Cr－Fe－Mo	漂白工段
N08825 镍铬铁合金 825	Ni－Cr－Fe－Mo	漂白工段
N06007 镍基合金 G	Ni－Cr－Fe－Mo	漂白工段
N06985 镍基合金 G－3	Ni－Cr－Fe－Mo	漂白工段
N06625 镍铬铁合金 625	Ni－Cr－Mo	漂白工段
N10276 镍基合金 C－276	Ni－Cr－Mo	漂白工段与硫酸盐吹槽板
N06022 镍基合金 C－22	Ni－Cr－Mo	漂白工段

6.2.4　钛

入门金属与耐熔金属的腐蚀抗性是仅次于贵金属的一类。阀金属的特点是它们的绝缘体氧化层充当了电流整流器。氧化膜可经过负性电流,但它非常抗正性电流,而阳极电流是由氧化性环境提供的。最知名的阀金属就是钛、钽与铌。耐熔金属的特点是比铁与钢的熔点高很多,它们本质上是活泼的,但会形成非常强的保护膜。在高温的应用场合中,它们需要适合的保护层,这类金属包括铌、钼、钽与锆。有部分金属同时属于这两类。工程中最常用的金属是钛、铌、钽与锆。除了钛,它们只用于特定的场合。表 6 - 3 给出了常见钛合金的选材指导。

表 6 - 3　　　　　　　　　　一般钛合金的选材指导(1 为最差,5 为最好)

腐蚀性环境	氧化性					氧化性,暂时的还原性	
钛级别	1 级	2 级	3 级	4 级	5 级	11 级	12 级
强度/ (N/mm²)	200～300	200～300	300～400	300～400	400～800	200～300	300～400
可锻性	5	4	3	2	1	5	3
可焊性	5	5	5	4	2	5	5

钽在这类金属中腐蚀抗性最强,它已有多年应用。它能抵抗酸、干或湿氯气、氯水。钽也可抵抗生物污染。氟、氢氟酸、浓硫酸、三氧化硫、浓碱与特定的熔解盐可攻击钽。它轻易能吸收氢,所以在还原性介质中会导致脆变。钽价格高昂且缺乏强度。它主要用于管线。铌要便宜一些,可替换钽。铌可抵抗干与湿氯气、氯水、氧化性酸与还原性硫酸与盐酸,但有一定的温度与浓度限制。铌的机械强度比钽低,但它也能用于管线。氢氟酸、浓热硫酸与盐酸会攻击铌,它对碱性的抵抗性要差。锆对酸与碱都有好的腐蚀抗性,除了氢氟酸、浓热硫酸与盐酸。高氧化性盐可导致点蚀,如氯化铜与氯化铁。锆与它的合金主要用于高温水与蒸汽[19]。

制浆造纸行为中最常用的入门金属是钛。钛作为制造材料始于 20 世纪 50 年代。它的强度好,相对密度小,首先用于飞机与导弹。制浆造纸行业将钛用于氧化性与含氯环境中许多年。当质量或壁重会造成问题的话,钛的强度与质量的比例优于钢,表 6 - 4 显示出钛对于一些化学组分的腐蚀抗性。值得一提的是按表现分类或不同渠道的腐蚀速率可得到同样的信息。如果不检查信息的特定情况而滥加使用,则可造成误导。

钛在制浆造纸行业中主要用于漂白工段。钛对氧化性环境、氯化物或酸有良好的抵抗性。钛成了转鼓洗浆机、扩散漂白洗浆机、泵与管道系统、热交换器的标准材料,尤其是发展为二氧化氯漂白系统的设备。钛对亚氯酸盐、次氯酸盐、氯酸盐与高氯酸盐溶液、二氧化氯有腐蚀抗性。例如,钛可免疫氯与二氧化氯洗浆机的空气,而不锈钢是会被腐蚀的。不合金的 2 类钛是用于氯与二氧化氯漂白工段的传统建筑材料。此外,钛用于相关的储存槽、转移泵、混合器与洗涤器。钛尤其能用于高温氯液中。在氯化物溶液 pH 横跨 3～11 钛的腐蚀速率都很低。氧化性盐,如氯化铁或氯化铜,或其他氧化性杂质可延伸钛的钝化态到更低的 pH。钛合金在液体氯化物溶液中的应用限制是金属跟金属,金属跟垫圈连接处或沉积处之下的缝隙腐蚀。未合金的与其他合金可能会在热的含氯介质中发生局部腐蚀,取决于 pH 与温度。

表 6－4　　　　　　　　　　　　　钛对一些化学物质的腐蚀抗性[20,21]

化学物质	质量分数/%	温度/℃	腐蚀速率[20]/(mm/年)	腐蚀速率[21]/(mm/年)
次氯酸钙	2 与 6	100	<0.125	0.001
次氯酸钙	18～20	21～24	<0.125	
次氯酸钙	18	25	>1.25	
干氯气,含水量小于 0.005%		30	<0.125	
湿氯气,含水量大于 0.013%			<0.125	
含饱和水蒸气的湿氯气		75		0.003
含饱和水蒸气的湿氯气		室温		0.07
含饱和水蒸气的湿氯气		97		
过氧化氢	3,6 与 30	室温	<0.125～1.25	
过氧化氢	5,pH=4.3	66		0.061
含 500mg/kg 钙离子的过氧化氢	5,pH=1	66		
过氧化氢	20,pH=1	66		0.686
含 500mg/kg 钙离子的过氧化氢	20,pH=1	66		
烧碱	5～10	21	<0.125	
烧碱	10	煮沸	<0.125	
烧碱	50	38～57	<0.125	
烧碱	73	113～129	<0.125～1.25	
烧碱	73	110		
烧碱	50～73	188		0.05
次氯酸钠	6	25		>1.1
次氯酸钠		煮沸	<0.125	
含 10% 重量比次氯酸钠	40	80	<0.125	
硫化钠	饱和	室温,60	<0.125	
亚硫酸钠	饱和	室温	<0.125	
亚硫酸	6	室温	<0.125	

　　钛一般对于碱性介质的腐蚀抗性较好。在高浓碱与高浓氢氧化钾溶液中,钛可能限于80℃以下。在热、强碱介质中,钛合金可能因为吸附氢而发生脆变。钛常用于含氯的碱性介质、氧化性氯类或两者兼顾。即使在更高的温度下,钛也能解决会造成不锈钢发生点蚀与应力腐蚀开裂的问题。

　　使用钛的设备最大的难题就是碱性过氧化氢阶段。在用氯处理后的碱段会用过氧化氢来强化。在有些情况下,过氧化氢完全取代二氧化氯。现有的用于二氧化氯段的设备也可常用。这些设备会因为过氧化氢而腐蚀。腐蚀来源是 HO^{2-}。当 pH、过氧化氢浓度与温度太高时钛合金从钝化态转变成活跃状态。造成硬水的盐,如钙离子与镁离子、硅酸盐与木质素可能抑制腐蚀。钛金属离子与复合药剂可加速腐蚀[22,23]。对于 2 级钛,临界标准是 pH 大于 11,过氧化氢浓度大于 3g/L,温度高于 80℃。利用平衡方程,pH 越高就要用更低的过氧化氢浓度或温度来补偿。当使用现有的钛设备,过氧化氢的供应点对于避免出现局部浓缩的溶液就很重要。例如,过氧化氢只能在钛设备之后加入[24]。

6.3　调整环境

除掉腐蚀剂或增强表面保护膜的形成可以降低对系统的腐蚀。调整环境的方法可能包括

除去氧化物、加缓蚀剂、改变 pH 或温度。一些使用案例结合了几种方法。例如,锅炉进水处理除去溶解固体与气体,调节 pH,以及加入助剂去络合残余离子。这些防腐方法比使用更抗腐蚀的材料来讲要更不持久。调整环境来防腐需要持续性地监测进入系统的化学品的量是否保持正确。

调整环境的方法分为两类。第一类是促进金属钝化的方法,第二类是降低金属处于活泼状态的范围,从而降低腐蚀速率。图 6 – 22 显示了钝化金属的主要方法。通过增加电势或改变 pH 来移动钝化范围,从而改变由环境决定的金属活跃状态的范围,常用的降低腐蚀速率的方法是从系统中除去阴性反应产物。

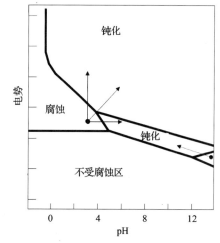

图 6 – 22　钝化金属的基本方法:环境因素,电势的增加或 pH 的改变可将腐蚀电势移至钝化区

6.3.1　除掉溶解空气

在许多系统中,溶解空气是主要的腐蚀剂,因此除掉氧是防腐蚀的有效方法。除掉氧适合在封闭或半封闭系统中进行,一般这个环境中的氧的补充会被阻止。常见的应用是加热或冷却系统,锅炉进水等。常通过加热或除气、化学去氧或结合它们来除掉氧。

机械除氧或机械除气是去除氧或其他腐蚀性溶解气的方法,如通过提高过程操作压力来增加锅炉温度的方法可除掉二氧化碳与氨。通过降低周围大气中的分压更容易去除溶解气。通过真空技术来使液体起泡是除气的另一种技术。机械除气器就是除去溶解空气的装置,起泡可除去游离二氧化碳。除去溶解气的设备常装在化学去氧之前。有效的机械除气中降低溶解氧,使其低至 $6.5\mu g/kg$[25]。

去氧剂常与一些化合物结合在一起与溶解氧反应,如亚硫酸钠与氢氧化钠。亚硫酸钠会与溶解氧反应而形成硫酸钠,它是易溶解盐。为了确保去氧充分,要在溶液中维持连续的亚硫酸钠进料,使系统中保持残留的亚硫酸盐。亚硫酸盐持续加入的问题是会增加系统的溶解盐,从而导致形成沉积物。在高压锅炉中,亚硫酸盐会沉积并形成二氧化硫与硫化氢,造成回流冷凝水系统酸腐蚀。肼,即四氢化二氮与氧反应并形成水与氮气。这是不会增加溶解固体物质的还原剂,肼是非常有效的除氧剂,但因为它环境风险与职业危害,目前人们还在不断寻找它的替代品。理论上 $7.88mg/kg$ 的亚硫酸盐,如亚硫酸钠或 $1mg/kg$ 的肼就能除掉 $1mg/kg$ 的氧,实际上要约 $10mg/kg$ 的亚硫酸盐与 $1.5\sim2mg/kg$ 的肼[25,26]。等式(6 – 1)显示了亚硫酸盐与氧的化学方程式,等式(6 – 2)显示了肼与氧的化学方程式。

$$2Na_2SO_3 + O_2 \longrightarrow 2Na_2SO_4 \qquad (6-1)$$
$$N_2H_4 + O_2 \longrightarrow 2H_2O + N_2 \qquad (6-2)$$

除氧剂到进水管线的加入点要尽可能远离锅炉,使它们有足够的反应时间。催化性脱氧剂比纯化学品反应时间快很多。尤其在低温系统更推荐使用催化性除气剂。分析亚硫酸盐或肼的残余量来控制氧的含量。高压锅炉的残余量要求要低于低压锅炉。

通常存在的误解是封闭系统中所有的氧被除氧剂消耗之后,系统就可以变得稳定,就不会再有腐蚀发生,通常这是不对的。因为所谓的封闭系统其实不是真正的封闭。系统中任何压力的变化与水的流失都需要自动补充除氧剂。为了达到这个目的,系统需要一个扩展槽与卸料阀。扩展槽通常有水的上方有滞留空气。当补充水进入系统,就会引入新的氧气,使得系统不断引入少量但持续性的氧。

6.3.2　缓蚀剂

缓蚀剂是一类可降低腐蚀速率但用量很少的化合物。缓蚀剂可以是阳性的、阴性的或促成膜类型的。阳性缓蚀剂能降低阳性反应的腐蚀速率,阴性缓蚀剂能降低阴性反应的腐蚀速率,促成膜型的缓蚀剂使材料与环境之间形成屏障。对比阳性与阴性缓蚀剂,促成膜型缓蚀剂吸附材料的整个表面,而不是在特定的位置,这会同时减缓阳性与阴性反应。阳性缓蚀剂也常比阴性缓蚀剂有效,但它们也同时可能是有危险的,因为缓蚀剂加得稍微过量,就会导致局部的阳性反应,这会使腐蚀速率加大。阴性缓蚀剂通常没有阳性缓蚀剂有效,但它们会更安全。阴性缓蚀剂浓度稍微过量会增加阴性反应速率,但结果是使腐蚀覆盖整个表面。与阳性和阴性缓蚀剂相关的风险是发生类似于电偶腐蚀的现象。在大多数情况,同时使用几种不同的化合物会提供互相促进的效果。当同时存在几种合金时有必要使用缓蚀剂混合物。表6-5给出了传统缓蚀剂与它们的用途的列表。

表6-5　　　　　　　传统缓蚀剂与它们在接近中性的pH范围的应用情况[27]

金属	铬酸盐	硝酸盐	苯甲酸盐	硼酸盐	磷酸盐	硅酸盐	丹宁酸
低碳钢	有效	有效	有效	有效	有效	理论上有效	理论上有效
铸铁	有效	有效	有效	不确定	有效	理论上有效	理论上有效
锌与锌合金	有效	无效	无效	有效	—	理论上有效	理论上有效
铜与铜合金	有效	部分有效	部分有效	有效	有效	理论上有效	理论上有效
铝与铝合金	有效	部分有效	部分有效	不确定	不确定	理论上有效	理论上有效
铅锡焊接头	—	腐蚀	有效	—	—	理论上有效	理论上有效

阳性缓蚀剂常是无机氧化性物质。它们会转移腐蚀电势到阳性方向,在金属表面形成保护膜。阳性缓蚀剂接触到金属表面将首先在余下的阳性区域内产生阳性电流密度,使这部分区域钝化。在钝化膜形成后,在整个表面的阳性电流密度就很低。阳性缓蚀剂只有当存在浓度足够、金属正处于从活泼往钝化状态转移时有效。阴性腐蚀缓蚀剂常增加氢致开裂的过电位,或形成能降低阴性反应产物扩散率的表面膜。腐蚀抑制是一种可逆现象,因此缓蚀剂的最小浓度必须是维持它的供应浓度恒定。系统充分的循环与防止溶液滞留是很重要的。

抑制效果由等式(6-3)计算而得。腐蚀速率在有与无缓蚀剂的情况下可得到低或高的结果。通常期望抑制效果至少达到95%以上

$$\eta = \frac{无缓蚀剂的腐蚀速率 - 有缓蚀剂的腐蚀速率}{无缓蚀剂的腐蚀速率} \times 100\% \qquad (6-3)$$

通过使用对数标尺计算不同浓度的抑制效果,人们可预计缓蚀剂投加的最小浓度。干净

与平滑的金属表面常比粗糙而被腐蚀的金属表面需要更多的缓蚀剂。金属表面存在油、脂或其他促成膜的化合物将影响所需要的缓蚀剂浓度。用于蒸煮器内的酸洗溶液的缓蚀剂理论上与金属酸洗溶液的缓蚀剂量是一样的。使用缓蚀剂溶液的好处是因为氢致开裂节约金属和缓蚀剂酸与还原酸雾。清洗溶液的腐蚀性会随着酸的浓度与温度增加而增加，就需要提高缓蚀剂的浓度，但温度上升缓蚀剂经常效果会相对较差，这是因为有机物可能会在高于它们的温度上限时分解。大多数酸洗缓蚀剂属于促成膜型的。它们会有效抑制氢致开裂与金属的溶解。一些缓蚀剂会降低其中一种反应的速率。缓蚀剂的吸附常是整个表面都是均匀的。酸洗缓蚀剂常是在有机物中加入 0.01% ~0.1% 的量。

6.3.3　生物污损的控制

有必要进行生物污损的控制，因为沉积物可能会阻碍热传递，导致腐蚀与降低产量。MIC 预防需要表面的机械式清理并使用杀菌剂控制微生物增长。通常使用化学药剂控制生物污损，但在没有机械清理的作用下化学品也不能在厚厚的污垢层保护的地方发挥作用。通过使用酸与螯合物可使清洗更加有效。清洗用酸需要进行充分清洗，然后在水中加入杀菌剂。对于给定的药剂，其浓度必须在能在杀微生物存在的基础浓度之上，长期使用同一杀菌剂会产生免疫效果，所以要分批次使用不同类型的杀菌剂会得到更好的效果。常见的杀菌剂是氯化的与其化合物、溴、氯代苯酚、铵类化合物、铜与锡化合物。这些杀菌剂中的一些正在被环境危害性低一些的种类所取代，如 DBNPA（2,2 - 二溴 - 3 - 次氮基丙酰胺）、氨基甲酸盐与戊二醛。标准杀菌剂中常加入表面活性剂与分散剂作为沉积物控制。大多数杀菌剂配方是公开的，因为许多规定都要求有杀菌剂成分的清单。

要有效控制微生物影响的腐蚀需要对杀菌剂进行正确地识别，因为杀菌剂也常造成腐蚀。在尝试用此法处理生物膜之前，很重要的是避免出错，有效的微生物增长控制流程包括以下三步：

① 识别微生物的存在类型与浓度；

② 利用系统设计、限制排放与微生物类型，来选择合适的杀菌剂（杀菌剂处理流程的选择取决于应用类型、系统结构的材料与供水）；

③ 控制所选择的杀菌剂的加入点、用量。

杀菌剂一般分为氧化型与非氧化型两类。氧化型杀菌剂会不可逆地氧化蛋白质类，结果是普通的酶失活，然后细菌快速死亡。普通的氧化型杀菌剂使用氯与氯的化合物的氧化性，如氯、二氧化氯、次氯酸与次氯酸盐。通常氯用于消毒，可有效对付细菌。pH、水温与需氯量确定了必要的氯化合物量。需氯量实际上是氯与细菌和污物反应的量，任何额外的氯气穿过系统中都作为残余的游离氯，当氯气溶解于水中，它分解成为次氯酸与盐酸。盐酸将水离解成氢离子与次氯酸根。次氯酸与次氯酸根离子的比例决定了杀菌功效。次氯酸的效果比次氯酸根离子高 20 ~80 倍[28,29]，诸如次氯酸钠或次氯酸钙等次氯酸盐遇水可形成次氯酸。因此氯气可代替次氯酸与次氯酸盐，来最终分解出次氯酸离子。

氯气氧化了特定的辅酶组活化部位，这部分是产生对呼吸系统极其重要的三磷酸腺苷的中间步骤[28]。次氯酸是非常强的氧化剂，这种溶液的强氧化性可摧毁细菌细胞及内部黏液，反应是通过次氯酸与纤维组分反应，产生稳定的氮，氯与细胞的蛋白质结合[28,30]。次氯酸的处理效果在 pH 6.7 ~7 非常显著，在 pH 大于 9.5 时，次氯酸完全分解成次氯酸根离子，就再也没有效果了。在低 pH 下，次氯酸溶液的强氧性使腐蚀性太强，需氯量非常难以预计，因此使用残余的游离氯来确定进入系统的氯量。pH是合适的生化控制残余游离氯的因素。在pH为6.0~8.0,0.2mg/kg的残余游离氯通常是足够的,在pH更高的时候,残余游离氯浓度在pH每升高1个点就会加倍,如pH为9时为0.4mg/kg的残余游离氯[28]。氯与它的化合物需要在含有生物膜的区域之前就立即加入,防止时间延长后的分解。残余游离氯必须在系统末端进行检测,以确保整个系统中有足够的含氯量。

二氧化氯比氯的氧化性更强,它的生化效果也是依靠它的强氧化性。二氧化氯不形成次氯酸,它只是以溶解状态存在。它比其他含氯化合物效果差,但在pH高的范围内更有效。

臭氧是新的氧化型杀菌剂。当它溶解时,它保留了它的氧化性特征,工作原理与含氯杀菌剂非常相似。臭氧与蛋白质会结合,使与呼吸系统相关的酶失活,被臭氧处理的细菌的细胞会因缺少细胞质而破裂。pH、温度、有机物与溶解金属离子也会影响臭氧。臭氧像氯一样有个需氧量,臭氧处理的残余量约0.5mg/kg[28]。

大多数氧化型杀菌剂投加方式都有连续或间歇式,更常用间歇式,因为化学品消耗更低,效果却更好。许多细菌因为持续性加入同浓度的杀菌剂会形成免疫力。表6-6对比了一些氯化处理的程序。总氯的一部分是游离氯,会作为次氯酸进行化学与生物反应。总氯的一部分是结合氯,会作为有机或无机氯胺进行生化反应。以氯胺的形式存在的氯是中等强度的杀菌剂与氧化剂。

非氧化型杀菌剂常比氧化型杀菌剂有效,它们结合使用。在冷却水处理中的常用实践是用氧化性杀菌剂的同时间歇性加入非氧化性杀菌剂。非氧化型杀

表6-6 氯化处理程序的总体对比[30]

程序种类	评价
连续性氯化处理	更有效
— 自由态残留物	更昂贵
	因高氯需求量而在技术上与经济上不常用
连续性氯化处理	有效性低
— 结合性残留物	更便宜
	对
间隙性氯化处理	常有效
— 自由态残留物	比连续性氯化处理便宜
间隙性氯化处理	最有效
— 结合性残留物	最昂贵

菌剂有金属、有机金属化合物与有机物。最简单的非氧化型杀菌剂是溶解铜。铜能有效应付细菌和藻类,但霉菌与真菌能抵抗铜。当加入1~2mg/kg硫酸铜就会有效。铜离子比钢更不活泼,浓度太高会通过置换反应导致铁离子腐蚀。有机锡化合物通常没有毒,但它们能应付真菌与霉菌。有机金属锡化合物在碱性范围能发挥好的作用。

氯代酚类化合物常作为非氧化性杀菌剂使用[28]。它们通过吸附微生物细胞壁来发挥作用。在吸附后,它们扩散进入细胞并将蛋白质沉积,影响生物呼吸。四铵盐是表面活性化学品,它们常在碱性环境中对付细菌与真菌,并非常有效。四铵盐在细胞壁中通过电动结合产生应力,造成细胞死亡。它们也可使细胞壁变形。尘与油因为表面活性而限制了它们的活性。各种有机硫化物也可用于杀菌。它们有非常相似的使用原理,但有各自的最佳使用pH[28]。它们的工作原理是抑制细胞增长。

6.4 保护性涂层

用于保护金属的涂层可以是金属、无机物或有机物。它们通过以下三种方式保护金属:
① 通过形成金属与腐蚀性环境之间的屏障;

② 作为牺牲性溶解物；

③ 作为缓蚀剂。

所有涂层都在某种程度上将金属与它的环境分隔。作为有效的屏障，涂层必须覆盖整个表面，覆盖面好，能抵抗机械损害。牺牲型涂层以两种方式工作。如果涂层好，则它形成一个屏障。如是涂层被损坏，它就会溶解。作为底层金属的阳极，涂层会发挥类似牺牲性阳极作用来作为阴极保护。抑制性涂层包括许多漆、油与脂，它们可用于暂时性的保护。它们同时起到形成屏障与作为缓蚀剂两种作用。

金属结构的使用生命预期和它的外观耐久度取决于在涂覆前表面处理工艺的质量，取决于涂层本身的表现表面清理常分类两个阶段。第一，去除油、脂等有机杂质，用有机溶剂、强碱性溶液、乳剂清洗或蒸汽清洗去除漆。第二，它可能会去除无机杂质，如铁鳞、铁锈与其他腐蚀产物。常用的方法是机械刷洗、打磨、喷沙、火焰处理与化学酸洗。

抗腐蚀涂层的选择包括识别腐蚀环境、表面准备与使用寿命要求。因为一些完成工段对给定的环境有更严格的规划，所以确定这些参数很重要。

6.4.1　抗腐蚀漆

通过有机涂层保护金属是最常见的防腐措施。涂层可以是液体或粉体，在金属表面形成膜并固化，然后形成有黏附性的涂层。喷涂的目的是使金属抗腐蚀，并得到想要的外观。选择涂料或喷涂系统取决于所要保护的结构、所在环境、应用方法与表面处理。涂层必须有物理与化学保护性质。大多数涂层是具有屏障性质的，但涂层膜仍然是可渗透的，因此允许水与氧扩散到金属表面。涂料内含的颜料、反渗透性与黏性是涂料的保护性能。涂料常有多种功能，包括抗腐蚀、抗侵蚀、安全与可识别外观。外表有锈迹的设备看起来不可靠。应用场合不同导致不同的需求，如铺地板、电力设备、过程设备、管道、建筑、控制室、支撑与悬挂。没有能在一切表面通用的涂层。规则的改变会影响涂层的使用，使得可以涂的工业设备类型的范围缩小。更严格的环境要求限制了易爆有机溶剂的涂料的应用。开发的新型涂料比旧款有更高含量的固体成分，一些旧款同属性的涂料已经不符合环境条款的配方要求了。

正确的涂料应用第一步是详细说明合适的涂料、表面处理与应用技术。一般类型的涂料以更有用的分类原理来区分，因为同一属性的涂料有类似的表现性质。大多数属性的涂料在配方上使用胶黏剂，胶黏剂只是通过其大致的化学性质进行分类，即有机或无机。例如，乙烯基与环氧树脂按名称是同类胶黏剂。大的分类也可以进一步细分成更具体的小分类。第二档划分是通过应用剂量或其他组分元素的分类。例如，环氧树脂包括了不同种类的树脂和特定种类的增强剂。还有更大的分类，如无机富含锌的类型与有机富含锌的类型。含锌型意思是作为配方中的锌尘的成分较高。

涂料膜含有胶黏剂介质或胶黏剂、颜料与额外的分散剂组分。胶黏剂溶于有机溶剂或在水中乳化来降低黏度。在涂覆到表面上之后，溶剂或水蒸发，胶黏剂是涂料的主要成分，它形成了黏附在表面的膜。干燥的膜含有所有颜料与其他黏结的化合物。大多数涂料膜的性质取决于胶黏剂。包括有干燥的模式、黏结的强度、抗水性与抗化学品性，以及耐久性。胶黏剂常是高分子量的有机聚合物或活性低分子量树脂，它们在干燥时形成聚合物。大多数胶黏剂是合成型树脂。自然树脂与改性天然产品也有用到，如橡胶与油。溶剂与稀释液溶解胶黏剂并降低其黏性。溶剂与胶黏剂影响了涂料的干燥速度、应用难易性、黏性与耐久性。应用方法确定了溶剂与稀释液的选型。例如，喷淋用的需要具有更快蒸发能力的化合物，但洗刷用的则不需要。颜料最重要的是给出涂料想要的性质的化合物。抗腐蚀主要的颜料类型是带色与防腐的,内含各种填料。颜料影响了颜色、光泽度、覆盖性、黏度与耐久性。对于有色的颜料,要寻找一定的色泽与覆盖度。额外的填料可提高光泽度与强度。在抗腐蚀涂料中,氧化铁与氧化铝碎屑会降低涂料的可渗透性。防腐颜料会降低基层金属的腐蚀性,如锌尘与磷酸锌。涂料也含有少量添加剂。常见的添加剂是增厚剂、防垢剂、表面活性剂、抗氧化剂,它们有防止涂层变薄等作用[31]。

单一涂层很少可以满足所有需要的性能,因此必须要有底漆与面漆。涂料系统也能含有几种中间层。底漆的目的是用颜料、高电阻与防渗透性保护基层金属,底漆的整个涂层有非常好的黏性。中间层可以增加膜的厚度与防渗透性。它们常含有防蚀颜料或片状颜料。中间层必须能与底漆有好的黏附力,它也必须有所需要的色彩与光泽。在钢供应商设备上运输与储存期间底漆是一层薄薄的保护涂层。带条纹的喷涂是补充性的,用于确保关键部分能有足够保护,如边缘处、焊接处等。在每个涂层应用之前,可通过在所有焊接处、角落、角后、横梁边缘刷漆,得到条纹状涂层,通过喷涂来喷到不能接触的位置,从而达到特定的覆盖度与厚度。底漆的颜料量相对较多,面漆的则相对较少。正常的涂层约 100~300μm 厚。在腐蚀性非常强的环境中,涂层系统可能有几层,总厚度达 500μm。未保护的金属的均匀腐蚀速率必须不能太高,否则当使用涂料或涂层被损坏时会导致快速的局部腐蚀。如果未保护的金属的腐蚀速率大于 1mm/年,就要使用厚的涂料或衬料。

涂层的成功应用需要考虑到应用与环境暴露状况这些可观的信息。环境的干燥程度可决定适合的胶黏剂,选择胶黏剂可确定适合的溶剂或溶剂混合物。颜料与添加剂可得到额外想要的性质。胶黏剂可能通过以下三种机理中的一种来干燥:

① 物理干燥:是用溶剂组分蒸发的方式;

② 化学干燥:包括一些化学反应,如能导致化学交联胶黏剂的氧化作用。在氧化反应中,涂料从外表的内侧进行干燥。很多薄的涂层必须形成增厚;

③ 聚合反应干燥:需要胶黏剂与在涂料中混合的固体剂之间的化学反应,涂料聚合并产生交联结构,通过蒸发干燥的胶黏剂有丙烯酸树脂、沥青、氟化高聚物,如含氟橡胶、乙烯树脂与乙烯沥青。

液态乳状涂料也可以以物理干燥的形式干燥,如丙烯酸胶乳,油基醇酸树脂与环氧树脂以氧化反应进行化学干燥。环氧树脂、一些改性醇酸酯、醋酸酯、苯酚、聚酯、聚氨酯以聚合反应干燥。在应用之前两种成分的涂料混合,马上加上固化剂。许多液态或粉体涂料通过在烤箱中进一步烘烤固化,形成交联树脂或去除残余溶液。这些涂料的胶黏剂是醇酸树脂、聚酯、丙烯酸树脂与环氧树脂。图 6-23 显示了以干燥方法进行制备的涂料分类。

抗腐蚀涂料主要使用环氧树脂、聚氨酯、硅酸乙酯、乙烯基塑料与含氟橡胶。工业应用涂料系统根据暴露于空气、水、泥土与化学品来进行区分。油基醇酸树脂可能是最常用的抗腐蚀涂料。如果没有化学品存在的情况下,它们用于室外与室内大气环境。它们只能抵御偶然的冷凝或浸泡。改性醇酸树脂对天气与磨损更加有抵抗力。它们能抵抗热与油,但不能抵抗酸碱。醇酸树脂涂料是经济型涂料,能用于大部分场合,当使用醇酸树脂涂料在已有的固化好的醇酸树脂涂层上,可能会出现剥皮现象,所以不要涂得太厚。

含氟塑料与乙烯树脂的涂料用于化学品场合。它们能提供好的腐蚀抗性,含氟塑料涂层是物理干燥型,不受温度影响。含氟塑料型膜的维护比较容易,因为连续性涂层没有剥皮现象的发生。在其他类型的涂料上应用含氟塑料需要特别警惕,需要特定的溶剂。这种涂料最低

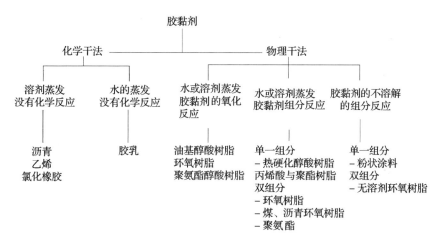

图 6-23 以干燥方法进行制备的涂料分类

可接受温度为 -10℃,它适合现场作业。乙烯树脂涂层对水、湿气与机械应力有好的抗性力,必须有好的预处理,而干燥不受温度影响,耗时也不长。乙烯树脂的重新涂覆是方便的,连续性涂层也没有剥皮现象。对于含氟塑料,使用乙烯树脂覆盖其他涂料需要特别警惕,以防会黏起之前的涂层。乙烯树脂的最低应用温度是 0℃。乙烯树脂沥青是乙烯树脂与沥青的混合物,适合用于被水浸泡的场合,最低应用温度为 -10℃。

环氧树脂对于化学品场合抗刮擦非常有用,黏性很好。双组分环氧树脂可抵抗溶剂与化学品,涂层结实、有韧性,抗摩擦。环氧树脂涂层有高的固含量,对水、化学品、溶剂、油与机械应力的抗性好。它们可能不适合强氧化性环境。环氧树脂聚合反应的最低温度为 10℃。从液态树脂制备的非溶剂的环氧树脂适合在水中浸泡的场合。它们也抗磨损与化学品。环氧树脂沥青涂层是环氧树脂与沥青的混合物。这些黑色涂层可抵抗水与化学品,可用于有水与土壤的场合。用油改性的环氧树脂涂料是环氧酯。它们与醇酸树脂类似。

聚氨酯的性质与其成分有关。它们可能可抵抗天气或化学品的影响,有硬的与软的。用煤油改性的聚氨酯也适合用于有水与土壤的场合。聚氨酯色泽与光泽好,耐刮擦,有弹性。液态涂料是物理干燥型,能适应室内外大气环境。它们需要数星期来干燥,受到了温度与相对湿度的影响。在烘箱中干燥涂料可以效果更好。非溶剂型聚氯乙烯塑料溶胶对于薄片型涂层很有用。热塑型聚合物的粉末已有不少设备上应用到。

在选择涂料系统时存在许多条件。对环境腐蚀有抗性的涂料类型,抗腐蚀性显然是重要的条件。应用方便、表面处理程度、外观、干燥时间与价钱是其他条件。表 6-7 显示了一些抗腐蚀的涂料类型。每个类型的最大分级为 10。

表 6-7 　　　　　　　　　一些涂料类型对于自然环境的抵抗性[32,33]

环境状况	乙烯基	环氧树脂	酚醛树脂	醇酸树脂	油-基树脂	聚氨酯	无机锌
光照与水	10	9	9	10	10	8	10
应力与冲撞	8	3	2	4	4		
刮擦	7	6	5	6	4	10	10
热	7	9	10	8	7		
水	10	10	10	8	7	10	5
盐	10	10	10	8	6	10	5

续表

环境状况	乙烯基	环氧树脂	酚醛树脂	醇酸树脂	油－基树脂	聚氨酯	无机锌
溶剂	5	8	10	4	2	9	10
碱液	10	9	2	6	1	10	1
酸	10	10	10	6	1	9	1
氧化物	10	6	7	3	1	9	10

在以往，铅基醇酸树脂材料粘连在表面处理程度较低的表面有一些问题。新的涂料系统需要更高要求的表面处理来使涂料的黏性更合理。为了降低表面处理的费用，制造者们不断地开发耐久性不如传统锌基系统的新涂料系统，但新涂料系统需要的表面质量更低。表6-8显示了一些在工业应用中新推荐的涂料系统，这些案例主要来自芬兰涂料制造者的产品单。在清理干净的表面上锌的底漆是用量最少的。在富含锌的底漆中，锌粉与液基在应用前立即混合。无机或两种组分的环氧基的底漆比较合适，它们可用于正常的工业涂料设备，与可用于室外的热浸镀锌合成膜相当，且化学抗性优于电镀镀锌。不同于热浸镀锌，无机锌可以用一类广泛的涂料覆盖在其上，以改善使用寿命与外观。制浆造纸中强腐蚀性的空气与不时改变的环境状况需要涂料能非常细密地黏附在金属表面。

表6-8　　　　　　一些涂料系统的工业应用案例（表面处理级别见表6-9）

应用场合	涂料类型	表面处理级别	面层与中间层	面层涂料	涂料厚度/μm	备注
在工厂内大气下的结构钢	醇酸树脂	St 2	2×40μm 红铅刷	2×40μm 醇酸树脂刷	160	适合现场使用
	醇酸树脂	St 2	2×40μm 红铅刷	1×80μm 醇酸树脂 高压喷淋	160	
	醇酸树脂	Sa 2	1×80μm 红铅刷	1×80μm 醇酸树脂 高压喷淋	160	触变性与快速干燥，用于商店与现场
建筑、机器、容器等，在含有化学品溢流或腐蚀性体的大气中	二元环氧树脂	Sa 21/2	顶层1×60μm 环氧树脂 内层1×80μm 环氧树脂 高压喷淋	1×40μm 环氧树脂 高压喷淋	180	
加工行业建筑与设备	二元环氧树脂	Sa 21/2	顶层1×80μm 环氧树脂 内层1×80μm	1×50μm 环氧树脂 高压喷淋	210	

续表

应用场合	涂料类型	表面处理级别	面层与中间层	面层涂料	涂料厚度/μm	备注
			环氧树脂高压喷淋			
容器和槽内壁,长期被浸泡的钢	二元环氧树脂	Sa21/2	顶层 1×100μm环氧树脂内层 1×100μm环氧树脂高压喷淋	2×50μm环氧树脂高压喷淋	300	
纸机湿部	二元环氧树脂	Sa21/2	顶层 1×40μm锌环氧树脂内层 1×100μm环氧树脂高压喷淋	1×90μm环氧树脂高压喷淋	230	
镀锌结构	氯化橡胶	刷,洗	1×40μm含氯橡胶高压喷淋	1×40μm含氯橡胶高压喷淋	100	适合现场使用
受溢流、尘与腐蚀性气体影响的钢结构	氯化橡胶	Sa21/2	2×80μm含氯橡胶高压喷淋	1×40μm含氯橡胶高压喷淋	200	适合现场使用
如上表格所述,且在腐蚀性非常强的环境下	氯化橡胶	Sa21/2	2×80μm含氯橡胶高压喷淋	2×40μm含氯橡胶高压喷淋	240	适合现场使用
浆线大气环境下的钢结构	氯化橡胶	Sa21/2	顶层 1×40μm锌尘 2×80μm含氯橡胶高压喷淋	2×40μm含氯橡胶高压喷淋	280	
镀锌结构	乙烯基橡胶	刷,洗	1×60μm乙烯基橡胶高压喷淋	1×40μm乙烯基橡胶高压喷淋	100	适合现场使用

续表

应用场合	涂料类型	表面处理级别	面层与中间层	面层涂料	涂料厚度/μm	备注
浆线大气环境下的钢结构	乙烯基橡胶	Sa 21/2	2×60μm 乙烯基橡胶 高压喷淋	2×40μm 含氯橡胶 高压喷淋	200	适合现场使用
镀锌结构	二元聚氨酯橡胶	刷,洗	2×70μm 环氧树脂 高压喷淋	1×40μm 聚氨酯橡胶喷淋	180	光泽度与色泽耐久
在腐蚀性非常强的环境下的钢结构	二元聚氨酯橡胶	Sa 21/2	1×40μm 锌基环氧树脂,顶层 1×100μm 环氧树脂 高压喷淋	2×40μm 聚氨酯橡胶喷淋	220	光泽度与色泽耐久
在土中或被浸泡的复杂结构的钢表面	二元聚氨酯橡胶沥青	Sa 21/2	1×100μm 聚氨酯沥青 高压喷淋	3×100μm 聚氨酯沥青 高压喷淋	400	很厚的黑或棕膜,可在 -10℃使用

正确的涂料应用非常重要,恰当的表面处理不会产生太多应力。好的表面处理比正确地应用涂料还重要。钢结构涂料委员会(SSPC),国家电子顾问委员会,美国材料实验协会与各种欧盟标准都有进行表面处理的标准。表 6-9 列出了一些表面处理的级别。每种处理方法都有关于表面处理需求效果的优点与缺点,这里还考虑到涂层类型、环境与操作者。一些表面处理在去除一些污染物的时候更有效。大部分涂料系统在表面处理达到较高档次时会表现得更好。

表 6-9　　　　　　　　　表面处理级别的描述

方法	SSPC 标准	NACE 标准	ASTM 标准	欧盟标准	描述
溶剂清洗	Sp 1				去除油、脂、蜡、尘
硬具清洗	Sp 2		St 2	St 2	除松锈、垢与涂层
电工具清洗	Sp 3		St 3	St 3	除松锈、垢与涂层
刷洗喷射	Sp 7	No 4	Sa 1	Sa 1	不除紧贴垢、锈或旧涂层
商业型喷射	Sp 6	No 3	Sa 2	Sa 2	66% 表面没可见残留物
准白金级喷射	Sp 10	No 2	Sa 21/2	Sa 21/2	95% 没有可见残留物
白金级喷射	Sp 5	No 1	Sa 3	Sa 3	完全没有

大多数涂料出现问题是因为表面处理方式与涂料应用不正确。表面要干净,在上涂料之前不能有泥、脂、锈与尘。不同种类的表面处理方式有污物的溶剂清理、酸洗或白合金喷抛清理,可以去除所有锈、泥、旧涂料与其他异物。在喷抛清理之前,锐角、木摺、角落与焊接处都需

要圆润处理或打磨,要去除火焰切割造成的硬表面。表面必须不能有任何异物,如焊剂、残渣、银屑、油、脂、盐等。溶剂或烧碱清洗必须要去除油与脂污染物。主要的表面缺陷,尤其是表面分层或痂对保护涂层系统有致命的影响,必须去除。所有焊点需要检查。如果需要,它们必须在最后喷抛清理之前要修复。喷抛磨砂必须干燥而干净,不能有任何污染物。磨砂颗粒的表面必须处理成适合喷涂系统的要求。

最终的表面处理底漆应用必须在同一天完成。喷涂的表面必须干净、干燥、无油污,达到特定的粗糙度与洁净度,泥、余下的磨砂等必须在清洁完成后不再出现。适合的涂料应用需要相当严格的环境条件。温度与空气相对湿度是最重要的因素。一般地,金属表面必须为 5 ~ 50℃,要略高于露点之上。相对湿度要低于 85%。涂料膜一定会显示由于加工技术差而造成的不同种类的缺陷。大多数应用失败都发生在表面处理或涂覆工作没有遵循规则上。不够彻底的清洗可导致涂层黏附得不够完整。在涂层与混合不够的多组分系统之间的固化效果不足将会使涂层失效。起泡是各种尺寸的破裂或未破裂的气泡,它们在涂料下面或中间。大多数起泡是由于不适当的溶剂、油或水汽污物、盐的表面污染物(渗透压起泡)或阴性保护剂太多。剥皮与碎屑为较常见的现象,因为表面清理不够或喷涂的涂料没有完全干燥。橙色的剥落的漆皮看上去就像橙皮一样。这个问题一般是由于在涂的时候涂料黏度太高或溶剂干燥速度不合适。下切口是剥皮现象中的一种,当基层金属被暴露并被腐蚀,在涂料下面的腐蚀传染会导致脱黏。增加涂料黏附力与使用防腐底漆可以减少这种现象。裂开是由于局部额外偏厚的涂料与不干净、冷或热的表面。像粉笔一样的现象是指在涂料表面形成粉状材料,它常是由于涂料对紫外光的抗性不足[34]。表 6 - 10 给出了涂料问题、可能的原因及补救措施。

表 6 - 10   涂料问题、可能的原因与补救措施

问题	效果	可能的原因	补救措施
涂层变薄	使一些涂料表观效果变差	没有密封 涂料储存区温度太高	储放在冷的环境下,全密封 在关闭前使用溶剂 在使用前先过滤
因为不充分混合引起沉降	颜料分散不均匀,使涂料光泽度不均匀,有条纹,会成膜	储存时间过长,或储存环境温度过高	储放在冷的环境下 在使用前搅拌均匀
起皱	成膜性差,会粘尘	顶层过湿,膜太厚	顶层膜确保烘干得足够,膜厚度要对
翘曲	涂料膜分层	顶部涂料没有跟对应溶剂匹配	使用匹配的涂料类型 避免强烈的稀释剂
橘皮(漆病)	涂料膜起皱	用错稀释剂,用错稀释方法或在喷涂时黏度不对	选择合适的稀释剂与合适的黏度
颗粒状	表观差	涂料或设备被污染 表面脏 不合适的稀释剂 有尘被吹进	过滤与混合涂料 使用干净的设备 清洁表面与周围大气环境 使用正确的稀释剂

续表

问题	效果	可能的原因	补救措施
光泽度不均一	膜上起皱纹	不匹配的稀释剂 不均匀的表面 不均匀的使用 吸收性的表面	使用正确的稀释剂 在吸收性区域要弄上涂料斑点 要均匀涂覆
涂层多孔	孔洞降低保护效果，膜容易变脏	不适合的稀释剂 涂料中有容气或喷涂时有水汽 膜太薄 干燥得太快	调整好正确的稀释剂量
粉化	胶粘剂降解导致颜料流失	过多的稀释剂 磨损过高	正确的涂料系统 遵从涂料制造商的指导
表皮涨破	随着圆形泡爆裂涂料膜分层	表面多孔 涂料中有空气 稀释剂不匹配 空气湿度大 表面温度太高 在涂料膜下方有水气 在涂料膜下方发生腐蚀 阴性过保护	在多孔表面的顶层涂料膜要薄涂料混合要仔细防止有空气混入 只在适合的条件下涂覆 表面清洁要好 使用对腐蚀环境有抵抗性的涂料，即有阴性保护作用的抗碱性涂料
失去色泽	涂料色泽变浅或深	亮色颜料不能耐天气变化 粉化	只使用推荐的涂料系统 允许顶层膜完全干燥 避免不同的涂料类型接触
剥落、结垢	涂料膜或部分膜变松，失去保护效果	涂覆时的表面有水或油脂 涂覆时的表面有垢或锈 在较差的环境下涂覆 涂料混合或稀释不正确 涂覆时间不够 表面与涂料系统不匹配	用合理的方法清洁表面 在足够高的温度下在干燥的表面涂覆 混合时间与膜厚度上遵从涂料制造间的指导 使用合适的涂料系统
碎屑化	涂料膜与下方膜分离	先涂覆的膜太干或太硬，两层之间的用料不匹配	在涂下一层之前要清干净表面 硬或滑的表面先要打磨 使用匹配的涂料

因为涂层的寿命一般低于建筑的寿命，所以必须要有一定形式的维护。现有三种常见的维护策略：a. 修复问题处；b. 重复涂覆；c. 完全覆盖。

修复问题处只在生锈或分层区域除掉金属表面，并涂上新涂料。在重复涂覆处，所有有缺陷的区域都要去掉，整个区域重新涂覆。完全覆盖就需要将现有的涂层全部去除，然后进行合适的表面处理并再次上涂。

6.4.2 涂料膜保护机理

涂料的膜的工作原理是制止阳性或阴性反应或提高抗腐蚀性。当氧与水扩散到金属表面时阴性反应会停止,在这方面涂料膜的可渗透性非常重要。涂料的膜一般含有很多微观针孔。涂料的膜是起到屏障作用的,因此这种结构使得它不能完全使水汽不渗透,就会导致开始腐蚀过程,并最终瓦解涂层,屏障作用只能在涂层完整的时候才能发挥作用,如果屏障被刮或以某种方式破坏,基层金属被暴露,则腐蚀开始。合适的胶黏剂与颜料可以消除这种渗透性,否则水汽会穿透这些针孔并到达未保护的基层。当这种现象发生时,腐蚀形式就是点蚀,如果是起泡,就会掀翻整个涂层。这是使用防腐底漆的主要原因。涂层的防腐措施是使用高电阻性颜料、阳性钝化颜料与牺牲性颜料(如锌)。

大多数有机涂料的膜有较大的电阻。虽然涂料的膜不全是能将阴性反应产物排斥在金属表面以外,但是膜将会阻止电荷穿过膜来转移的方式。任何因为表面处理效果较差而残留的盐将在渗透过来的水中溶解,形成离子,然后降低膜的电阻。高电阻膜使用抗水性很强的胶黏剂,如环氧树脂、焦油环氧树脂、含氟橡胶与乙烯基树脂。非溶剂型环氧树脂用于浸入水中的建筑的单一涂层。

钝化型防腐颜料与水在局部阳性或阴性位置形成保护性反应产物层,这些颜料用于暴露在空气中的底漆。磷酸盐、硼酸盐、铅与铬的化合物(受限于环境保护)是这类型的颜料。碱性化合物与许多碳化物可作为中和剂来应对局部 pH 的变化。如铅与锌的氧化物或氢氧化物。

含锌涂料含有金属锌尘作为牺牲性颜料在有机或无机抗碱性胶黏剂中,它们与其他涂料不同,因为它们可以提供电偶保护。使用含锌涂料可以不用再其上面涂上一层,但再涂上一层自然更能增加保护级别。使用有机胶黏剂的涂料需要的表面处理要求较低,容易在其上面再涂一层,如环氧树脂或含氟橡胶。无机胶黏剂的热阻性更好,不易燃,如硅酸乙酯。涂料中的锌的作用类似于热浸镀锌或喷淋涂覆的涂层,可防止在涂层膜出现缺陷时阻止腐蚀的传染。含锌涂料可将钢在严重的腐蚀环境中的钢结构作为底漆,例如在化工工业中。含有金属锌的涂料在中性与弱碱性溶液中很有效,含锌涂料在大的无热浸镀锌建筑中是合适的选择。

6.4.3 有机涂料

高聚物涂料在制浆纸行业应用广泛,大多数功能性涂料使用的聚合物是碳氟化合物。设计用来防腐的高聚物涂料常更坚固,应用于比涂料膜更重的膜,这种涂层的要求更严格。它们必须很好地黏附在基层材料上,绝不会因为热、水汽、盐或化学品而轻易剥落或降解。损坏的有机涂层可导致腐蚀溶液渗透到涂层与基层金属之间,这会导致严重的腐蚀,在系统发生故障之前很难被发现。

粉状涂层应用于基层金属上,形成非常耐久而有吸引力的完成品。它们的制造流程不需要用到有机溶剂。有机涂层的应用有几种方式。一些方法需要加热部件,在流化床涂料中,加热的部分被浸入冷的粉体流化床中,在热锻中,冷的粉末在喷洒在加热部件上。当两种方法一起进行时,部件的温度要高于粉体的熔点。在基层金属的粉末与熔融物这部件的余热固化,或通过在烤炉中烘烤固化。被加热的部分可通过使用静电流化床来避免。在床上的颗粒带电,将被吸附到部件上。粉末接下来会被固化。这种方法最适合简单均匀的几何形状。流程部件,如管道、零件、过滤器外罩与容器可涂上高聚物粉末。新型粉体涂料正在取代橡胶与聚合物钢板内衬容器。

热喷镀作为一种用高聚物粉体的涂覆方法,始于20世纪50年代。粉末在其熔化时由等离子电弧处理,然后被推入基层材料。只要不在熔化前被分解掉,几乎所有材料都可能用热喷淋的方式,当熔融的颗粒进入表面,它们会凝固并形成涂层。等离子喷淋不需要固化,被涂覆的尺寸不受限制。涂层也不需要以液体的形式用传统的喷淋工具或浸泡进行处理。要使用溶剂与液体系统,涂料要用的液体需要在溶剂蒸发后固化,厚的高聚物涂层可用于内衬,方法是使用黏合剂与机械紧固件,或可用于活动衬管。

图6-24显示出高聚物涂料流程示意图。部件首先被溶剂或碱洗除去油污,有时要加热到300~400℃将会点燃有机污物。部件然后被喷抛清处理到Sa 2 1/2至Sa 3的表面光洁度,方法是使用粗砂来产生粗糙表面,这样黏附性较好。在喷抛清理后马上将处理的新表面涂上底漆。涂层使用上面说到的方法再施加一次。喷涂工序反复进行直到厚度达到要求。如果需要固化,会在每个涂层后进行作业。最终要测试成品的厚度、黏附力与多孔性。

高聚物最让人感兴趣的地方是化学抗性、抗压缩性与抗磨性。操作温度取决于高聚物的类型,范围在75~250℃。化学抗性取决于高聚物的类型号。高聚物类型与填料还很大程度上决定了硬度与耐磨性。以下条件将影响

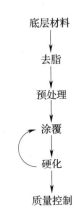

底层材料
↓
去脂
↓
预处理
↓
涂覆
↓
硬化
↓
质量控制

图6-24 高聚物涂料流程示意图

特定树脂薄片的适应性:a.温度的周期性变化;b.温度突变;c.化学品浓度变化;d.化学品的组合;e.只暴露在水汽中;f.暴露在频繁溅起与溢出的环境中;g.暴露在一般频率的溅起与溢出的环境中;h.维护时常有液体冲下;i.承载负荷或无负荷。

有机涂料可以是热固型或热塑型高聚物,这取决于高聚物化学性质与涂料加工状况的影响。可通过增强来改善机械性能。通过使用无机或有机填料来改善渗透性,这等于涂料中的颜料。通过制作化学抗性树脂来提高不同高聚物对工艺与化学品的抗性,制作工艺可查到详细记录,如乙烯酯、聚酯、环氧树脂与热塑型高聚物。表6-11给出了特定热塑型高聚物的化学抗性的一些的预测指南。在多数情况下拥有好抗性的材料都会被推荐,抗性有限的材料需要测试,不推荐抗性差的材料。

表6-11　　　　　　　　　　　一些热塑性高聚物的化学腐蚀抗性

化合物	软聚氯乙烯	硬聚氯乙烯	聚乙烯	聚丁烯	聚丙烯	含氟聚合物
稀酸	好	有限制	好	好	好	好
浓酸	有限制	有限制	有限制	有限制	有限制	好
氧化性酸	差	差	差	差	差	好
有机酸	好	好	好	好	好	好
稀碱	好	好	好	好	好	好
浓碱	好	有限制	好	好	好	好
酸性盐溶液	好	好	好	好	好	好
中性盐溶液	好	好	好	好	好	好
普通盐溶液	好	好	好	好	好	好
氧化性盐溶液	有限制	有限制	好	好	好	好

酚醛树脂涂料制作的配方有烘烤与空气干燥,它们的成品坚硬是常见的。酚醛树脂涂料具有良好的抗水汽、溶剂性,可抵抗相当多种高浓酸,空气干燥型的温度可达65℃,烘烤型的可达200℃。

环氧树脂涂层一般只有催化的配方。环氧树脂具有良好的化学抗性,可抵抗各种酸、碱与盐。多数温度限制在100~150℃,环氧树脂是热固型材料,在应用前将树脂与固化剂混合,立即通过化学反应形成了膜。环氧树脂一般用于屏障作用。它们一般较坚固,有良好的耐磨性与化学抗性。以往存在两类环氧树脂:胺类与聚酰胺,呈化学惰性的环氧树脂与固化剂结合了所有之前说的所有环氧树脂的最佳品质。环氧树脂比它们物理性质总和要好。环氧树脂涂料也适合作为地板涂层。环氧—酚醛树脂涂料主要用于中等温度到150℃下的抗碱性。它们可以被烘烤与催化。不同的环氧树脂类型包括以下方面:

二联酚 – A 是本轻利厚的通用型树脂,它可提供良好的抗碱性,较好的抗酸性,正常的溶剂抗性。

二联酚 – F 是一种低黏度材料,有良好的抗碱性,比二联酚 – A 更好的抗酸性与溶剂抗性。

酚醛环氧树脂是快速型固化剂,可提供良好的强碱抗性、酸与溶剂抗性。

乙烯树脂涂料对钢有良好的黏性。它们有烘烤配方与风干配方。在防腐蚀应用上,二联酚 – A 与酚醛环氧树脂可作为乙烯树脂的母体材料。乙烯树脂涂料拥有良好的化学抗性来应对复合型的腐蚀环境,但它们在含溶剂的环境中没有用。它们在应对70℃以下的大多数腐蚀性烟雾可得到满意的结果。乙烯树脂是最常见的热塑型材料,用于纸厂玻璃纤维增加塑料(FRP),乙烯树脂涂料与纤维增强管道在白水系统中用于代替被腐蚀的不锈钢管。

乙烯树脂涂料催化后在室温下固化,它们可抵抗中等程度的酸、碱与溶剂。温度限制范围取决于每种特定涂料的配方。聚酯能很好地适应室外环境。聚酯树脂与乙烯树脂的使用环境相似,但相对要没那么恶劣。

硅酸酯涂料用于不低于100~150℃的中高温环境,这些涂料一般能抵抗酸、碱、溶剂与盐溶液,但它们不适合用于溅、溢与浸泡的环境。

为了适应不同的腐蚀性环境,聚合物中最有效的屏障性涂料是碳氟化合物。常见的碳氟化合物涂料是全氟烷氧基树脂(PFA)、聚四氟乙烯(PTFE)、乙烯 – 三氟氯乙烯共聚物(ECTFE)、氟化乙丙烯橡胶(FEP)与聚偏氟乙烯(PVDF)。聚四氟乙烯是最早使用也是最常见的碳氟化合物。非常少材料能黏上聚四氟乙烯。要清涂纸机辊筒积累的黏性物质,就会造成生产中断,如果使用聚四氟乙烯材料这种概率就会下降。热缩型聚四氟乙烯树脂可提供一个抵抗胶黏物与防腐的表面。热喷淋抗磨损涂料可使用聚四氟乙烯来密封,如碳化钨。这些涂料可以很好地贴在抗磨损与无黏附性的表面。

全氟烷氧基树脂涂料既有弹性又有韧性,因此能抵抗机械磨损。它的摩擦因数低,可用于容器、管道与阀门。在造纸工业中,全氟烷氧基树脂用于辊子的包胶、汽缸与支撑结构。要在有机械负荷承受下的环境中应用,聚偏氟乙烯与乙烯 – 三氟氯乙烯共聚物涂料较为适合。其他碳氟化合物也能接受,但它们会发生蠕变。除了不做支撑结构,聚偏氟乙烯和乙烯 – 三氟氯乙烯共聚物与全氟烷氧基树脂使用场合相同。乙烯 – 三氟氯乙烯共聚物粉末涂料对强酸有良好抗性,在其他塑料不能使用的高温下使用,在这种环境下抗腐蚀性金属太昂贵。聚偏氟乙烯在磨蚀环境中是最佳选择,因为它在碳氟化合物中有最高的耐压强度。聚偏氟乙烯用于擦洗刮刀、搅拌器叶片、风机叶轮与排气扇系统。

橡胶内衬材料粗略分为天然橡胶与合成橡胶,实践中化合物一般都是天然橡胶与合成橡

胶的混合物。橡胶内衬材料厚度在 12 ~ 13mm,若要求更高的厚度则要使用复合层。橡胶内衬应用于以下几步:

① 表面预处理,却除污染物并提供合适的表面粗糙度;

② 在清洁的表面涂上黏合剂;

③ 应用橡胶片;

④ 加热来硫化或硬化内衬;

⑤ 使用高压火花测试器检查内衬针孔。

橡胶内衬在制浆造纸行业的应用包括湿氯气、过氧化氢与臭氧、废气清洁器。纸机辊子用橡胶包胶。橡胶内衬的问题常与高浓度有机污染物和太高的温度有关。

6.4.4 金属镀层

金属与合金可通过几种技术用于绝大部分其他金属上。最常见的方法是热镀、喷镀、涂镀与电镀。金属镀层通过形成屏障或牺牲性溶解来起到保护作用。屏障作用的镀层化学性质比较稳定,牺牲性镀层的化学性质比基层金属活泼。更稳定的金属镀层必须绝对无孔或它能形成电偶对,使针对基体材料的腐蚀发生在多孔区域。如果镀上稳定的镀层,则必须在操作上小心避免损伤。另一方面,被破坏的牺牲性镀层发生了腐蚀,腐蚀产物可能会填充被损区域,牺牲性镀层的腐蚀产物可能污染了产品或破坏了外观。牺牲性镀层常比屏障性镀层要便宜。

更活泼的镀层比受保护的金属更趋向于溶解。当两者同时存在时,镀层变成阳极,保护更不活泼的金属,这类似于电偶腐蚀。图 6 – 25 显示了牺牲性与屏障性镀层的腐蚀保护例子。牺牲性锌镀层溶解释放电子而被腐蚀,但碳钢仍保持未被破坏。锌镀层将保护碳钢直至锌完全被腐蚀光。溶解的镀层的腐蚀产物会沉积并堵住涂层

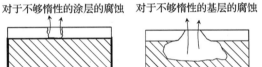

对于不够惰性的涂层的腐蚀　　对于不够惰性的基层的腐蚀

在惰性基体材料表面的涂覆,
如在钢上涂锌　　在活泼基体材料表面涂覆,
如在钢上涂铬

图 6 – 25　用活泼与惰性金属涂层进行保护

被破坏的位置,保持屏障的性质。当使用更稳定的镀层,总会存在镀层缺陷与严重局部腐蚀,在流程中常见的稳定金属是镍、各种镀钢与镍合金。

活泼镀层常通过热镀或热喷镀制成,方法是给相对稳定的金属制成镀层,包括涂镀、堆焊、热喷镀与电沉积。当使用更惰性的金属时,镀层必须无孔或不能发生电偶腐蚀。使用更惰性金属的镀法常有特定限制,防止镀层出现陷。涂镀与堆焊可能使被焊接的接头出现腐蚀。用合适的技术与材料可避免这种问题。热喷镀本质上是会得到疏松有孔的产品,一些技术可以得到更致密的镀层,使用更高速率的喷镀颗粒一般会得到更致密的镀层。使用密封剂可改善热喷镀的腐蚀抗性。电沉积镀法的产品常是无孔的,但它们仅限于小的与几何形状简单的部件。制浆造纸行业中最常见的惰性金属镀层是各种不锈钢与镍基合金。它们在液态与高温环境下发挥抗腐蚀作用。

6.4.4.1 热镀

热镀是金属镀法中的简单而成本低廉的方法。在热镀法中,需要加工的部件被浸泡在熔解的金属液体中,需镀上去的金属的熔点必须低于基体金属。当被镀部件几何形状上不是很复杂的,镀层的厚度均匀性不是主要考虑对象时,这种镀法常用于制造较厚的镀层。基体金属必须能承受熔解金属液的温度,制作的结构需要注意排气与排液设计。镀上去的金属必须是

液态的,可以与基体金属形成合金。在热镀之前部件必须清干净,使用碱性洗与酸洗两步操作,使之表面没有锈与垢皮。在浸泡于熔融的镀层金属之前,它们可能先浸泡于液体中去除氧化物及防止氧化物的形成。不会发生在熔化的金属与基体金属之间的反应,除非基体的表面不是干净的。加工部件必须保持浸泡状态,直至它们达到热镀温度,然后部件缓慢地从熔融的金属中退出,去掉多余的镀层金属。由热镀形成的镀层常非常有韧性。钢是最重要的基体金属。最常见的热镀是热浸镀锌,但锌铝合金、锡、铝与它们的合金也使用此法。按吨计算的话,大多数热镀层属于牺牲性质的,如锌与铝对于钢而言。

热浸镀锌是保护钢免受大气腐蚀的常见方法。此法已有很长历史,热浸镀锌的专利分别在 1836 年与 1837 年发表于法国与英国。这个技术很快在 19 世纪被广泛应用。用于热镀的锌必须至少达到 98.5% 的纯度以上。大多数有害杂质是铁、铅、铜与镉。锌镀层的质量取决于许多因素,包括钢的组分、镀层厚度、浸泡时间、浸泡温度。如果浸泡时间不足就会形成厚但黏性不好的镀层。时间太长会形成脆性的锌 – 铁合金。如果硅的含量约 0.05% ~ 0.12% ,锌层会变得太厚而在空气中暴露时会裂开。能进行热浸镀锌的钢的碳含量要小于 0.25% ,磷的含量要小于 0.05% ,锰的含量小于 1.3% 。表面粗糙处常需要更厚的镀层,因为此处的表面积增大了,但是些镀层会比较粗,外观相对劣质。

热浸镀锌的镀层结构是不均匀的,层之间的铁含量会有变化。最外层是纯锌。铁含量会随着外层到基体的方向而从小于 0.2% 增加到 21% ~ 28% 。一般地,锌 – 铁层会比基体钢更硬,但最外层会非常有韧性。随着锌/铁合金的形成,它们会垂直于表面而增长。它造成在角落与边缘的镀层比周围的厚,这与其他类型的保护镀层形成对比。热浸镀锌会导致凝固的锌流失,影响结构的外观。

锌是两性金属,意味着它可以既溶于酸又溶于碱,但不能溶于中性溶液。它也是一种非常活泼的金属,在中性溶液中可以被腐蚀,除非受到锌的氧化物膜的保护。在空气中锌的氧化层形成得非常快,可保护的时间很长。当接触到含硫的空气时,空气会缓慢地与氧化膜反应形成能溶于水的硫酸锌,就会失去抗腐蚀性。在 pH6 ~ 12 之间锌不会腐蚀。当电解质的 pH 在 4 ~ 13 时锌的消耗率较慢。这个范围能符合许多的工厂环境。锌在硬水中比在软水中腐蚀抗性更强。在没有二氧化碳的水中不能形成保护性的氧化膜。氯化钠、硫酸钠与硫酸钙可溶解氧化膜。锌在温度高于 42℃ 以上的任何水中的腐蚀抗性都很差,但在高于 55℃ 时腐蚀速率会下降,在约 60℃ 时铁与锌的相对化学惰性发生变化。热浸镀锌部件因此不能用于高温。溶解的惰性金属离子会通过黏结沉积在锌上,造成锌的溶解。这造成锌的镀层出现局部腐蚀。图 6 – 26 显示了锌镀层在不同空气中的使用寿命,当有 5% 的面积腐蚀,它的使用寿命就终结了。在中等大气环境下,大概 $100\mu m$ 的锌能使用 50 年。

通过进行热浸镀铝是比较新的技术。铝通常含有约 10% 的硅,会阻碍脆性的铝铁中间层的增加。热镀用铝含有超过 97% 的铝,铝镀层有层次结构,纯铝在外层,铁的含量

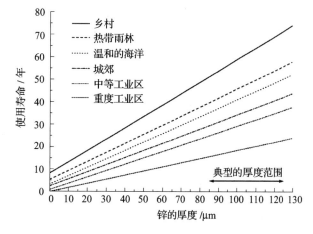

图 6 – 26 锌镀层在不同空气中的使用寿命

从外至内不断增加。铝也是两性金属,相比锌而言,它的 pH 稳定范围要窄,在 5.5~8。在大气中会形成铝的氧化膜。因为这层膜也能抵抗弱酸环境,在工业环境中铝的镀层比锌的好。铝能抵抗非常稀的酸液。在含氯溶液中铝镀层可能会出现点蚀,尤其在滞流的溶液区域发生裂隙。在软水中铝镀层可能比钢更稳定。

大多数牺牲性镀层可能使用热喷镀法。金属与它们的应用系统会有不同,但大多数应用薄镀层在表面上改善腐蚀与摩擦抗性。当使用密封剂或镀料时沉积物是多孔的,但这不是问题。火焰喷镀与电弧喷镀法是最常见的方法。热喷镀金属来替代底漆是最好的防腐方法,喷镀的多孔性可能是热镀的优势,因为它使喷的膜的黏性更好。在铁与钢上的喷膜常不够理想,因为在漆的下面腐蚀会拱起镀层。薄的锌与铝层可防止基本金属的腐蚀,使有机涂料结合得更好。铝与锌常适合在大气环境与自然水浸泡中保护钢铁。锌常达到 99.9% 的纯度,不能在喷镀中被污染。喷镀的锌比热浸的更纯。喷镀的锌的抗性非常差,对所有有机与无机酸没有抗性。铝常也有 99.9% 的纯度,但合金中会有 5% 的镁。喷镀用铝可能在湿隔绝下对抗腐蚀更有效。喷镀铝层在合适的密封下,非常稀的硝酸或硫酸和许多有机酸对它没有影响。

6.4.4.2　涂镀、内衬与焊接

涂镀意味着在腐蚀抗性较差的一面或两面结构材料上涂上一层薄的抗性更高的金属。典型的是用不锈钢或镍合金作为钢的涂层。这是工厂中常见的腐蚀控制技术。基体金属牺牲强度要求,涂层提供抗腐蚀性。通过热轧或爆炸成形将金属结合在一起。两种方法都会形成金属性连接。涂镀是节约成本的选择。它主要用于平板结构,如储存槽、反应器与压力容器,厚度为组合板总厚度的 5%~50%,一般是 10%~20%。与镀层相关的腐蚀难题是在结合或焊接期间,不想要的金属成分扩散,是因为压力释放热处理造成的金属相的变化。

涂镀金属的烧焊需要特殊的流程来确保其机械性质与抗腐蚀性。在接头的周围一些距离处增加一条涂镀带。首先,碳钢部分被烧焊,然后用合适的、合金含量更多的焊条涂镀补充。

图 6-27 显示了为不锈钢复合板制作的焊接接头。第一种方法是最常见也最经济的。板的边缘首先磨成斜边以备烧焊,斜边末端必须在复合层上 1.6mm。必须先制作碳或低合金钢的焊接点,焊接点禁止穿透至与镀层距离小于 1.6mm 的位置。实践中好的方法是使用低氢法作开始的过渡,然后接头从镀层侧凿孔,擦掉的物质必须尽量少,但必须将碳钢烧焊好。不锈钢最少有两层沉积。至少第一层必须是比镀层金属的合金含量更高的种类。在腐蚀环境比较严重的地方,在接头顶部必须多一条不锈钢带。图 6-27 中第二种方法更贵,因为要除掉多的物质。它允许使用传统的烧焊方法,因为涂镀不能污染碳钢烧焊点。第一步包括切斜边与去除涂

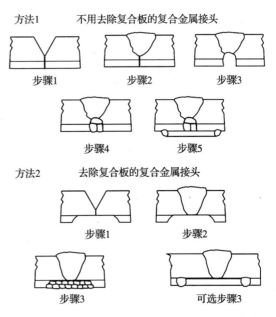

方法1　不用去除复合板的复合金属接头

步骤1　　步骤2　　步骤3

步骤4　　步骤5

方法2　去除复合板的复合金属接头

步骤1　　步骤2

步骤3　　可选步骤3

图 6-27　为不锈钢复合板制作的焊接接头[36]

方法 1 步骤是:切斜边、碳钢焊接、后刨削、不锈钢烧焊,
对于腐蚀性环境可选择烧不锈钢条

方法 2 步骤是:切斜边、除掉复合镀板层、碳钢焊接、顶部打磨、
堆焊或焊不锈钢条来修复复合板

镀层。接头的钢带必须延长到至少 4.8mm(3/8in)，碳钢在所有传统方法都会沉积，其根部用碳钢板磨平，在涂镀的区域用至少两层烧焊金属除掉重复烧焊点，然后用一个足够高合金的种类防止稀释。替换堆焊的方法是使用锻造不锈钢带焊在对应的位置[36]。

壁纸内衬或纸内衬是金属防腐的另一种涂覆方法，在 20 世纪 20 年代末就发明了这种方法，此法首用于化工行业[37]。壁纸的带内衬与塞内衬是不同的术语。图 6 - 28 显示了壁纸内衬的原理。更惰性的金属的薄片要烧焊，以便于让它们的边缘重叠。在连续蒸煮

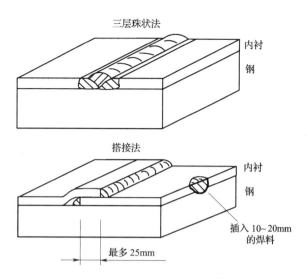

三层珠状法
内衬
钢

搭接法
内衬
钢

插入 10~20mm 的焊料

最多 25mm

图 6 -28　壁纸内衬的原理[37]

器与尾气净化系统已成功应用壁纸内衬。内衬必须使用新结构来控制条件。如果结构暴露在腐蚀性液体中，在停机期间内衬就需要彻底的清洗，烧焊会比较困难。

壁纸内衬常用的材料是不锈钢 AISI 304L 与 316L。因为必须使用现场的条件烧焊，不可能进行热处理，所以选择低碳类钢来避免致敏性。

堆焊也是抗腐蚀覆层的常见方法。典型的应用例子是在碳钢或铸铁上焊不锈钢。通过连续或叠加的焊缝来完成堆焊也是一类覆层。当选择焊法时，对基体金属的穿透量要尽量减少。这样就可减少焊接金属在基体金属的稀释量，保持好的抗腐蚀性。第一条焊条的合金含量必须要高，可允许在基体金属中的稀释量大一些。要避免硬马氏体结构。低合金量的焊条用于覆盖在第一层上。典型的第一道烧焊的焊条是 AISI 309，AISI 309 - Mo 与 AISI312。309 型焊条含有 22% ~24% 的铬，12% ~15% 的镍与 2% 的钼。312 型焊条含 28% ~32% 的铬与 8% ~10.5% 的镍。第二道使用的是低合金含量类，常用 AISI 308,308L 与 347。AISI 308 的正常含量是 19% ~21% 的铬与 10% ~12% 的镍，AISI 347 有 17% ~19% 的铬与 9% ~13% 的镍，有铌与钽作为稳定剂[36]。

6.4.4.3　热喷镀

在很多应用实例中，抗腐蚀或抗磨损的合金都可用于金属表面，使用方法就是一些热喷镀法。热喷镀是金属性或非金属性涂料的沉积这一大类工艺的通用术语。主要的热喷镀流程有火焰、电弧、等离子体、超音速火焰喷涂(HVOF)。在这些方法中，进料形式是引线或粉状。使用燃烧的气体、电弧或等离子熔化进料，然后吹到表面上，便形成镀层，镀层含有金属滴，如图 6 - 29 所示，它们

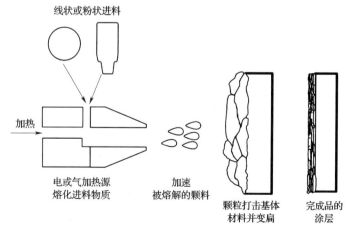

线状或粉状进料

加热

电或气加热源熔化进料物质

加速被熔解的颗粒

颗粒打击基体材料并变扁

完成品的涂层

图 6 -29　热喷镀的流程示意图

是变形并凝固在金属表面的。基体金属的温度在喷镀过程中不会明显增加。金属喷镀是热喷镀的另一种术语，它常指的是火焰或电弧喷镀。融化的合金常是表面硬化、自钎的合金，它有高含量的铬–镍或钴。这些镀层在应用前都是熔化状态，它们需要镀层与基体金属加热到超过1000℃。熔化的镀层因为工序的特点，非常重要的是无孔的。在喷镀之前镀层都要经过熔融状态，镀层常要经过加工或打磨。这些镀层常是有孔的，有页片状结构。除非镀层被密封，否则它没有防腐作用。

在常见的热喷镀法中，熔化的镀层颗粒在被送到工件之前会与大气反应，这导致各种组分的引入，这些对镀层的性质将有不利影响。图6–30显示了有各种缺陷的热喷镀结构，这类镀层结构不均匀，含有氧化物与其他杂质，除非使用特殊的镀室与设备。在可控的大气或真空环境下进行喷镀用于小的工件，得到的金属镀层没有氧化物或其他污染物，陶瓷喷镀使用惰性气体得到的工件非常地纯。

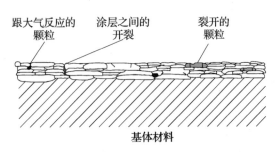

图6–30　有各种缺陷的热喷镀结构

火焰喷镀使用引线或粉体作为镀层材料。线性火焰喷镀是开发的第一种热喷镀工序。如今它在特定的应用场合中还是有用的。在引线中的喷镀材料连续地在可燃气体与氧化的混合物中熔融。压缩空气围绕在火焰周围，并将熔融的引线喷成雾状。熔融颗粒的喷射会被加速，往工件上吹。适合的可燃气体有乙炔、丙烷、氢。粉状火焰喷镀流程与引纸流程类似，不同的是它使用粉状进料。它提供了更广的涂料材料选择范围。喷镀材料连续进料至可燃气体与氧气的混合气，然后在里面熔融。传输气将粉体转移到火焰中，混合气转移进料至工件上。在引线或粉体火焰喷镀中，温度可达3000℃。引线式的颗粒速度达150～200m/s，粉状颗粒速度达100～150m/s，引线式火焰喷镀法适合大型结构，产率较高。简便的进料系统可提供好的雾化状态。镀层材料的选择局限于引线状的合金。粉状火焰喷镀提供的材料选择范围较宽，可以包括陶瓷与水泥。两个系统都可用于制作液态、气态与高温防腐镀层，可用于回收被破坏的部件。使用硬陶瓷颗粒的粉状镀层可提供防磨损性。两个系统都是可移动的，因此适合现场作业。

电弧喷镀使用两种金属性引线作为进料方式，电弧枪的进料速度可控，在枪的喷嘴处产生电弧，提供足够的热量来连续地熔化金属。压缩空气将熔化的金属吹成雾状并吹到工件，电弧喷镀系统不需要可燃气体供应。温度可达5000℃，撞击颗粒的速度达150～200m/s。电弧喷镀的适用场合等同于火焰喷镀。设备也是可移动的。电弧喷镀技术更新，颗粒输出更快，黏性更好。电弧与火焰喷镀两者都用于已制造的结构。较难接近的位置更适合火焰喷镀，大的区域更适合电弧喷镀。

等离子喷镀是将惰性气体通过电弧离子化，制成温度超过16000℃的热气流进行喷镀的工序，撞击颗粒速度为300～600m/s，将镀层材料注入气态熔融物中往目标喷射。通过改变工序参数，大多数金属的粉末与它们的合金，钨与铬的碳化物、陶瓷与其他材料都可使用这种工序。等离子喷镀可能是所有热喷镀中最昂贵的，因为它要足够的能量来熔化任何材料并使用粉状进料。典型的等离子气是氩与氮，加入氢与氦。混合气与使用的电极电流控制等离子系统可产生的能量大小，等离子枪到目标的距离、枪与工件相对速度与工件的冷却保持工作温度常小于250℃，得到的镀层非常致密。镀层的成品是可以预见并重复的。典型的使用案例是修复受损部件,或修复部件的耐磨性、防腐性和绝热与绝缘性。

　　爆炸喷镀与高速含氧燃气喷镀有相似的背景。爆炸喷镀使用易燃与惰性气体的混合物,如氧、丙烷、氮与氩,以及由喷枪喷出的粉末。混合气体被点燃爆炸,熔解与推动镀料。这个循环为每秒几次。此法噪音很大,需要特别的外罩或独立的建筑。超音速火焰喷涂镀包括将粉末材料注入高速的氧气与氢气喷射流体中,火焰温度约 2700℃。粉状镀料通过喷枪使用氮作为载体。这项技术特殊的火炬设计,压缩火焰自由膨胀至气体流速增加到超过音速。这些方法产生的高热动能可制作很厚的镀层,适合要求很苛刻的应用技术。镀层因熔融的颗粒速度快而强度高,残余内应力经常较低,被喷射的镀层比其他方法的厚度更高,由于动能很大,镀层材料常不需要加热到完全熔化的状态。相反,只要表面的颗粒处于熔融状态即可,它们在撞击到工件时变形。此法的典型应用是修复破损件,镀层用于耐磨、抗腐蚀、隔热与绝缘。爆炸喷镀控制最佳的超音速火焰喷镀工况很难。

　　降低磨蚀、侵蚀、刻蚀、黏合、汽蚀或氧化/腐蚀的第一步就是确定预期的磨损或破坏的类型。确切的图案、基体材料性质与工程工件的设计能确定损害的原因。部件破坏的分析有助于确定大部分合适的镀层材料与修复的方法。镀层材料包括金属、陶瓷、碳化物、合成物、单独使用或结合使用的塑料。一些为磨损与抗腐蚀的堆焊材料如下:

　　① 钨碳化物有出色的抗磨蚀能力,承受温度可达 260℃。典型的使用场合有辊子、轴承与混合设备。

　　② 镍-铬-硅-硼有一种喷淋与熔融态层,它有出色的抗摩擦与抗腐蚀性。典型的应用场合有泵的叶轮、磨损环与气门头部的环边。

　　③ 镍-铬-铁制作成可加工的"不锈钢"镀层,用于肩负搜救与建筑等含铁或镍合金的基体材料,它们不需要高硬度。

　　④ 镍-铁-铬-硅镀层有耐热性与抗氧化性。

　　⑤ 铬的氧化物有良好的防滑性,化学上是惰性。典型的应用场合有轴承、压缩机与泵的部件。

　　⑥ 含二氧化硅与二氧化钛的铬的氧化物有高耐磨性与抗腐蚀性。它比陶瓷更能抵抗机械冲击,摩擦因数低。

　　⑦ 钴-铬-钨-碳有高的耐冲击强度与抗腐蚀性。它主要用于阀门行业与许多泵与化工行业。

　　⑧ 高钼含量的铁-钼-碳适合作为硬镀铬的选项,用于保护磨损件、硬轴承表面与防刻蚀。它的摩擦系数低。

　　⑨ 铁-铝-钼-碳用于搜救与建筑的铁基材料。

　　不锈钢热喷镀是修复各种设备的常用方法,扬克烘缸用马氏体不锈钢修复,压榨辊用奥氏体含锰类不锈钢修复,这些部件首先要涂镀然后加工恢复回原有尺寸与表面收工。热喷镀用于使用金属类或陶瓷类涂层的回用锅炉水的保护。金属镀层是铁基或镍基类的。Hastelloy C-276 也用来作为镀层材料[18]。

6.4.4.4　电镀

　　电镀是指将一种金属或合金以黏附的形式沉积在目标物件上,作为阴极使用。通过电流进入电化学电池将金属沉积下来。电池中的流程与被腐蚀的物质正好相反。电镀用于抗腐蚀、降低摩擦力、提高耐热性与装饰。电镀是将金属与合金作为小部件表面薄薄的覆层的沉积形式的常用方法。几乎每种金属都可用几种方法沉积下来,可以是液态的或非液态的。电镀镀层必须用于可导电的基体材料上。打磨、预处理、后处理常比电镀本身还要关键。电镀镀层需要金属间的连接键。金属表面在电镀前必须不可受油、脂、蜡、锈污染，不会变暗，不形成钝化膜。表6-12显示了一些电镀常用的金属与完成品和它们的用途。

镍是电镀金属中最重要的，它主要有三类方案：亮镍、瓦镍、氨基磺酸盐镍，也可分为亮镍、半亮镍与高硫镍。亮镍表面的光泽度高，带微黄色至棕色。半亮镍是灰雾色。亮镍与半亮镍可提高抗腐蚀性。半亮镍表观不光滑，其沉积物有高韧性。高硫镍也是灰雾色，不光滑，它是所有镍中韧性最好的，也具有抗腐蚀性。

在装蚀场合中铬沉积物用于薄层覆盖在厚的镍表面。硬铬从六价铬浴中沉积下来，达到抗腐蚀性与抗磨损性。铬提供了光亮的表面，硬铬常沉积在钢、铜或任何这些合金上。硬度、抗腐蚀性与抗磨损性使铬作为汽缸与钉子的突出的表面材料。

表6-12　　　　　　　　　　　　　　金属电镀与它们的使用

镀层	使用场合	腐蚀抗性	特点与使用
镉	多数金属	极好	银白、银灰、暗灰或黑色，可用于装饰与防腐，特别是水下应用
铬	多数金属	好，改善底部为铜与镍的表面	呈亮蓝、亮白、光亮的成品的硬表面，可用于装饰、抗腐与抗磨
铜	多数金属	一般	电镀成品，可用于镍与铬板，可处理成不同的成品
亮镍	钢、压铸锌、铜	室内极好室外良好	银色成品，用于器械、硬件等
瓦镍	钢、压铸锌、铜	同亮镍	如果没有在洗浴中增亮，则得到暗色成品
镀锡	所有金属	极好	银灰色，与食品接触部分有极好的抗腐蚀性
镀锌	所有金属	非常好	亮蓝、亮白、灰色，用于保护钢的抗腐蚀性
黑铬酸盐成品	锌板钢	加强了腐蚀抗性	黑色、略有光泽，用于室外
亮铬酸盐成品	锌板部分	非常好到极好之间	亮色，或增加抗腐蚀性、涂色或涂料下因化学涂层变化而变色
橄榄土、金或铜色铬酸盐成品	锌板部分	非常好到极好之间	绿、金或铜色，像亮铬酸盐类，涂上色后比亮铬酸盐腐蚀抗性更强
重铬酸盐成品	锌板部分	非常好到极好之间	黄、棕、绿或彩虹色，同亮铬酸盐类

锌是工业中常见的电镀用金属，因为它可通过牺牲原理来保护钢。即通过使用铬酸盐的牺牲来达到更高的抗腐蚀性。锌与锌合金电镀需要铬酸盐置换电镀来提高抗腐蚀性。这些处理方法延迟了由锌氧化形成的白腐蚀产物的形成。铬酸盐是像胶一样的六价铬盐复合物镀层，不同颜色的铬酸盐的抗腐蚀能力有区别，以亮蓝、黄、青铜、绿与黑色为序腐蚀抗性逐步提高。在应用锌电镀时，加工者最常用黄色盐，然后是黑、绿与其他镀料。白色合金板可以被铬酸盐化，它的外观可能不同于铬酸盐化的纯锌板所预计的样子。这不意味着它的保护能力就差。它只是颜色不同而已。铬酸锌应用广泛。只有锌被穿透了露出基体金属才会形成锈。这是锌片的厚度的作用，它为钢提供了牺牲性保护。

刷镀或选镀是可用手提式设备的电解过程。这个过程使用高电流来产生非常厚的镀层。设备含有重量较低的电弧电源组,一端可绕到工件,另一端连到阳极把手。合适的阳极尺寸与形状可连在把手上,包裹着吸附物,如棉花,把手为阳极,工件为阴极,被阳极覆盖的把手接触工件造成电流降到金属从溶液中电解析出,沉积在基体金属上。刷镀用于修补或重新恢复机械性质或抗腐蚀性。用于刷镀的设备可方便携带到现场,要避免拆卸与重装。这可减少设备停机的时间。刷镀对其他金属修复过程提供了一些便利性。这个系统易移动、易操作、适应任何形状,镀层厚而黏附性好。

浸镀意思是将金属浸入液体中不用外部电流即可将金属镀料沉积上去。在稀的液体中金属离子使用自催化化学降解镀到基体金属上,当无规则形状电镀时,无电镀的流程适合非金属部件或基体金属,典型的应用案例是无电镀镍。这实际不是镍,而是镍—磷合金,但有几个独有的优势。沉积过程不用依赖电镀中的电流分布。镀层因此可在物件内部,甚至盲孔处。厚度上也绝对均匀,不需要接下来的打磨就可恢复不够大的线状物。热处理可提供高硬度。无电镀镍沉积物常更硬更脆,比电镀沉积得更均匀。

6.4.5　无机涂层

无机涂层一般是陶瓷,搪瓷、脆性内衬、衬瓦与转化涂层也属于这一类型。陶瓷涂层常在低与高温下有抗腐蚀性,但它们主要用于改善抗磨损性。制浆造纸行业使用大量的具有良好的抗磨与化学抗性的改进型陶瓷材料,当受到热的巨大变化时陶瓷会裂开,花费很可观的陶瓷加工与打磨成本,才能得到低误差的平滑完成品表面,可适合作为纸机部件,用研钵与搪瓷制成的陶瓷硬脆的内衬与金属相比有竞争力。

6.4.5.1　陶瓷涂层与内衬

陶瓷是无机非金属材料。传统的陶瓷硬度高,耐高温,但不会塑性变形,它的抗腐蚀性强、导电导热性低。热喷镀法常适用于陶瓷涂覆。涂层厚度可从 0.1mm 至几毫米,这取决于涂层材料与它的实际用途。热喷镀提高了抗腐蚀与耐磨损性,或修复了受损部件。用陶瓷覆盖的部件有密封环、泵的套筒、轴承与其他需要抗腐蚀的小部件。氧化铬是常见的陶瓷涂层。因为热喷镀陶瓷涂层是多孔的,常比其他基体材料更不活泼,它们需要注入封口膏。

通过处理基体材料,然后增加在高温下熔化的糊制成搪瓷涂层,当部件冷即形成玻璃化的涂层。搪瓷主要由无机氧化物组成,如厂硅石、长石、硼砂、二氧化钛。玻璃态的主要成分是二氧化硅。增加二氧化硅的含量或碱的氧化物可调整搪瓷到酸或碱性环境中,增加硼与铝可增加化学抗性。搪瓷涂层使用不同的两层。内层搪瓷提供黏性与抗腐蚀性,外层提供防机械损害的保护。搪瓷是一种玻璃。它们表面干燥硬实抗磨损,但在冲击与弯力作用下会裂开。搪瓷可抵抗酸与碱,可用于高达 1000℃ 的高温。它们能很好地抵抗温度的剧变。搪瓷涂层常用于铸铁与钢。搪瓷的光泽表面容易清理,容易受到腐蚀环境影响的阀门,如二氧化氯工厂的阀门都在表面涂搪瓷[38,39]。

抗化学砖石建筑是由砖与瓦构成的,砖瓦由合适的砂浆或厚的混凝土层砌成。砖与瓦的内衬是在许多大型建筑中使用的保护措施,用有机隔膜作为砖的衬垫可抵抗持续受化学品影响的区域,而这些区域经常还同时是高温与受摩擦的区域,砖的抵抗性好,但是它们可被渗透。最终化学品可以穿透砖。精选有机膜可提供防化学品攻击基体材料的有效屏障。瓦常用于受到短时间或间歇性化学品接触的场合,这种场合同时还有摩擦或磨损。有机膜不能在这方面帮助瓦。

砖含有硅土与矾土,内有铁、钙与锰的氧化物。从玻特兰的混凝土与抗碱性聚集物制作的砖可用于碱性环境。石墨砖在酸与碱性环境下有用。用于黏合的砂浆里含有合成树脂、玻特兰的混凝土与无机硅酸盐。合成呋喃树脂可抵抗非氧化性酸与碱。聚酯树脂砂浆可抵抗漂白工段氧化性介质,如热次氯酸盐溶液。环氧树脂可抵抗非氧化性碱与稀酸。环氧树脂一般有非常好的黏性。酚醛树脂砂浆可抵抗非氧性酸,但不耐碱。一些改性酚醛树脂可抵抗酸与碱。使用玻特兰混凝土的砂浆是以砂或硅土作为聚集物,适合于没那么恶劣的碱性条件下,也可在弱酸性条件下的溶液中用。抗碱性聚集物的种类用于更强的氧化或非氧化性碱性介质中。以硅酸钠与硅酸钾为基础的砂浆非常适合于强酸性中,除了氢氟酸。以硅酸盐类为基础的砂浆不适合碱。当使用化学抗性的砖土建筑时,一般常用有机膜作为屏。膜的材料可以是玻璃纤维增强型塑料或人造橡胶,如聚亚氨酯、胶乳或橡胶皮。砖衬料常用于保护楼梯与基础。整体楼层系统使用不同类的合成树脂与矿物填料,整体系统的抗腐蚀性取决于树脂,填料可改善机械性损伤的抵抗性。

砖与薄膜内衬用于伏损池、漂白槽、苛化器与所有浆池与储存槽。用于高温耐熔的应用场合包括石灰渣窑、锅炉、炉子。酸性砖内衬用于亚硫酸盐蒸煮中的酸储存单元、蒸煮器与储存槽。用聚酯树脂砂浆制的酸性砖适合用于二氧化氯,陶瓷瓦结合玻特兰混凝土用于次氯酸盐、过氧化氢漂白与碱抽提塔。耐碱玻特兰混凝土砖与砂浆在硫酸盐化学回收工段多处使用[40]。

6.4.5.2　转化涂层

转化涂层是无机化合物,由受控的金属溶解而成。大多数转化涂层的制作流程都使用浸泡。溶解的金属离子转化成固体磷酸盐、铬酸盐、氧化物等,在金属表面形成了保护膜。典型的磷酸盐与铬酸盐应用上要为涂覆准备金属,方法是用另一无机涂层修饰金属。转化涂层可改善抗腐蚀性,为涂层充当黏性层,增加耐磨性与改善表面外观。传统用于钢与锌覆盖钢的转化涂层可抑制腐蚀,提供与涂层、漆与其他面层材料间的有效连接。磷酸盐涂层对铁与非铁金属有用。大部分常见的种类是铁、锌与锰的磷酸盐化。在含磷酸盐的酸浴中浸泡金属可导致腐蚀,但在金属表面 pH 的上升造成磷酸盐的沉积,所得到的膜约 $5 \sim 15\mu m$ 厚的细致或粗糙的水晶状,约有 0.5% 的开孔。磷酸盐在酸中一般可溶,但在中碱性溶液中不可溶。磷酸盐涂层自身没有抗性,它们单独使用是不理智的。它们几乎总用于涂料膜的基层,或用于吸收防腐油与蜡。磷酸盐涂层也可保护复杂的部件,因为涂层是通过化学反应形成的。磷酸铁处理有时可用于生锈的表面。这结合了清洗与磷酸盐化的步骤。

铬酸盐涂层常用于各种非铁金属。用磷酸盐处理的铁与钢也通过处理提高抗腐蚀性。铬酸盐涂层主要用于涂层基体或最终的覆面。为了锌或锌涂部分的钝化处理常是铬酸盐转化过程。铬酸盐膜也一般很薄(小于 $1\mu m$ 厚)。涂层在酸液中形成含有六价铬的离子。金属被腐蚀,铬离子部分被还原形成铬酸盐涂层,铬酸盐一般比磷酸盐的抗性更强。它们也比磷酸盐与氧化物更为致密,可用作后两者的密封剂。

热碱溶液、热氧化反应或阳极电镀用于为各种金属涂上氧化物涂层。许多氧化物涂层不能足够抵抗它们自身,但作为油、蜡或漆的注入体。常见的氧化物涂层是钢的墨色氧化物。工序称为黑化。涂层方法也叫黑色氧化物或苛性黑。不合金的钢浸入温度为 $135 \sim 145℃$ 氧化性碱液中 $5 \sim 20min$,得到的涂层为 $1 \sim 2\mu m$ 厚,含有二价与三价铁氧化物。常见的氧化物涂层是在铝的阳极化处理层。在这个情况下,铝被溶于电解质电池中,表面层含有水合氧化铝,厚度约 $10nm$ 的自然氧化层增加到 $60 \sim 80\mu m$。铝的阳极化处理含有一层致密而薄的屏障与一层厚而多孔的膜。钛合金也可被表面阳极化。新的酸洗管的膜为几纳米厚。这天然的氧化膜随着时间而厚度上升,在中性或氧化介质中一般导致金属的抗腐蚀性上升。在阳极化处理期间,形成的二氧化钛膜是锐钛矿类型。在吸氢特别是一个关注点的恶劣环境下钛管操作。热氧化处理将产生金红石型的二氧化钛膜,这比阳极化处理的膜的抵抗性更强。阳极化膜常可能过酸洗去除,但热制作膜常需要去除的话,就要用喷沙或碱性去垢浴的方法。

6.5　电化学保护

电化学保护包括阳极保护与阴极保护。阳极保护是用额外电源保持钝化状态。阴极保护是指产生多余的阴性电流,通过牺牲性阳极或外部电源来满足阳极反应。这导致腐蚀电流密度的下降,并将电势转成阴性方向。阳极保护常与涂覆方法一起使用。涂层保护结构体免受腐蚀环境的影响,阴极保护确保在涂层中的缺陷被电化学保护。用外部电流做阳极保护与阴极保护需要更多的设备:电源、辅助电极、参照电极、电缆与控制系统。表 6 - 13 对比了阳极与阴极保护的主要性质。

表 6 - 13　　　　　　　　　　　阳极与阴极保护的对比[34]

项目	阳极保护	阴极保护
金属的适用性	只用于钝化态金属	所有金属
腐蚀剂	从弱到强均适合	从弱到中等
安装成本	高	低
操作成本	非常低	中到高
均镀能力	高	低
施加电流幅度	被保护腐蚀速率的直接测量法	复杂,不能直接测腐蚀速率
操作条件	能被电化学方法快速而准确地测量	必须常凭经验测试来确定

当使用任何电化学保护措施时,被保护的结构必须与其他结构和设备有合适的隔离。如果保护系统带电接触没有保护的设备,则游离的电流腐蚀可导致其他结构与设备迅速失灵。必须使用绝缘橡胶垫片,电缆与连接处必须确保安全。

6.5.1　阳极保护

阳极保护是帮助金属钝化的方法,它常用于钢或不锈钢。直至 20 世纪 60 年代人们才认为阳性极化保护的手段是可能的。虽然压制了微型腐蚀电池,但是人们仍认为因为所施加的电流金属还是会溶解的。为了阳极保护的应用,金属必须显示出边界钝化态。在这个情况下,钝化理论上是可能的,但是在正常的操作环境中则不会发生,因为腐蚀速率低于钝化所需的临界电流密度。在阳极保护期间,金属被极化成阳极方向,结果更高的溶解率使金属钝化。只是金属在流程溶液中有一段较宽的钝化电势范围与较低的钝化电流密度时,阳极保护才是合适的方法。当时的环境必须不会发生局部腐蚀,因此阳极保护常在盐溶液中不能发挥作用。在氢卤酸强酸中,如盐酸,阳极保护明显是不适合的,因为金属不会显示从活泼到钝化的过渡。极化至高电势将只会增加总的溶解速率。

图 6 - 31 显示了阳极保护的电化学原理。不会发生同时钝化,因为相对于临界阴性反应钝化电流密度的速率极度低。由于外部电源增加了溶解速率导致钝化。当溶解速率超过钝化

电流密度,钝化将开始并从触发点开始蔓延,触发点常在阳极连接的区域。必须小心不要极化结构到特别高的电势,因为在极端的情况下这会触发点蚀或过钝化溶解。

金属与环境合适的结合是钢在硫酸中、不锈钢在磷酸中、钢在碱性溶液中,如在硫酸盐蒸煮器与液槽中。这种方法有一些限制。电力设备安装与维护是昂贵的。如果保护措施暂时缺失,腐蚀速率可能会非常高,因为腐蚀电势转至活跃区域。在整个结构体中维持恒定的电势很困难,特别低或高的电势增加腐蚀是阳极保护的主要问题。少数组分浓度的变化可能改变极化行为,导致局部腐蚀或防止钝化膜的形成。

阳极保护系统的设计始于确定极化行为、钝化电势范围与在实际流程溶液或具有代表性的刺激性溶液中特定金属所需的电流。当要保护热传递设备时实际金属温度的确定很关键。

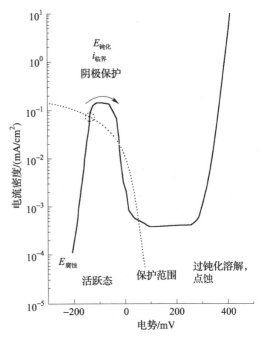

图 6 - 31　阳极保护的电化学原理

最佳保护电势对应的是钝化范围中最小电流密度。必须达到与维持保护的电流大小取决于钝化的临界电流密度。这些电流值在现场会变化,这取决于溶液参数。由实验室测试确定的电流值可能太高,因此它们可提供一些安全因素,但可能造成额外的设备与安装费。如果系统有一个更高的腐蚀速率,钝化可能在短时间发生。长的钝化时间可能只在一些系统中被允许,这些系统钝化膜不常被破坏,未保护的腐蚀速率较低。

电流供应能力的设计用于钝化设备所需的电流,而不是维持钝化状态。为了启动阳极保护,金属必须从活跃范围被极化到钝化电势,这个范围的电流密度有最大值即临界电流密度,被保护区域与溶液电导率决定了电源所需的输出电流与电压。输出电流必须足够高来钝化围绕着阳极电缆连接的区域,这个区域对于稳定的钝化膜来讲足够大,使钝化膜可以扩展。含有非常强腐蚀性的溶液的大系统的钝化可能需要相当大的电源,阳性保护措施已不可行。在这个情况下,通过用稀释的、腐蚀性弱一些或低温溶液来装填系统,或通过部分填充容器,而后随着系统钝化后再增加溶液液位,开始的电流需求可以降低。有目的性的溶解金属而形成钝化膜的方法常是在设备费用与金属废弃物之间权衡之后的结果,因为快速极化将需要更大与更昂贵的硬件,但降低了金属损失。因为阳性膜需要时间来在整个表面展开,频繁的局部膜降解或溶液腐蚀性中的变化可能会排斥阳性保护的应用[42]。

阳性保护需要阴极来进行电流传输,参考电极用于保护监测器与控制。阴极在环境中必须稳定,呈惰性或能抵抗阴性极化。为保护系统的电源量很依赖阴极的面积。更大的阴极区域等于更低阴极抵抗性与系统电源电压。使用阴极的尺寸大小要在经济上可行的情况下尽量的大。铂覆层是阴极材料的好选择,即使它比较贵。抗腐蚀的铁或镍基合金是另外的可能选择。非金属材料可能适合,例如磁铁或铁素体。图 6 - 32 显示阳极保护系统安装的原理。电极通过储存槽顶部插入,使用稳压器进行极化。被保护的表面的电势由参考电极测量并维持在设定值上,方法是将电流从阳极到阴极通过。因为参考电极监测被保护结构的电势并控制输出电流,它们必须与环境兼容。控制单元改变电弧电源输出电流来维持槽壁与参考电极之间的被测电势,这个电势在设定值之内。稳压器系统很危险,要做好特别的安全预防措施。如果系统不能感应到被保护结构体与参考电极间的电势差,它可以开始供应最大可能的电流,导致过钝化溶解或强的氢致开裂。

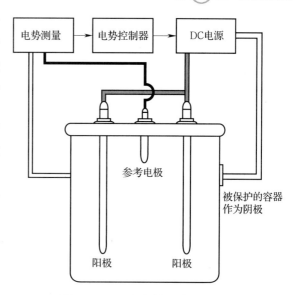

图 6 - 32　阳极保护系统安装原理

电极可用不同方法安装,取决于系统的几何形状。在一些为了保护容器的早期安装中,电极穿壁而入,后通过屋顶插入电极取而代之,这样来防止泄漏与降低停机时间。电极常通过焊接法兰接头插入并与设备电隔离,绝缘垫圈必须可抵抗溶液的蒸汽与冷凝物。阴极必须不能太接近容器壁或底部。遵循欧姆定律的电流沿着电阻最低的路径进行。阳极到阴极距离特别短可能引发被保护材料局部过钝化溶解。参考电极因安装在接近被保护金属附近,使溶液电势降最小化。在任何情况下电极的排列必须确保它们的溶液接触。如果阴极不在溶液内,保护系统不会将电流穿过系统,如果参考电极不能感应任何电势,保护系统常会穿过最大电流。

在被保护的结构体周围的电流分布将最终决定阳极保护成功与否。被保护的区域相对于辅助阴极区域来讲要大。有必要维持低电流密度与高溶液电导率。这确保在几何形状简单的物体良好的电势分布与长距离的保护,如容器与管道。复杂的结构需要更多的阴极围绕在结构体周围进行保护,如热交换器。将复杂流程系统划分成更小的独立子系统可能只是理论的方法,裂隙是很难防范的。虽然裂隙的口部可被保护,但是裂隙底部尤其可能不受保护。如果在裂隙内的阳极电流密度低于临界电流密度,它将加速溶解与导致严重的局部腐蚀[43]。

阳极保护用于间歇式蒸煮器、连续式蒸煮器、储存槽、澄清器与液液热交换器。为大型容器建造的材料传统上使用碳钢,因为碳钢成本便宜,在碱性蒸煮液中有抗腐蚀性。碳钢在碱性的抗腐蚀性依靠保护性氧化膜,为了提高生产率流程的发展改变了化学品加入量与温度。化学品的循环程度增加会增加蒸煮液中的硫化物的浓度。天然的氧化膜不再能起保护作用,这是因为流动的液体的机械应力破坏氧化膜并阻止其修复。阳极保护的目的是提高钝化能力。硫酸盐蒸煮器的阳极保护是在 20 世纪 50 年代提出的,首次应用是 1958 年。连续式蒸煮器自 20 世纪 80 年代开始应用阳极保护[44]。蒸煮器中的阳极保护可避免一般性腐蚀、侵蚀与应力腐蚀开裂。如果溶液不能有足够同时钝化的氧化性,那么就可防止由于表面钝化引起的一般性腐蚀与冲刷腐蚀。阳极保护对抗应力腐蚀开裂的有效性大小可能与离开危险的电极电势范围的距离大小有关。应力腐蚀开裂常从活跃到钝化过渡的范围发生,这个范围很窄(约 100mV)。蒸煮器的阳极保护的主要问题是确定实际钝化范围,因为蒸煮液复杂的硫化学将影响任何电化学测量值。

6.5.2　阴极保护

金属对抗腐蚀的阴极保护方法首次应用于 19 世纪早期。它用于在各种环境下制止金属结构与组成部件的腐蚀。很重要的是,阴极保护是直接电流有目的的应用,电流方向与金属自然的电化学腐蚀相反。阴极保护是防腐的常用方法。理论上讲,它能在任何环境下保护任何合金,因为它通过用更多的阳极电流补偿有害阴极反应电流。这导致腐蚀电流的下降与被保护金属的阴极极化。阴极保护可总体制止腐蚀,但在大部分情况下它只是更容易降低腐蚀速率到可接受的级别。阴极保护使用牺牲性阳极或作为外加电流阴极保护(ICCP)的外部电流电源。牺牲性阳极保护是电偶腐蚀的一种比拟。理论上外加电流保护是电解。它通过将电流从宏观角度上往一定的方向推动,来消除了微型腐蚀电池电流。图 6 – 33 显示了用牺牲性阳极与外加电流进行阴极保护的原理。

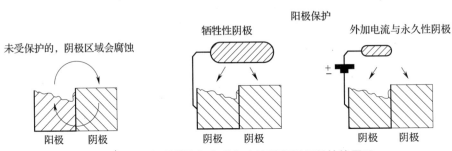

图 6 – 33　用牺牲性阳极与外加电流进行阴极保护的原理

图 6 – 34 显示了阴极保护的电化学原理。没有阴极保护之下,系统用已知的腐蚀电势与腐蚀电流密度来稳定到静态。从阳极析出的阳极腐蚀电流等于阴极电流。通过如图 6 – 34(a)所示增加牺牲性阳极到系统,大多数阳极电流来自优先反应的共同溶解。阴极电流保持恒定。取决于阳极电流的携带量或极化量,系统接受了一个新的更低的腐蚀电势。牺牲性阳极必须有比被保护金属更低的平衡电势。通过增加外部电源与不可溶阳极,被保护系统的电势可以成为一个选定值,如图 6 – 34(b)所示。如果被保护结构体的电势设得足够低,它主要以阴极形式运行,阴极腐蚀速率就可被减至最小或完全

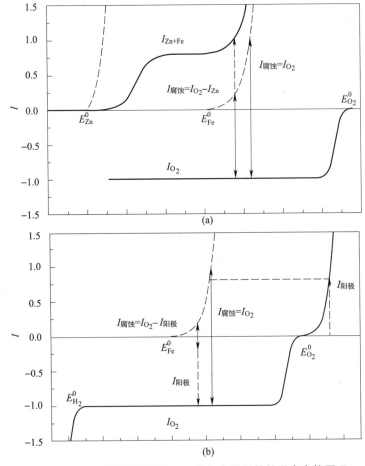

图 6 – 34　(a)牺牲性阳极与(b)外加电流保护的混合电势原理

停止。这样阴极保护使腐蚀缓和下来的主要方法是靠消除在腐蚀金属表面的阴性区域。原来的阴极电流的幅度影响电势改变的幅度，但不是所选电势的绝对值。

经常阴极保护用于抵抗均匀腐蚀，结果电势往腐蚀电势改变，或比腐蚀电势更低。腐蚀速率下降的情况取决于电势改变的幅度。在保护下更低的结构体电势得到更低的腐蚀速率。如果被保护结构的电势太低，就会发生过保护。过保护常与氢致开裂有关。这会导致在保护涂层中的破坏，以及在高强材料中的氢诱导破坏。在一些特殊情况下，使用外加电流阴极保护来抵抗腐蚀或甚至抵抗过钝化溶解。在这些情况下，结构体被极化回钝化状态。因为过钝化溶解常伴有点蚀，必须将金属极化到钝化开始电势与点蚀保护电势之间的电势。如果不锈钢被保护到活跃与钝化过渡范围，会存在应力腐蚀开裂的风险。如果钢被极化得远低地活跃范围，会发生均匀腐蚀，如图 6 - 35 所示。

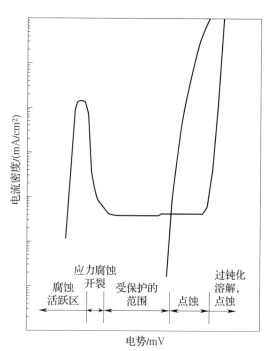

图 6 - 35　不锈钢的阴极保护

虽然阴极保护的原理很简单，为实际系统的设计常不精确，并受设计者的实验影响。硬件与阳极保护相同：电源、电源控制器与电势测量设备，如图 6 - 36 所示。阴极保护设计的主要问题是确保沿着被保护结构的均匀腐蚀的电流分布，因为阴性保护的布散能力很低。在阳极与阴极之间的电流沿着最低电阻的路径前进。这常是在阳极与阴极之间最短的距离。接近阳极的区域因此可携带更多电流，可能变得过保护，而远离阳极的区域没有保护。在角落内与在管道下的保护扩散是常见问题。阴极保护常只有非常少的保护效果。过保护意味着极化被保护结构到太低的电势。这也导致材料的降解。为了得到在远离阳极区域的保护，要将这部分的结构覆盖起来。涂层必须有高的电阻。阴极保护法在工厂应用的局限性较大，是因为实施的对象往往有复杂的几何形状，以及各组成部分是由不同的材料处理方法得到的，组成部分彼此之间靠在一起。在简单的几何形状与溶液恒定腐蚀性的情况下，阴性保护可稍微增加投入使有效时间延长。

阴性保护系统的设计需要材料信息、系统几何形状与系统的腐蚀性。阴性保护的工作原理是提供外部电流至系统要求保护的程度。外部电源的必须量是保护电流密度。它会随金属与腐蚀性环境而变化。

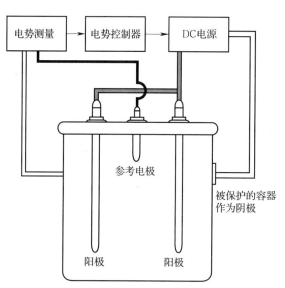

图 6 - 36　阴极保护系统安装的原理

保护电流密度与腐蚀速率相关,即腐蚀电流密度。当保护性电流密度供给被保护表面,它的电势将变成阴性方向(更低电势),腐蚀速率就会下降。测量被保护结构的电势,并将它与参考值对比可确定阴极保护的有效性。保护电势是一个腐蚀速率足够低至如图6-37所示的值。

当设计阴性保护系统时,最重要的是确保整个被保护的表面已接受足够的保护电流,但又没有任何部分接收到过多的电流。阳极、参考电极的位置、阴极的连接将决

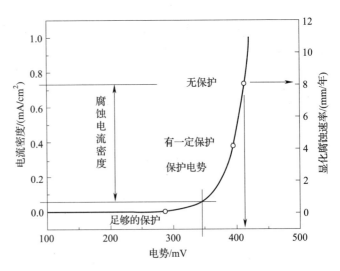

图6-37 阴极保护的腐蚀速率、保护电流与保护电势

定系统中主要电流与电势的分布。所有金属结构的表面必须是阴极,以防腐蚀。图6-38是电流沿着被保护管道的分布示意图。最大的可允许电势降是 $U_0 = -0.6V$,对应保护电势的最小电势降是 $U_L = -0.3V$。保护电流密度是最大的,非常接近阳极的。结果结构电势在阳极附近是最低的,当移走它们时电势会增加,在一些地点,表面的电流密度不够高至可极化表面至保护电势之下。两个电极之间的距离以 $2L$ 表示,必须足够短至可维持足够的表面电流密度。阳极电流、环境电导率、涂层质量与结构几何形状等因素会控制这个距离。

保护电流密度与保护电势的一些设计值是通用的,实际上几乎中性的环境的钢/铜的保护电势是 $-850mV$,硫酸铜对饱和甘汞电极为 $-780mV$,这在土壤与海水中有效。同样的条件也可应用在一些过程设备。保护电流密度受阳极反应、流速与涂层状况的影响。阴极反应速率更高意味着需要外部电流的补偿量更高。流速提高将增加电流需求量,因为阴极反应产物量增加了。涂层质量直接影响保护电流量。好的涂层可覆盖大部分结构的表面,只是小部分接触到环境的需要保护。涂覆效果差的表面多缺陷,这些区域需要更多保护,未上涂层的阴极保护结构在天然水下需要 $80 \sim 130mA/m^2$,但在质量好的涂层保护下电流需求量可降低99%或更多。对于大型结构体,涂层的使用非常重要,可使电流需求量保持在一个合理的水平。

大的结构体的保护需要涂层来保持较低电耗,并保持合理的电流分布。漂白过滤器、管线、泵、阀与储存槽是阴极保护可能的应用点。阴极保护常用于保护已知存在腐

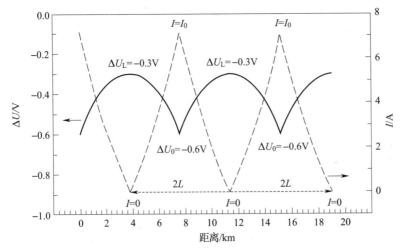

图6-38 被保护管道的电流分布示意图

蚀问题的设备上。使用阴极保护允许在没有额外增加涂层或内衬的情况下延长设备使用寿命。阴极保护主要的好处是它们的安装时间快。系统也可适应不同的腐蚀性，在设备开机与停机期间特别有用。已可查阅阴极保护的一些规则。NACE 标准 RP0180—91，即"制浆造纸厂阴极保护废水澄清器的阴极保护"，本标准讨论了结构设计、阴极保护需要、保护标准与涂覆方法。它也提供了关于参考电极、阴极保护系统的选择与设计、建立与测试的信息，关于制浆与造纸厂废水澄清器的记录。

制浆造纸工业开发了一些在腐蚀性非常强的环境中为保护旋转设备的特殊设备。自 20 世纪 60 年代起就有扬克烘缸的保护方法了。湿纸幅在大型铸铁或钢材质的烘缸上干燥。扬克烘缸不只是干燥了纸页，也塑造了纸页的平滑而有光泽的表面。这是因为纸幅被抛光的扬克缸所压榨，黏在汽缸上的纸幅直至足够干了才会变松。只有当缸表面是光滑的，纸的表面才可能平滑，也就意味着缸不能被腐蚀。

旋转的干燥汽缸的保护是一个有趣的设计问题。怎么才能为一个不浸在溶液中的结构体提供电解质的电流呢？因而需开发特殊的电池结构来适应汽缸表面。电池含有一个小室，电解质用外部电流持续在里面通过电流，这外部电流的阳极（用钛镀）在汽缸附近。电池延伸至几乎整个汽缸，但它非常窄。虽然从外部电池接收保护电流的截面相对于汽缸的整体面积而言非常小，但是系统可提供足够的保护电流[45,46]，通过使用高电流密度（$200\text{mA}/\text{cm}^2$）系统可快速极化到足够低的电势。电荷双电层缓慢衰减而保持汽缸表面的截面被保护，直至它再次出现在电池中。

漂白浆洗浆机滤液的腐蚀性随着系统的封闭程度而上升，这会导致它用于洗浆机不锈钢转鼓与相关设备产生点蚀。腐蚀问题一般是缝隙腐蚀、点蚀与应力腐蚀开裂。它们会随着残余氯、低 pH 与高氯化物浓度而变得更为恶劣。镍合金与钛会明显更有抗性，但它们的成本太高了。如果设备的几何形状太复杂，用玻璃纤维加强型塑料也很贵。一种可能的保护方法是外加电流的阴极保护。不锈钢设备的保护不需要极化至低于腐蚀电势，而是到钝化范围与低于点蚀保护电势的电势即可。极化结构体到对应免疫区域的电势将需要不可承受的高电流密度。在酸性氯化物溶液中，大部分不锈钢有已知的活泼区域。应用阴极保护法需要比在中性溶液中更严格的控制，如在海水中。保护电势常接近活泼区域，有产生常见腐蚀与应力腐蚀开裂的风险，故留给电势波动的空间非常小。

在 20 世纪 70 年代末已开发了由不锈钢做的漂白工段洗浆机的保护系统。在传统阴极保护系统的发展期间，产生了为漂白工段洗浆机而开发的保护体系。系统包括一个电源、一个与转鼓的轴平行的惰性阴极、一个或多个参考电极、与转鼓电连接的滑动环。当转鼓旋转时，只有被浸泡的部分受到保护，在这个系统中的基本理念不是降低金属的腐蚀电势，而是降低残余氯化物到被保护部件表面的氯离子[47,48]。这等于用二氧化硫降低残余氯。溶液的氧化电势通过降低活化氯来降低，于是就可降低局部腐蚀的风险。额外的阴极极化会增加均匀腐蚀的速率。如果设定电势到极高值，就不能防止缝隙腐蚀。运行电势的优化需要小心，也需要经验。

6.6 小结

完全停止腐蚀常常是不实际的。实践中通行的方法是将腐蚀速率降低到可以接受的水平。防止腐蚀的第一步是理解所要解决的腐蚀的具体机理。第二步是设计防护方法。

消除腐蚀问题的最简单的方法是不要在设计阶段产生腐蚀。这意味着避免出现金属或溶液异质化的结构体,这会导致腐蚀。好的设计的目的是确保系统在设计寿命内足够维持安全的范围内,同时又不需要过分高估材料的厚度。腐蚀破坏的速率、程度与类型的可接受程度会因具体的应用场合而不同。

腐蚀防护成本最低的方法是选材恰当,这包括涂层与镀层。选材不只限于金属。选材的决定性因素是在系统运行期间的总成本的多少。总成本必须包括开始的材料与安装费用、维护与置换成本以及由于生产中断造成的成本。懂得环境与材料的推荐者将会提供候选材料清单。当找到对于均匀腐蚀有足够抗性的合金时,必须确保它对于不同的局部腐蚀的抗性。任何候选材料的性质也需要在正常的作业环境下进行测试评估。开机与停机的状况会与正常运行时的非常不同。

通过调整环境进行腐蚀防护常限于封闭或半封闭系统。这包括清除腐蚀剂,为维护钝化膜进行 pH 控制、加缓蚀剂与控制生物污垢。

保护性涂层可以是金属的、无机的或有机的。它们通过形成在金属与腐蚀性环境之间屏障保护金属,机理可以是牺牲性溶解或抑制。所有涂层都可将金属与其环境在一定程度上隔离开来。为了使屏障性涂层有效,它必须覆盖整个表面,并且覆盖合理,可抵抗机械破坏。漆是最常见的保护性涂层。制浆造纸行业中其他常见的涂层有金属与高聚物内衬。

电化学保护常是最后考虑的防护方法。电化学保护包括阳极保护与阴极保护。阳极保护是用外部电源维持被保护物的钝化状态。被保护结构体有意被极化到阳极方向。阴极保护是产物多余的阳极电流,它作为牺牲性阳极或外加电源来满足阴极反应的需求。这导致腐蚀电流密度的下降,以及电势转为阴极方向。阴极保护常与涂层一道使用。

参考文献

[1] McGovern, D. A Review of Corrosion in the Sulfite Pulping Industry, Pulp & Paper Industry Corrosion Problems, vol. 3. , NACE, Houston, 1982, p. 60.

[2] Wensley, D. A. And Charlton, R. S. , Corrosion studies in kraft white liquor (II) Effect of plain carbon steel composition, Pulp & Paper Industry Corrosion Problems, vol. 3. , NACE, Houston, 1982, p. 20.

[3] Nelson, J. K. , in ASM Metals Handbook, vol. 13, Corrosion, ASM International, Metals Park, 1987, pp. 1174 – 1180.

[4] Nelson, G. A. , Corrosion data survey, 4th edn. , NACE, Houston, 1967, p. 4.

[5] Bryson, J. H. , et al. , in ASM Metals Handbook, vol. 13, Corrosion, ASM International, Metals Park, 1987, pp. 509 – 530.

[6] Uhlig, H. H, in Corrosion Handbook(H. H. Uhlig, Ed.), John Wiley & Sons, New York, 1948, p. 125 – 143.

[7] Nelson, G. A. , Corrosion data survey, 4th edn. , NACE, Houston, 1967, p. S – 6.

[8] Nelson, G. A. , Corrosion data survey, 4th edn. , NACE, Houston, 1967, p. S – 11.

[9] Mueller, W. A. , Mechanism and prevention of corrosion of steels exposed to Kraft liquids, Pulp & Paper Industry Corrosion Problems, NACE, Houston, 1974, p. 109

［10］Charlton，R. S. And Tromans，D. ，Corrosion in Kraft mill combined outfall sewers – pH and velocity effects，Pulp & Paper Industry Corrosion Problems，vol. 2. ，NACE，Houston，1977，p. 76.

［11］Poulson，Corrosion Science 15（8）：469（1975）.

［12］Alfonsson，E. ，and Qvarfort，R. ，Materials Science Forum 111 – 112：483（1992）.

［13］Forsen，O. ，Aromaa，J. ，Tavi，M. ，et al. ，Materials Performance 36（5）：59（1997）.

［14］Schillmoller，C. M. ，Selection and performance of stainless steels and other nickel – bearing alloys in sulfuric acid，NiDI technical series report No 10057，Nickel Development Institute，Toronto，1990，pp. 1 – 9.

［15］Craig，B. D. ，Handbook of corrosion data，ASM International，Metals Park，1989，pp. 581 – 642.

［16］Willis，J. D. And Johnson，R. S. ，Corrosion resistance of stainless steels used in bleach washing environments，1992 Proceedings of the 7th International Symposium on Corrosion in the Pulp and Paper Industry，TAPPI PRESS，Atlanta，p. 41.

［17］Schillmoller，C. M. ，Alloy selection for caustic soda service，NiDI technical series report No 10019，Nickel Development Institute，Toronto，1988，pp. 1 – 9.

［18］AspHahani，A. I. ，et al. ，in ASM Metals Handbook，Vol. 13，Corrosion，ASM International，Metals Park，1987，pp. 641 – 657.

［19］Fontana，M. G. ，Corrosion Engineering，3rd edn. ，McGraw – Hill，Singapore，1987，Chap. 5.

［20］Cotton，J. B. And Hanson，B. H. ，in Corrosion（L. L. Shreir，R. A. Jarman，and G. T. Burstein，Eds. ），vol1，3rd edn. ，Butterworth – Heinemann，Oxford，1994，Chap. 5. 4.

［21］Schutz，R. W. And Thomas，D. E. ，in ASM Metals Handbook，vol. 13，Corrosion，ASM International，Metals Park，1987，pp. 669 – 706.

［22］Macdiarmid，J. A. ，Charlton，R. J. ，and Reichert，D. L. ，Corrosion and materials engineering considerations in hydrogen peroxide bleaching，1992 Proceedings of the 7th Interantional Symposium on Corrosion in the Pulp and Paper Industry，TAPPI PRESS，Altanta，p. 97.

［23］Andreasson，P. ，The corrosion of titanium in hydrogen peroxide bleaching solutions，1995 Proceedings of 8th International Symposium on Corrosion in the Pulp and Paper Industy，Swedish Corrosion Institute，Stockholm，p. 119.

［24］Bardsley，D. E. ，Compatible metallurgies for today's new bleach washing processes，1995 Proceedings of 8th International Symposium on Corrosion in the Pulp and Paper Industry，Swedish Corrosion Institute，Stockholm，p. 75.

［25］Anon. ，BETZ Handbook of industrial water conditioning（J. J. Maguire，Ed. ），8th edn. ，BETZ Laboratories，Trevose，1980，ch. 10.

［26］Anon，，BETZ Handbook of industrial Water Treatment，Drew Chemical Corporation，Boonton，1977，Chap. 11.

［27］Mercer，A. D. ，in Corrosion（L. L. Shreir，R. A. Jarman，and G. T. Burstein，Eds. ），vol 2，3rd edn. ，Butterworth – Heinemann，Oxford，1994，Chap. 17. 2.

［28］Anon. ，Principles of Industrial Water Treatment，Drew Chemical Corporation，Boonton，1997，Chap. 5.

［29］Anon. ，BETZ Handbook of industrial water conditioning（J. J. Maguire，Ed. ），8th edn. ，

BETZ Laboratories, Trevose, 1980, Ch. 26.

[30]Stein, A. A. And Mussalli, Y., in A Practical Manual on Microbiologically Influenced Corrosion(G. Kobrin, Ed.), NACE International, Houston, 1993, Chap. 11.

[31]O'Reilly, M. w. And Pringle, J. T., in Corrosion (L. L Shreir, R. A. Jarman, and G. T. Burstein, Eds.) vol 2, 3rd edn., Butterworth – Heinemann, Oxford, 1994, Chap. 14. 2.

[32]Weaver, P. E., in Paint handbook (G. E. Weismantel, Ed.), McGraw – Hill, New York, 1981, Chap 4.

[33] Fontana, M. G., Corrosion Engineering, 3rd edn., McGraw – Hill, Singapore, 1987, Chap. 6.

[34]Hess, M. and Bullett, T. R., in Corrosion (L. L. Shreir, R. A. Jarman, and G. T. Burstein, Eds.) vol2, 3rd edn., Butterworth – Heinemann, Oxford, 1994, Chap. 14. 4.

[35]Chivers, A. R. L and Porter, F. C., in Corrosion (L. L. Shreir, R. A. Jarman, and G. T. Burstein, Eds.) vol2, 3rd edn., Butterworth – Heinemann, Oxford, 1994, Chap. 13. 4.

[36]Anon., Welding of stainless steels and other joining methodes, Nickel Development Institute report No9002, American Iron and Steel Institute, Toronto, 1993, pp. 33 – 36.

[37]Avery, R. E., Harrington, J. D., and Mathay, W. L., Stainless steel sheet lining of steel tanks and pressurvessels, Nickel Development Institute Technical series report No 10039, Nickel Development Institute, Torrnto, 1980, pp. 1 – 18.

[38]Bakhvalov, G. T. And Turkovskaya, A. V., Corrosion and protection of metals, Pergamon Press, Oxford, 1965, Chap. 16.

[39]Millar, N. S. C. And Wilson, C., in Corrosion (L. L. Shreir, R. A. Jarman, and G. T. Burstein, Eds.), vol2, 3rd edn., Butterworth – Heinemann, Oxford, 1994, Chap. 16. 1.

[40]Anderson, T. F., R. C., Oswald, K. J., et al., Use of nonmetal materials of construction in pulp mills, Pulp & Paper Industry Corrosion Problems, vol. 2., NACE, Houston, 1977, p. 53.

[41]Sharp, W. B. A., Use of non – metals in the bleach plant, 1983 Proceedings of the Fourth International Symposium on Corrosion in the Pulp and Paper Industry, Swedish Corrosion Institute, Stockholm, p. 179.

[42]Riggs, Jr., O. r. And Locke, C. E., Anodic protection, Plenum Press, New York, 1981, Chap. 4.

[43]France Jr., O. R. And Greene, Jr., N. D., Corrosion 24(8):247 (1968).

[44]Singbeil, D., Does anodic protection stop digester cracking, 1989 Proceedings of the sixth International Symposium on Corrosion in the Pulp and Paper Industry, The Finnish Pulp and Paper Institute, Helsinki, p. 109.

[45]Almar – Noess, A., Corrosion protection of drying cylinders in paper making machines, a new principle of cathodic protection, 1964 Proceedings of Fourth Scandinavian Corrosion Congress, Kemian Keskusliitto, Helsinki, p. 201.

[46]Noglegaard, O., Service experience from a Yankee machine with cathodically protected cylinder, 1964 Proceedings of Fourth Scandinavian Corrosion Congress, Kemian Keskusliito, Helsinki, p. 231.

［47］Garner，A.，Materials Performance 21（5）:43（1982）.

［48］Garner，A.，"Electrochemical protection of bleached pulp washers"，1983 Proceedings of the Fourth International Symposium on Corrosion in the Pulp and Paper Industry，Swedish Corrosion Institute，Stockholm，p. 160. ss

第 ⑦ 章　腐蚀的监控

工业环境下,腐蚀监控要求安全,高效。腐蚀控制,需要就系统腐蚀速率进行连续的测量。测量方法适用于简单的腐蚀和复杂的电化学技术。系统应满足不同工厂的具体需求,最大限度地减少停机时间和设备故障。腐蚀监控包括督导腐蚀控制方法,系统警示腐蚀损坏的程度,过程控制,估算可以使用的寿命以及确定相应的检查时间表和维护计划,或两者兼而有之。由于腐蚀的原因很复杂,单一的方法并不能处理所有的问题。结合多种技术提供可靠的腐蚀监控信息是必要的。大部分的腐蚀监控方法基本上都是类似于前面所讨论的腐蚀测量方法。监测方法主要分为三大类:

① 物理方法:通过物理装置去测量由于腐蚀或侵蚀造成的材料损失;

② 电化学方法:测量瞬时的腐蚀速率而不是真实的材料损耗(该方法往往涉及环境腐蚀);

③ 数据分析法:如铁粒子计数法,生物膜检测法,pH 监测法。

工厂更倾向于人性化设计的方法和设备,专家则建议最小化数据运算分析。这些都限制了电化学技术的适用性。一个理想的监测系统应具有以下方面:

① 良好的分辨率;

② 响应时间短;

③ 可靠性;

④ 免维护;

⑤ 简单的数据处理。

腐蚀监控方法有不同的分类。直接监测技术,直接测量腐蚀所造成的腐蚀产物或电化学测量瞬时腐蚀率。物理测量的方法是直接取腐蚀样品,探测横截面面积的变化所产生的电阻变化,以电阻确定质量损失的技术。电化学试验的方法,例如线性偏振技术利用电极中电势和电流的关系来确定腐蚀电流密度或与之相关的腐蚀率因素。间接腐蚀监控技术,并不直接测量腐蚀本身。它们测量腐蚀过后的结果。两种最常见的间接技术是超声检测和 X 光检测。这两种技术都采用测量管道、罐体或其他物件的壁厚。通常,直接使用传感器,或者间接采用流程化测量元器件。

另一种腐蚀监控技术是看是否需要介入反应材料。几乎所有的直接测量方法都需要介入设备内部进行监测。这种方法有一定的侵入性或攻略性。间接不进入设备内部监测的方法有外部通氢气探针测量法和通过阀门采集水样分析法。直接监测技术一般多使用在腐蚀风险高的区域。不同的流体介质,温度和环境变化会有不同的腐蚀结果。插入式传感器测量局限于测量位置。传感器材料必须与工厂的建筑材料非常接近,才能在采样对比过程中获得可靠的数据结果。

7.1　物理监控技术

第一种腐蚀监控的方法是使用管孔洞定位法。孔洞的精确深度相当于剩余材料的腐蚀余量。该区域的高耐蚀率接近于预期值。当内部腐蚀造成壁厚减薄时,泄漏就会发生。通过使用不同深度的孔洞定位法来评估腐蚀的速率。目前,该方法用的很少。

腐蚀片监测常常忽视的基本方法是腐蚀取样。将材料取样品称重并暴露于同等腐蚀环境一个周期。然后,取走,清洗,再次称重。质量的变化可以计算出金属的损失,等同于每单位面积和时间内变薄的质量损失。腐蚀试片通常取条状、圆盘状或柱状安装在合适的机架上。腐蚀试片取样是最可靠的监测方法,但采样周期的响应时间比较长。可以算出平均腐蚀率和评估局部腐蚀度。还可以通过分析腐蚀产物反查到腐蚀的原由。腐蚀试片的取样监测通常需要很长时间,同时采样结果仅提供腐蚀的平均值而没有在线的实时监测值。腐蚀取样需周期性进行。该数据可以作为其他方法的验证。使用腐蚀试片取样虽然是劳动密集型方法,但样品的材料费用和相关的安装费用并不贵。

将附属试片放置在工厂设备内进行工厂测试,流程是符合 ASTM G4"标准方法"和 NACE RP0775(美国腐蚀工程协会)"将腐蚀试片安装在油田环境下的制备测试数据说明"的。

该标准定义了放置和安装的方式,曝光了厂内腐蚀样片的图片,以及它们在油田操作中的使用方法。ASTM G1"实践准备,清洗和评估腐蚀测试样本"给出了制备和使用腐蚀试片的操作指引。均匀腐蚀速率(mm/年)下计算质量损失的转换公式(7-1)如下:

$$腐蚀速率 = \frac{87600 \cdot m}{A \cdot \rho \cdot t} \qquad (7-1)$$

式中　m——质量损失,g

　　　　A——腐蚀试片的表面积,cm^2

　　　　ρ——材料密度,g/m^3

　　　　t——曝光时间,h

取样片可长期用于分析基本腐蚀率。通过有必要的长期曝光,以获得准确的结果值。检测质量的显著变化要使用分析天平。一个新取样片的腐蚀速率比已经稳定的腐蚀片腐蚀速率高,在去除锈过程中损失了取样片未腐蚀的材料。由于某些错误造成金属的大量损失比正常的腐蚀减少。30d 通常是最小的曝光时间。一个较好的做法是在重叠的 30 ~ 90d 的时间间隔内,安装取样片,有计划性的进行间隔测试。以小时为单位的曝光时间应至少为由 50 除以预期腐蚀速率的时间(mm/年)。如果预期的腐蚀速率为 0.1mm/年,最小曝光时间为 500h 或约三个星期。图 7 - 1 为根据腐蚀取样片和瞬时腐蚀测量

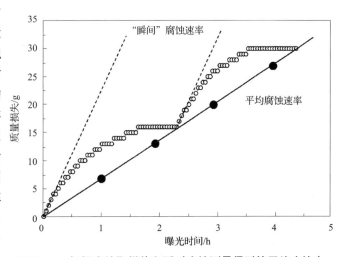

图 7 - 1　根据腐蚀取样片和瞬时腐蚀测量得到的平均腐蚀率

得到的平均腐蚀速率。

图 7 - 1 显示：在测试初始的平均腐蚀速率和"瞬间"腐蚀速率。曝光中腐蚀试片的平均质量。假定金属腐蚀是均匀的。眼观腐蚀试片的变化是很重要的，记录密度、大小和局部腐蚀的变化程度。重点参数是点蚀因子，即最大局部腐蚀率与全面腐蚀率之比来确定质量损失。如果该比率接近 1，凭全面腐蚀速率可以预测腐蚀的性能。图 7 - 2 为电阻探针与电气配线的原则。

电阻探针（ER 探针）有时被描述为在线取样片，因为它们也是测量金属样品的质量损失。ER 探针带有感测元件，利用金属丝或金属条组成的回路得到电信号。将其暴露在腐蚀环境下，观察环路的横截面减小。提高感测元件的电阻，产生电阻抗的输出变化。ER 探头反映防腐的累积程度。汇总不同的时间段所反馈的信息可以计算得到腐蚀率。图 7 - 2 是典型的电阻探针与电接线原理。

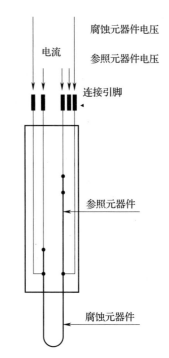

图 7 - 2　电阻探针与电气配线的原则

电阻抗的数学公式(7 - 2)如下：

$$R = \rho \cdot \frac{L}{A} \tag{7 - 2}$$

式中　ρ——元件的电阻率

L——长度

A——横截面

利用电阻的变化可以计算横截面的减少。由于电阻率受温度的影响很大，因此消除温度变化的影响是很有必要的。相同温度相同材料构成的传感器元件，避免受腐蚀。该元件的电阻读数与传感器的电阻率相同。取两个电阻读数作为比率，改变这个比率表示与温度变化无关的横截面的变化。图 7 - 3 为还原蒸汽下的不锈钢的典型电阻数据。该系统是非线性的高温氧化。短时间内抛物线增长，但钝化膜不稳定和分解。金属损失将线性发生。

电阻技术的主要优点是其可以连续性的在线监测。电阻技术不需要连续进行电解质测量。该系统工作环境复杂，主要是液烃，可在无水的气态环境下进行腐蚀监控。电阻技术

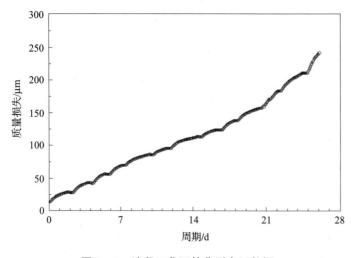

图 7 - 3　流程工艺下的典型电阻数据

的局限性在于,它只提供全面腐蚀的相对数据。它无法精确局部腐蚀。数据通常是周期性金属损失率。ER 探头通常需要数天才能确定一个可靠的腐蚀率趋势。如果该过程中出现腐蚀性的快速变化,ER 探针可能难以提供准确和可靠的腐蚀速率数。有时候,由于感测元件的导电腐蚀性,甚至得出错误的结果。ER 探针的结果要与同一图 7 - 3 流程工艺下的典型电阻数据内腐蚀取样片曝光的探测值进行比较。电阻数据无法给出绝对的腐蚀速率,可以适当显示工厂的腐蚀变化和趋势。

ER 探头的进一步发展是电指纹监测法(FSM)。利用电流和多点连接创造的独特的"电指纹"系统。电指纹监测法是另一种监控的方式。FSM 可以检测由腐蚀造成的电场图案、磨损等现象的变化。在两个电气连接的螺栓之间输入电流。结构传输中,图案是由材料的几何形状和电导率决定的。感测小管脚分布固定在某个可视的监控区域内。任何变化都会引起材料导电性的改变及电场图案的改变。取两个传感柱的测量电压对比参考一个经过温度补偿的原始场图案。焊缝、管道、接头底部和弯头处都是实施 FSM 监控[1]的典型区域。

7.2　电化学方法

电化学腐蚀监控与电化学测量的研究目的相同。腐蚀方法包含电化学势,可以显示热力学驱动力和反应速率的电流。法拉第定律将腐蚀电流转换腐蚀率。准确的监测在很大程度上取决于正确的测量电流。电化学方法在多相位系统下有一定的局限性,很少在非液体和气体环境下使用。实验室测量和监控测量之间的主要区别是消除质量传递和欧姆超电势。尽管在实验室条件下可控,但实际的工艺条件是很困难的。未补偿电阻的环境通常会导致低导电环境下电化学测量的误差。电化学技术更详细的讨论在第 3 章中。

电化学数据的标准分析通常假设所测量的腐蚀速率是均匀腐蚀的结果。在许多情况下,样品仅仅只是表面腐蚀如点蚀。在该情况下,严重的低估了渗透率。在某些环境中,溶解物的电化学反应可以测量到电流但并不是腐蚀。水溶性的硫化物会将电化学测量复杂化,因为硫化物容易氧化特别是在高电位下。

电化学的主要好处是,它可以提供系统的瞬时腐蚀率。它们可以快速识别处理腐蚀性变化。电化学技术很有用,可以获得很多机械信息,识别主动转换和被动转换的行为和延迟率。ER 探头,电化学测量的腐蚀速率需要与腐蚀试片的数据进行比较。再次,该趋势可能比绝对的腐蚀速率更为有用。

7.2.1　电位监测

在一些系统中,知道材料电势的变化与过程的变化是非常重要的。典型的案例是被动监测和电化学保护。对于钝化合金,电位测量也可能表示金属状态的变化或金属表面点蚀的腐蚀电位。阴极或阳极腐蚀保护,电势的变化可能暗示维护是否得当,或者有局部腐蚀。电位监测可以有效地区分被动防腐和主动防腐。如果电势的范围足够大既有主动性也有被动性,那么进行电势监测是有必要的。这种方法可以评估腐蚀风险但不能评估腐蚀速率。它决定了金属腐蚀的快慢与否。将电位监测应用在工厂仪表器具上,而不是探头检测上,描述设备的状态将更加可靠。

工厂环境下电位监测需要一个稳定的对照电极。由于使用精确的易碎的实验室电极,该必须的条件有时会被忽略。测量精度不需要比实验室高,一个比较坚固的10~20mV电极再生性就足够了。评估地下管道和设备的阴极保护,相对低电导率土壤的电阻降低补偿是必要的。某些系统中的冷却水环境用高纯度水,在此进行电化学测量,高溶阻力也可导致类似的问题。图7-4为活性金属和钝化金属腐蚀电位的转换监测。

电位监测主要应用在电化学保护和钝化金属监测。电位监测对于活性金属腐蚀监控往往是不够准确的。假定一个活性腐蚀金属遵守Tafelian行为,一定数量级的腐蚀电流密度变化会分别转移腐蚀电位为40mV和60mV的电压。这样的变化在实验室实验中非常高,但在现场条件下通常正常波动。对于金属活性和钝化的转换,腐蚀电位从一个状态转换到另一个状态可以转移几百毫伏。

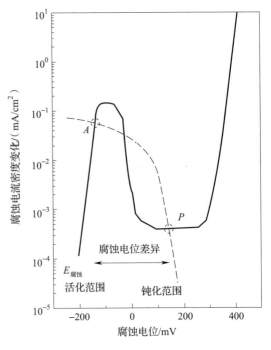

图7-4 活性金属和钝化金属腐蚀电位的转换监测

如图7-4示意。金属有两个稳定的腐蚀电位,一个是钝化范围下的P值,一个是活化范围下的A值。可靠的使用腐蚀电位监测,必须首行确定活化和钝化的电位腐蚀范围。

7.2.2 线性偏振技术

用于腐蚀监控的最流行的电化学技术是线性极化(LPR)的技术。如ASTM G59上所述的"标准规范化开展电位极化电阻测量",它根据腐蚀电位,测量电压的斜率与当前电流±20mV的比值来定义一个参数叫作极化电阻。自腐蚀监控设备经常采用常数塔菲尔斜率,即120mV/10倍,用于阳极和阴极极化。腐蚀电流密度由公式(7-3)进行计算,其中b_a和b_c分别是阳极和阴极塔菲尔斜率。不同的系统不同B值[2]。

$$i_{腐蚀} = \frac{b_a \cdot b_c}{2.303 \times (b_a + b_c)} \cdot \frac{1}{R_P} = \frac{B}{R_P} \tag{7-3}$$

从LPR测量获得的腐蚀速率与极化电阻成反比。极化电阻高的通常腐蚀率较低。溶液阻力较小的极化电阻常常引起溶液阻力较小的误差。该曲线很少线性化。严格根据电位的使用范围,利用线性的精确度来计算极化电阻值。在最低的超电势,该曲线最有可能是线性的,但测量低腐蚀率时,可能会测得最高的分散率。如果腐蚀率很低,电压的范围必须足够大,才能测量获得可靠的电流值。但是该曲线可能不在线性范围内。线性范围通常低于30mV过电压。

与实验室试验中使用的配置相比,电场探头更简单。因为测量仅需要几分钟,常规的参考电极是没有必要的。可以假设取一块金属的腐蚀电位作为假参考电极在测量过程中保持恒定。使用腐蚀金属将其作为腐蚀电位监测的参比电极是不明智的。使用贵重的金属辅助电极也没有必要,任何相对耐腐蚀的金属就足够了。配置通常是具有三个同心电极的齐平安装的探针或具有三个可更换的杆电极的探针。必须仔细护理,避免在应用中由于 LPR 电极接触油或其他黏性化合物造成表面结垢。这些会阻止电化学测量,并可能导致过低的腐蚀速率监测。在生物膜下,LPR 方式可以提高腐蚀速率。

7.2.3 原电池电流测量

电偶电流测量使用一个零电阻电流表(ZRA)在两种不同的金属之间进行。设备电偶电流测量可以来自于几个制造商,但必须保持同一个恒电位。零电阻电流分析法的想法是设置不同种类金属为同一电位,然后测量在电极之间流动的单元电流。图 7-5 是 ZRA 恒电位耦合示意图,一个经常可以省略计数器和参考电极之间的连接电阻。

质量损失可以使用法拉第定律所测量的电流来计算。取样品连接作为阳极不带局部电池,计算出来的值可代表净重的损失。没有阴极反应发生在阳极样品上,宏观的样品之间反应下会发生电流的消耗。当局部电池释放时,ZRA 测量显示电耦合的腐蚀速率增加了。图 7-5 为使用恒电位作为零电阻电流表。

测定电偶电流是获得电偶真实反应率的唯一方法。在电化学系列位势值没有太大用处。电偶电流测量还用于通过使用两种不同的金属如碳钢和铜组合或碳钢和不锈钢组合来监测环境的腐蚀性。例如,将氧气通入一个封闭水系统会增加阴极反应速率。这将明显增加样品之间流动的电流。不同种类金属的薄带可以在金属表面之下安装一个厚的涂层或绝缘材料。当水或潮气扩散通过涂层,这将在不同的金属之间开始腐蚀。

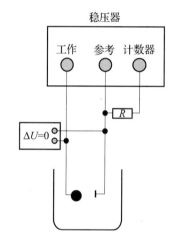

图 7-5　使用恒电位作为零电阻电流表

7.2.4 塔菲尔方法

在塔菲尔方法中,极化电位的改变要么是阳极极化,要么是阴极极化,又或者两种极化都存在。足够高的超电位下,电位与电流密度的对数呈线性依赖性。通过阳极和阴极极化曲线推断腐蚀电位的线性范围,它们的交点应满足并显示腐蚀电流密度。由于电极反应从来没有在实践中得到控制,线性范围很难找到,并且过程中可能不表现出明显的线性分量。几个电荷转移反应,扩散极化和欧姆极化会扭曲线性度。测得的电流,通过使用法拉第定律转换成腐蚀速率。用塔菲尔法监测腐蚀有很大的局限性。曲线拟合方法推断斜率应该是自动的。测得的曲线往往不遵从塔菲尔法。拟合法会导致不可预知的腐蚀电流密度的错误。每一次拟合过程都需要视觉验证。

不同的电化学方法测定的腐蚀电流密度可以得到不同的结果。如图 7-6 所示,即使在受控的实验室条件下也可能有比较大的变化。偏振电阻测量和塔菲尔斜率测量统计数据紧密给出了腐蚀电流密度的三个重要因素。在实践中,改变腐蚀电流密度大于 10 的因子通常具有一定的意义。图 7-6 是腐蚀电流密度由塔菲尔方法和线性偏振法测定的。

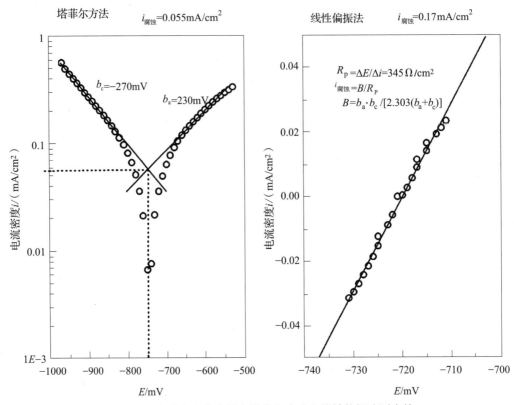

图 7-6　腐蚀电流密度是由塔菲尔方法和线性偏振法测定的

7.2.5　电化学阻抗谱

电化学阻抗谱(EIS)是使用交变电流信号激发腐蚀试样的一个新测量技术。取 10 ~ 100kHz 到 10 ~ 100Hz 里很宽的频谱施加信号,EIS 监视腐蚀样品表面的电响应。低测量的频率等同于一个较长的测量。根据测量方式,测量范围低于 MHz 的,完成一次测量很容易耗费数小时。根据频率范围,测量的阻抗和相位角代表不同的因素。在最高频率下,溶液的电阻是一个决定性因素。在最低频率处,电荷转移电阻是一个决定性因素。对于中间的频率,电容性能取决于双电层和吸附物种。与常用的 ER 或 LPR 技术相比,该分析是复杂的。一种方便的方式使用 EIS 技术是取低频极限,与 LPR 方法确定的极化电阻基本相同。EIS 方法允许区别地将各种元件假设为极化电阻的一部分,导致 LPR 腐蚀速率测定产生误差。最重要的组成是低电导率环境中的溶液阻力。

EIS 技术对研究涂层也很有用,比直流技术研究抑制材料更有效。该技术频繁使用溶液阻力系统或作为一种方法来分析涂层的性能。EIS 数据能更有效地确定表面层性能,如孔隙电阻和膜电容并已经使用。其他的 EIS 应用领域就是钢混凝土结构腐蚀和阴极保护,因为这两个应用下都需要大量的电阻损耗补偿。该技术的主要局限是数据的分析相对复杂,它没有完全应用在所有领域。该技术需要等效电路的应用理论来分析和推测数据。曲线拟合软件对溶液电阻、双电层电容和极化电阻的计算是很有必要的。这些技术通常需要与其他较常见的腐蚀监控技术如腐蚀样片相比以得到有意义的数据。

7.2.6　电化学噪声

电化学噪声是一种被动的电化学技术，无须极化电流。它测量由天然腐蚀发生的电化学电势和电流的变化。它需要借助于专业知识和计算机能力的有效分析得出一般腐蚀、点蚀和应力腐蚀。电化学噪声测量记录了随机波动的腐蚀电位和电流。电位噪声测量工作电极和参照电极之间的电势。电流噪声测量两个名义上类似的电极之间的差异。进一步的发展是通过同时用零电阻电流表测量电流噪声和取电位噪声做参考电极与万用表同步时间内测量噪声抵抗力。取同步时间内该信号计算得到的噪声电阻。电化学噪声不得不使用识别局部腐蚀和一般腐蚀的条件。电化学噪声要求测量非常小的信号区别外来噪声。该方法与电化学技术最常应用。

采用电化学噪声测量的腐蚀监控已成为日益关注的话题。一些工人提出，噪声电阻直接关系极化电阻。如果腐蚀均匀和样品是相同，这确实有效。电化学噪声通常是不均匀或局部溶解的结果。分析方法正在不断发展。快速傅立叶变换，最大熵，和峰值最大值的泊松分析都有使用。电化学噪声测量需要很专业的知识，作为监测工具行业可能无法一一确认。

7.3　其他方法

除此已经知道的腐蚀损伤物理测量和电化学测量的瞬时腐蚀速率，其他几种监控方法都有一定作用。利用反应产物分析如氢监测与金属离子造成腐蚀的反应。

7.3.1　氢气流量监控

原子氢是酸性环境下腐蚀阴极析氢反应产生的产物。氢原子可以重新结合形成氢分子和脱落金属表面或者扩散成金属原子形式。硫化氢和其他化合物的存在被称为"氢毒药"防止重组反应，并促进氢吸收。氢是腐蚀率的指标，但也可能造成伤害。氢通量测量通入氢后引起的探头压力增加或电化学技术。探针插入到容器或管段。钢性传感器，内部中空连接压力计。通过传感器作为原子氢扩散，它重新组合在中空区域造成压力增加。假定压力增加的速率正比于氢气吸收速率。氢气探头安装在设备外部，使用电化学电池监测氢转移的速率。氢探头监控的局限性是多方面的。氢探测数据可能与腐蚀减少无关，因为只有腐蚀速率一个因素涉及吸氢的严重性。随温度、组成和微观结构的变化，氢在钢中的扩散也迅速。这可能会导致氢气探针测量的差异变化大。该技术至少可以监测充氢的严重性以及分析工艺设备暴露氢裂纹的电位值。有关详细的定量监测的应用，需要考虑数据分析。

7.3.2　化学分析

工艺水样，也是间接监测数据的重要来源。例如 pH、金属溶解量、氯化物、硫化氢和氨的含量可以得到环境腐蚀性和腐蚀速率的信息。例如，NACE 标准 RP0192 "腐蚀监控石油和天然气的铁粒子数"，介绍石油生产设备的腐蚀速率。给定 kg/d 的铁粒子率反映了防腐蚀措施的有效性。如果流速是恒定的，铁浓度相关表示为 mg/L。通过同样的方法以相同的方式从相同点分析几个样本是必要的，可以提供基准信息。

有几个解决方案允许监控腐蚀性。确定这些值与腐蚀性的关联性，必须先确定腐蚀速率和 pH，氯化物含量等之间的关系。腐蚀沉积物也可以拿来分析确定腐蚀和引起腐蚀的反应物。

7.4 数据收集和分析

腐蚀取样片的监测给出了腐蚀速率估算的基准。腐蚀取样片并不够准确确定总腐蚀速率信息，但如果不监测无法确定一些细节例如为什么以及何时发生腐蚀。腐蚀取样片在主动防腐蚀方面有一定的局限性。为了确定腐蚀速率及其他变量，信息必须快速可用。积极采集实时数据。应考虑腐蚀数据的过程变量。只有这样，才能得到有效的有用结果。腐蚀速率的参数是可变化的，例如温度、压力、流速或化学成分等。某些工业工厂有很多工艺化学品。工艺环境的复杂性和动态性影响很难评估设备的腐蚀程度。腐蚀监控尽量减少腐蚀损坏。

腐蚀非稳态。腐蚀速率源于取样片的净重损失，厚度的损失年度积累下来容易造成设备管壁变薄。低腐蚀率和高腐蚀率周期性发生。识别高腐蚀率的原因，可以找到有效的防腐蚀措施。选择合适的仪器仪表与平衡监测是一个关键因素。腐蚀取样片可以为腐蚀探针和其他在线腐蚀监控装置提供数据分析的基础。它们安装在伸缩探头上，操作过程中需要定期再安装和清除。电阻，腐蚀电位，与线性偏振探针都可作为取样片用于获得连续的数据。在电位腐蚀区域，腐蚀取样片和 ER 探头都是有用的。他们将提供腐蚀的真正有用信息。ER 探针是监视腐蚀的最常用方法。该技术方法简单廉价且能获得连续规范的数据流。电阻技术的主要优点是不需要导电介质，几乎在任何环境下都可以工作。

数据收集有多种方法可选。最简单的是用手持仪器手动方法。手动方法成本低，但比可提供连续或在线记录的数据少。主动监测需要细节数据。现场安装，定期收集，并将其链接到控制室的在线仪表系统来记录连续的数据，比手工给出的数据能收集更多。单独的数据记录仪比在关键点使用实时的仪器更便宜。腐蚀取样片和传感器需安装在现场，通常造成腐蚀最严重的是水凝结或冲击处、添加化学品处或流量突变处。该系统内最高的腐蚀风险，最关键的操作是适当的地方进行腐蚀监控。

参考文献

［1］Gartland, P. O., Horn, H., Wold, K. R., et al., FSM – Developments for monitoring of stress corrosion cracking in storage tanks, CORROSION 95, paper no. 545, NACE, Houston.

［2］Grauer, R., Moreland, J. P., and Pini, G., A literature review of polarization resistance constant (B) values for the measurement of corrosion rate, NACE, Houston, 1982, 66 p.

第⑧章　腐　蚀　管　理

腐蚀控制问题是非常复杂的。它包括很多个基本问题诸如漏水管的简单校正。腐蚀控制的工序有设计、安装，以及腐蚀额外严重的影响工厂运营的问题。因此，有效的腐蚀控制要求多方合作，其中包括管理合作。适当的腐蚀控制包括信息发布。有效的腐蚀管理需要系统战略，改善系统功能也包括人的具体任务[1]。管理腐蚀是预防性维保的首要任务。

早期有工人声称腐蚀成本可以用现有的技术和知识来降低。例如，巴特尔和北美特殊钢工业预计在1996年，大约有1/3的腐蚀的成本是可以避免的，并且从开始设计到维护阶段可以广泛推广应用更耐腐蚀的材料。腐蚀的控制和处理是很重要的，因为设备和结构腐蚀，对生产和设备安全存在很大的隐患。经济学是腐蚀的另一个基本考虑，腐蚀最终会削弱设备结构，因此，更换或加固设备是必要的。排除腐蚀无二级损伤或环境影响的话，腐蚀问题就是纯粹的经济问题。最大限度地减少总成本，如线性增加的维保成本和以指数递减的腐蚀费用是比较容易的，如图8-1示意所示。没有腐蚀防护会造成沉重的代价。通过一定的防护，可以显著地实现总成本降低。上述最佳保护级别，额外的维保费用比成本损害的降低更高。图8-1示意腐蚀的最小化总成本。

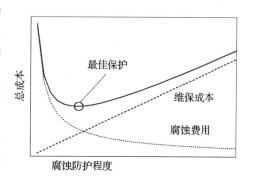

图8-1　腐蚀的最小化总成本

化学工厂的建设相对经济方面是极其复杂的。低成本的材料使用可能会导致高昂的维护成本和较高的生产损失。具有更好的防腐蚀性的材料成本总是比较昂贵的。检查和维修的费用可能比较容易估算。例如任何牙医会建议，定期检查和清洁就会发现一些较小的问题。维修费用则不是太高。等到系统出现故障时，也总是会导致维修成本较高的时候。

腐蚀管理的安装包含四个不同的阶段：设计、施工、使用和补救。发生在任何一个阶段的问题都会对其他阶段相产生影响。因此，腐蚀管理的负责人必须任命。对于最后三个阶段，人们必须强制维保。腐蚀管理团队的工作包括工艺和设备设计、材料选择、制造、建设、运行、维护和经济管理。每个工作必须根据腐蚀的过程控制开展应用，以满足特殊要求。责任必须分配，控制必须严格，从而以确保整个工作的执行力。整个系统的主要任务是尽量减少腐蚀的总成本，包括初期投资、腐蚀的控制措施、维修费用、额外的安全措施、生产的停工损失等，适当比较腐蚀成本与生产时间的间隔在工业设施中特别有用。例如防腐蚀成本与年生产纸浆的成本。

正确管理腐蚀控制应预防和减轻腐蚀早期阶段的发生。持续监测腐蚀的发生是必要的。腐蚀监控需配合适当的检查方法。如果时间和人员允许的话,所有的设备都需要进行定期防腐和随机停机检查。这些工作都需要适当的组织和管理,进行有效的腐蚀控制。及早发现腐蚀问题进行小的维修就可以纠正预防。预防性维护是控制腐蚀或者减少设计不好造成的成本损失,最经济有效的方法。如果没有适当的预防性维护,腐蚀会严重损坏设备。材料和设备需要进行特殊的处理,需要仔细检查和维修保护,最易受腐蚀侵袭的会造成昂贵的严重损坏。

预防性维护与腐蚀控制包括以下具体工作:

① 充分的清洗计划,包括定期润滑和定期清除积水和其他异物;

② 保持足够的排水,防止湿气滞留;

③ 系统地过程控制特别是易腐蚀的使用保护盖保护敏感的设备或对环境进行防水、防尘和防化学品;

④ 周期性的仔细检查设备和系统,检测系统的防腐涂层保护、破坏和腐蚀程度;

⑤ 本质上最好的预防是适当的补救或维修;

⑥ 清洁表面必须保持经常消磁清理;

⑦ 定期检查吸收剂,如接点金属的热绝缘;

⑧ 检查电气设备以防电流泄漏和杂散电流迅速腐蚀;

⑨ 勤于维修电气设备,积极进行阳极或阴极防腐保护。

8.1　设计和材料选择

材料选择的主要任务是选择合适的材料进行特定的服务,以及正确的安装和维护。负责材料选择的人必须注意适当的材料规格有相应的标准和尺寸,有正确的设计和制造流程,有质量和检验要求,要认真在线监测和维护。材料的规格有一定的限制,要确保所购材料的组成和条件相同,所得到的材质数据是耐腐蚀性的。任何特殊的要求如表面光洁度,硬度等也是必要的。

正确的材料选择从五个主要方面考虑:a. 机械性能;b. 制造;c. 耐腐蚀性能;d. 可用性;e. 总成本。

最重要的机械性能就是合金抗拉强度或强度。硬度、疲劳性、耐冲击强度等通常都需要考虑。在工作环境下该材料必须具有足够的耐腐蚀性,否则机械性能可能将失效。无论机械设计的结构是否良好或材料的机械性能如何,耐腐蚀性差将导致早期失效。结构可靠性和可用性是非常重要的。根据不同的应用,理想的材料应容易加入到现有的部件组件。合金必须保持其主要性能及其制造。可用性也具有相当的重要性,往往也是最关键的考虑选择。研究相关因素过后,评估出总成本是可能的。总成本可估计为预期有效寿命期间不同材料选择的初始价格,安装成本和维护防腐蚀成本。

图 8-2 示意:耐腐蚀性成本的局限性。已知腐蚀性环境,预测材料的性能是可行的。比较相

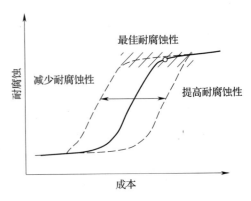

图 8-2　耐腐蚀与成本

似的材料如不锈钢,通常分为两大类。

一种具有高腐蚀率,其他的有足够的腐蚀率。中间是一个过渡区。正确的材料选择,自然是最便宜的合金有足够的耐腐蚀性。如果系统腐蚀变严重,材料过渡到昂贵区。提高腐蚀率预防意外发生,可选择更耐材料。图 8-2 比较完全不同的材料例如纤维增强塑料和钛是无用的。

设计师、材料专家和腐蚀专家之间的合作是非常必要的,可以减少腐蚀的风险,并避免昂贵的设计费用和选择错误的材料。压力容器和部件,特别是那些受到周期性应力的设备具有特别的挑战性。设计者必须知道影响该材料的物理和化学因素。腐蚀性环境影响系统的机械性能。当设备存在缺陷,表面有一定尺寸的裂纹,腐蚀剂的选择将变得更加严峻。

腐蚀不是一个孤立的现象。它会影响工厂的产品,经济和安全。腐蚀问题需要评估考虑其他可能会导致的因素。防腐蚀的费用应该是合理的避免产生额外成本。这些费用的产生可能是由于生产损失、更换成本、产品质量、安全等。腐蚀是不可避免的,所以预防措施是不能废除的。精心设计和材料选择可减少腐蚀的风险。过度设计或过于保守的材料选择会增加资金成本,使项目商业上不可执行。

设计阶段是很重要的,因为初级失误不会太明显,直到元部件已运行一段时间。正常运行的预期腐蚀率和起停的周期都需要估计。建筑细节,包括涂料应用,接缝处理,检查和维护的可行性,以及各种可能的防腐蚀应用都需要在设计阶段进行仔细的规划,而不是事后进行整顿。在施工期间,可以使用一个列表来检查安装施工的各个阶段。

例如,下面的细节适用于阀门安装:

① 阀门安装时,阀杆朝上(密封件泄漏可能会导致液体滴落在执行器上造成腐蚀);

② 将阀门安装在回流管路上,降低穴蚀的风险(与温度最低的下线保持一致);

③ 不安装阀门在管道弯头或接缝处,避免侵蚀接近,同时由于低压尽可能安装于泵的附近;

④ 选择喷涂合适的涂料,预防阀体外部遇冷造成冷凝结水;

⑤ 蒸汽场合下使用饱和或过热蒸汽(必须及时去除冷凝水,以防发生腐蚀)。

施工阶段的错误会导致施工现场、制造商或分包商现场,或储存运输期间发生腐蚀问题。遵守规范,检查焊接接头和涂料层,临时采取正确的防腐蚀措施可以有效降低制造错误的风险。主要的风险是材料混乱。识别能力不足导致材料混乱,例如,"不锈钢"与"耐酸"钢。在大型建筑,焊材材料和小型设备如泵、阀可能有几种材料规格。买方有时可能会指定"不锈钢阀门,"但生产商供应阀门用碳钢阀体和不锈钢阀杆。为避免类似误区,进行初步的讨论和细节的规范是非常有必要的。便携式分析仪在大修中非常有用,避免材料混淆。施工、验收和测试报告必须存档和更新,必须是正确的资料,即"竣工"资料。必须在系统启动和归档前,进行适当的电化学保护进行预防和纠正。

8.2　操作

有效的腐蚀管理需要生产和维护人员的合作。对于维护来说提高设备的最大可用性,生产人员必须接受计划性的停机进行必要的检查和维修。有一个比喻,赛车也有掉坑的时候。维修人员必须了解生产模式和等级的任何变化。他们应该了解设备大修,维修过程,改进日常的维护,直接参与生产。从长远来看,没有操作人员和维修人员这种"合作"的维护,设备无法达到预期或必要的使用寿命。

工厂主动管理在生产中可能出现的腐蚀会有显著效果。生产速率、生产方法或产品的变化通常都会对工艺蒸汽的腐蚀性有一些影响。事前了解这些变化的影响是必要的。现代处理的方法是使用过程模拟或实际试验的方法来确定可能改变的环境条件。小变化大影响。例如,温度稍高即可能引起局部腐蚀。化学品供应商改变,可能会导致提供的化学品纯度不同而改变腐蚀速率。工厂腐蚀管理的责任,在生产中,根据计划或实际的变化转递给负责材料、腐蚀、维护和检查的人。

维护设备的人实际上是非常重要的,他们发现腐蚀隐患,改进防腐管理,提高工作环境的安全性。生产人员大多集中培训如何生产,发现问题的则比较少。大多数问题来源于错误的少量的习惯性操作。例如,酸法除锈可能会间隔几个星期。有时需要短暂停机。过度使用浓酸或过高清洗的温度,正确的生产工培训应熟悉设备制造商提供的设备自动和手动的情况下,不同的生产和维护要求。这些人员还应该熟悉了解工艺的功能和控制的原理。功能应定期测试,以确保控制正常。说明书可以用来处理紧急情况。进行连续重复性的就紧急情况处理培训可以减少更大的麻烦。

8.3　检查

检查是任何预防性维护的一个重要组成部分。检查系统状态,确定维护要求。回顾维修记录和维护、运行日志、流程图和总结之前出现问题的报告是很重要的。这也有助于处理类似的检查时树立一定的规范。检查程序需要根据下列实际条件进行一定的修改:a. 材料变化;b. 新的机械性能失效;c. 新的需求产生;d. 新的分析、测试或检测工具可用。

一个尽责的有组织的检查可以有效地降低停机,因为经常性的检查,可以发现潜在的缺陷,在问题变严重前处理解决该问题。检查包括两个独立部分:事前检查和事后处理。生产检查包括主观和客观检查。检查人员必须知道可接受和不可接受的缺陷。主观检查主要是人的感官包括耳听、目视、触觉、嗅觉等。通常有非特定性的标准,如变速箱噪音过大或过热。客观检查使用一定的测量标准来确定实际的情况或现状的变化。培训检查人员选择合适的检查点是每个腐蚀管理的必要性。检查可以结合工艺信息,腐蚀数据,状态监测来优化成本和安全。检验点的选择是重要的。潜在隐患的点如下[2]:

① 流动方向突然变化的地方,例如弯头处,三通处,U 形弯头处,管径改变处(会产生湍流);

② "死角"处,环口,裂缝,障碍物,或其他可能产生湍流导致大量碎片聚集或腐蚀材料累积,增加腐蚀速率或引起积水流的地方;

③ 不同金属的连接处可能产生电偶腐蚀;

④ 受力区域,如那些在焊接、铆钉、螺纹、受循环温度或压力变化的区域。

大多数纸浆造纸厂的设备会受到振动、温度变化、热性能、机械疲劳或振动冲击、锈蚀、腐蚀等。根据经验知道哪里有裂纹或泄漏。这方面的经验是指包括一定的技术能力,例如熟悉设备性能、材料本质、焊接技术、热处理技术等。

定期检查和预防性维护是必不可少的,确定设备状态,发现早期的设备隐患并进行矫正。预防性维护减少了劳动力的总使用量和成本支出,预防腐蚀保证设备可以达到设计的功能。

资料显示腐蚀监控可以以多种方式进行管理。整理和优化资源,腐蚀监控是任何工厂腐蚀控制的重要部分。优化工艺是先决条件。

减少腐蚀的次生故障损坏。必须迅速行动,尽量减少额外的伤害和产量的损失。一个有效的团队需要生产和管理方面都有材料耐腐蚀等专家的支持,可以迅速提供行动的建议。选拔团队的人才,有类似的可以提前考虑。

调查腐蚀失效,专业分析师必须做到以下几点:a. 估计损害的程度和额外对应故障的可能性;b. 确定故障模式;c. 确定故障原因;d. 设计并实施整改的措施;e. 确保实施纠正的措施;f. 确保纠正措施防止再次失败。

表 8-1 调查腐蚀失效的根本原因。

表 8-1　　　　　　　　　　　　调查腐蚀失效的根本原因

环境	材料	结构	腐蚀形式
化学成分	材料类型 －钢 －不锈钢 －镍合金 －涂层 －聚合物	缝隙	腐蚀形式 －均匀 －点蚀 －裂缝
pH 和温度	化学成分 －标准名称 －分析	沉积	腐蚀深度
氧化还原电位	涂层 －涂料类型 －涂料规格 －聚合物涂层	机械应力	可见开裂
溶解性气体	结构 －铸造 －焊接	磨损	腐蚀或气蚀
浸渍 －一直干燥 －连续 －间断	热处理 －退火 －预防感敏	液/气间的转换	
压力和温度 在气体中的变化	生产厂家	振动	
由气相冷凝		连接方式	
流量速率 －连续的 －停滞的 －可变的			
固体流			
开机/停机时间 保养/维修/修订			

　　首要任务是决定生产能否继续。下一步骤是确定发生了什么,为什么会发生。最后,这个问题需要解决与核查,同时纠正措施到位以免再次发生。正确的故障分析是试图解决腐蚀问题时一个极其重要的任务。有经验的专家可以通过思考节省大量的时间和金钱,避免大的实验方案。损伤分析报告是极为宝贵的资料来源。该经验可以提供给大家设计、选材、维修进行时避免犯同样的错误。表8-1针对不同的背景信息,提供的可能性因素列表。

8.4　维护

　　维护有两大类:纠正性维护和预防性维护。维护的首要任务是保持设备的运行效率,并延长其使用寿命,越经济有效越好。维护已成为越来越重要的业务目标,通过峰值性能与最低的总成本保证设备的最大有效运行时间。现代化的预防维护方法主要包括日常护理、定期检查和计划维修、大修翻新等,从而以确保设备服务的最大可靠性。防腐蚀应该是每一个预防性维护计划的一项重大任务。通过使用常规护理、检查和计划维修等工作,选择合适的工具,减缓腐蚀造成的最大隐患。生产部门和维修部门应相互配合工作,最大限度地减少停机时间,可以使用预防预测性维修和计算机设备管理系统。这些都需要特定的工艺和设备人员,外包维修商可能不具备该类知识技能。

　　预测性维护实际上是预防性维护的延伸。预测性维护是收集和分析检测数据。数据收集和分析,可以在设备运行时实现。假定振动、热、张力、速度、腐蚀率等测量结果都在可接受范围内,该设备能够有效地运作。磨损会导致这些测量漂移超越既定的控制范围。预防性维护是必要的,可以使设备恢复到最佳生产水平。预测性维护需要考虑生产时间或设备的运行状态。它提供了检测工具,可以(预防性维护)预防计划外停机和紧急维修(纠正性维修)。图8-3监测壁厚及其预测,预防和纠正维护步骤(不按比例)。

　　系统设计决定其工作寿命。需要定期检查和维护。例如:测量和监测的腐蚀率是必要的预防性维护。通过超声波探针进行监测腐蚀,可以评估剩余壁厚。当壁厚小于预设警报水平,预防性维护是必要的。预防性维护后,壁厚小于预设修补标准如图8-3所示。

　　专业的监控人员和好的监控手段可以得到实验室确认的腐蚀率或中试厂的试验设计值。适当的预防性维护计划和可靠的腐蚀监控程序可以提高政府机构或司法管辖区要求的检查周期。

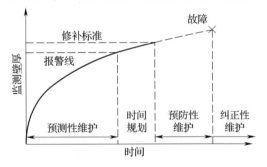

图8-3　监测壁厚及其预测,预防和纠正维护步骤(不按比例)

参考文献

[1]Trethewey,K. R. and Chamberlain,J. ,Corrosion for Science and Engineering,2nd edn. ,Longman Scientific & Technical,Essex,1995,Chap 11.

[2]Abramchuk,J. ,Materials Protection 1(3):60(1962).

第 9 章　制浆造纸工业的维护概念

9.1　工业维护

在当今竞争激烈的市场中,制浆造纸企业必须通过减少和控制总成本实现高效率。

不能仅仅考虑成本的经济性,而忽略维护的重要性。维护的好坏在很大程度上影响决定了生产设备的性能和运行效率,而且是非常大的影响。因此,维护在有效决策上起着越来越重要的意义,有可能会影响到某些制浆造纸企业的生存。总计北美所有的工厂[1],据估计其花在保养和维修的费用上每年有 250 亿美元。见图 9 - 1 维修费用在总的生产成本中所占的百分比较大[2]。

工业维护概念已经从单一的"修复"转变到更高水平的发挥设备性能。在许多设备上增加维护费用到生产成本的 4% ~14%,通常其回报利润是很大的,如图 9 - 1 所示。

在某些芬兰制浆和造纸厂,即使有证据显示维修生产率大大提高了,但具体维修费用5% ~8% 的周转率完全取决于该企业出品的产品类型[3]。除了那些返修或替代的产品,只要机械设备有配套的完善的正确维保体系,工程寿命周期是完全可以实现的。

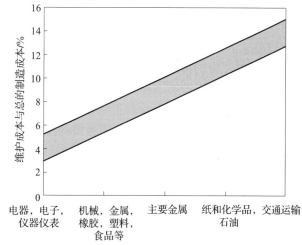

图 9 - 1　维修费用在总的生产成本中所占的百分比显著[2]

9.2　维护的过去和今天

每吨纸的维护成本相当于生产的毛利。在 20 世纪 50 年代,每吨纸相当于每 2 个人工时/t纸[4]。今天,它可以低至 0.5 工时/t 纸。在过去,统计分析数据主要来源于电动机故障和部分机械设备故障率。在当今工业社会,劳动力成本提高,设备成本昂贵,都不断威胁着市场竞争,有效的维护不仅重要,也是决定着经营是否盈利,企业能否生存下去。

过去简单维护的方法是"坏了就修"所导致的结果如下:a. 不惜血本中断生产;b. 过度不

必要的库存备品;c. 设备使用寿命缩短;d. 人才利用率低;e. 设备运行率不达标和产品质量控制难;f. 不停地"灭火",以避免停机;g. 过度使用,忽略维护成本。

现代预防性维护做到以下方面可以有效地预防计划外故障和停机:a. 日常护理包括清洁、润滑、调整;b. 定期监测预测会恶化的设备隐患,利用计划性的预防维修降低对生产进度的影响;c. 有计划地维修、大修和技改,以确保设备的最佳服务状态。

预防性维护可以保证:a. 提高设备运行率;b. 提高和改善纸品的性能;c. 减少维修服务的成本。

每节省一美元的维护费用等值于销售产品的 10 美元。为达到总的维修目标(以最低的成本实现最大的运行时间和最高的设备性能),维护维修必须着眼于利用其资源的高效利用上面。这些资源包括仪器、设备、原材料和备件,资金预算,以及最重要的人工管理统筹上面。

9.3　维护人员的管理

维护管理的三要素:

① 组织:规划工作职能和责任("行动"和"计划"),沟通,工作要求(工单系统),留存记录,监督线路;

② 战略行动:工作计划和调度的政策和指导方针,设定绩效目标,培训,致力于预防性维护,以及相关的可靠性维护和保养;

③ 管理:领导的能力,工作的效率和质量,工作场所的安全监测,需要改进的便捷性,以及成本的控制。

据 Baldwin[1] 阐述,有效地组织发挥人的潜能可以提高设备性能的良好维护。当人们在正确的时间里做正确的事情,维护工作将变得有计划、有准备,而不是一个偶然被动的维修。

完善维护的流程即可以补充和巩固维护工作,也可以实现持续的组织结构管理。关键因素在于,所有维修人员(包括管理者和维修者)都必须有效地参与管理维护和承担起相应的责任。工会在北美和北欧国家起到了很重要的作用。在北美,并非所有的维修劳务者都属于某个北欧国家的工会组织。一些工会特别是在北欧国家有很大的权力,如果有必要,他们可以罢工以争取和表达他们的诉求。

BALWIN 报道,大约 20% 的北美工厂是在有计划地进行维护工作。计划和调度所取得的巨大收益需要得到维修和生产人员相互"投资"的认知。维修人员必须强调不断的努力和维护,同时生产人员必须支持和尊重维护的策略。

9.3.1　有效的保养计划

称之有效的维护计划主要包括:

① 组织管理良好、成员履行责任;

② 基于"可靠性的"预防性维护来实现维护方案;

③ 最大限度地制订工作计划和调度;

④ 建立良好的沟通能力,便于工人、监管人员、管理者之间的信息流动;

⑤ 在技术员和工人之间,进行适当的培训;

⑥ 关键信息有良好的保存记录,可随时用于计划和行动;

⑦ 不断致力于改进(设备和实践);

⑧ 与生产合作关系紧密;

⑨ 不断努力,监测维护效率、工作质量和成本;

⑩ 在成本管理的基础上提供有效地材料和备品;

⑪ 注重人才,造就优越的工作环境,最大化支持人才的持续性发展;

⑫ 工作人员的日常工作有规律,工作计划性强,持续性强,安全有承诺、有监控,工作场合的环境都在可控范围内。

9.3.2 不同行业下的维护人力

在一个典型的工厂里,有多少人会对维护工作有期待呢?不幸的是,没有一个正确的答案,因为这么一个"典型的"工厂不存在。影响维护发展的诸多因素中,值得特别注意的是 a.工厂类型,工厂规模和自动化程度;b.维修人员在主要工程项目中的可分流操作;c.注意维修力量的效率和效果、预防性维护的程度,以及对维修满意程度的标准应用定义。

设备工程杂志在 20 个主要的制造行业进行了 8424 位的读者邮件调查。表 9-1 展示了来自于 1637 位回复者的调查结果的摘要(产品制造的类型)和工厂规模(雇员总人数)[5]。问题调查来源于很多层面,包括工人、工程师和管理者,调查结果大部分涉及了吸引力、培训和人才留住人才等主要方面。最常见的情形就是在高中阶段没有考虑开始培养合格的工人,缺乏时间和金钱的投入,快速的技术发展远远超过了工人的技能提升,工资水平低,技能又要求员工接受内部合同的罚款。其他因素就是部门预算的限制(原始员工人数),维修在部门里的角色常被认为是生产的辅助能力。虽然部分问题可以利用合同工来进行,但合同工的工作并不能完全代替内部工作人员的职责。

表 9-1 的数据显示维修人员在制浆和造纸工业中的比例是非常低的。1972 年,维修工人在一家典型的瑞典制浆造纸厂所占比大约为 25% ,如今,这个数字接近 31%[6]。

表 9-1   维护人员比例[5]

工厂总就业数量/人	工厂的总维修人员/人					
	少于10人	0~25人	26~50人	51~100人	101~200人	超过200人
施工和物料处理设备(维修人员在工厂总人数的百分比)/%						
少于100(3)人	100					
100~499(12)人	41.7	58.3				
500~999(3)人	33.3	66.7				
超过或等于1000(5)人			50			50
金工机械(维修人员在工厂总人数的百分比)/%						
少于100(0)人						
100~499(25)人	56	28	16			
500~999(4)人		50	25	25		
超过或等于1000(5)人		20	20	40	20	

续表

工厂总就业数量/人	工厂的总维修人员/人					
	少于10人	0~25人	26~50人	51~100人	101~200人	超过200人
通用机械或设备(维修人员在工厂总人数的百分比)/%						
少于100(3)人	100					
100~499(21)人	61.9	28.8	4.8	4.8		
500~999(9)人	11.1	44.4	33.3	11.1		
超过或等于1000(2)人	50	50				
飞机和航空航天设备(维修人员在工厂总人数的百分比)/%						
少于100(0)人						
100~499(16)人	31.3	68.7				
500~999(10)人	20	40	40			
超过或等于1000(21)人		11.5	15.4	15.4	46.2	11.5
纸及有关制品(维修人员在工厂总人数的百分比)/%						
少于100(4)人	75					
100~499(59)人	39	37.3	18.6	3.4	1.7	
500~999(18)人		5	25	25	35	10
超过或等于1000(13)人		15.4	7.7	7.7	15.4	53.8
化学品,油漆和塑料(维修人员在工厂总人数的百分比)/%						
少于100(7)人	57.1					
100~499(776)人	19.5	39	16.9	19.5	5.2	
500~999(18)人		11.1	27.8	22.2	22.2	16.7
超过或等于1000(8)人		12.5		12.5	25	50
橡胶或塑料制品(维修人员在工厂总人数的百分比)/%						
少于100(2)人	100					
100~499(95)人	24.7	43.2	20	2.1		
500~999(18)人	4.3	26.1	21.7	34.8	13	
超过或等于1000(15)人			6.7	13.3	73.3	6.7
金属铸造,轧制和绘图(维修人员在工厂总人数的百分比)/%						
少于100(0)人						
100~499(57)人	28.1	33.3	31.6	7		
500~999(16)人	12.5	25	12.5	12.5	37.5	
超过或等于1000(14)人			7.1	7.1	21.4	64.3

9.3.3　维护成本考虑

维护的成本管理不应该理解是简单的"花最少的钱",应当参考是否始终保持设备处于最佳的运行状态。在某些先进的公司,维修部门就是一个"成本中心",其花在维护上面的资金在很大程度上决定了公司的总盈利。图 9 – 2 展示了一个简化的成本跟踪系统[1]。

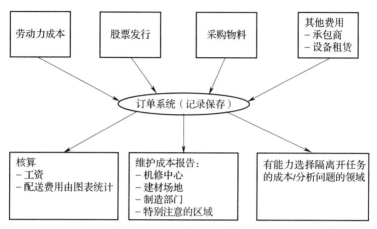

图 9 – 2　简化的成本跟踪系统

与维护相关的成本包括:a. 劳动(工种,技术支持人员,以及行政和管理);b. 材料(由于侵蚀,腐蚀,或两者都有所造成的损失);c. 润滑剂;d. 更换零备件;e. 备用工具、设备、仪表的储存;f. "外包"合同的服务和网店培训。

行业经验一再表明,一个有效的预防性维护计划会大大降低与故障(生产损失和维修成本)相关的成本。图 9 – 3 展示了复合设备的一般寿命模型[2]。该图表明,基于可靠性的维护,可以显著地有效降低设备的早期和后期故障概率。

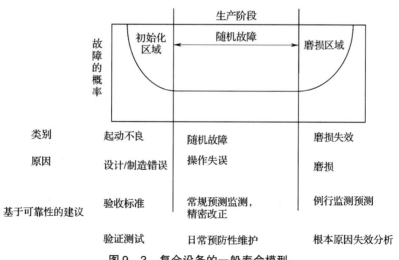

图 9 – 3　复合设备的一般寿命模型

图 9 – 4 为通过预防性维护后的总维修费用(不按比例)。

预防性维护的成本增加可以预知一些需要检查和安排大停机的设备。如图 9 – 4 示意所示,目的是为保证最低的总成本建立一个最佳的预防维修水平。超过这个限度,用在预防性维

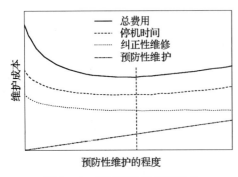

图 9-4 通过预防性维护后的
总维修费用(不按比例)

⑤ 所有状态监测都应是"成本合理的。"

图 9-5 结果显示:通过有效地预防性维护,显著地降低了总维护成本[7]。这种方法可能是第二代预防性维护,也是将来的一个可行性策略。

主要的成本决定(设备改造和更换)需要一个系统的、分析性的方法,以确保短期和长期的经济效益。通常情况下,参考过去一年涉及的费用和收益可以用其评估将来的真实成本。因此,工厂设备的性能或效率主要来源下以下方面:a. 设备的设计和制造;b. 操作能力;c. 设备维护的技术支持。

修上的资金其收效甚微。

总的有效的预防性维护是指:

① 使用"在线"监测或者尽可能监控设备的工作状态,以减少停机时间;

② 仅在其成本效益最优的时候,进行停机设备维护;

③ 预防性维护所需要的停机时间必须认真按计划执行,在最短的时间内开放给设备维护,进行设备维修;

④ 定期地有计划性地纠正、重建和改善维修战略,以获得最大的运行效率;

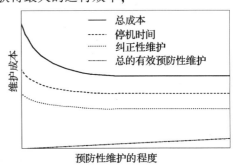

图 9-5 通过预防性维护的有效性,降低
总的维护成本(未按比例)

9.4 可靠性和可维护性

尽管维修部门管理良好,有良好的组织,有经过培训的专业工人,但以可靠性为基础的预防性维护在设备有效正确安装方面仍具有一定的指导意义。可靠性的可能性是保证设备或系统能在满意的状态下工作,降低停机或者故障出现的概率。这就是常讲的故障时间(MTBF)之间的平均时间。

可维护性是最容易进行可维护性预防和维修的手段,可称之为平均修复时间(MTTR)。

可靠性和维护性的有效性是很明显的。可靠性是项目设备或系统设计(制造和装配的零件细节用的部分)的"质量"保证,设备是否正确安装或如图 9-6 所示。利用故障分析的数据适当调整即可提高可靠性。

以下方面也可以提高可靠性:a. 及时改造项目;b. 有效积极的检查;c. 特殊预防性维护;d. 仔细操作。

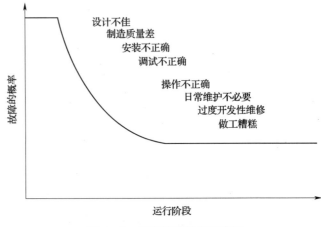

图 9-6 早期故障的主要来源

请注意,早期故障的四个来源如图 9 - 6 所示:主要是设备制造和安装调试不当造成的。设备的可维护性在很大程度决定于其设计阶段。例如,如何检查和修理零部件? 时间和成本对所有设备简易维护都很重要。在停机和生产断头的情况下,要立即进行必要的纠正措施。在许多情况下调整降低维护要求或提高可维护性(设计可维护)是经济合理的。

维修计划性可以识别并提高纸机设备和系统的可靠性和可维护性。为了提高项目的关注度,提高其维护和服务的信息正确性和传播是至关重要的。基于计算机的维护管理系统可以有效地分析历史数据来确定需要改进或监测的设备。

维修人员需要经过专业训练。使他们有能力认识到设备的"隐患",监控设备的状态,并且能保证高质量地完成维修工作。

9.4.1 可靠性和故障

设备发生故障时,系统或设备不能工作,主要包括以下方面:

① 突发故障造成的紧急停机抢修;

② 设备功能严重恶化造成停机(数量和质量);

③ "潜在"的隐患导致了停机,如果设备未及时维修引起设备二次损坏(有一个失败的案例,最终严重损害了联轴器);

④ 明显的环境恶化也会造成大量地维修,过后,才能保证设备正常可靠地运行。

表 9 - 2 显示了制浆造纸行业于 1981 年进行的一项调查,显示该设备故障[8]的主要原因。

表 9 - 2 导致设备停机或故障的主因(1 = 最多,7 = 至少)

原因	美国东南部	美国东北部	美国中西部	加拿大东部	加拿大西部	北美平均
正常磨损	1	1	1	1	1	1
操作错误	3	3	4	2	2	2
设备的设计或制造	5	5	2	6	6	5
腐蚀	4	4	5	4	5	4
维修时间不足	2	2	3	5	3	3
保养不当	6	6	6	3	4	6

正常磨损是设备故障的最大原因,维护不当很少是造成设备故障的原因。操作不当和预算不够分别列为相对第二和第三的原因。腐蚀和设备的设计与制造都可能是设备突发故障最常见的原因。据几位记者调查,有些设备并不是真的损坏。事实上,由于设计的考虑不周[8],它们只是很难再被维修。

图 9 - 7 示意,不同寿命周期的设备典型故障率表。请注意,经过可靠性的更换或检修后,设备经过改进,已达到"A"值适合新的工况。

预防性维护的目的是通过定期地周期性维护维修,避免设备计划外故障的发生。有效的预防性维护主要取决于设备本身及其生命周期。图 9 - 7"浴盆图"示意了简化版的三种故障模式:

① 早期的设备故障(降低风险);

② 随机故障(持续性风险,使用寿命);

③ 磨损失效(风险增加)。

有研究故障案例的说明如下,进行以下预防维护可避免以下三种模式的失效:

① 模式 1:在开始制造或安装前,应严格按照操作规范,避免留下设备隐患。

② 模式 2:预防性大修或者更换部件并不会降低故障率。故障率有可能由于出厂缺陷或者维修不当而增加。故障常常就是操作不当或者设备过度维修造成的。

③ 模式 3:在检修周期到了产生更大的故障之前进行预防性大修或者维修部件是很有必要的。注意,大部分设备或系统会在模式 1 的情况下出现故障(电子部件"老化"或齿轮减速器机械磨损)。图 9 - 7 所示某个设备的生命周期。该滚动轴承故障发生在第三个阶段。

总的维护方针应该是针对设备故障进行分析,确定故障模式,并采取适当的纠正措施。结构化分析需要借助于物理式或者其他探测方式。良好的维修记录有助于精确的分析故障来源,可以有效地针对性的进行设备优化和再维护。

除了前面提到的三个要素,一套完整的预防性维护方案有助于有目标的进行设备维护。

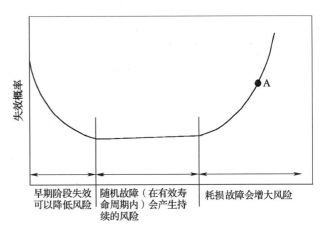

图 9 - 7 不同寿命周期的设备典型故障率表

9.4.2 可靠性维修工作

可靠性维修试图提高零部件[9]的寿命周期,以降低持续工作条件下产生的故障率。

如图 9 - 8 所示,可靠性维护主要研究设备寿命周期的第一阶段,即从设计到实施。同样维护的真实目的也是缩短维修周期。在设计阶段约有 20% 的投资成本,但务必预留 80% 的资金做运行和维护成本。

图 9 - 8 所示在项目周期的整个投资成本分析。虚线显示了设备的寿命周期中不同阶段下的投资成本。实线显示了实际阶段下将来运行和维护的成本。数字 1 ~ 1000 表示了在特定的周期内进行的相应的成本调整。项目早期,修改调整的成本比较低,随着项目不断接近运行阶段,成本也随之不断增加。如果修改调整是必要的,就必须尽快执行。

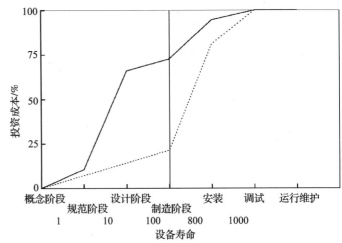

图 9 - 8 项目周期的整个投资成本分析

但如果不是特别必要,过高的修改成本投入从经济上考虑并不合理。需要注意的是,这些项目发展的经费99%以上是应由设备制造商负责的。

在制浆造纸厂,设备制造商和维修人员之间的良好合作是至关重要的。没有良好的合作关系,全新设备的操作和维护就不能很好进行。

预期效果并不容易发生。在一个新设备或新工艺的项目中,仔细考虑可靠性的维修会带来以下相关效果:a. 预防性的维护数据;b. 备件计划的储备数据;c. 利用工具和其他辅助维护评估的采购数据;d. 根据有效可靠性数据进行的计划生产;e. 招聘和培训人员的框架要求。

这些数据积累下来,形成了一套完整良好的维护方案的基础数据。

（1）生命周期成本

生命周期成本是后勤人员系统学习的一种方法。原则上,它根据操作和维护的过程计算出预期发生的问题。它揭示了成本和技术的矛盾,给未来的工作体系提供了一定的指导基础。生命周期成本计算的一个重要组成部分,是可靠性维护工程师。可靠性工程师选择高效的工作方式,他们会综合考虑初始成本,预计部件的寿命,更换的成本,储存更换零件的费用,特殊工具和辅助维修等等费用。

（2）及时有效

很多资金由于备品备件过度消耗了。通过可靠性的维护程序分析,可以降低这方面的备件成本。一套良好的维护主案应包含备件供应商。评估哪些零部件可以根据预计的周期需要快速计购。降低存储资金和分配利用在其他需要使用的地方。表9-3定义了关键零部件的参考数据。

表9-3　　　　　　　　　根据 Baldwin[1] 关键零部件的定义

关键零部件,指一部分部件损坏,将导致生产线的全线停机,或者如果现使用部件存在一定的设备缺陷隐患,也需要关键备件
关键备件遵循以下原则:
- 生产线上有20%的设备,会引起80%的停机时间
- 基于上述,该20%的设备就是真正的关键零部件,主要表现如下:
- 短时间内无法修复
- 备货周期比较长
- 备件无法本地化
- 通常,关键设备的关键零部件并没有备份系统。
关键备件不是只有以下几点:
- 常规更换零件都是定期的(这部分可作仓库正常库存)
- 通常不是设备关键零部件的,一直到不能够操作使用才收回

如果能保证生产链中所有设备的可靠有效性高,可以减少或消除平时生产和库存不同步的积压。生产过程需要花钱。在不干扰生产过程中消除这些积压,可以大大提高生产效益。这种预防性维护的方法也是"及时有效"的原则之一。在大多数情况下,组织维修的成本比积压库存的成本要少得多。

（3）自动化提高

大多数现代工厂是高度自动化的,电气、液压气动和设备都具有较高的技术水平。但即使设备有非常高的可靠性,由于维修人员缺乏一定的预防措施,仍然会引起许多的问题。在大多数情况下,设备维护可以由设备供应商提供专家或支持。组织进行设备操作维护工作仍是工厂必须进行的。提高人才竞争力,不断进行培训和提升也是很有必要的。

9.4.3　状态评估

1957 年，Grimnes[10] 阐述，一个良好的团队服务是针对故障进行仔细的分析，经常的总结分析，可以在故障进一步恶化前提前进行处理。分析故障是进行故障维修，而不是预防性维护，因为顾名思义，预防性维修就是在预防性的进行维护工作从而避免停机故障。

检查员应与各个部门紧密合作，定期检查报告操作工是否违规操作。这些报告必须检查公开，深入到操作员工作中，持续保持更新。

基于状态的维护已经在很大程度上取代了老的定期维护方式。这种方法有时也有长期的预测性维护周期。

预测性维护依赖于设备"健康"的状态评估。该状态评估有一定的监测范围，可以预测故障的进展，从而决定必要的预防措施。状态检修根据实际需要延长维修服务等，从而提高设备的使用可靠性。用于设备状态评估的主要方法包括：

① 振动测量：测量机械、结构和机械部件的往复运动。振动的严重程度可以评估机械状况，因为故障导致的振动值高于正常值。

② 温度测量：可以揭示故障位置或异常动作（电接触不良或齿轮箱散热不均）。温度可通过接触式温度计或具有非接触式红外光学器件来测量。

③ 声音测量：通过实时或后期录制的模式测量声音的强度。这种方式有可能出错或异常。另一种方法，是通过材料跟踪超声波来检测缺陷、裂纹和厚度磨损。

④ 润滑油分析：定期检查机器的润滑剂，固体杂质的存在可能异常磨损导致的。需要改进润滑剂，改变使用条件，或者对设备本身改进。

最有效的方法是"在线"监控设备，并评估在实际运行条件下的设备状况。状况评估方法不仅发现"问题"，应找到问题的本质、严重程度和实际原因。越来越多的设备纳入状态监控范围，以提高设备的可靠性和运行率。

① 基础护理包括以下内容：a. 仔细清扫；b. 润滑；c. 调整。

② 检查包括以下内容：a. 主观检验；b. 客观检查。

③ 仔细清扫：谁负责如电机、液压气动装置、齿轮箱等的仔细清扫？在大多数工厂，这是一个"死角"。仔细清扫是重要的。图 9-9 显示，严重污染的电机只有 5 个月寿命周期，占设备 100% 全寿命（20 年）[11] 的 2%。

仔细清扫是检查人员发现缺陷最好的手段。只是走走看看不能发现仔细清扫找到的设备缺陷的。设备需要被发现缺陷。仔细清扫应责任到岗到人，不应经常轮换。

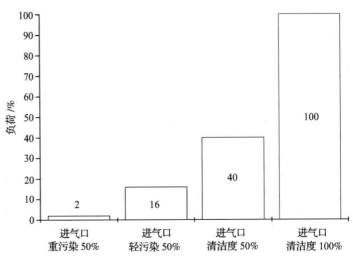

图 9-9　保持 100% 的空气流通和清洁度可以提高电机使用寿命 5 个月至 20 年

清洗维护是必要的,也是最基本的。清扫常常被忽视。

(1)润滑

生产应保证定期进行油脂润滑,根据周期定期监测油位。维修不要过多润滑。密封件失效是轴承故障的开端。过多的油脂也会导致过热。

(2)调整

生产必须懂得设备的工作原理,哪里需要调整,以及如何进行调整。最基本的步骤,例如必须懂得如何正确地拧紧泄漏填料压盖。不要想当然地认为每个人都知道如何调整或者漏水时需要进行润滑密封的。

(3)检查

主观检查要使用常识。看、听、感觉和闻。结果是主观的,因为没有严格测量。客观检查要利用测量,监测实际情况来判断故障变化。检查要做的第一步是要确定什么是"厂区盲点"以及认识什么是可接受和什么是不可接受的。

(4)检验技术和状态监测技术

大多数纸浆和造纸厂的设备都会受到剧烈震动,温度变化,热性能、机械疲劳或冲击,耐腐蚀和侵蚀,或综合包含这些因素。经过实际检查和认识了解可以给工厂节约巨大维护成本。要判断裂缝是否需要维护主要来自于经验。经验包括清楚设备的材料制备,焊接技术,热处理分析与精确检查处理的能力。检查项目和技术如下:a. 设备裂缝;b. 可视化;c. 荧光渗透液和磁性粉末;d. 超声波的检测器 X 线,如 X 射线—涡电流—声发射;e. 温度;f. 接触式温度计;g. 红外灯;h. 热成像;i. 轴承;j. 不对中;k. 热隔离;l. 泵;m. 流量;n. 重新灌注;o. 噪声过度;p. 经常堵塞;q. 温度;r. 轴承温度失效;s. 螺栓和紧固;t. 热交换器;u. 安装问题;v. 不当操作;w. 不对中。

培训"知道为什么"和"知道怎么办"的训练同样重要。培训应包括为什么检查和为什么检查失败。理解故障和停机之间的区别是很重要的。

9.5 设备的可用性和效率

工厂维修方案的总目标是保持设备性能最佳的状态下,尽可能地提高设备运行时间。设备的性能必须反映设备的总效率和能力(%)、浆纸的优等品率(%)和产量(%),如表 9 – 4 所示。

9.5.1 时间损失分析

据 Aurell 和 Isacson[12],瑞典造纸公司任命了一个工作小组,以制定一个标准方法(SSG 标准 2000)损失时间分析。现在有几个瑞典工厂已经采用和使用这个标准。芬兰采取了类似的标准。有一家公司分析这种方法对大多数工厂都具有一定的可适用性和价值,并建议大多数厂采用时间损失分析的方法。这种方

表 9 – 4　根据 Idhammar[11]定义的有效性、优等品率、运行速度和设备的总运行率

1	可用性/% 或运行时间 $= \dfrac{运行时间 \times 100\%}{运行时间 + 停机时间}$ 运行时间 + 停机时间 = 每年 365 天	A
2	优等品率/% $= \dfrac{优等品率 \times 100\%}{优等品 + 废品}$	Q
3	作业率和速度的/% $= \dfrac{目标能力 \times 100\%}{实际能力 + 速度损失}$	S
	整体设备效率(OEE)是 $OEE = \%A \times \%Q \times \%S$	

法使用的是时间法。它不仅记录生产的中断时间也记录由于部门或生产计划改变的生产速度等信息。生产中断或生产速度改变都记录在生产日志里,为进行时间损失分析而提供可靠性的数据。生产的过度过频调整并不是好事,可以通过该报告分析总结。该方法确定生产性能的两个关键指标:有效性和利用率。

有效性是指可靠性的测量。该意思是,在满负荷生产的情况下设备所能达到的总运行时间。在生产满负荷下,设备实现的总运行时间(在可靠性范围内)。使用性和有效性的比率提供了重要的参考信息。该比值总是小于 100%。如果该比值接近 100%,这表明该部门遇到了瓶颈,如图 9 – 10 所示。该比值低于 80% ~ 90%,表明该部门的产能没有充分利用。缓冲库存的容量大小会影响部门进行分析考虑的结果。

对某些工厂,该方法的复杂度可能太高了。用它来分析现有的运行记录有一定的困难,特别是有些运行记录并不符合该方法。在这种情况下,使用这两个关键因素(有效性和使用性)时要排除运行能力过低的影响。只考虑生产时间和停机时间。停机原因应分为计划内和计划外。用这种简单的方法,适用性分析如下:

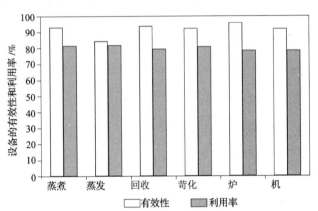

图 9 – 10　柱状图,比较设备的有效性和利用率以及生产瓶颈的位置[12]

$$A = \frac{T_P + T_{de}}{T} = \frac{T - T_{di}}{T} \quad\quad (9-1)$$

式中　T_P——生产时间

　　　T_{de}——计划外停机时间

　　　T——生产的总可用时间

　　　T_{di}——内部停机时间

　　使用如下:

$$U = \frac{T - T_d}{T} = \frac{T_P}{T} \quad\quad (9-2)$$

这里 T_d 是指停机时间。

Sanclemente[13] 显示,1992 年,大部分工厂都有记录停机时间,特别是计划外停机时间。这些工厂对计划外停机比较关注。

有效跟踪的简单方法是收集、编译、分析和数据展示生产损失时间。以量化的容易理解的方式,确定生产损失。不仅仅包括计划外停机时间,也包括生产损耗。要确定该损耗是由生产部门还是其他的原因造成的,也很重要。

Aurell 和 Isacson[12] 描述了瑞典 SSG 标准 2000 简化版的时间损失分析。他们概括简化的瑞典式处理系统就是收集数据和分析资料。他们发现发掘最大的生产潜力(在生产满负荷下)有一定的难度。

9.5.2　生产潜力

如果生产损失对个别部门的影响不重要,那么随意分配的生产潜值则是有必要的。个别部门缺乏生产能力,大多数工厂仅记录停机时间,但并不跟踪记录由于处理缓慢所造成的生产损失。大部分的生产损失其实是由于处理缓慢所造成的,而不是停机时间。许多与生产损失有关的问题并没有暴露出来。表 9 - 5 给出了估算的一些参数[13]。

针对指定的 1 号蒸煮器,工厂的每一个主要部门都应当去收集生产的损失时间,特别针对了 1 号碱回收炉等,生产人员根据时间和原因标注出了相关的生产损失如表 9 - 6 所示。

表 9 - 6 工厂生产的差异报告显示,生产损失由内部缓慢(ISB),内部的停机时间(IDT),外部缓慢(ESB)和外部的停机时间(EDT)构成。浆厂的生产差异报告,月份:一月。

表 9 - 5　　　　缓慢度、有效性和利用率

1. 缓慢度
$TRR \times (MSR - AR)/MSR$
TRR 是降低率的时间,每分钟
MSR 是最大可持续率
AR 是实际利用率

2. 有效性/%
$(TT - IDT - ISB)/TT$
IDT 是内部的停机时间
ISB 是内部缓慢度
TT 是总时间

3. 利用率/%
$(TT - IDT - ISB - EDT - ESB)/TT$
EDT 是外部停机时间
ESB 是外部缓慢度

表 9 - 6　　　　　　　　　　　工厂生产的差异报告

生产日志	生产时间/min	(最高)生产车速/(m/min)	(最低)生产车速/(m/min)	I/E (内部缓慢/外部缓慢的比率)	生产调整的次数	生产调整的原由	ISB/min	IDT/min	ESB/min	EDT/min
35795	700	800	15	2	3	水洗过后进行蒸发	0	0	4	0
35795	800	850	15	2	3	水洗过后,斜坡上升	0	0	2	0
35795	850	1000	16	1	6		0	0	0	0
35795	1000	1020	0	1	5	踢出	0	20	0	0
35795	1020	1100	15	1	5	HPF KO'd 后斜坡曲线向上	1	0	0	0
35795	1100	2020	16	1	6		0	0	0	0
35795	2020	2310	0	2	7	电源失败	0	0	0	170
35795	2310	110	14	2	7	电源故障后斜坡曲线向上	0	0	8	0
35795	110	700	16	1	6		0	0	0	0
35795	799	100	16	1	6		0	0	0	0
35795	100	220	16	2	2	斜坡曲线下降	0	0	5	0
35795	220	700	14	2	2	缓慢	0	0	35	0

如 Pareto 表所示,时间损失的原由,每个原由相对的重要性。柱状图 9 - 11 比较了设备的有效性和使用率,找到生产瓶颈的位置。

要去除部门生产潜力的不确定性,应该采用真实的运行数据。一些公司采用持续的时间

曲线,来消除这种不确定性。取某个周期的产量例如前一年的平均日产量,来定义分类最低产量日和最高产量日。为了清楚地了解某年内的产量如何变化,取分类产品与运行时间的百分比曲线制成图示如图9-12所示[13]。

最大可持续生产水平是计算出来的,是根据生产的最高产量和最低产量整理出来的。图9-12,36d和37d的平均产量是最大的可持续速率。这种技术适用于工厂中任何部门的任何设备。如果采用生产潜力的定义,在浆厂的生产损失相当于工厂纸机的生产损失。仔细观察该持续时间的曲线发现,浆厂的最大产能是1000万t的漂白能力。这段周期的平均产量是920万t。超出该时间内平均值的69%。

最大可持续生产率和平均生产率之间的比率是容量效率。这个比例可以显示工厂运行的良好程度。当与类似的工厂相比,它可提供可以期望的生产水平。收集和整理数据后,必须以易于理解的形式呈现它。

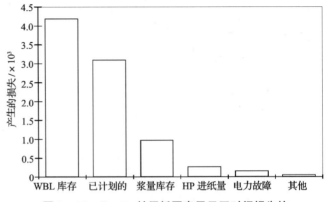

图9-11　Pareto 帕累托图表显示了时间损失的原由和每个原由相对的重要性

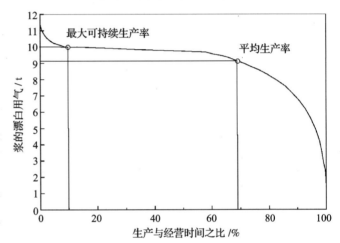

图9-12　了解时间曲线内分类生产与经营时间的百分比可以帮助了解生产的变化

共享资源给工厂能够更好使用的人是非常重要的。包括那些做维护和管理的人员实际上最有权进行时间和资金的分配。

9.6　团队和多专业的进步

生产人员必须调整,与工厂和设备一起共同为盈利分担经营责任。正确的生产和维护必须是两个团队的共同目标。维修必须接受生产对设备的期望,从而保证有效的维修保养,实现设备的最大可利用化。生产必须同时提供适当的计划停机时间,足够的时间允许日常的预防性维护、设备的检修、纠正和改进的工作。从长远来看,没有这种"合作"的方式来维护,设备将无法达到预期的使用寿命。正如产品生产商必须回答工厂客户产品的质量,维修必须达到"客户"的要求。在这种情况下,内部客户是生产小组。高效工作的执行,目标必须是质量工作,以及保持正常计划内维护范围操作的完整性。维修必须与"服务"同步进行,而不是"佣人"经常被动地进行。

"团队工作"应包括设备制造商和供应商的维修材料和服务。维修必须建立和使用的"关键"

是有专业人士可以在紧急事件的关键时间,可以及时地提供必要信息,技术支持,优质的物料备件。

9.6.1　工艺的多样变化

据 Frampton[14]阐述,自工艺系统诞生以来,工艺的干扰一直存在,既是一个问题也是一个机遇。在过去,个人只在某一行业有专长。该系统建立了行业工会和司法管辖权。行业发展的今天是走向全面生产维护。这个系统,需要具备组织优势和个人技能。这个概念是不符合传统的维修机构的,每个工艺人员只负责某一个专业领域。若干年前,由于单一工艺系统的开发,期待组织在一夜之间改变,以新的理念操作运行是不现实的。关键是要消除工艺干扰的负面影响,"在此期间,一个工艺行业的人必须等不同工艺行业的另一人抵达后,开始配合和工作。"这意味着行业某人在管辖范围内先工作的时候,必须没有侵犯另一工艺的"范围"从而导致无法完成额外的工作。

接下来的组织设计包括综合多工艺主管对不同的工艺负责。在追求"全面生产维护,"一些企业开始打造"超人"或多工艺的综合维护员。这些人都了解两个或两个以上的工艺条件,有能力完成需要大量工艺技术能力的工作。

公司承诺将工艺的维护人数从 20 降到 15,甚至小于 6。综合性人才要求,公司必须提供广泛的综合训练和岗位培训,以确保个人可以安全有效地完成所分配的任务。复合性工艺组织进化的最重要因素是工会的立场。在该情况下,工会如果不接受该做法,唯一的结果就是持续的罢工和就此可能的管理问题。在工艺多样化变化的环境下,协调的负担大大降低尤其是主管方面。

9.6.2　所有者,经营者

一种更好的维护方法,将一些较低的维护任务,以生产组织的方式转移给生产工人,让生产工人成为合格的训练有素者。通常情况下,可以从设备清洗,简单的目视检查,简单的润滑任务开始。随着生产配合维修的不断熟练,他们开始承担起日常的预防性维护,常见的修复性维修,和有限的故障排除和诊断工作。

当然,在这种环境下,维修部门也持续改进。维修有专业的知识经验累积库,有精密的技术知识,随技术的不断增加而增加。许多人在制浆和造纸工作,他们只是看到传统的组织具有良好灵活的结构变化,但具体并不清楚收益和成本。

9.6.3　工艺干扰的成本和收益

一个经常出现的问题是"什么成本可以消除工艺的界限,怎样才能增益呢?"如果在维修班,组织里的每一个人都是熟练和有能力的,那么相互干扰不会存在。解决工艺干扰的两个因素是规划和调度无效或经验不足。当主管(许多人从基层慢慢做到高层)培训不足,他们往往不能够协调别人,不能有效的组织材料和设备维护。

单位里,部分人会与企业协商签订多工艺或多技能的协议。按照协议,公司肯定且尊重有一定资质资历的技术人员。回想起来,这是一个古老的维护传统。很多年以来,农民有自己的生产和维修农具。农民相互尊重,他们会叫电工来更换灯泡,水管工来维修漏水,或拖拉机技师来更换发动机等。企业可以通过不断回顾维修的方式方法累积总结,从而减少大量的人手投入。这是提高维修维护的一个好方法,但不是最主要最根本的手段。只有不断提高机器的运行率和提高产量才是提高维修维护的决定性因素。

由于制浆造纸行业是资本密集型,提高可用性和好用性,减少固定资产在工资单的比重,投资回报率上升。根据 Thornton 和 Frampton[15],维护组织的不断优化调整对多工艺的维护是必要的,可以大大提高制浆造纸工业的生产率。为了适应竞争压力,企业需要分析这些组织的成本。一旦已知传统工艺组织的损失,管理部门将实施必要的灵活性。虽然没有现成的解决方案存在,有几个类似的逻辑步骤也是可以参考的。

首先,劳资双方意识到对公司目前的维修机构的财务影响,周期性的教育培训是有必要的。该教育包括竞争与降低成本的需要。需求过后,劳资双方必须清楚地理解,共同努力,找到合适的管理和实施方案。

综合性的工作方式已经在北美许多工厂应用。1986 年,加拿大钢厂的维护工作平均有 11 项分类,美国在南方的钢厂维修工作平均只有 5 项分类。生产工也可以做一些维护工作,这部分工作美国南部工厂所占比例为 60%,加拿大钢厂所占比例为 20%。

9.7 不同年代的发展趋势

9.7.1 制浆和造纸工业工厂规模和数量的主要趋势

据斯沃德[9]和芬兰森林工业联合会[16]统计,造纸厂的数量下降,平均规模有所增加,特别是从 1960 年到 1990 年规模不断上升。表 9 - 7 数字显示了制浆厂在芬兰和瑞典的规模变化。

这种欧洲制浆造纸公司的减少趋势,造成了工厂的大规模化和产品的多样化。

在斯堪的纳维亚半岛,新建制浆厂的投资成本(当前价格)已经从 1960 年的 1200 瑞典克朗/(t·年)增加到 1986 年的 7400 瑞典克朗/(t·年)(目前价格),增加了 6 倍多。1990 年,投资成本约为 9000 瑞典克朗/(t·年)。

在瑞典的综合造纸厂,生产工的工时从 1970 年 4 工时/t 降低到 1985 年的 2.8 工时/t,但维修人员一直持续保持在 1.2 工时/t。图 9 - 13 示,现代瑞典新闻纸厂[17]的总工时和维修工时(h/t)。当描述维修工时(h/t)时通常是以结果的方式,例如,Braviken 纸厂生产优等品 2.33 维修工时/t[18]。这些数字表明,随着制浆造纸厂的技术发展,随之而来的是生产维修需要的变化。工厂的规模日益扩大往往带来了自动化程度提高和运营劳动力成本降低,但维修的劳动力成本保持相对稳定。高投资成本也意味着更高的停产处罚成本。因此停机时间必须减少到最低限度,以确保生产的利润。很多复杂的生产设备带电子和液压控制,需要由一个有效的维修组织和有一定技术能力的维修人员维修。

(1)维修和生产的关系

20 年前,在北美制浆厂约 21% 的小时工是维修人员。今天,这个数值平均为 24%。在今天的瑞典,这个数字是 32%。

表 9 - 7　数字显示了制浆厂在芬兰和瑞典的规模变化

	1960 年		1990 年	
	芬兰	瑞典	芬兰	瑞典
制浆厂				
工厂数量/个	54	127	46	55
生产总能力/kt	3516	5588	8886	11015
平均能力/万 t	65	44	193	200
造纸厂				
工厂数量/个	42	76	44	54
生产总能力/kt	1970	2280	8967	8940
平均能力/万 t	47	30	204	166

同一时期,产量增加了一倍多。维修人员已经占据工资体系较大份额,因此占据较大部分的制造成本是合乎逻辑的。在一个高度自动化的未来工厂,维修人员可以占工厂总工资的 70% 或 80%。生产力的高低取决于设备的高效可靠性维修。

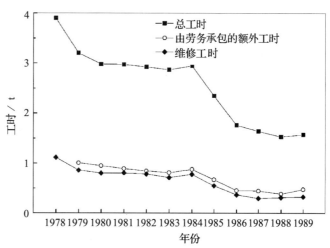

图 9 – 13　瑞典霍尔曼图新闻纸厂的维修工时和总产量(吨数)

1985 年,瑞典工厂在外部承包商上的维修预算平均为 27%,北美钢厂为 14%。这个事实可以解释瑞典工厂的高维修效率(维修工约 0.6h/t),因为只有劳动生产率维修的数字。瑞典工厂,1985 年,每 100 台机器,维修力量的百分比平均值为 21。北美钢厂,1980 年,每 100 台机器,维修力量的百分比平均值是 11.4,1986 年每 100 台机器,维修力量的百分比值只有 11.8,如图 9 – 14 所示[18]。

新装备包括约 10% 的人和 90% 的技术。改进维修可能涉及 90% 的人和 10% 的技术。维修改进意味着在已经做好的基础上更好。维修工具,例如振动分析仪和计算机控制系统很容易购买和

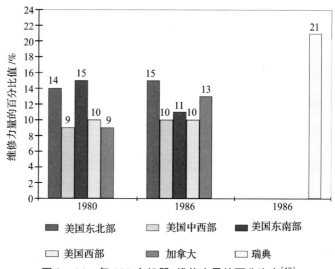

图 9 – 14　每 100 台机器,维修力量的百分比率[18]

使用,但人才不是。设备高效维护的关键是知识和培训。以前常是"知道为什么"而不是"知道怎么办"。这是训练的一部分。一般人不想发生变化,除非他们理解为什么变化是必要的,以及他们如何能从变化中受益。维修的效率取决于许多因素。人心、组织、维护方法、规程和知识都是最重要的因素[19]。

人事"诀窍"的因素(经常使用,但很少了解)几乎是一个无法定义的量,它有四个基本属性:经验、判断、技能和知识。每个属性都直接或进间接与训练有关。经验是最基本的,即使是正式的培训有经验交流也是有折扣的。作为规则,经验是什么,"经验来自于实践"。判断通常是根据经验。它可以在训练中鼓励启发那些缺乏主动性的人主动实践。鼓励员工发扬积极主动性,保持员工的斗志昂扬性,有助于员工建立良好的判断力。雇员的技能发展,只有通过具体的努力才行。技能展示了如何做工作,如何通过实际做工所获得结果。技能不是通过单独培的训就能获得的,因为天资也很重要。最后,知识的获得是四个因素(经验、判断、技能和知识)中最简单的一个因素。许多正规的系统(教学)是可以获取知识的。

对维修人员进行培训的人必须知道这四个因素。他们还必须知道,训练必须不断努力,才

能达到最大潜力。不连续的培训或者间断的讲座，或函授课程对维修部门的年轻人是无效的。必要的持续性培训计划才是真实有效的。许多论文也可以作为材料拿来对制浆和造纸厂的维修人员进行培训。没有单一通用的解决方案适用于所有的工厂。培训师必须根据维修人员的需要，必要时量身打造培训方案。

（2）维修外包

外包合同工作已用于维修高峰期的劳动力缺乏，可在车间、项目或停机期间提供专业性服务。签约服务已包括高峰期的工作量和现场人数的优化，非常划算。

最近几年，外包服务已独立发展成一个全新的业务领域。这些新的服务公司均不含制浆和纸张制造商。这是不是拼命降低成本的维修企业绝迹逢生的现象？外包承包商如何具备专业的知识体系，专业技能和能力，如何长期与客户保持不间断的连续的维护和生产工作？谁来支付承包合同外发生的事故处理工单？短期内，是由保险公司负责。从长远来看以后怎么办呢？外包合同外仍有相关不等的问题需要解决。

9.8　Idhammar 的维护管理趋势

克里斯特 Idhammar 已经成为制浆和造纸厂维修新理念和发展趋势的主要力量。近 30 年，Idhammar 一直活跃在瑞典、北欧、北美和世界其他地区和国家。据 Idhammar，工厂管理，与其长期利益相比，更多关注的是其维修计划的成本。

生产管理上往往短视，将重点放在保持设备正常运行上。北美电厂的做法就是尽量达到或超过设备设计运行能力的最大化，这些短期内都加剧了维修问题。市场需求下降，人力减少，这一趋势将进一步加剧。

虽然已经建立了常见的资金拨款的审批程序，但维修费用在预算审批时还是不能受到相同的关注。尽管事实证明，重视维修可以大幅度提高投资回报率，仍然会出现这种情况。通过推理，部分原因是提高维修与增加利润并不容易。

（1）维修效率

大多数维修组织花费大量的时间进行"修复"维护，而往往短时间内没有任何保养计划。这是一种昂贵的维护方式，特别是在停机期间，降低了维修效率。有计划和有调度的维护保养可以更安全、更有效，可以以较低的维护成本提高维修的效率。

计划工作是指有计划和有进度的进行工作安排。计划工作意味着已准备好工具、材料、备品备件、安全注意事项等。调度工作意味着已经安排好谁在做此工作，什么时候做这个工作。计划工作意味着有计划地进行维修，调度调整只要不迟于实施前一天就行。许多工厂声称高水平的维修计划其实不是计划，而只是调度安排而已。

通常来说，投资回报最快的是减少计划外工作。减少计划外工作量最有效的措施有以下几种：

① 直接方法：预防性的清洁和润滑维护、定时维护必须维护的地方；

② 间接方法：预防性的状态监测维护，包括主观的检查和客观检查（预防性维护）；

③ 计划和调度程序。

提高潜力的方式如公式（9-3），适用于所有员工。大家都很关心为什么和怎么样做才能达到预期的效果。因为这涉及大量的人，计划调度必须是容易理解和实施的。

$$提高潜力值 = U \cdot W = \frac{U}{W} \cdot 因子 \tag{9-3}$$

其中,U 是计划外时间与原计划开始时间相比,减少的时间,W 是计划外工作浪费的时间:例如找出该怎么做,找到合适的人,找到零配件,寻找工具等。计划外工作(U)的百分比与与此计划外工作关联浪费时间的百分比相乘,就是可以提高的潜力。例如,如果计划外工作的比例是 80%,而与此计划外工作关联浪费时间的百分比为 60% 时,维护率可接高的潜力是 80% ×60% 或 40%。图 9 – 15 所示,计算图表的格式[20]。

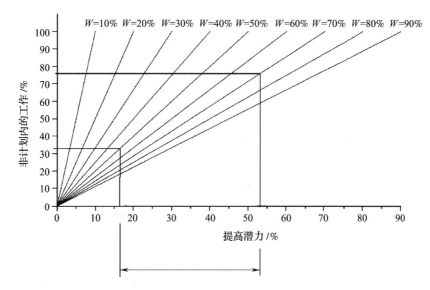

图 9 – 15　提高潜力,E 计算为当前和计划外工作浪费的时间参数之间的差异

图 9 – 15 提高潜力,E 计算为当前和计划外工作浪费的时间参数之间的差异。即(78×70) – (32×50) $= E = 38\%$。接受的前提是该计划性维护更安全、更便宜,一般比计划外维修更有效,唯一必须要测量的是 U 因素,以及将它作为一个目标。

维护操作的主要目标是提高设备的运行效率,延长设备的工作寿命。其次的目标是兼具考虑成本,效益越来越好。不幸的是,许多工厂过于注重削减维护成本。

该 PQV/M 系数(每 1000 美元投资于维修的质量比)必须有两个因素。其中一个因素不包括正常维持岗位工作的工资,一个因素包括由维修部门进行工作的维修资金。工厂不应该利用这些因素来相互比较。持续改进的趋势应该衡量目标的进展。这种方法是比较积极的,避免了许多争论,特别往往是工厂之间过度比较引起的争论。

(2)设备效率

共同的目标是减少停机时间,降速损失,保证设备的峰值运行率。这些都需要维护和操作之间的共同配合。以下建议摘要来自于测量和分析设备效率:

① 可供生产的时间是每年 365d;

② 记录停机时间、质量和降速的症状和部门的不作为;

③ 使用这些信息来分析原因;

④ 设计出了问题。

(3)计划和调度

很多钢厂认为,他们是有计划性的维护,因为他们有计划和计划系统,包括工单等。通常情况下,计划者不打算成为"回到过去"的工头。当他们正在计划时,只有 30% ~40% 在计划中,其他根据调度进行调度。U 因子为 60% ~70%。无法固定一个时间表,因为维修工作经常临时发生,只能增加可调度。特别是有些需求或需要在很短时间内交货的工作。

维护最有效的长期方法是使用状态监测来实现预防性维护。包括以下基本措施(例如看到链条、滑轮或者旋转接头碳环有磨损),可采用复杂的方法,例如使用红外线摄像机,磨损颗粒分析,或振动分析。状态监测不需要太复杂的设备,可以通过组织和培训有素的操作员和维修人员来实现日常基本工作的状态监测工作。

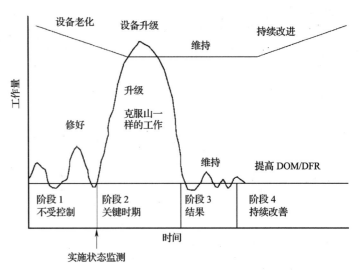

图9-16 状态监测对计划内和计划外工作的影响[20]

高档维护提高设备效率,降低维护成本,可以将维护从"修复"模式更改为"阻止它,分析它,并不断完善它"的模式。如图9-16所示。有此理念的工厂有机会做到精益求精。此外,员工也会发现他们的工作乐趣更多了。维修工作不能独立,必须与生产相结合,才能组成灵活的组织。

世界一流维修指标的维修总小时工作量的分布规律如下:

① 计划和调度工作大约70%;

② 持续性改进工作,大约25%;

③ 临时或计划外的工作约5%。

从平均水平约30%的计划维修升高为90%~95%的有计划维修是不容易的。在计划维修的过程中,管理层会遇到各种障碍,需要不断调整改变。

收获是可以增加制造率,降低成本,增加安全性,以及其他的事项。图9-16和图9-17描述了从计划外至计划性检修的变化。

图9-16第一阶段,设备条件差,设备的技术寿命也在迅速减少。计划内和计划外的比例典型地超过40%。劳动成本高,使用性差。运行时间低,维护成本高。在实施维护改进项目的第二阶段的开始,工作量减少,可以如期或者早点进行矫正性维修。不需要等待故障发生,潜在的隐患故障可以提前安全地以较低的维护成本处理解决。只有很少的生产损失,例如损耗设备工具,产量损失,电缆消耗,换网,换毛毯等。投资回收期通常很短。成本增加不是一个真正的成本,不过是支付1美元还是10美元后的现金流转差。

第三阶段,计划维护可以达到80%~95%。这是个可以实现和达到的值,但它根据生产和设备类型

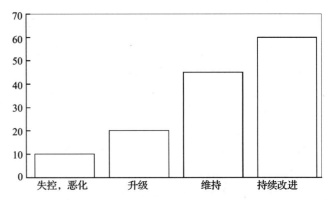

图9-17 维护持续性改进的四个演变阶段

的不同而有所不同。

第四阶段,维修工作已经可以微调,意思是一个工厂有时间集中精力向持续性改进。该工厂现在有能力优化其维护工作。它知道需要多少人。加班大幅度降低,小于4%,大大提高设备效率。

图9-18北美24家纸浆造纸厂(上图)和一个世界级的维修工厂(下图)[20]计划和调度的绩效模式。

维修不卖服务。它通过提供服务提高成本效益从而提高设备效率。这个理念是,通过计划性的停机,让设备忙于生产优质的产品,人们忙于计划和调度工作或者设计(持续改进)。在以结果为导向维护的一个关键指标是工种,如图9-18。以结果为导向的维护强烈反对工作衡量技术和操作工具评估。这些方法可以识别哪些方面需要改进,但它们会造成管理和手工人员之间的摩擦。以结果为导向的维修认为,一个专业的管理方式必须要有计划地组织规划和调度。维护工作的执行将变得更加有效如图9-18所示。

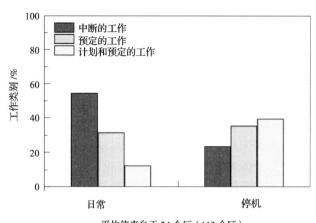

平均值来自于24个厂(112个区)

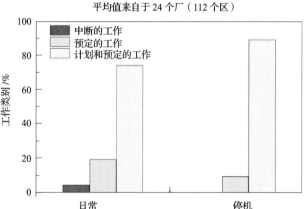

世界一流的工厂,工作方式应该如此的

图9-18 北美24家纸浆造纸厂(上图)和一个世界级的维修工厂(下图)[20]计划和调度的绩效模式

图9-18显示了在24个工厂的平均规划和调度性能,大约包括70个维修区。样例工厂也显示了1987年工厂的状态:

①55%的日常维护工作发生在临时的或计划外的或调度外的("临时性"描述了这些临时的工作打断了调度计划,必须在第二天的工作之前完成);

②32%的工作如期进行(没有计划或没有准备的工作发生了);

③13%的工作出现,但在计划和调度后。

计划停机和调度安排比较好,但不是绝对的好。工作的24%是临时的,36%是有计划的,40%是已经计划和调度过的。

图9-18显示的高级管理是:在日常工作时间表,只有5%的突发事故,20%的执行按原定计划,因为这些工作不需要计划,所有作业的75%执行按已经计划和预定的。停机期间没有临时的突发性工作。约10%的工作可能不需要计划会如期出现。90%的工作是需要计划安排的。

该案例工厂于1986年与工会取得了一个灵活的协议。该协议规定,生产工将做好保养工作,淘汰掉生产线的维护。所有的生产工有义务去做所有的事情,他们经过了培训,能够安全正确地工作。为了培训和补偿,人们必须从事五项甚至更多的工作。人们接受了不同的工作培训和增加的赔偿金额,从而掌握更多从事工作的技能。

9.8.1　可靠性为中心的维修

可靠性为中心的维修概念使用故障发展理论[20]。与其他维修方案相比,以可靠性为中心的维修需要设备的最新记录,有明确的设备标识及备件。记录需要与备件清单相整合,每个设备都有一个材料清单。

在以可靠性为中心的维修故障失效的后果可以有以下分类:
① 隐蔽性的失效后果,可能不会导致任何直接的后果(例如,报警器不工作);
② 安全或者环境的失效后果可能导致人身伤害或环境破坏;
③ 工艺过程的失效后果,导致产量的不适用性,质量或速度的性能损失;
④ 非工艺过程的失效后果没有影响,但这样做可能影响维护成本。

9.8.2　通过生产和维护提高设备效率

20 年前,维护工作的集中化处理很常见。10 年前,趋势是分散性维护。今天,我们的目标是使不同区域的分散性维护具有集中式支持功能。许多制浆和造纸厂公司下放维护功能到生产线,即维护和操作人员集成的综合人员。生产工正越来越多地参与维护工作。概念如团队建设、全面生产维护、任务扩展、复合工艺、设备所有者等,正变得越来越普遍。今天的问题是如何以及下放到何种程度[22]。一般的看法是,有一个集中维护管理中心去支持职能下放的维护领域的服务,仍是有必要的,内容如下:a. 使用承包商;b. 备件商店(应有维护报告);c. 技能等级升级计划;d. 有专家支持领域;e. 保持目前的新材料和技术;f. 车间设备;g. 可靠性和可维护性的项目分析和设备采购。

中央维护功能变得越来越专业化,有支持功能。支持分权化的一个因素是工厂自动化的增加。自动化通常会降低生产工的数量,增加维修人员的技能需求。随着自动化程度的提高,时间都花在对故障诊断和故障查找的维护方面。一个复杂的控制系统,较长的时间是用来查找故障然后再修复它。

集成生产和维护工作为一体是一个非常大的变化,如果没有一个计划、培训,一定的技术能力是不可能发生的。这种整合的关键是改变人的过程。这是困难的,使用常识的方式有计划的勾画目标,如何完成目标等战略而不是解雇人。减人应该通过自然减员和职责改变的方式。

与人沟通过程的关键是告知、激励、培养。图 9－19 概要图示愿意接受和改变的。

观念的转变,通常采用团队的方式来组织。因此,监督管理方式必须改变。这是非常令人沮丧和困难的,因为每个人都不会马上同意团队的概念。为了使其工作,上司需要作为工

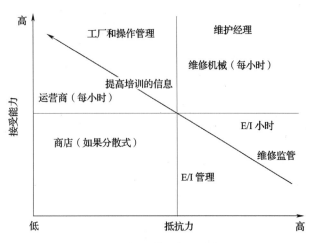

图 9－19　工厂的生产管理非常青睐综合性的一体化机构

注:但很多工艺人员有消极的意见。因此,提高培训的信息可以提高一体化的可接受性。

作协调者、教练和支持者,而不是教师或独裁者。培训和信息是组织发展的关键问题。要使变化可见,并确保变化过程不是太低迷是必要的。努力改善往往会停止或常常因过多考虑分配给一个或两个人以上的上百个选择时而减慢。

9.8.3　电脑维护管理

在 20 世纪 70 年代和 80 年代,一个神奇的阶段维护管理是计算机化的维护管理系统(CMMS)。据估计,当今市场上有 300 种 CMMS。大多数声称自己是最好的系统,其功能其他公司没有。在所有可用的系统中,大约有 10 种或者可能 20 种系统,才能真正称得上是完整的维护管理系统[23]。有研究发现,如今只有 30% 的三年前的系统仍然在使用。那些在使用中,只有总功能的 30% 能找到用途。

许多研究表明,有效地维护和 CMMS 的存在没有关系。但使用 CMMS 和维护的有效性有一定的关系。利用这些事实,Idhammer 提供了一些解释和建议。

什么是一个完整的系统?

没有任何系统可以说完全完整的。所谓完整的计算机系统,是指最有效地覆盖了大部分的核心功能。这些核心功能包括以下内容:

① 设备记录完整并与库存关联,可在任何时间查询了解当前的材料清单;

② 库存管理功能完整,有单个或多个存储功能;

③ 可选的采购系统模块涵盖了所有必要的功能(公司希望保持其现有的采购系统,或购买一个单独的模块的选项。过度整合可能会推迟甚至停滞不前。在许多情况下,选择和实施过程会持续很多年,因为采购、维护和库房管理上无法在系统的采购功能都达成一致)。

④ 工单计划和自动安排的功能(将所有必须地工作直接上工单,直接访问数据库了解以前类似的工作信息,确保该工作计划不需要再重新规划。也适用于安全方面的注意事项)。

⑤ 积压的管理功能,可以根据所有工单的状态进行分类排序,例如,材料等待中,审批等待中,计划中,进度中,数据处理中等等;

⑥ 预防性维护模块能够处理周期性的维护工作(基于时间的编程更换或检修)和状态监测、润滑路线等;

⑦ 每个设备的历史记录内容包括设备的故障和维修记录,停机时间和维护成本报告。

购买 10 位以上供应商的计算机系统的可能是,要么是巨大的成功或要么是悲惨的失败。成功更多地来自系统的完整实现使用而不是系统本身。成功的关键是所有用户充分理解系统的功能,并尽一切努力使实现成功。实现包括改变头脑和程序、建设数据库。这都需要时间。一些建议如下:

① 不开发拥有自己的管理系统,发展不能圆满壮大。

② 许多功能仍然是可以通过手工来完成的。如果你没有良好的组织管理程序,如果你尝试电子计算机化你可能面临更多的文化冲击。

③ 不要延长选择的过程。计划好了,就要尽快采取行动。

④ 购买一套行之有效的系统,配备许多用户和用户组,保证可靠活跃地使用记录。

⑤ 投资实施和培训的预算。训练必须不仅限于该系统的工作原理。要包括"知其所以然"的训练,什么变化会发生,组织会带给每个人什么样的收获。

9.8.4　废物维修

根据 Idhammar[11]，废物是现在相对的称谓，它们可能与原来应该存在的方式有一定的差异。定义最浪费或最大的改进是在以下方面：

① 规划：什么和怎么样，需要的零件、工具、图纸等；

② 计划：什么时候做和谁应该这样做。

很少有规划存在。大多数人所认为的"有计划"活动实际上只是"计划"。工厂有计划员，计划员负责计划，购买零配件，管理承包商等。大多数规划和调度的工作重点是放在停机维修上面，而对日常维护的规划和调度比较差。大多数工厂主要存在的是改进规划和调度，并按照时间表执行作业。这是日程安排合规性。

没有规划和调度的执行工作显然是一种症状而不是原因。

久佳的规划和调度主要包括四个原因：

① 维护效率的错误方法；

② 管理不善；

③ 短时间内要求维护工作和执行；

④ 系统不足以支持计划。

所有这些原因，代表了无限的机会可以去消除浪费，提高生产效率。

9.8.5　自主性维护

据 Idhammar，有效地维护可从以下四步进行计划：a. 提高沟通；b. 提高预防；c. 改进计划；d. 改进调度。

（1）提高沟通

教导整个维护和生产组织什么是高效维护。一个常见的笑话是，很多人在操作，当涉及维护工作优先时却一个都指望不上。生产工作普遍过度优先于维护工作。这往往是由于生产对维修计划能力缺乏信任，没有生产去推动该工作。

提高生产和维护之间的沟通，一个很好的方法是建立日常会议，讨论并商定第二天的维护计划。大多数工艺喜欢今天就知道明天去哪里上班。大多数上司不想告诉工艺他们第二天分配的工作。主管和工艺之间的沟通工作应当持续每天 20～30min，来讨论第二天的日程。操作和维护的会议应减少情绪化地打断。主管和工艺之间的会议可以让彼此更好的理解进度表安排执行调度工作。

（2）提高预防

清洁、润滑和状态监测是必要的。清理并正确进行润滑，可以减少需要纠正性维护的机会。状态监测可以帮助检修需求和执行的时间允许与否，如果允许有一定的时间段，可以进行专业的维修计划和安排。

（3）改进计划

大部分维修计划只重点专注于停机检修项目。虽然调度是重要的，计划必须包括零配件、工具以及工作进行时必要的指导说明等。

图 9－20 显示自主维护在不同层次的需要变化。

（4）改进调度

一个惊奇的国际现象是，所有的日常维护作业计划都是两个人8个小时。一个人两小时内可以安全地完成许多日常工作。检测岗位达标制应包括每个工作执行和调度的平均时间。我们的目标是不断改进岗位的工作时间表和工作的平均时间，从而最终提高总的设备效率。

之前，任何组织都可以向自主性维护发展，实行一定的制度是必要的。技能和动力达到一定的水平后，管理者必须改变自己的管理风格，与技能水平和系统实施相结合，如图9-20和图9-21所示。

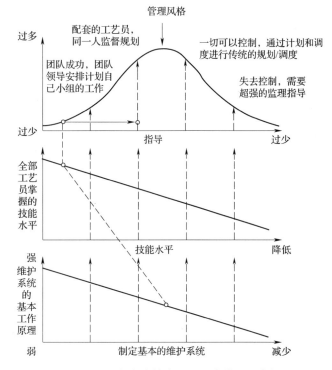

图9-20　自主维护在不同层次的需要变化

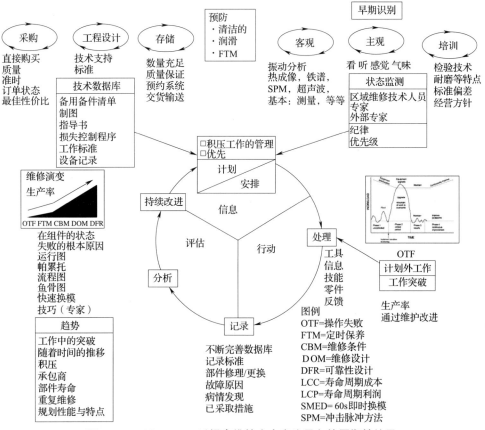

图9-21　Idhammar 以提高维护生产率为导向的周期性结果

9.9 计划维修

维护系统不发达的工厂往往没有充分计划或没有计划。在紧急抢修模式时它不可避免地进行维护工作。从长远来看,这种形式的维护是非常昂贵的,因为临时决定做的工作有时候是不可能完成的。经常聘用昂贵的合同工,或员工正常工作的基础上再加班。生产停机导致的税收损失也是一个考虑因素。适当的计划,应该是正确的时间以正确的方法,正确的员工,有充足的零配件和其他资源,在需要时进行正确的维护工作。

某些紧急性维修必须立即执行。工作开始前,即使时间紧迫,也要好好计算收益。维修可以以较低的成本做得更好时,使用正确的工具,正确的说明书、图纸以及劳动力分配。

任何良好的设备维修组织应该有历史的系统记录。该系统可用一个文件来表示:a. 实现了什么工作;b. 工作什么时候完成的;c. 谁执行的工作;d. 用了多少时间完成的;e. 观察总结,以后类似的维修工作是否可以计划改进。

总结经验可以确保将来的维护工作可以轻松完成。新的经验可以提高改进计划,保证每一次周期性工作完成。维修工作不断改进,以最低的成本最佳的人身安全实现可靠性维护。

许多维修专家认为,日常维护规模小,设施和设备比较复杂,或两者兼而有之时,为保证维修计划应进行集中式管理。这个集中式的做法是合理的,特别当维修力量只有20~25人左右的时候。集中规划中心的生产计划员计划每个人大约需要2.5~4min。如果员工的工作效率有5%的增长,可以抵消该计划的成本。此外,维修主管有更多的时间用于直接监管,而不必担心计划的责任。这本身就提高了生产维修率。表9-8的优先级矩阵是一个很好的工具。

表9-8   优先级矩阵是一个很好的工具

类别	安全	生产成本控制产品 质量节约能源	士气,劳动关系公共 关系内部关系	环境污染控制
	A	B	C	D
紧急 所有必要的资源但不限于 匮乏的都应该及时补充		危险迫在眉睫,财产和设施可能绝对性的毁灭		
故障 有适当的资源立即支援 A. 工作是必不可少的 B. 自动加班来稳定生产或防止故障恶化 C. 工作可有"两个阶段",在以后,影响时间较少的优先级下进行永久的故障纠正措施	如果不及时纠正故障,可能导致损失或设备破坏变得更糟	故障,严重影响了生产的必需设备或造成重大的产品污染,大型装运抵制,等等	故障次损害的生产面积远大于故障本身的危害	大型故障可能会污染或危害环境,如果不能及时纠正,根据法律的规定要求,必须将必要的基本设备关停整顿

续表

类别	安全	生产成本控制产品质量节约能源	士气,劳动关系公共关系内部关系	环境污染控制
短周期的 必要的工作须立即进行核查,并按计划制订所需的日期和时间 A.针对必要的设备保证继续作业 B.关键设备根据需求适当关停 C.例行停机检查	期望校正开始前,危害健康或安全的形势不会变得更糟	项目维修,改善成本,提高产量,改善品质,或节约能源	工作要满足合同的约定,同时,接受社会和道德的品判	解决有可能恶化的问题,最终将不得不关闭或减小一些设备
长周期的 必要的工作可以规划和计划 A.加班时不需要授权,无特殊审批 B.要规划和设定的工作,必须确保完成日期,优化工作效率	安全项目和预防工作,可以消除危害的发展或成长	预防性工作,长周期的项目与生产,成本,节能和质量改进有关	维修和项目与员工和公共设施有关系	用于污染控制设备设施上的项目和预防工作
竞争的 日常工作可以规划和定期计划 加班不授权	预防性维护家政	预防性维护家政	预防性维护家政	预防性维护家政
偶然性 既定的工作可改期或延期,以适应资源的可用性 A.加班未授权 B.资源将被用作可用的	小型项目和需要持续程序的工作,等等特征 安全建议,奖金等	小规模的工程改进和维修	小修小补,庭院净化,装饰画等	修理附件或备份设备,其中不必要的操作是继续运营

9.9.1 选择维护计划

为了避免"业务员"的区域性策划,管理层应考虑建立入门补偿机制,鼓励有能力的行业人士申请该职位。通过使用这种方法,行业人员将接受该计划作为一种可行性的支持性资源。在确定补偿方面,应适当的侧重考虑维护经理和主管,制定选择标准,具备哪些预备知识去制定维护计划。该标准应包括:a. 沟通能力;b. 兼职能力;c 行业经验;d;正规教育 e;态度积极。

标准化选择的发展为不偏不倚的面试和选择维护人员提供了一定的方法。决定选择某个人做维护工作时应全面理解规划的概念。

工厂开发或使用具体的规划师进行培训计划时,应考虑以下方面:a. 维护理念;b. 电脑维护管理;c. 规划和调度的基本步骤;d. 工作区域的组织;e. 材料程序;f. 有效沟通;g. 进度安排的技巧;h. 性能监测的关键指标。

这些反映了工厂当前的工作准则和工作规程。培训教材文档应该覆盖现有的工厂设备。规划者的决定,选择和培养合格的维护员工,是为了实现"有计划"提高设备的可靠性和可用性。

9.10 维护管理的案例

9.10.1 某国际造纸厂的维护

路易斯安那州巴斯特罗普工厂,是"山顶奖"大赢家。1992 年 2 月 25 日,在芝加哥举行的全国工厂工程和维护会议上,这个奖项主要针对卓越的维护管理方面。工厂经理鲍勃·扬达说:"一流的组织不是天生的,是人管理建立的"。扬达先生列举了几个基本原则,巴斯特罗普工厂遵循的相关项如下[25]:

① 帮助员工了解业务:定期例会阐述国家和整个行业的经济环境;

② 提高员工技能:提供技术培训、计算机、安全性和人际交往能力;

③ 定义期望值和责任制:相互设置高标准,提供帮助员工自我超越;

④ 鼓励员工参与决策:倾听别人诉说的、执行的、及时反馈的,以便每一位员工在工厂工作的时候可以倾诉,也让主管可以听到有关工作相关的问题。

工厂最出色表现的一个关键因素是采纳建立生产运营事业部。四个业务部门存在:成品、纸浆、电力和运营服务。工厂行政管理者包括维护有一个总的财务和成本责任。每个人都在业务部门内一起工作,以实现安全、生产、成本共同控制的目标。这种理念的重要一步是所有成员接受业务的规划和决策。员工骄傲的参与所在单位的工作。以上收获显示如下:

① 一年 200 万安全人工时;

② 增加了总产量;

③ 下降了维护成本;

④ 减少了主管的工作量。

(1) 规划

业务部门的团队准备为企业和工厂工程提供 5 年的设施规划信息。该团队从维修、生产和工程确定的需求和机遇入手。维修筹备 1～3 年的商业计划去改进和提高性能。

工厂的日常维护和停机安排,至少提前一周确定。大停机的检修计划提前一年。停机计划整合各方面来支持业务计划。

生产计划提前一周。维护人力根据所在的区域进行分配。外部承包商用于减少积压,或以更低的成本提供更好的服务。除常规保养外,还包括屋顶工作、喷涂、绝缘和复卷马达等。

(2) 维修质量

维修质量和服务水平,通过审计和审查进行衡量。优质的服务是重复性的回顾、不断的检查失败原由、审计工作的详细过程、审查设备的可用性,以及监测停机的有关数据等。管理质量标准的执行,通过培训课程、全体动员、现场改正。审查工作由机制的经理执行。工厂出资适当的奖励优质的贡献奖给个人和队员或团队。当维修成本出现下降的趋势,设备运行时间能够保持一直的稳定。

(3)技能

多技能的维护员工,没有工作限制。技术的技能评估每半年一对一进行,主要是规划培训课程。拥有先进技能和知识的人有工作的自主权,能与领导平等的处事和管理。预测性维修技能在不断发展,目前,已有技术性细节的机械维修程序。他们是由工程维修人员和设备制造商的代表来进行授课的。

(4)培训

当有新流程开始或过程工艺中有明显的变化时,需要确定各部门的培训需求。培训方式包括课堂培训和在职指导或者聘请外部顾问、主管和小时工等。工作人员有才能和兴趣接受异地训练。培训有记录,证书有颁发,教育和继续教育单位和大学都有学分制奖励。

维修人员的个人培训成本约 700～1600 美元。每年的强制性安全培训为 100% 和技能培训近 90%。强调培训是有必要的。一位经理说,"培训的保质期限低于面包。"

(5)预防性维护

维护的重点从被动转向主动。过去的历史记录和制造商的建议对优化预防性维护计划是有用的。经验可以使预防性维护之间的间隔缩短。如果时间间隔必须较长,也不要超过制造商的建议。

用机械经验审计和升级预防性维护程序是一个持续的过程。工段长和维护管理者可以审查机制意见。该业务团队定期检查设备的停机时间报告、生产报告,以及设备故障率。该审查保证了预测和预防性维护程序的有效性。主要目的是消除重复性失败。设备和工艺的可靠性可以通过跟踪计算机的存储数据趋势认定。其结果是工厂生产率呈上升趋势。多项技术已应用在整个纸厂来观察设备的性能。最常见的是连续在线振动监测、月度润滑分析、对关键设备的热感监测,以及电气设备的红外线检测等。

(6)计算机化的维护管理系统

计算机维护管理系统主要针对工厂的各种维护功能,包括对设备规格、物料清单、工作计划、预防性维护、设备搜索、设备成本、采购和培训都非常有用。所有维修人员都有机会使用CMMS 客户终端。大约 95% 的人经过培训可以达到一个基本水平。约 50%～60% 的维修技能满足日常的工作。

(7)安全

提高员工的环保、健康和工作的安全问题意识,可以采取以下几种形式:

① 强调遵守安全和卫生法规的重要性。

② 部门安全委员会应积极鼓励员工参与安全和健康问题。

③ 为员工提供安全和健康的晋升激励和奖励计划,以至士气高、旷工低。主管积极主动与员工沟通任何有关的问题。

9.10.2 挪威工厂的预防性维护

彼得森先生和儿子 A/S 在挪威莫斯一家综合制浆和造纸厂工作。该厂主要生产挂面纸板和纸袋纸,浆的年产量是 15 万 t/年,纸的年产量是 12 万 t/年。1980 年,一个分析师就生产设备的可用性进行了统计分析。结果如图 9 – 22 显示[26]1974—1980 年总可用性和由于技术故障造成的停机时间。

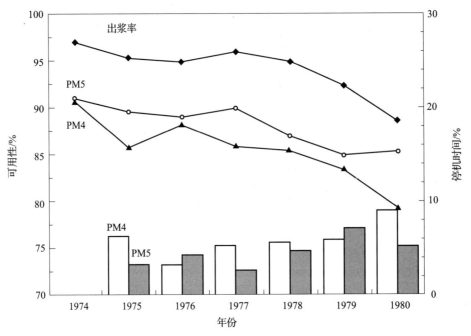

图 9 – 22　1974—1980 年总可用性和由于技术故障造成的停机时间

通过柱状图和曲线的对比显示,可用性的降低几乎等同于由于机械故障增加的停机时间。生产设备几乎一半的总停机时间是由于机械故障造成的。机械故障,是一个主导因素。效率降低意味着产量损失。1986 年,在莫斯厂,效率降低 1% ,意味着每年的生产量损失约 20 万美元。

预防性措施如下:

① 通过状态监测改善现有的预防性维护系统。

② 实施对所有维护员工的培训计划。

③ 设立规划部门,提高管理系统和日常活动例如筹备、计划、技术文档、采购、库存控制和分析。

④ 改善生产人员和维修人员之间的关系。

图 9 – 23 挪威莫斯厂预防性维护系统的组织结构。

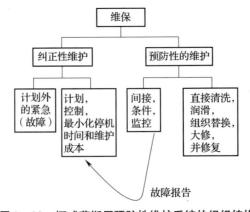

图 9 – 23　挪威莫斯厂预防性维护系统的组织结构

保养分为两大类:纠正性维护和预防性维护。如图 9 - 23 所示。在大多数组织中,纠正性维护主要是计划外的,非常昂贵。计划的部分很小。这样做是因为缺乏预防性维护。

五人项目组包括两名工会的人,一名工段长,两名工程师或管理人员。项目组在瑞典走访制浆和造纸厂研究该系统的使用和收益。大多数工厂实施预防性维修后可以减少了 40% ~ 50% 的停机时间。故障已减少到过去 3 年的 1/3。加班减少了 50% 以上。

预防性的维护计划首先是在 4 号和 5 号纸机实施,然后,将预防性维护系统应用到了整个造纸厂和制浆厂。该系统包括了所有计算程序维护,主要分为以下四个主要部分:a. 主要维修清单;b. 常规列表;c. 预防性维护卡;d. 说明指导。

1986 年,莫斯工厂实施了预防性维护系统。9 个监测员大约登记了 10850 检测点。如图 9 - 24,这些监测员只是做了部分检查工作。

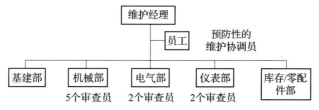

图 9 - 24　挪威莫斯工厂的预防性维护系统

图 9 - 24 显示了挪威莫斯工厂的预防性维护系统。

图 9 - 25 显示了 1981 年至 1985 年有效性的趋势曲线。

1981—1985 年期间,由于技术故障造成的停机,4 号和 5 号纸机分别从 8.7% 下降到 3.5% 和 5% 下降到 3.1%。停机时间减少效率增加,生产值增长近 150 万美元。

有趣的是,目前,由于机械故障停机约占总停机时间的 25%。计划内纠正维护大大增加,而计划外纠正维修有所减少。

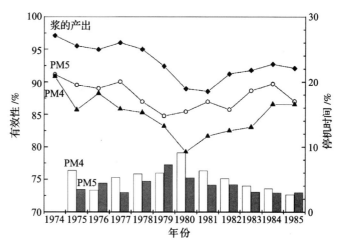

图 9 - 25　1974—1985 年总有效性和由于技术故障造成的停机时间

9.10.3　瑞典的维修培训

瑞典或芬兰和美国之间的社会结构差异允许北欧厂员工有额外的时间进行激励培训。工作时间少,假期长和探父母病假,瑞典工厂通常会运行 6 班轮换。

瑞典工厂比美国工厂更倾向于雇佣厂区外的小时工。Braviken 纸厂,Frovifors Bruk AB 和 Skarbacka 的机械和电气仪表工作人员会接受 1 到 3 周的培训,以提高自己的技能,就业前每年充实 1.5 ~ 3 年的技术教育。

瑞典工厂主管每年接受一次或两次培训。据 Idhammar,美国主管每五六年就要接受一次培训。与美国相比,瑞典工厂私人主管一般只有很少的工人进行分配。据 Idhammar,Norrkiping 的 Holmen's Braviken 纸厂是一种高效率的纸厂,大概是 50 个主管雇佣 126 个员工。维护的人工时低于 0.5h/t。该数字不包括外包承包商的维修。

9.11 国际维修回顾

9.11.1 加拿大回顾

1976 年、1984 年和 1986 年,加拿大的制浆和造纸协会、技术科、机械工程及维护委员会就加拿大工厂和一些北欧工厂的维修机构,操作方法,成本进行了调查。

(1)维修组织

加拿大工厂的维护队伍主要是集中式中央车间或者是由中央工厂支持的。大多数工厂采用轮班工人。调查显示的结果见表 9-9。

将库存和技术信息都集中在一个维修车间,以便更好地控制和利用劳动力和材料。在大型工厂,工作地点和集中车间和仓库的距离必须有足够的空间。

(2)维护队伍

表 9-10 给出了调查的平均数字。

表 9-9 1984 年和 1986 年,加拿大的纸浆和造纸厂,生产车间每天的平均产量[27,28]

	1984 年	1986 年
中央车间	8 厂(330t/d)	14 厂(360t/d)
区域支持	3 厂(391t/d)	16 厂(773t/d)
组合	63 厂(897t/d)	39 厂(799t/d)
人员数量	125 厂(54.6t/d)	112 厂(48.6t/d)

表 9-10　　加拿大于 1976 年、1984 年和 1986 年,维护劳动力　　单位:t/(d·人)

	1976	1984	1986
产品吨数/维修人员	4.46	4.46	4.5
维护人员/主管	12.2	10.3	8.84

图 9-26 和图 9-27 根据 1984 年和 1986 年进行的调查,显示了维护劳动力对比日产量吨数,员工人数对比日产量吨数。

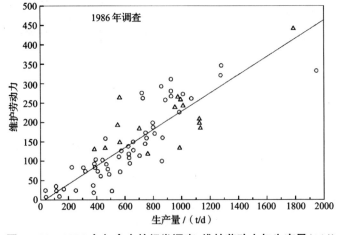

图 9-26　1986 年加拿大的问卷调查,维护劳动力与生产量(t/d)

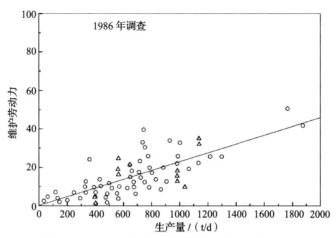

图 9 - 27 1986 年的研究结果,监督与生产(t/d)

工作监督下,全部职业都专业化,例如焊工、车间工人、管道安装工。该图 9 - 28 柱状表明了劳动力的贸易专业化分布情况。

(3)材料和成本控制

采购部门 1984 年调查了 39 家造纸厂,1986 年调查了 38 家。1984 年 29 家厂和 1986 年 4 家厂,维修服务从事这样材料成本控制工作。其他部门的监督工作包括服务(1984 年和 1986 年 22 家

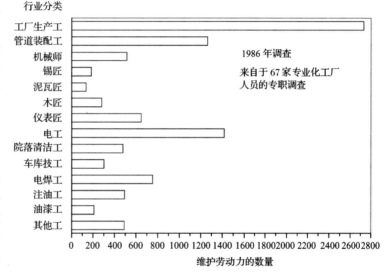

图 9 - 28 1986 年,加拿大 CPPA 维护的调查问卷,
分布于 67 家工厂的维护劳动力就业数量

厂)、生产(1984 年和 1986 年 2 家厂)、工程(1984 年 2 家厂,1986 年没有)、会计(1984 年 2 家厂,1986 年只有 1 家厂)。

1984 年至少有 22 家厂、1986 年 20 家厂采用人工系统来控制库存,1984 年 43 家工厂和 1986 年 33 家厂使用工单系统进行材料和成本控制。维护的成本源于 1984 年和 1986 年的 45 家厂,设备编码来源于 1984 年 4 家厂和 1986 年 3 家厂,同时,这两个部门通过设备号汇编了 1984 年 25 家厂和 1986 年 21 家厂的维修费用。

(4)维修材料成本

这一调查问卷来自于 1984 年 58 家厂和 1986 年 60 家厂,得到的总材料成本 1983 年为 285.45 百万加拿大元和 1986 年为 307.71 百万加拿大元。图 9 - 29 和图 9 - 30 显示了每个工厂的识别号码。表 9 - 11 显示了工厂报表的具体内容。

图 9 - 29 显示 1986 年,材料成本为百万加元及日产量情况。

图 9 - 30 为 1986 年的劳动力成本与日产量情况。

平均维修材料费用 1983 年为 19.5 加元/t, 和 1986 年为 21.78 加元/t, 对于一个日生产量为 500 万 t 的工厂, 这些成本在 1983 年为 3.36 百万加元和 1986 年为 3.70 百万加元合并后, 1983 年 58 家厂的日产量为 42457t/d 和 1986 年 60 家厂的日产量是 41544t/d。大部分工厂也会外包一些小型、专业的维修服务, 维修合同的总材料成本计算在回报中。真实的材料成本比这里给出的更高。

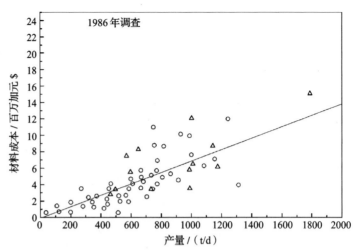

图 9-29 1986 年, 材料成本百万加元及日产量
(数据来源于已收到正式回复的 67 家厂)

（5）维护劳动力成本

报道分别称, 1984 年 56 家厂维修的人工费用为 301.54 百万加元和 1986 年 60 家厂为 308.14 百万加元。如图 9-30 所示。这些不包括任何合同内的劳动。1983 年, 每 500 万 t 日产的平均维护劳动力成本为 3.55 百万加元, 1986 年为 3.71 百万加元。这意味着 1983 年为 20.4 加元/t, 和 1986 年为 21.81 加元/t。名义上劳动力成本增加的只有 7%。

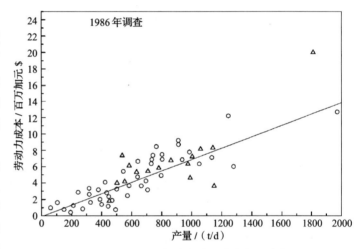

图 9-30 1986 年的劳动力成本与日产量

调查没有刻意监控具体确定的维护效率或成本高的地区。维护效率的公平衡量可通过调查对比每个维护人员产生的产量吨数。这表明, 1984 年的行业平均水平 4.5t/人, 对比, 1983 年和 1976 年调查获得的数字为 4.46t/人。假设每天 8h, 每个维修人员, 在 1984 年每吨产品的维修时间为 1.78h/t。这个数字是高的, 对比 Idhammar 的数字, Braviken 纸厂的是 0.5h/t。

平均材料成本包括承包维护工作时收取的一些材料。而这些因素都是可比较的, 例如年龄、生产的种类、某些维护作业使用的承包商, 以及工厂的现状都需要考虑, 特别是工厂之间的差异巨大时。

9.11.2 北美调查

制浆造纸杂志调查了北美的纸浆和造纸行业的定期保养程序。调查数据呈区域化显示（西部, 南部, 东北部和中西部美国、加拿大和国际上）, 纸种为牛卡纸, 印刷和书写纸, 以及卫生纸和新闻纸。表 9-11 给出了工厂调查纸种[29]的基准统计, 表 9-12 给出了一些关键指数[6,18]。大多数的维修费用都来自劳动力。劳动力合同维护成本占总维修费用一定的百分比。加拿大的综合劳动合同和维护成本最高,为 67.7% ,其次是东北工厂占 58.5% 。

表 9 – 11 为 1992 年根据纸张等级进行的基准统计汇总。表 9 – 12 为 1986 年、1987 年和 1992 年美国和加拿大的数据对比。

表 9 – 11 　　　　　　　1992 年根据纸张等级进行的基准统计汇总

项目	纸板厂	印刷书写纸厂	卫生纸厂	新闻纸厂
工厂数量/个	22.0	23.0	3.0	9.0
工厂工艺分布(占比)/%	14.0	19.0	8.0	7.0
木料处理(占比)/%	15.0	16.0	2.0	2.0
牛皮纸浆(占比)/%	10.0	22.0	4.0	4.0
漂白浆(占比)/%	3.0	7.0	0.0	8.0
TMP 机浆(占比)/%	18.0	15.0	3.0	3.0
锅炉/个	21.0	23.0	4.0	7.0
污水处理处/个	20.0	19.0	3.0	5.0
苛化炉/个	17.0	14.0	2.0	2.0
制浆机/个	6.0	12.0	3.0	1.0
转换机/个	2.0	13.0	3.0	1.0
其他	1.0	1.0	0.0	1.0
工作效率				
平均销售量/(万 t/年)	459350.1	354344.7	363000.0	338996.9
平均退货量/(万 t/年)	29995.8	30209.0	19750.0	21568.0
废品率/%	6.5	8.5	5.4	6.4
运行的平均时间/h	87.5	88.5	89.7	90.9
规划和计划的平均停机时间/h	3.8	3.9	4.7	2.5
运行期间的平均停机时间/h	5.7	5.6	2.9	4.2
非计划电气原因的平均停机时间/h	1.2	1.3	0.9	1.1
非计划机械原因的平均停机时间/h	1.9	1.5	1.7	1.6
维护成本				
维护成本/(美元/t)	42.1	59.3	66.6	85.5
保养工时/(h/t)	1.0	13.6	1.3	9.6
维护劳动力成本占总维修费用成本的百分比/%	368.0	39.4	47.3	35.4
维护材料成本占总维修费用成本的百分比/%	44.9	41.8	41.3	44.5
维护合同费用占总维修费用的百分比/%	14.4	16.8	12.5	19.6

续表

项目	纸板厂	印刷书写纸厂	卫生纸厂	新闻纸厂
维修管理方式				
中心式管理/个	2.0	5.0	1.0	1.0
区域式管理/个	7.0	8.0	0.0	2.0
团队式管理/个	3.0	3.0	0.0	0.0
混合式管理/个	9.0	10.0	6.0	6.0
其他方式管理/个	1.0	0.0	0.0	0.0
维护工比例				
工会的工厂员工(占比)/%	20.0	23.0	5.0	7.0
非工会的工厂员工(占比)/%	1.0	1.0	2.0	4.0
合同制的工厂员工(占比)/%	4.0	1.0	0.0	2.0
弹性工作或多工艺的工厂员工(占比)/%	16.0	17.0	6.0	6.0
有定岗的生产线员工(占比)/%	7.0	7.0	1.0	3.0
维修工种的平均程度(级别)	6.5	7.0	6.2	5.0
E/I 专业技术人员的百分比/%	24.7	26.8	30.4	27.5
维护劳动力				
每个一线员工的维护工时/h	11.5	16.5	15.2	12.1
每个维护管理的维护工时/h	6.8	16.4	12.5	18.1
每个维修厂维修工的平均维护工时/h	21.2	12.2	3.7	24.8
每个维修厂生产工的平均维护工时/h	19.7	11.3	8.3	21.0
维修工在工厂总人工的占比/%	31.9	25.8	24.5	30.1
生产工可以进行维护工作的工厂(百分比)/%	69.6	60.0	71.4	33.3
由这些生产工进行维护的作业(百分比)/%	14.0	17.7	5.4	35.0
保养工时				
不停机维修加班小时的百分比/%	9.8	9.6	9.1	9.4
停机维修加班小时的百分比/%	14.3	13.5	17.8	14.8
更换电动机的平均总工时/h	6.4	4.8	7.1	4.3
更换机轴承的平均总工时/h	5.0	3.4	8.1	3.0
更换旋转接头的平均总工时/h	10.0	16.6	42.9	3.7
每年维修人员的再教育时长/h	11,284.0	5377.8	20097.2	6,026.0

续表

项目	纸板厂	印刷书写纸厂	卫生纸厂	新闻纸厂
计划性				
周期性计划工作和规划的百分比/%	58.7	54.0	33.8	53.7
日常性计划工作和规划的百分比/%	65.0	66.6	54.4	64.7
有正式计划的工厂百分比/%	72.7	86.4	57.1	44.4
预防性维护花费的工时百分比/%	16.4	16.0	21.8	21.0
计划的平均维护人工时/h	26.9	42.7	26.0	21.1
库房数据				
库房报告给维护的工厂百分比/%	18.2	17.4	42.9	11.1
每个库房人员的平均维护工时/h	18.3	18.1	27.2	25.4
库存和发货量在工厂的百分比/%	22.7	47.8	14.3	11.1
工厂停机期间的库存和发货量占比/%	4.0	8.0	0.0	1.0
工厂日常的库存和发货量占比/%	4.0	9.0	1.0	1.0
库房库存成本占维修费用总成本的百分比/%	31.6	44.1	32.5	56.0
计算机化程度				
已实现计算机化的维护系统的工厂(占比)/%	21.0	22.0	6.0	7.0
公司内维护已计算机化的工厂数量(占比)/%	9.0	16.0	3.0	7.0
维护已计算机化外包的工厂数量(占比)/%	7.0	3.0	1.0	0.0
确定计算机化的工厂数量(占比)/%	6.0	5.0	2.0	1.0
工厂的计算机化比率(范围1~10)	6.6	6.8	3.8	6.3

表 9-12　　　　1986 年、1987 年和 1992 年来自于美国和加拿大的数据对比

项目	东北部	中西部	南部	西部	加拿大
1986 年,吨产量/年,维护员工/人数	1127	2532	2012	2199	1203
维护职工占总职工百分比/%					
1986 年	21	19	23	27	26
1987 年	18	18	24	26	26
职称等级(级别)	7	9	6	8	12

续表

项目	东北部	中西部	南部	西部	加拿大
1987 年,维护预算与营业总预算百分比/%	9	18	26	15	13
1992 年,维修费用/(美元/t)	57.3	53.2	64.1	49.3	68.1
劳动力成本(占比)/%	39.10	50.00	36.20	35.40	34.80
材料成本(占比)/%	43.50	43.50	46.30	40.60	35.00
承包费用(占比)/%	19.40	2.80	15.10	19.30	32.90
建设成本(占比)/%	16.00	14.00	20.00	15.00	12.00
预防性的维护(占比)/%					
1987 年	10.00	13.00	16.00	14.00	11.00
1992 年	20.00	15.00	17.00	17.00	17.00

1992 年的调查中,南方工厂报道,一些工厂 100% 采用弹性工作或综合工规则 80% 的工作允许生产工进行维护。1992 年,加拿大只有一半的工厂采用弹性工作或综合工规则,有 40% 的生产要进行维护工作。

加拿大只有 16.7% 的加班维修时间(10.4% 与停机有关,6.3% 无关),东北工厂则有 27.7% (17.0% 与停机有关,10.7% 无关)。

加拿大工厂花费最少的时间更换旋转接头,仅使用总保养小时的 2%。中西部工厂使用 28.8%,而国际工厂所用的更换时间为 38.3%。

牛卡纸造纸厂的最高生产率是 459350t/年和最低的维护成本 42.1 美元/t。工厂生产牛卡纸有管理层的支持,每个一线主管的维修人员 11.5h,每个维护管理的维修人员 6.8h。牛卡纸造纸厂花了大量时间教育培训维修人员,约 11284h/年(共 459350h/年)。这意味着维护时间的 2.45% 都用在教育。与其他级别的工作相比,牛卡纸造纸厂具有较高的规划性,约 58.7% 的工作在周计划内,65% 为日计划,工厂的 72.7% 工作量都由正式的规划设计团队规划。

印刷和书写纸厂的废品率最高,占年度销售率的 8.53%。他们的培训教育时间最低,仅为维护时间的 0.11%,进行预防性维护工作的比例也很少约 16%。该组织和多数工厂有正式的规划(86.4%),工作计划有一定的百分比例,如周计划 54% 和日计划 66.6%。

卫生纸厂的废品率最低,占年度销售率的 5.44%。生产厂组织进行了大量的教育培训,约为总维护时间的 4.2%,并花了很大比例的时间进行预防性维护,约为 21.8%。

新闻纸厂的维护成本最高,每吨 85.5 美元,库存成本百分比也最高,占总维护费用的 56%。新闻纸纸厂,允许生产工进行维护维修工作的比例最低,只有 33.3%。

表 9 - 13 是 1986 年和 1987 年来自于美国和加拿大的调查数据对比,表 9 - 14 是来自于瑞典的 4 个制浆和造纸厂的数据,进行比较。这些瑞典工厂为他们的维护预算平均花费了 27% 在外部承包商上面,相比北美工厂为 14%。这些数字可以说明这些工厂的高维护效率 (0.59~1.28 工时/t)。

调查的目的不仅要考察具体的维修方法还要评估整个维修机构。该基准调查提供了类似测量和监控各种维护保养的程序。

表 9 – 13　　　　　　　　1986 年和 1987 年来自于美国和加拿大的调查数据对比

项目	东北部	中西部	南部	西部	加拿大
吨产量/年,维护员工/人数					
1986	1127	2532	2012	21992547	12031372
1987	1386	1411	2899		
维护的员工数占员工总数百分比/%					
1986	21.00	19.00	23.00	27.00	26.00
1987	18.00	18.00	24.00	26.00	26.00
维护主管占每 100 名机械维修人员的比例/%					
1986	15	10	11	10	13
1987	14	12	11	11	10
维修工时/(h/t 产量)					
1986	137	69	94	76	158
1987	154	118	71	62	110
1987 年,每年平均更换的电气马达比例/%	7.00	8.00	6.00	8.00	6.00
1987 年,每年平均更换的干部轴承比例/%	3.00	4.00	5.00	3.00	6.00
1987 年,每年平均更换的旋转接头比例/%	34.00	66.00	31.00	31.00	31.00

表 9 – 14　　　　　　　　　　瑞典工厂数据汇总

	korsnas – Maram AB, Gavle, 瑞典	Billerud Uddeholm AB Gruvons Bruk, 瑞典	Svenska Cellulosa AB – Ortviken, Sundsvall,瑞典	Svenska Cellulosa AB – OstrandSundsvall,瑞典
年产量/(t/年)	545000	597000	594000	402000
纸机的有效率/%	88	84	86	94
工厂生产工,工作天数/年	342	355	349	353
产品分类	牛卡纸 漂白浆板 漂白浆	中 牛卡纸 漂白浆	新闻纸	漂白浆 CTMP 纸浆
工厂的总雇工人数/人	1330	1280	905	600
总维修工人数/人	440	390	249	250
总维修工时/(h/年)	697000	563300	351000	324000
维修工时/(h/t)	1.28	0.94	0.59	0.81
维修人员/员工总数(占比)/%	33	30	28	42

续表

	korsnas – Maram AB, Gavle, 瑞典	Billerud Uddeholm AB Gruvons Bruk, 瑞典	Svenska Cellulosa AB – Ortviken, Sundsvall,瑞典	Svenska Cellulosa AB – Ostrand-Sundsvall,瑞典
维修主管占每100名机械维修人员的比例/%	18	18	20	26
花在外部承包的维护预算（占比）/%	29	39	20	20
总维修费用/(美元/t)	29.24	23.24	18.32	28.00

调查中有两项元素混乱在一起就是将综合造纸厂和使用商品浆的工厂放在一起。包括生产过程中总维护费用中的单位产量(美元/吨)。该过程的复杂性也影响最终的维护成本。数字和统计可能会产生误导，而且全年支出的维护可能不会直接关联到机器效率或工厂的年利润上面。因此，人们应该采用一套长期的方法确保工厂维护计划的有效性。

芬兰制浆和造纸厂的维护信息是非常有限的。在 Veitsiluoto Oy's Kemi 制浆和造纸厂，维护组织使用区域性业务单元。中央车间包括备用电力、仓储、发动机和小型设备备件、涂装和日常室内保养[30]。根据维修主管的号召，"保证良好的维护管理和组织，才能保证纸的优等品率。"维护团队在 Kemi 工厂是非常重要的。1993 年，预计总的保养费用大约 7500 万芬兰马克。1992 年，产量为 566178t 纸。这意味着，生产的纸的平均维护成本 132 芬兰马克/t。根据生产的复杂程度，也就是，纸张等级的复杂性，在 Kemi 造纸厂造纸机的维护成本是 75 ~ 120 芬兰马克。一个综合制浆和造纸厂，纸生产的维护成本约 132 芬兰马克/t，不是指整个厂的总成本。

据维修专家，在芬兰漂白纸制浆厂产品的维修费用大约 100 芬兰马克/t。材料成本约为总维护费用的 40%。维护劳动力成本大约是 45%，和外部承包商费用占总维护费用的约 15%。

9.12　与其他成本相比的保养费用

北美纸浆和造纸工业，总经营预算的维修部分为 9% ~ 26%。

9.12.1　与纸浆产品成本相比的维修费用

图 9 – 31 所示：纸浆[31]的价格整年都有改变。80 年代末期，纸浆价格大幅提升。1985 年，漂白浆的价格为 400 美元/t，1989 年价格翻了一倍。印刷和书写纸也发生了类似的价格增长，但变化只是从 1000 美元/t 到 1400 美元/t。

图 9 – 31 为北方软木牛皮漂白浆的价格分布图。

1992 年，新闻纸的平均维修费用是 42 美元/t 和 85.5 美元/t 之间。印刷和书写纸的维护费用是 59.3 美元/t。纸种的价格，新闻纸和印刷书写纸分别约合 420 美元/t 和 1020 美元/t，这意味着，1992 年的美国市场，新闻纸的维修费用是销售价格的 20%。印刷和书写纸，维修费用大约是销售价格的 6%。与工厂的利润相比,这些数字很显眼。1992 年,由于供过于求,同时经济衰退和环境的压力,纸浆和纸的价格变的非常低。

1992 年,全球纸浆和纸板的总产量为 245 万 t。假设维护费用在 42~85 美元/t 之间变化,1992 年,制浆和造纸行业全球消耗的维护为 10 亿~20 亿美元。

在芬兰,1992 年纸浆和纸张的产量为 920 万 t[32]。假设芬兰的维修费用与美国大约在同一级

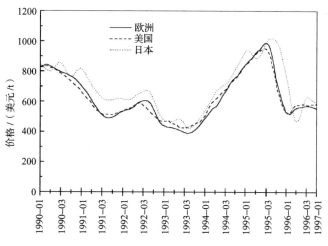

图 9-31 北方软木牛皮漂白浆的价格分布图

别,1992 年芬兰制浆和造纸工业的总维护费用为 386 亿~786 亿美元。

1992 年,芬兰制浆的产量居世界第一,为 155 万 t。假设纸浆的维护成本为 100 芬兰马克/t,1992 年,制浆工业的保养支出达到全球 150 亿芬兰马克(约 30 亿美元)。芬兰的纸浆生产,1992 年是 875 万 t。估计芬兰制浆工业 1992 年的维护成本为 8.75 亿芬兰马克。

9.12.2　与投资成本相比维修费用

图 9-32 显示了产能扩张的热潮驱使资本支出在 20 世纪 80 年代末创纪录水平的大量产出,至 1991 年遗留下的环境改善作为资本支出的主要动力。

图 9-32 报告了美国为期三年的资本开支计划中项目的往年完成项,及未来几年公司在制浆和造纸工业的计划[33]。

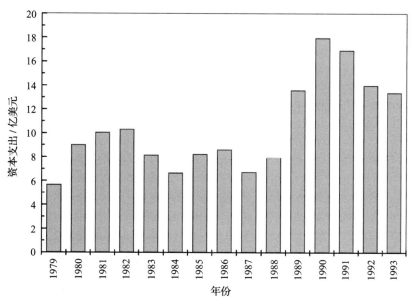

图 9-32　美国为期三年的资本开支计划中项目的往年完成项及
未来几年公司在纸浆和造纸工业的计划[33]

1993年,环保项目占了总支出计划的14.8%。从1991年的11.1%上升到1992年的13.8%,工厂不得不更加努力地工作,遵守更严格的法规要求,来处理有毒的二噁英产物(一些制造工艺的副产物,特别是除草剂的生产和纸的漂白高毒性化合物。这是一个严重和持续的环境污染物),及臭味控制和再生纤维的含量。

20世纪80年代末,造纸企业达到了一定的繁荣时期(有很多报告显示了当时创纪录的利润)后投资于新产能。供大于求导致价格下降和利润的崩溃,以及实施新的项目给公司留下了一些明显不健康的借贷。更糟糕的是,这种产能过剩恰逢工业化世界的总体经济严重衰退,明显的持续了很多年。这样一来,许多进一步扩大的计划被推迟,以等待下一轮市场条件的繁荣[34]。

1992年,制浆和造纸行业项目占美国总支出的3.4万亿美元。报道称1992—1994年制浆生产相关设备的资本支出为5.3万亿美元,改造的项目是1.34万亿美元。这意味着在20世纪90年代初期,对美国公司平均而言,每年将投资制浆设备1.77万亿美元和0.22万亿改造项目。一半的改造项目是造纸机。在不久的将来,美国造纸工业将投资制浆设备1.99万亿美元。

有人可能会认为由机器产生的50万t纸浆价值0.5万亿美元。这意味着,每年在美国生产5900万t纸浆,需要价值59万亿美元的机械。假设一个制浆厂的预期寿命为30年,残值为零,折旧不计利息为每年59/30 = 19.7亿美元。为了保持产量在5900万t,机械的投资和改造,应多于1.97万亿美元。1.99万亿美元的计划资本开支是不够的,因为制浆生产在美国的产能将会增加。如果资本支出不很快恢复,美国造纸工业每年的维护费用,当今的20美元/t × 5900万t = 1.18万亿美元将明显增加。

了解低投资活动很容易,因为在过去10年,纸浆价格一直是$ 420 ~ 800美元。这意味着,美国生产的5900万t纸浆中,高价年给予的现金流量净额较低价格年至少为(800 – 420美元/t)×5900万t = 22.42万亿美元。因此,浆的价格是制浆工业的主要决定因素。相比净现金流每年都上涨的浆的高价格,维修费用只是一个小数字。只有5.3%的净现金"好时机"流入。

9.12.3　与故障成本相比维修费用

经验表明,即使制浆和造纸厂已经建立了预防性维护的程序,突然性的故障仍然会偶尔发生。日生产1100t的漂白浆厂停产一天,生产损失的销售价值为2.3 ~ 3.8百万芬兰马克(取决于纸浆的市场价格)。同一工厂同一天,平均维修费用估计为0.110万芬兰马克。这意味着,今天1芬兰马克的不正确保养程序,如果该程序导致停产,那么明天的投资花费将为20 ~ 40芬兰马克。

日生产1100t/d的造纸厂,停厂损失可高达1000万芬兰马克/d。造纸厂的维护成本将只有14.5万芬兰马克/d。维护成本和故障成本之间的比例几乎是70倍高。相比于维修费用,停机产生的高成本造成了制浆和造纸厂的不断保守。这种保守主义违背了任何的改进改变增加了停机的风险。在制浆和造纸行业,保守主义对设备制造商和外部承包商的工作有很大的影响。设备供应商或承包商的可靠性是重要的基本元素。

9.13　设备供应商在保养的角色

原始的设备制造商历来是对维护人进行培训和教育的重要力量。大多数情况下,谁设计的设备和工艺,谁最了解优化方法,并可以最大限度地提高设备性能。那些厂商也可以提供"动手"的支持与最新的技术。在培训过程中,制造商的人员能分析现有的方法提高和讨论设备的一些细节。

9.13.1　单一设备供应商

现今,制浆系统的供应商必须比以往任何时候都更具竞争力。为了保持竞争力,他们必须提供最好的服务和支持。服务必须包括销售、备件库存、培训讲座、专业的技术支持、纠正性维修、开发方案,帮助安装和实施预防性维护系统。图 9 – 33 显示设备制造商和客户之间的接口。

销售人员必须有责任接受采购观念。设计工程师有责任通过安装传递技术给工程工艺的人,并常驻现场,直到项目满足合同要求,将设备移交给工厂人员。在这一点上,服务人员履行承担了设备的全部责任。

在质保期内,提供质量所需要的技术支持,延续这两家公司之间的未来工作合作至关重要。图 9 – 33 显示,如果任何一个环节断裂可能会选择不同的供应商。

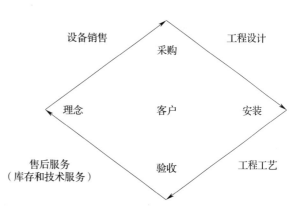

图 9 – 33　设备制造商和客户之间的接口[35]

9.14　厂商的交钥匙工程

大约 30 年前,北欧制浆和造纸行业开始要求碱回收炉和动力锅炉的制造商执行交钥匙工程。在 20 世纪 80 年代,美国要求供应商的交钥匙工程呈较强的增长趋势。有些业主认为这种做法的好处能保证成本优势和更有效的设备性能。在今天看来,这戏剧性的变化挑战了实施项目的方式和业主、工程师、施工人员和设备供应商的传统角色。来自斯堪的纳维亚半岛的设备供应商和欧洲的厂商已率先数年以这种方式交付项目。

统一合同,承包厂商可以提供全面的项目管理,工程设计、设备和材料采购、施工、运营和维护手册,操作人员的培训、清洗、测试和检查等服务,协助试车和监督管理等。根据交钥匙供应商的担保,交钥匙供应商将留在现场,在操作过程中,进行质量和运行性能的测试。

综上所述,交钥匙供应商将尽一切实际行动短期内完成施工。在某些情况下,该项目的融资是交钥匙软件包的一部分。大多数供应商的交钥匙工程由于他们已经开发出适用于各种项目具体技术领域的软件包。

延续这种趋势存在一定的威胁,可能会导致制浆造纸企业工厂的专家除设备供应商外接触很少的专业保You。大型工程公司肯定是有问题的。今天,现存的专业从事制浆造纸行业的工程公司都面临着挑战。在一个交钥匙工程中,供应商的可靠性更重要,特别是统一的一个设备供应商,更加至关重要。在一个项目,调试过程中由于许多流程或者系统可能不兼容,会导致严重的生产问题,降低设备的可靠性。

9.14.1　制浆和造纸厂的行动计划

北美审查结果显示,在不同的工厂,维修效率不同。没有任何单一的技术可以评估维护效率。因此,每个公司或工厂都应自行测量评估。

制浆和造纸厂,提高维修的第一个行动是收集日常维护历史记录。在评估损失时间和识别瓶颈中考虑方法。设备都有紧急故障突发的风险,需要提前识别,进行生产和维护。如果经济允许,所有的改进都应该有计划进行,从而降低风险。

制浆和造纸工业建立维护系统的趋势是利用组织里所有个人的技能和可行性优势。工艺维护系统的发展已有若干年,快速改变它有一定的困难。评估工会针对综合性员工的需求作何反应是很重要的。

有一种方法,实现更好地维护是将较低水平的维护任务交给生产工,不断地转移责任到生产工人,使其成为合格的训练有素的工人。通常情况下,转移职责时开始先处理设备清洗,简单的目视检查,简单的润滑。当随着生产工的熟练,他们可以进行日常的预防性维护,常见的纠正性维修,和一定的故障排除和诊断。

因此,维修不断成为一个完善的过程。在现代工厂,显然,维修部门仍将保持技术所需的专业技术和高度复杂的程序,不断提高水平。

即使用了在线测量和监测,维护参数的仪器也都是质量一流的,维护管理的程序运行也都良好,处理参数时仍需要十分小心。这事关工厂的工人。它不仅包括维修人员,还包括生产的工作人员。生产和维护之间良好的合作是至关重要的,维护性能才能卓有成效。建立方法和监测的合作是必要的。最高管理者应当通过自己的行动给予奖励,促进团队合作。

国际造纸厂的例子,在工厂,如何实施适当的原则营造一个良好的维护环境。具体如下:a. 帮助人们了解企业;b. 为人们提供所需的技能;c. 阐述责任和义务;d. 让人们能够参与决策,影响他们。

9.15　结论

1992 年,世界生产纸浆和纸板总值为 245 万 t。假设维护费用的变化为 42 ~ 85 美元/t,1992 年,全球制浆和造纸行业消耗的维护为 10 万 ~ 20 万亿美元。世界工业的总维修费用大约是 250 万亿美元。因此,制浆和造纸工业的维修费用是全球工业的维护费用的近 10%。

1992 年,在芬兰,纸浆和纸张的产量为 920 万 t。假设在芬兰的维修费用与美国大约在同一级别,1992 年,芬兰制浆和造纸行业的总保养费用为 386 亿 ~ 786 亿美元。

1992 年,浆在世界的产量为 1.55 亿 t,1992 年,浆工业保养在全球范围内的支出达到 150 亿芬兰马克(约 30 亿美元)。1992 年在芬兰,浆产量是 875 万 t,浆工业的维护成本估算为 8.75 亿芬兰马克。

20 世纪 80 年代末,1991 年,产能的扩张热潮驱使资本支出计划开创纪录,不久的将来,美国造纸工业将在制浆设备每年投入只有 1.99 万亿美元。美国每年生产 5900 万 t 纸浆需要价值 59 万亿美元的机器。假设一个制浆厂的预期寿命为 30 年,残值为零,没有任何利息,年贬值将是 1.97 万亿美元。不久的将来,由于美国制浆生产的能力将增加,每年 1.99 万亿美元的资本投资是不够的。这意味着美国的制浆工业,如果资本支出不能很快恢复时。当今美国每年 1.18 万亿美元的维护成本将会大幅增加。

过去 10 年,木浆价格波动在 420～800 美元。这意味着,美国年生产 5900 万 t 高价浆的现金流量净额与低价格年相比至少达 22.42 万亿。这个净现金的投资回收期为 2.6 年。因此,浆的价格在纸浆工业中占首要因素。纸浆价格高涨这一年度,用在维护成本的净现金流很不起眼。只有净现金 5.3% 的"好时光"流入。

漂白纸浆的浆产量为 1100t/d,取决于市场浆的价格,一天生产损失的销售产值为 2.3～3.8 万芬兰马克。工厂同一天的平均维修费用大约是 0.110 亿芬兰马克。这意味着,如果不当的投资 1 芬兰马克产生了 20 芬兰马克甚至 40 芬兰马克的维护成本,这个错误的投资会导致工厂的明天停产。

产量为 1100t/d 的造纸厂,停产一天的价格可高达 1000 万芬兰马克/d。造纸厂的维护成本只有 0.145 百万芬兰马克/d。日常维护成本和停产维护成本的比率几乎是 70%。高维修成本意味着设备的故障不应该存在。这就是为什么,一个可靠的设备供应商或承包商是项目合作开始前最重要的。因此,设备供应商应注重提高产品的可靠性和可维护性。具体行动有以下几种:

① 运行质量把关工程;

② 提高项目管理技能;

③ 每个项目后,组织收集工厂维护和生产人员的反馈;

④ 完善公司内部沟通,从而减少偏离和自大的盲目性;

⑤ 项目设计阶段,让可靠性和可维护性成为第一个因素。

许多制浆厂鼓励维护和生产之间建立更密切的工作关系,建立有理念的经营盈利。不断发展的工厂发现使用"团队"方式计划和调度的好处有利于维护行动和解决问题。分析损失时间的重点是分析原因并纠正,取代传统的分析多专注于是谁(维修,生产或其他组)应该受到由于停机造成的惩罚。

设备自动化程度提高,设计可靠,需要越来越熟练,训练有素的维修力量,确保可用性和设备性能。培训越来越重要,维修人员必须了解最新的技术和技术实践。

制浆和造纸厂维修的主要趋势影响可能会包括以下内容:

① 越来越重视和依赖预防性,而不是维修保养;

② 对状态监测的依赖性最大,根据需要采取行动,以防停机(工厂给更多机械配备了监测仪器和仪表,这将意味着与设备制造商合作的更紧密);

③ 生产工更长时间的根据日常运营活动和计划维护,进行战略性的停机调度(对外部承包商的依赖性的不应该太强了);

④ 增加电子系统的备案、计划、调度和归档;

⑤ 维护和生产团队工作增强,相互提供技术支持;

⑥ 行业人力增加"灵活性"实现生产率和效益的最大化;

⑦ 各级维修机构更加重视人(更灵活的组织结构,让工作人员在维护任务中发挥最大的效益和作用)。

通过最佳性能与最低成本保证设备的最大正常运行时间,维护将成为越来越重要的企业机能。

参考文献

[1] Baldwin, R. F., Managing Mill Maintenance; The emerging realities, Miller Freeman, Boston, 1990, Ch. 1.

[2] Pardue, F., Piety, K., and Moore, R., Elements of reliability – based maintenance; Future visionfor industrial management, 1992 Conference on Pulp and Paper Maintenance, Pulp & Paper, Chicago, p. 1.

[3] Plattonen, J., Results from a practical case in the pulp and paper maintenance development, 1990 Proceedings of 24th EUCEPA Conference, EUCEPA, Stockholm, p. 339.

[4] Allison, A. W. and Shoudy, C. A., in Maintenance in Pulp and Paper Mill Equipment, 1961 Paper Trade Journal, New York, 1961, p. 180.

[5] Palko, E., Plant Engineering 43(8):55(1989).

[6] Smith, K. E., Pulp & Paper 61(9):97(1987).

[7] Chute, J. R., Pulp and paper maintenance for today and tomorrow: What you really need toknow, 1991 Maintenance Conference, CPPA, Montreal, p. 29.

[8] Coleman, M., in Maintenance Practices in Today's Paper Industry(K. L. Patrick, ed.), Miller Freeman, San Francisco, 1986, p. 11.

[9] Sward, K., in New Maintenance Strategies; Organizing, Implementing, and Managing Effective Mill Programs(K. L. Patrick, ed.), Miller Freeman, San Francisco, 1992, p. 36.

[10] Grimnes, S. H., in Pulp, Paper and Board Mill Maintenance(J. F. W Evans, ed.), Paper Trade Journal, New York, 1957, p. 7.

[11] Idhammar, C., Results Oriented Maintenance in Pulp and Paper Manufacturing, TAPPI 1992 Engineering Conference Proceedings, TAPPI PRESS, Atlanta, Book 2, p. 701.

[12] Aurell, R. and Isacson, C. – I., Pulp & Paper 56(8):156(1982).

[13] Sanclemente, M. R., in New Main Strategies, Organizing, Implementing, and Managing Effective Mill Programs(K. L. Patrick, ed.), Miller Freeman, San Francisco, 1992, p. 36.

[14] Frampton, W. C., in New Main Strategies, Organizing, Implementing, and Managing Effective Mill Programs(K. L. Patrick, ed.), Miller Freeman, San Francisco, 1992, p. 20.

[15] Thornton, R. T. and Framton, W. C., Craft Interference in Maintenance – Causes, Costs, and Solutions, TAPPI 1992 Engineering Conference Proceedings, TAPPI PRESS, Atlanta, Book 2, p. 713.

[16] Molkentin – Matilainen, P., Finnish Forest Industry Federation. Personal information, 1997.

[17] Young, J., in: New Main Strategies, Organizing, Implementing, and Managing Effective Mill Programs(K. L. Patrick, ed.), Miller Freeman, San Francisco, 1992, p. 206 – 209.

[18] Smith, K. E. and Carpenter, B. A., Pulp & Paper 60(9):60(1986).

[19] Barker, E. F., in Pulp, Paper and Board Mill Maintenance(J. F. W. Evans, ed.), Paper Trade Journal, New York, 1957, p. 112.

[20] Idhammar, C., in New Main Strategies, Organizing, Implementing, and Managing Effective Mill Programs(K. L. Patrick, ed.), Miller Freeman, San Francisco, 1992, p. 3.

[21] Idhammar, C., Reliability Centered Maintenance – RCM, 1992 Conference on Pulp and Paper Maintenance, Pulp & Paper, Chicago, p. 1.

[22] Idhammar, C. , Equipment efficiency through operations and maintenance management, 1990 Proceedings of 24th EUCEPA CONFERENCE, EUCEPA, Stockholm, p. 222.

[23] Idhammar, C. , Pulp & Paper 66(11):35(1992).

[24] Pierce, R. , Maintenance productivity – it can be achieved, 1980 Maintenance Conference, CP-PA, Montreal, p. 117.

[25] Foszcz, J. L. , Plant Engineering 46(11):50(1992).

[26] Larsen, A. S. , Pulp & Paper 60(9):74(1986).

[27] Pounds, D. P. W. , Wazny, G. M. , and Reithaug, H. , Summary of returns frommaintenance survey questionnaire, 1984 Maintenance Conference, CPPA, Montreal, p. 17.

[28] Pounds, D. P. W. , Wazny, G. M. , and Reithaug, H. , Summary of returns from maintenance survey questionnaire, 1984 Maintenance Conference, CPPA, Montreal, p. 1.

[29] Harrison, A. , Pulp & Paper 67(2):43(1993).

[30] Lauermaa, K. , Paperi ja Puu 75(4):195(1993).

[31] Anon. , Pulp & Paper Week, Price Watch, (3);2(1993).

[32] Anon. , Pulp & Paper International 35(1):33(1993).

[33] Espe, C. , Pulp & Paper 67(1):75(1993).

[34] O'Brian, H. and Pearson, J. , Pulp & Paper International 35(1):42(1993).

[35] Hall, D. , Pulp & Paper 61(9):111(1987).

单 位 换 算

物理量名称	以国际单位表达数值	除以的数	以其他单位制表达数值
面积	平方厘米[cm²]	6.4516	平方英寸[in²]
	平方米[m²]	0.092903	平方英尺[ft²]
	平方米[m²]	0.8361274	平方码[yd²]
密度	千克/立方米[kg/m³]	16.01846	磅/立方英尺[lb/ft³]
	千克/立方米[kg/m³]	1000	克/立方厘米[g/cm³]
电导率	西门子/米[S/m]	0.1	微西门子/厘米[μS/cm]
	西门子/米[S/m]	0.1	微西门子/厘米[μΩ⁻¹/cm]
能量	焦耳[J]	1.35582	英尺磅力[ft·lbf]
	焦耳[J]	9.80665	米/千克力[m·kgf]
	毫焦耳[mJ]	0.0980665	厘米克力[cm·gf]
	千焦耳[kJ]	1.05506	英制热量单位[Btu]
	兆焦耳[MJ]	2.68452	马力小时[hp·h]
	兆焦耳[MJ]	3.6	千瓦时[k·Wh 或 k·Wh]
	千焦耳[kJ]	4.1868	千卡路里[kcal]
	焦耳[J]	1	米牛顿[m·N 或 Nm]
频率	赫兹[Hz]	1	周期每秒[s⁻¹]
长度	纳米[nm]	0.1	埃米[Å]
	微米[μm]	1	微米[μm]
	毫米[mm]	0.0254	密尔(10⁻³英寸)[mil 或 0.001in]
	毫米[mm]	25.4	英寸[in]
	米[m]	0.3048	英尺[ft]
	千米[km]	1.609	里[mi]
质量	克[g]	28.3495	盎司[oz]
	千克[kg]	0.453592	磅[lb]
	公吨(吨)[t](1000kg)	0.907185	吨[=2000lb]
压力,应力,单位面积力	千帕斯卡[kPa]	6.89477	磅力/平方英寸[lbf/in² 或 psi]
	帕斯卡[Pa]	47.8803	磅力/平方英尺[lbf/ft²]
	千帕斯卡[kPa]	2.98898	英尺水柱(39.2°F)[ft H₂O]
	千帕斯卡[kPa]	0.24884	英寸水柱(60°F)[in H₂O]
	千帕斯卡[kPa]	3.38638	英寸汞柱(32°F)[in Hg]

续表

物理量名称	以国际单位表达数值	除以的数	以其他单位制表达数值
压力,应力, 单位面积力	千帕斯卡[kPa]	3.37685	英寸汞柱(60°F)[in Hg]
	千帕斯卡[kPa]	0.133322	毫米汞柱(0°C)[mm Hg]
	兆帕斯卡[kPa]	0.101325	大气压[atm]
	帕斯卡[kPa]	98.0665	克力/平方厘米[gf/cm²]
	帕斯卡[kPa]	1	牛顿/平方米[N/m²]
	千帕斯卡[kPa]	100	大气压[bar]
速度	米/秒[m/s]	0.30480	英尺/秒[ft/s]
	毫米/秒[mm/s]	5.080	英尺/分钟[tf/min 或 fpm]
流体体积	毫升[mL]	29.5735	盎司[oz]
	升[L]	3.785412	加仑[gal]
固体或流体 体积	立方厘米[cm³]	16.38706	立方英寸[in³]
	立方米[m³]	0.0283169	立方英尺[ft³]
	立方米[m³]	0.764555	立方码[yd³]
	立方毫米[mm³]	1	微升[μL]
	立方厘米[cm³]	1	毫升[mL]
	立方分米[dm³]	1	升[L]
	立方米[m³]	0.001	升[L]